[扫码课堂]：赠送视频精讲

第 2 章　NX 草图设计		
2.3.1　绘制弯板草图（10 分钟）	2.3.2　绘制花盘草图（9 分钟）	2.3.3　绘制异形版草图（10 分钟）

第 3 章　NX 实体设计		
3.3.1　绘制轴承座（20 分钟）	3.3.2　绘制旋转轴（14 分钟）	3.3.3　绘制凉水杯（16 分钟）

第 4 章　NX 曲线和曲面设计		
4.3.1　绘制凸模曲面（17 分钟）	4.3.2　绘制按钮曲面（14 分钟）	4.3.3　绘制风扇叶轮（12 分钟）

第 5 章　NX 装配设计	
5.3.1　曲柄活塞装配体设计（7 分钟）	5.3.2　加工装配设计（13 分钟）

第 8 章　NX 2.5 轴数控加工技术		
8.1.3　2.5 轴平面铣数控加工基本流程（5 分钟）	8.2—8.3　（10 分钟）	8.4　创建面铣加工工序（面加工）（8 分钟）
8.5　创建平面铣加工工序（粗加工）（5 分钟）	8.5.4　操作实例—平面铣粗加工工序（8 分钟）	8.6　创建平面轮廓铣加工工序（精加工）（4 分钟）

第9章 NX 3轴数控加工技术

9.1 3轴数控铣加工技术简介（7分钟）

9.2-9.3 （8分钟）

9.4 操作实例—型腔铣粗加工工序（6分钟）

9.5 操作实例—深度轮廓铣半精加工工序（7分钟）

9.6.1 操作实例—固定轴曲面轮廓铣精加工工序（顶面）（10分钟）

9.6.2 操作实例—平面铣精加工工序（分型面）（9分钟）

9.6.3 操作实例—深度轮廓铣精加工工序（侧壁面）（4分钟）

第10章 NX 多轴数控加工技术

10.1.3 多轴铣削数控加工基本流程（6分钟）

10.2—10.3 （6分钟）

10.4 操作实例—型腔铣粗加工工序（5分钟）

10.5 操作实例—深度轮廓铣半精加工工序（6分钟）

10.6.2.4 操作实例—可变轴曲面轮廓铣精加工工序（顶面）（15分钟）

10.6.2.8 操作实例—可变轴曲面轮廓铣精加工工序（凹面）（4分钟）

10.6.2.11 操作实例—可变轴曲面轮廓铣削加工工序（侧面）（7分钟）

10.6.3 操作实例—平面铣精加工工序（分型面）（4分钟）

第11章 NX 车削加工技术

11.1.3 NX 车削数控加工基本流程（3分钟）

11.2—11.3 （13分钟）

11.4 操作实例—端面车削工序（6分钟）

11.5 操作实例—粗车加工工序（5分钟）

11.6 操作实例—精车加工工序（7分钟）

11.7 操作实例—车槽加工工序（4分钟）

11.8 操作实例—螺纹加工工序（3分钟）

第12章 NX 2.5轴数控加工实例

12.1—12.3 （6分钟）

12.4.1—12.4.2 （7分钟）

12.4.3 创建端面铣精加工工序（8分钟）

12.4.4 创建上腔槽粗加工工序（11分钟）

12.4.5 创建主腔槽粗加工工序（7分钟）

12.4.6 创建上腔槽侧壁精加工工序（4分钟）

12.4.7 创建主腔槽侧壁精加工工序（4分钟）

12.4.8 创建定心钻加工工序（5分钟）

12.4.9 创建钻孔加工工序（3分钟）

第13章 NX 3轴数控加工实例

13.1—13.3 （4分钟）

13.4.1—13.4.2 （5分钟）

13.4.3 创建型腔铣粗加工工序（4分钟）

13.4.4 创建等高轮廓铣半精加工工序（5分钟）

13.4.5 创建型腔铣精加工分型面工序（5分钟）

13.4.6 创建等高轮廓铣精加工外陡峭面工序（3分钟）

13.4.7 创建固定轴曲面轮廓铣精加工上顶面工序（6分钟）

13.4.8 创建固定轴曲面轮廓铣精加工上凹面工序（3分钟）

13.4.9 创建等高轮廓铣精加工内陡峭面工序（2分钟）

13.4.10 创建固定轴曲面轮廓铣精加工圆角面工序（2分钟）

13.4.11 创建单刀路清根加工工序（4分钟）

第14章 NX 多轴数控加工实例

14.1—14.3 （4分钟）

14.4.1—14.4.2 （4分钟）

14.4.3 创建型腔铣粗加工工序（3分钟）

14.4.4 创建等高轮廓铣半精加工工序（4分钟）

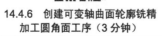

14.4.5 创建可变轴曲面轮廓铣精加工主腔面工序（13分钟）

14.4.6 创建可变轴曲面轮廓铣精加工圆角面工序（3分钟）

14.4.7 创建深度5轴铣精加工陡峭面工序（4分钟）

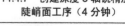

14.4.8 创建可变轴曲面轮廓铣精加工瓶口曲面工序（5分钟）

14.4.9 创建可变轴曲面轮廓铣精加工瓶底曲面工序（3分钟）

第 15 章　NX 车削数控加工实例			
15.1—15.3　（9 分钟）	15.4.1—15.4.4（7 分钟）	15.4.5　创建右端刀具父级组（5 分钟）	15.4.6　创建右端端面车削加工工序（5 分钟）
15.4.7　创建右端外圆粗车加工工序（3 分钟）	15.4.8　创建右端外圆精车加工工序（6 分钟）	15.4.9　创建右端车径向槽加工工序（4 分钟）	15.4.10　创建右端外螺纹加工工序（3 分钟）
15.4.11—15.4.13（8 分钟）	15.4.14　创建左端车削刀具父级组（5 分钟）	15.4.15　创建左端端面车削加工工序（3 分钟）	15.4.16　创建左端外圆粗车加工工序（2 分钟）
15.4.17　创建左端外圆精车加工工序（4 分钟）		15.4.18　创建左端车端面槽加工工序（5 分钟）	

第 16 章　NX 机床仿真与 VERICUT 仿真验证			
16.2.1　NX 上盖凸模零件集成仿真（9 分钟）	16.2.2　VERICUT 上盖凸模零件加工仿真验证（14 分钟）	16.3.1　NX 车灯凸模零件集成仿真和验证（4 分钟）	16.3.2　VERICUT 车灯凸模零件加工仿真验证（12 分钟）

扫二维码下载素材文件

如有问题请发至邮箱联系：290579926@qq.com。

快速入门与进阶

UG

造型与数控加工

高长银　主编

全实例教程

化学工业出版社

·北京·

本书以 SIEMENS NX10～12 中文版为基础，详细地讲述了利用 NX 进行产品造型和数控加工的过程。全书采用"基础造型+加工基础（功能模块）+加工应用（思路分析）+加工仿真验证"的组织结构，基础造型部分通过典型的案例对与数控加工相关的 NX 的草图、实体特征、曲线和曲面、装配功能进行介绍；加工基础部分以典型实例讲解 NX 平面铣、3 轴铣、多轴铣和车削等加工技术要点和应用；加工应用部分以典型案例为主，由加工思路分析出发到整个加工过程，讲述如何应用 NX 软件进行一个完整的产品数控加工方法和过程；加工仿真验证部分通过 NX 集成仿真与校验（IS&V）和 VERICUT 仿真验证 NX 产品数控加工编程，从而建立造型、加工编程和验证整个体系。

本书结构合理，图文并茂，在每项操作讲解的同时提供了丰富的应用实例以便读者进一步对该知识点进行巩固。本书既可作为高等院校机械及相关专业学生的教材，也可作为工程技术人员的自学参考书。

图书在版编目（CIP）数据

UG 造型与数控加工全实例教程/高长银主编. —北京：
化学工业出版社，2019.10（2023.4 重印）
（快速入门与进阶）
ISBN 978-7-122-34930-9

Ⅰ.①U… Ⅱ.①高… Ⅲ.①数控机床-加工-计算机
辅助设计-应用软件-教材 Ⅳ.①TG659.022

中国版本图书馆 CIP 数据核字（2019）第 153384 号

责任编辑：王 烨		文字编辑：陈 喆	
责任校对：王 静		装帧设计：刘丽华	

出版发行：化学工业出版社(北京市东城区青年湖南街 13 号 邮政编码 100011)
印　　装：北京科印技术咨询服务有限公司数码印刷分部
787mm×1092mm　1/16　印张 36　插页 2　字数 989 千字　2023 年 4 月北京第 1 版第 2 次印刷

购书咨询：010-64518888　　　　　　　　售后服务：010-64518899
网　　址：http://www.cip.com.cn
凡购买本书，如有缺损质量问题，本社销售中心负责调换。

定　　价：118.00 元

NX 是 SIEMENS 公司［前身是美国 Unigraphics Solutions 公司（简称 UGS）］推出的集 CAD/CAM/CAE 于一体的三维参数化设计软件，在汽车与交通、航空航天、日用消费品、通用机械以及电子工业等工程设计领域得到了大规模的应用，功能涵盖概念设计、功能工程、工程分析、加工制造、产品发布等产品生产的整个过程。

为了满足广大初、中级读者学习 UG NX 的需要，我们特编写了《快速入门与进阶：UG 造型与数控加工全实例教程》一书，全书分四部分——基础造型、加工基础、加工应用、加工仿真验证，共 16 章，具体内容安排如下。

第 1 章介绍了 NX 基础知识，包括 NX 的应用和概貌、用户操作界面、常用工具和帮助系统等。

第 2 章简要介绍了 NX 草图绘制、草图编辑、草图操作以及草图约束，并通过弯板、花盘和异形板实例来实际讲解 NX 草图创建方法和过程。

第 3 章简要介绍了 NX 实体设计与特征操作，并通过轴承座、旋转轴和冷水杯实例来实际讲解 NX 实体造型方法和过程。

第 4 章简要介绍了 NX 曲线创建和操作、曲面创建和操作，并通过凸模曲面、按钮曲面和风扇叶轮实例来实际讲解 NX 曲线、曲面设计方法和过程。

第 5 章简要介绍了 NX 装配设计中的管理组件、调整组件位置、爆炸视图，并通过曲柄活塞、加工装配实例讲解 NX 装配方法和过程。

第 6 章介绍了 NX 数控加工的功能、用户界面、工序导航器以及数控加工的一般流程等。

第 7 章介绍了 NX 数控加工父级组、通用加工参数（切削模式、切削步距、切削层、切削参数、非切削参数）以及刀具路径管理等。

第 8 章以凸台零件为例讲解了 NX 2.5 轴平面铣加工操作方法和步骤，包括平面铣边界几何体、切削模式、切削参数、非切削参数、面铣加工等。

第 9 章以上盖凸模零件为例讲解了 NX 3 轴数控加工技术，包括型腔铣、深度轮廓铣、固定轴曲面轮廓铣等。

第 10 章以车灯凸模零件为例讲解了 NX 多轴数控加工技术，包括型腔铣、深度轮廓铣、可变轴曲面轮廓铣等。

第 11 章以光轴零件为例讲解了 NX 车削加工技术，包括车削加工坐标系、车削加工几何体、车削刀具、端面加工、粗车加工、精车加工、车槽加工等。

第 12 章以底盘零件为例来具体讲解 NX 2.5 轴数控加工在实际产品加工中的具体

应用。

第13章以剃须刀凸模零件为例来具体讲解NX 3轴数控加工在实际产品加工中的具体应用。

第14章以瓶子凹模零件为例来具体讲解NX多轴数控加工在实际产品加工中的具体应用。

第15章以芯轴零件为例来具体讲解NX车削数控加工在实际产品加工中的具体应用。

第16章通过上盖凸模零件3轴加工仿真、车灯凸模零件5轴加工仿真来介绍NX集成仿真与校验（integrated simulation & verification，IS&V）和 VERICUT 仿真验证在实际加工中的具体应用。

本书具有以下几方面特色：

① 易学实用的入门教程，展现数字化设计与制造全流程。

② 全书以实例贯穿，典型工程案例精析，直击难点、痛点。

③ 分享编程思路与技巧，举一反三不再难。

④ 书中各节的实例均有视频讲解，并以二维码的形式放在书前彩插之中，读者用手机扫描二维码即可观看视频，以及下载实例的素材文件。

本书面向 UG NX 的初、中级用户，具有很强的实用性，既可作为高等院校机械及相关专业学生的教材，也可作为工程技术人员的自学参考书。

本书由高长银主编，刘丽、刘仕平副主编，马龙梅、熊加栋、周天骥、高誉瑄、石书宇、范艺桥、马春梅、石铁锋、刘建军、马玉梅、赵程、李菲、高银花、王亚杰、马子龙、朱冬萍等参加编写并为本书的资料收集和整理做了大量工作。

由于时间有限，书中难免会有一些不足之处，欢迎广大读者及业内人士予以批评指正。

编　者

目录
CONTENTS

01
第1章 **NX基础知识概述**

02
第2章 **NX草图设计**

03
第3章 **NX实体设计**

04

第4章 NX曲线和曲面设计

05

第5章 NX装配设计

06

第6章 NX CAM数控加工基础知识

07

第7章 NX数控加工通用知识

08

第8章 NX 2.5轴数控加工技术

09

第9章 NX 3轴数控加工技术

10

第10章 NX多轴数控加工技术

11

第11章 NX车削加工技术

12

第12章 NX 2.5轴数控加工实例

13

第13章 NX 3轴数控加工实例

14

第14章 NX多轴数控加工实例

15

第15章 NX车削数控加工实例

16

第16章 NX机床仿真与VERICUT仿真验证

01

第1章

NX基础知识概述

Chapter one

本章内容

▶ NX 概述
▶ NX 用户操作界面
▶ NX 常用工具
▶ NX 帮助

UG NX 是 SIEMENS 公司［前身是美国 Unigraphics Solutions 公司（简称 UGS）］推出的集 CAD/CAM/CAE 于一体的三维参数化设计软件，在汽车与交通、航空航天、日用消费品、通用机械以及电子工业等工程设计领域得到了大规模的应用，功能涵盖概念设计、功能工程、工程分析、加工制造、产品发布等产品生产的整个过程。

1.1 NX 概述

UG NX 是交互式计算机辅助设计、计算机辅助制造和计算机辅助工程（CAD/CAM/CAE）软件系统，下面简单介绍 NX 基本概况。

1.1.1 NX 在制造业和设计界中的应用

NX 源于航空航天业，广泛应用于航空航天、汽车制造、造船、机械制造、电子电器、消费品行业。NX10.0 的软件在制造业和设计界中的应用主要体现在以下几个方面。

（1）航空航天

UG NX 源于航空航天工业，是业界无可争辩的应用软件领袖。它以其精确、安全、可靠的特点满足商业、国防和航空航天领域各种应用的需要。在航空航天业的多个项目中，UG NX 被应用于开发虚拟的原型机，其中包括 Boeing777 和 Boeing737、Dassault 飞机公司（法国）的阵风、Global Express 公务机以及 Darkstar 无人驾驶侦察机。图 1-1 所示为 UG NX 在飞机设计中的应用。

（2）汽车工业

UG NX 是汽车工业的事实标准，是欧洲、北美和亚洲顶尖汽车制造商所用的核心系统。UG NX 在造型风格、车身及引擎设计等方面具有独特的长处，为各种车辆的设计和制造提供了端对端（end to end）的解决方案。一级方程式赛车、跑车、轿车、卡车、商用车、有轨电车、地铁列车、高速列车等各种车辆在 UG NX 上都可以形成数字化产品，如图 1-2 所示。

图 1-1　UG NX 在航空航天工业中的应用　　　　图 1-2　UG NX 在汽车工业中的应用

（3）造船工业

UG NX 为造船工业提供了优秀的解决方案，包括专门的船体产品和船载设备、机械的解决方案。船体设计解决方案已被应用于众多船舶制造企业，涉及所有类型船舶的零件设计、制造、装配。参数化管理零件之间的相关性、相关零件的更改，可以影响船体的外形，如图 1-3 所示。

（4）机械设计

UG NX 机械设计工具提供超强的能力和全面的功能，更加灵活，更具效率，更具协同开发能力。如图 1-4 所示为利用 UG NX 建模模块来设计的机械产品。

图 1-3　UG NX 在造船工业中的应用　　　　图 1-4　UG NX 在机械设计方面的应用

（5）工业设计和造型

　　UG NX 提供了一整套灵活的造型、编辑及分析工具，构成集成在完整的数字化产品开发解决方案中的重要一环。如图 1-5 所示为利用 UG NX 创成式外形设计模块来设计的工业产品。

（6）机械仿真

　　UG NX 提供了业内最广泛的多学科领域仿真解决方案，通过全面高效的前后处理和解算器，充分发挥在模型准备、解析及后处理方面的强大功能。如图 1-6 所示为利用运动仿真模块对产品进行运动仿真的范例。

图 1-5　UG NX 在工业设计和造型方面的应用　　图 1-6　UG NX 在机械仿真方面的应用

（7）工装模具和夹具设计

　　UG NX 工装模具应用程序使设计效率延伸到制造，与产品模型建立动态关联，以准确地制造工装模具、注塑模、冲模及工件夹具。如图 1-7 所示为利用注塑模向导模块设计模具的范例。

（8）机械加工

　　UG NX 为机床编程提供了完整的解决方案，能够让最先进的机床实现最高产量。通过实现常规任务的自动化，可节省多达 90%的编程时间；通过捕获和重复使用经过验证的加工流程，实现更快的可重复 NC 编程。如图 1-8 所示为利用 UG NX 加工模块来加工零件的范例。

（9）消费品

　　全球有各种规模的消费品公司信赖 UG NX，其中部分原因是 UG NX 设计的产品的风格新颖，而且具有建模工具和高质量的渲染工具。UG NX 已用于设计和制造如下多种产品：运动鞋、餐具、计算机、厨房设备、电视和收音机以及庭院设备等。如图 1-9 所示为利用 UG NX 进行运动鞋的设计。

图1-7 UG NX 在工装模具和夹具设计方面的应用

图1-8 UG NX 在机械加工方面的应用

图1-9 UG NX 在消费品方面的应用

1.1.2 NX 主要模块

NX 软件的强大功能是由它所提供的各种功能模块实现的,其主要模块可分为 CAD、CAM、CAE、注塑模、钣金件、逆向工程等应用模块,其中每个功能模块都以 gateway 环境为基础,它们之间既相互联系,又相对独立。

1.1.2.1 UG/gateway

UG/gateway 是用户打开 NX 后进入的第一个应用模块,gateway 是执行其他交互应用模块的先决条件,该模块为 UG NX 的其他模块运行提供了底层统一的数据库支持和一个图形交互环境。在 UG NX 中,通过单击【标准】工具栏中【起始】按钮下的【基本环境】命令,便可在任何时候从其他应用模块回到 gateway。

UG/gateway 模块功能包括打开、创建、保存等文件操作;着色、消隐、缩放等视图操作;视图布局;图层管理;绘图及绘图机队列管理;模型信息查询、坐标查询、距离测量;曲线曲率分析、曲面光顺分析、实体物理特性自动计算;输入或输出 CGM、UG/parasolid 等几何数据;Macro 宏命令自动记录和回放功能等。

1.1.2.2 CAD 模块

（1）UG 实体建模（UG/solid modeling）

UG 实体建模模块提供了草图设计、各种曲线生成和编辑、布尔运算、扫掠实体、旋转实体、沿引导线扫掠、尺寸驱动、定义和编辑变量及其表达式等功能。实体建模是特征建模和自由形式建模的先决条件。

（2）UG 特征建模（UG/feature modeling）

UG 特征建模模块提供了各种标准设计特征的生成和编辑,具有孔、键槽、腔体、圆台、倒圆、倒角、抽壳、螺纹、拔模、实例特征、特征编辑等工具。

（3）UG 自由形式建模（UG/freeform modeling）

UG 自由形式建模模块用于设计高级的自由形状外形，支持复杂曲面和实体模型的创建。它包括直纹面、扫掠面、通过一组曲线的自由曲面、通过两组正交曲线的自由曲面、曲线广义扫掠、等半径和变半径倒圆、广义二次曲线倒圆、两张及多张曲面间的光顺桥接、动态拉动调整曲面、等距或不等距偏置、曲面裁剪、编辑、点云生成、曲面编辑等工具。

（4）UG 工程制图（UG/drafting）

UG 工程制图模块可由三维实体模型生成完全双向相关的二维工程图，确保在模型改变时工程图将被更新，减少设计所需的时间。工程制图模块提供了自动视图布置、正交视图投影、剖视图、辅助视图、局部放大图、局部剖视图、自动和手工尺寸标注、形位公差、粗糙度符号标注、支持 GB 标准汉字输入、视图手工编辑、装配图剖视、爆炸图、明细表自动生成等工具。

（5）UG 装配建模（UG/assembly modeling）

UG 装配建模模块具有并行的自顶而下和自底而上的产品开发方法，装配模型中的零件数据是对零件本身的链接映像，保证装配模型和零件设计完全双向相关，并改进了软件操作性能，减少了对存储空间的需求，零件设计修改后装配模型中的零件会自动更新，同时可在装配环境下直接修改零件设计。

1.1.2.3　MoldWizard 模块

MoldWizard 是 SIEMENS 公司提供的运行在 UG NX 软件基础上的一个智能化、参数化的注塑模具设计模块。MoldWizard 为产品的分型、型腔、型芯、滑块、嵌件、推杆、镶块、为复杂型芯或型腔轮廓创建电火花加工的电极以及模具的模架、浇注系统和冷却系统等提供了方便、快捷的设计途径，最终可以生成与产品参数相关的、可用于数控加工的三维模具模型。

1.1.2.4　CAM 模块

CAM 模块是 UG NX 的计算机辅助制造模块，它可以为数控铣、数控车、数控电火花线切割编程。CAM 模块提供了全面的、易于使用的功能，以解决数控刀轨的生成、加工仿真和加工验证等问题。

（1）UG/CAM 基础（UG/CAM base）

UG/CAM 基础模块是所有 UG NX 加工模块的基础，它为所有数控加工模块提供了一个相同的、面向用户的图形化窗口环境。用户可以在图形方式下观察刀具沿轨迹运动的情况并可进行图形化修改，如对刀具轨迹进行延伸、缩短或修改等。

（2）车加工（UG/lathe）

车加工模块提供为高质量生产车削零件所需的能力，模块以在零件几何体和刀轨间全相关为特征，可实现粗车、多刀路精车、车沟槽、螺旋切削和中心钻等功能，可以直接进行后置处理产生机床可读的输出源文件。

（3）铣加工（UG/mill）

铣加工模块可实现各种类型的铣削加工，包括平面铣、型腔铣、固定轴曲面轮廓铣、可变轴曲面轮廓铣、顺序铣、点位加工和螺纹铣等。

（4）后置处理（UG/postprocessing）

后置处理模块包括一个通用的后置处理器(GPM)，使用户能够方便地建立用户定制的后置处理。该模块适用于目前世界上主流的各种钻床、多轴铣床、车床、电火花线切割机床。

1.1.2.5　钣金模块

UG 钣金模块是基于实体特征的方法来创建钣金件的，它可实现如下功能：复杂钣金零件的生成；参数化编辑；定义和仿真钣金零件的制造过程；展开和折叠的模拟操作；生成精确的二维展开图样数据；展开功能可考虑可展和不可展曲面情况，并根据材料中性层特性进行补偿。

1.1.2.6 运动仿真模块

UG NX 运动仿真模块提供机构设计、分析、仿真和文档生成功能，可在 UG 实体模型或装配环境中定义机构，包括铰链、连杆、弹簧、阻尼、初始运动条件等机构定义要素，定义好的机构可直接在 UG 中进行分析，可进行各种研究，包括最小距离、干涉检查和轨迹包络线等选项，同时可实际仿真机构运动。另外，用户还可以分析反作用力，图解合成位移、速度、加速度曲线。

1.2 NX 用户界面

应用 NX10.0 软件首先进入用户操作界面，可根据习惯选择用户界面的语言，下面分别加以介绍。

1.2.1 NX 用户界面

启动 NX10.0 后首先出现欢迎界面，然后进入 NX10.0 操作界面，如图 1-10 所示。NX10.0 操作界面友好，符合 Windows 风格。

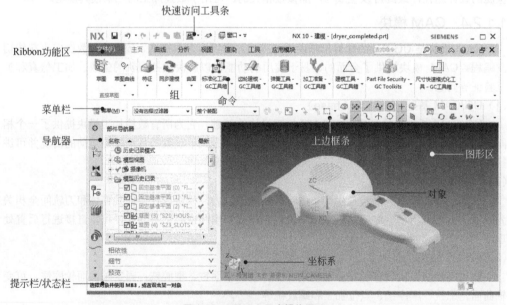

图 1-10 NX10.0 用户操作界面

UG NX10.0 基本界面主要由标题栏、菜单栏、图形区、提示栏/状态栏、Ribbon 功能区、坐标系和导航器等部分组成。

（1）标题栏

标题栏位于 UG NX10 用户界面的最上方，它显示软件的名称和当前部件文件的名称。如果对部件文件进行了修改，但没有保存，在后面还会显示"（修改的）"提示信息。

（2）菜单栏

菜单栏包括了该软件的主要功能，系统所有的命令和设置选项都归属于不同的菜单下，它们分别为文件、编辑、视图、插入、格式、工具、装配、信息、分析、首选项、窗口和帮助的菜单。

- ☑ 文件：实现文件管理，包括新建、打开、关闭、保存、另存为、保存管理、打印和打印机设置等功能。
- ☑ 编辑：实现编辑操作，包括撤销、重复、更新、剪切、复制、粘贴、特殊粘贴、删除、搜索、选择集、选择集修订版、链接和属性等功能。
- ☑ 视图：实现显示操作，包括工具栏、命令列表、几何图形、规格、子树、指南针、重置指南针、规格概述和几何概观等功能。
- ☑ 插入：实现图形绘制设计等功能，包括对象、几何体、几何图形集、草图编辑器、轴系统、线框、法则曲线、曲面、体积、操作、约束、高级曲面和展开的外形等功能。
- ☑ 工具：实现自定义工具栏，包括公式、图像、宏、实用程序、显示、隐藏、参数化分析等。
- ☑ 窗口：实现多个窗口管理，包括新窗口、水平平铺、垂直平铺和层叠等。
- ☑ 帮助：实现在线帮助。

（3）图形区

图形区是用户进行 3D、2D 设计的图形创建、编辑区域。

（4）提示栏

提示栏主要用于提示用户如何操作，是用户与计算机信息交互的主要窗口之一。在执行每个命令时，系统都会在提示栏中显示用户必须执行的动作，或者提示用户的下一个动作。

（5）状态栏

状态栏位于提示栏的右方，显示有关当前选项的消息或最近完成的功能信息，这些信息不需要回应。

（6）Ribbon 功能区

Ribbon 功能区是新的 Microsoft Office Fluent 用户界面 (UI) 的一部分。在仪表板设计器中，功能区包含一些用于创建、编辑和导出仪表板及其元素的上下文工具。它是一个收藏了命令按钮和图示的面板。它把命令组织成一组"标签"，每一组包含了相关的命令。每一个应用程序都有一个不同的标签组，展示了程序所提供的功能。在每个标签里，各种相关的选项被组在一起。Windows Ribbon 是一个 Windows Vista 或 Windows 7 自带的 GUI 构架，外形更加华丽，但也存在一部分使用者不适应、抱怨无法找到想要的功能的情形。

（7）坐标系

在 UG NX10 的窗口左下角新增了绝对坐标系图标。在绘图区中央有一个坐标系图标，该坐标系称为工作坐标系 WCS，它反映了当前所使用的坐标系形式和坐标方向。

（8）导航器

导航器用于浏览编辑创建的草图、基准平面、特征和历史纪录等。在默认的情况下，导航器位于窗口的左侧。通过选择导航器上的图标可以调用装配导航器、部件导航器、工序导航器、Internet、帮助和历史记录等。

1.2.2 Ribbon 功能区

Ribbon 功能区拥有一个汇集基本要素并直观呈现这些要素的控制中心，如图 1-11 所示。

图 1-11 Ribbon 功能区

Ribbon 功能区由 3 个基本部分组成：

☑ 选项卡：在功能区的顶部，每一个选项卡都代表着在特定程序中执行的一组核心任务。

☑ 组：显示在选项卡上，是相关命令的集合。组将用户所需要执行某种类型任务的一组命令直观地汇集在一起，更加易于用户使用。

☑ 命令：按组来排列，命令可以是按钮。

Ribbon 功能区的常规操作简单介绍如下。

1.2.2.1 添加和移除选项卡

将鼠标移动到功能区上部，单击鼠标右键在弹出的菜单中选中【装配】，此时装配自动添加到选项卡中，如图 1-12 所示。移除选项卡的操作方法与添加选项卡相反。

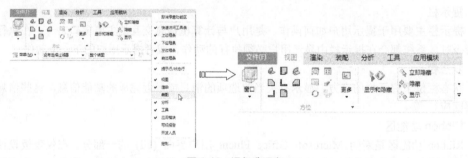

图 1-12 添加选项卡

1.2.2.2 添加和移除组

单击选项卡右下角向下箭头 ▼，弹出所有该选项卡的快捷菜单，可选择所需的组，在前面打钩将其添加到功能区中，如图 1-13 所示。移除组的操作方法与添加组相反。

图 1-13 添加组

1.2.2.3　更多

单击组中【更多】按钮，弹出所有该组命令已经加载的命令，可选择执行，如图 1-14 所示。

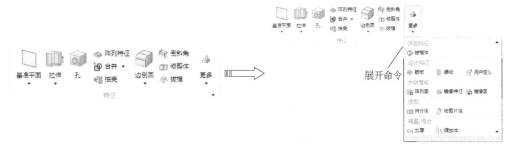

图 1-14　【更多】命令

1.2.2.4　组中添加命令（组右下角向下箭头）

单击组右下角向下箭头 ▾，弹出所有该组命令快捷菜单，可选择所需的命令，在前面打钩将其添加到功能区快捷操作中，如图 1-15 所示。

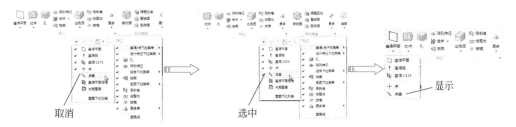

图 1-15　组中添加命令

提示

组中移除命令的操作方法与添加命令正好相反，读者可参照学习。

1.2.2.5　展开命令

单击命令下方向下箭头 ▾，弹出所有相关命令，可选择所需的命令来进行操作，如图 1-16 所示。

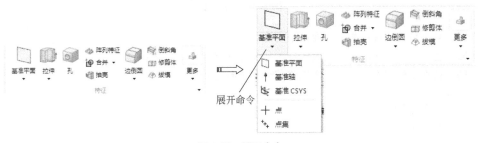

图 1-16　展开命令

1.2.3 上边框条

上边框条显示在 NX 窗口顶部的带状组下面，包括 3 个部分：选择选项、选择意图和捕捉点，如图 1-17 所示。

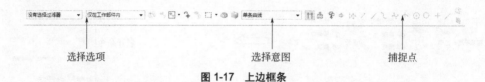

选择选项　　　　　　　　　　　选择意图　　　　　　　　　捕捉点

图 1-17　上边框条

上边框条相关选项参数含义如下。

1.2.3.1　选择选项

（1）类型过滤器

过滤特定对象类型的选择内容，如图 1-18 所示。列表中显示的类型取决于当前操作中的可选择对象。

图 1-18　类型过滤器

（2）选择范围

按选择范围来选择在范围内的对象，如图 1-19 所示。

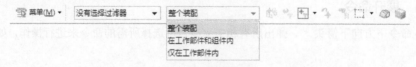

图 1-19　选择范围

☑　整个装配：选择整个装配体中所有组件。

☑　在工作部件和组件内：仅能在工作部件和组件中进行选择。

☑　仅在工作部件内：仅能在工作部件内进行选择。

1.2.3.2　选择意图

（1）体选择意图

当需要选择体时，弹出体选择意图选项，如图 1-20 所示。

图 1-20　体选择意图

☑　单个体：用于在没有任何选择意图规则的情况下选择各个体。

☑　特征体：从选定特征中选择所有输出体，例如拉伸特征。

☑　组中的体：选择属于选定组的所有体。

（2）**面选择意图**

当需要选择面时，弹出面选择意图选项，如图 1-21 所示。

图 1-21　面选择意图

☑　单个面：用于在简单列表中逐个选择面，可多选，无需任何选择意图列表，如图 1-22 所示。

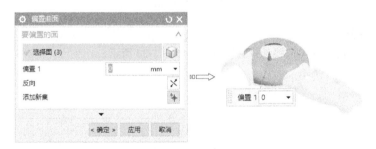

图 1-22　单个面

☑　区域面：用于选择与某个种子面相关并受边界面限制的面的集合（区域）。必须先选择一个种子面，然后选择边界面，选择边界面后按 **MB2** 键确认，如图 1-23 所示。

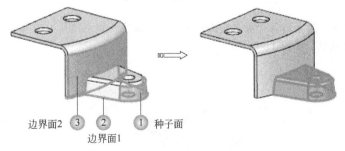

图 1-23　区域面

☑　相切面：用于选择单个种子面，也可从它选择所有光顺连接的面。

☑　体的面：选择属于所选的单个面的体的所有面，如图 1-24 所示。

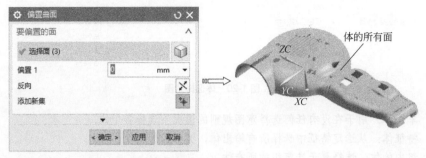

图 1-24 体的面

☑ 相邻面：选择紧挨着所选的单个面的其他所有面，如图 1-25 所示。

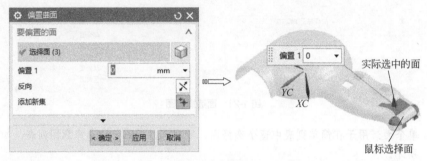

图 1-25 相邻面

（3）曲线选择意图

当需要选择线时，弹出曲线选择意图选项，如图 1-26 所示。

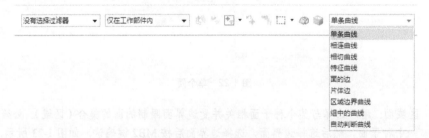

图 1-26 曲线选择意图

☑ 单条曲线：用于为某个截面选择一条或多条曲线或边。这是不带意图（无规则）的简
单对象列表，如图 1-27 所示。

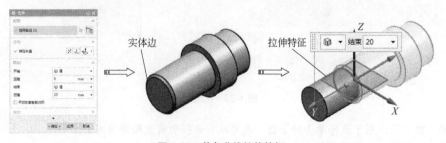

图 1-27 单条曲线拉伸特征

☑ 相连曲线：选择共享端点的一连串首尾相连的曲线或边，如图 1-28 所示。

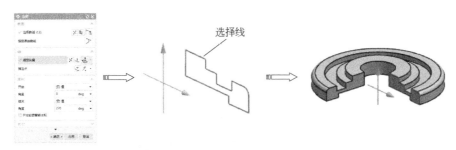

图 1-28　相连曲线旋转特征

☑ 相切曲线：选择切向连续的一连串曲线或边，如图 1-29 所示。

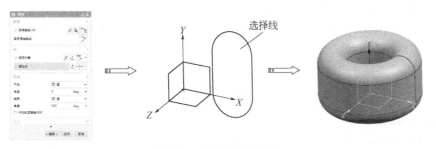

图 1-29　相切曲线旋转特征

☑ 特征曲线：从选定的曲线特征（包括草图）中选择所有输出曲线，如图 1-30 所示。

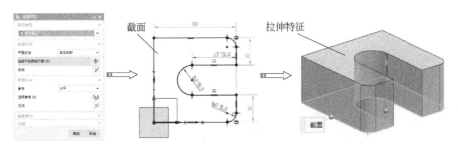

图 1-30　特征曲线绘制拉伸

☑ 面的边：从面上选择边界而不必先抽取曲线，如图 1-31 所示。

图 1-31　面的边

☑ 片体边：选择所选片体的所有层边，如图 1-32 所示。

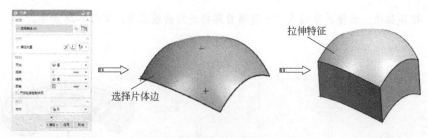

图 1-32 片体边

☑ 自动判断曲线：根据所选对象的类型系统自动得出选择意图规则。例如，创建拉伸特征时，如果选择曲线，产生的规则可以是特征曲线；如果选择边，产生的规则可以是单条曲线。

1.2.3.3 捕捉点

当使用的命令需要某个点时，捕捉点选项即显示在上边框条上。使用捕捉点选项可选择曲线、边和面上的特定控制点，如图 1-33 所示。可通过单击来启用或禁用各个捕捉点方法。

图 1-33 捕捉点选项

捕捉点选项如下：

☑ 【启用捕捉点】：启用捕捉点选项，以捕捉对象上的点。

☑ 【清除捕捉点】：清除所有捕捉点设置。

☑ 【终点】：用于选择以下对象的终点：直线、圆弧、二次曲线、样条、边、中心线（圆形中心线除外），如图 1-34 所示。

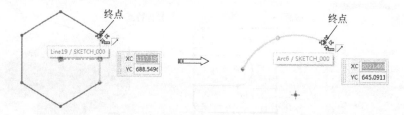

图 1-34 终点

☑ 【中点】：用于选择线性曲线、开放圆弧和线性边的中点，如图 1-35 所示。

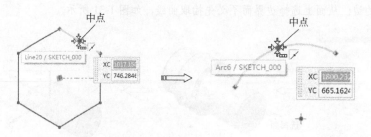

图 1-35 中点

☑ 【控制点】：用于选择几何对象的控制点，如图 1-36 所示。控制点包括：现有的点、二次曲线的端点、样条的端点和结点、直线和开放圆弧的端点和中点。

☑ 【交点】🕂：用于在两条曲线的相交处选择一点。该点必须与两条曲线均吻合，且处于选择球范围内，如图 1-37 所示。

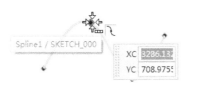

图 1-36　控制点

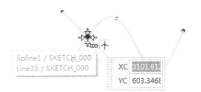

图 1-37　交点

☑ 【圆弧中心】⊙：用于选择圆弧中心点、圆形中心线和螺栓圆中心线，如图 1-38 所示。
☑ 【象限点】○：用于选择圆的象限点，如图 1-39 所示。

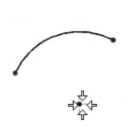

图 1-38　圆弧中心

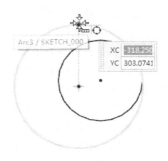

图 1-39　象限点

☑ 【现有点】➕：用于选择现有的点。系统支持以下制图对象类型：偏置中心点、交点、目标点、公差特征、实例、直的中心线，如图 1-40 所示。
☑ 【相切点】⟋：用于在圆、二次曲线、实体边、截面边、实体轮廓线、完整和不完整螺栓圆、完整和不完整螺栓中心线等对象上选择相切点，如图 1-41 所示。

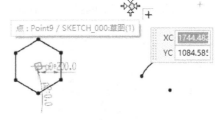

图 1-40　现有点

☑ 【两曲线交点】⋏：用于选择不在选择半径范围内的两个对象的交点，方法是进行两次独立拾取。系统支持以下对象：直线、圆形、二次曲线、样条、实线、边、截面边、实体轮廓线、截面段、直的中心线、直径中心线、长方体中心线。
☑ 【点在曲线上】⟋：用于在曲线上选择点，如图 1-42 所示。

图 1-41　相切点

图 1-42　点在曲线上

☑　【点在面上】：用于在曲面上选择点。

☑　【有界栅格上的点】：将光标选择捕捉到基准平面节点和视图截面节点上定义的点。

☑　【点构造器】：单击，打开【点】对话框。

1.3　常用工具

在 NX 操作过程中，经常会用到分类选择器、点构造器、矢量构造器、平面构造器以及坐标构造器等工具，这些都是必不可少的工具，下面分别介绍其操作过程。

1.3.1　分类选择器

分类选择器提供了一种限制选择对象和设置过滤方式的方法，特别是在零部件比较多的情况下，以达到快速选择对象的目的。

选择下拉菜单【编辑】|【显示和隐藏】|【隐藏】命令，或者选择下拉菜单【编辑】|【对象显示】命令都会弹出【类选择】对话框，如图 1-43 所示，这个对话框就是分类选择器。在 UG 建模过程中，经常需要选择某一对象，尤其当模型复杂，直接在图中用鼠标选取对象非常困难时，可以通过分类选择器中"过滤器"的作用进行快速选择。

NX 命令
● 选择下拉菜单【编辑】|【显示和隐藏】|【隐藏】命令。
● 选择下拉菜单【编辑】|【对象显示】命令。

操作步骤

01 在【类选择】对话框中，首先第一步是确定选择方法。可以采用"根据名称选择"的方法，也可以通过"过滤器"来进行选择，如图 1-43 所示。

图 1-43　【类选择】操作步骤

02 第二步是在"对象"选择时采用"全选"或是"全选"之后再"反选"以选中该类型以外的其他所有对象。

1.3.2　点构造器

用户在设计过程中需要在图形区确定一个点时，例如查询一个点的信息或者构造直线的端点等，NX都会弹出【点】对话框辅助用户确定点。

点构造器是指选择或者绘制一个点的工具，实际上它是一个对话框，通常根据建模需要自动出现。另外，在建模功能区中单击【主页】选项卡中【特征】组中的【点】命令 ，或选择菜单【插入】|【基准/点】|【点】命令，弹出【点】对话框，如图1-44所示。

图1-44　【点】对话框

点的创建有很多方法，可以直接选取现有的点、曲线或曲面上的点，也可以直接给定坐标值定位点。【类型】下拉列表中部分选项的含义如下：

① 自动判断的点：根据鼠标所指的位置自动推测各种离光标最近的点，可用于选取光标位置、存在点、端点、控制点、交点、圆弧/椭圆弧中心等。它涵盖了所有点的选择方式。

② 光标位置：通过定位十字光标，在屏幕上任意位置创建一个点。该方式所创建的点位于工作平面上。

③ 现有点：在某个现有点上创建一个新点，或通过选择某个现有点指定一个新点的位置。该方式是将一个图层的点复制到另一个图层最快捷的方式。

④ 端点：根据鼠标选择位置，在存在的直线、圆弧、二次曲线及其他曲线的端点上指定新点的位置。如果选择的对象是完整的圆，那么端点为零象限点。

⑤ 控制点：在几何对象的控制点上创建一个点。控制点与几何对象类型有关，它可以是：存在点、直线的中点和端点、开口圆弧的端点和中点、圆的中心点、二次曲线的端点或其他曲线的端点。

⑥ 交点：在两段曲线的交点上或一曲线和一曲面或一平面的交点上创建一个点。若两者的交点多于一个，则系统在最靠近第二对象处创建一个点或规定新点的位置；若两段平行曲线并未实际相交，则系统会选取两者延长线上的相交点；若选取的两段空间曲线并未实际相交，则系统在最靠近第一对象处创建一个点或规定新点的位置。

⑦ 圆弧中心/椭圆中心/球心：在选取圆弧、椭圆、球的中心创建一个点。

⑧ 圆弧/椭圆上的角度：在与坐标轴XC正向成一定角度（沿逆时针方向测量）的圆弧、椭圆弧上创建一个点。

⑨ 象限点：在圆弧或椭圆弧的四分点处指定一个新点的位置。需要注意的是，所选取的四分点是离光标选择球最近的四分点。

⑩ 点在曲线/边上：通过设置"U参数"值在曲线或者边上指定新点的位置。

⑪ 点在面上：通过设置"U参数"和"V参数"值在曲面上指定新点的位置。

⑫ ✐ 两点之间：通过选择两点，在两点的中点创建新点。

1.3.3 矢量构造器

在 NX 应用过程中，经常需要确定一个矢量方向，例如圆柱体或圆锥体轴线方向、拉伸特征的拉伸方向、曲线投影的投影方向等，矢量的创建都离不开矢量构造器。不同的功能，矢量构造器的形式也不同，但基本操作是一样的。

在 NX 中，矢量构造器中仅定义矢量的方向。常用矢量构造器对话框如图 1-45 所示。

图 1-45 矢量构造器对话框

【类型】下拉列表中共提供了 10 种方法，部分方法的具体含义如下：

① 自动判断的矢量 ↗：根据选择对象的不同，自动推断创建一个矢量，如图 1-46 所示。

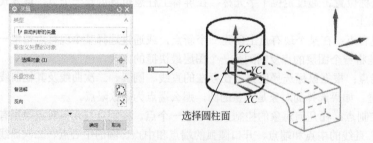

图 1-46 自动判断

② 两点 ✐：在绘图区任意选择两点，新矢量将从第一点指向第二点，如图 1-47 所示。

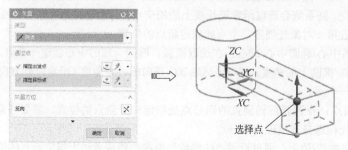

图 1-47 两点

③ 与 *XC* 成一角度 ⚞：在 *XC-YC* 平面上，定义一个与 *XC* 轴成指定角度的矢量。

④ 曲线/轴矢量 ⚞：选择边/曲线建立一个矢量，如图 1-48 所示。当选择直线时，创建的矢量由选择点指向与其距离最近的端点；当选择圆或圆弧时，创建的矢量为圆或圆弧所在的平面方向，并且通过圆心；当选择样条曲线或二次曲线时，创建的矢量为离选择点较远的点指向离选择点较近的点。

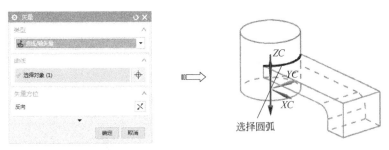

图 1-48　曲线/轴矢量

⑤ 曲线上矢量 ⚞：选择一条曲线，系统创建所选曲线的切向矢量，如图 1-49 所示。

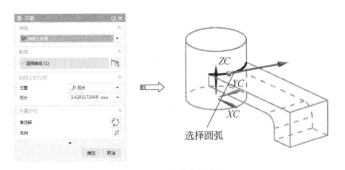

图 1-49　曲线上矢量

⑥ 面/平面法向 ⚞：选择一个平面或者圆柱面，建立平行于平面法线或者圆柱面轴线的矢量，如图 1-50 所示。

图 1-50　面/平面法向

⑦ 平行于坐标轴 ⚞：建立与各个坐标轴方向平行的矢量，如图 1-51 所示。

⑧ 视图方向 ⚞：指定与当前工作视图平行的矢量，如图 1-52 所示。

⑨ 按系数 ⚞：在 UG NX 中，可以选择直角坐系系和球形坐标系，输入坐标分量来建立矢量。当选择【笛卡尔坐标系】单选按钮时，可输入 I、J、K 坐标分量确定矢量；当选择【球

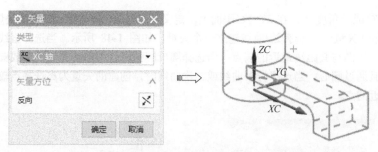

图 1-51　平行于坐标轴

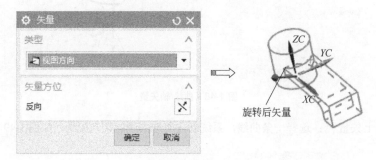

图 1-52　视图方向

坐标系】单选按钮，可输入［Phi］为矢量与 XC 轴的夹角，［Theta］为矢量在 XC-YC 平面上的投影与 XC 轴的夹角，如图 1-53 所示。

图 1-53　按系数

1.3.4　平面构造器

　　NX 建模过程中，基准平面也是经常要用到的一种工具，例如创建草图、镜像特征、在圆柱面或曲面上创建特征时都需要建立辅助的基准平面。

　　在 NX 中，常用平面构造器对话框如图 1-54 所示（以镜像特征为例启动平面构造器对话框）。

　　【类型】下拉列表中部分平面创建类型介绍如下：

　　① 自动判断 ⛬：根据选择对象不同，自动判断建立新平面。选择如图 1-55 所示的两个面创建基准平面。

图 1-54　平面构造器对话框

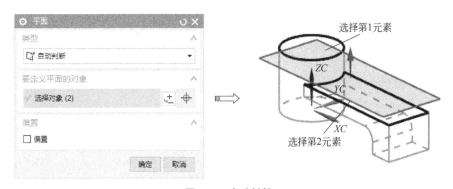

图 1-55　自动判断

② 成一角度 🗋：通过一条边线、轴线或草图线，并与一个面或基准面成一定角度，如图 1-56 所示。

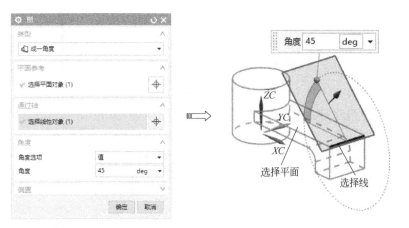

图 1-56　成一角度

③ 二等分 🗋：通过选择两个平面，在两平面的中间创建一个新平面，如图 1-57 所示。

④ 曲线和点 🗋：通过曲线和一个点创建一个新平面，如图 1-58 所示。

⑤ 两直线 🗋：通过选择两条现有的直线来指定一个平面，如图 1-59 所示。

⑥ 相切 🗋：通过一个点或线或面与一个实体面（圆锥或圆柱）来指定一个平面，如图 1-60 所示。

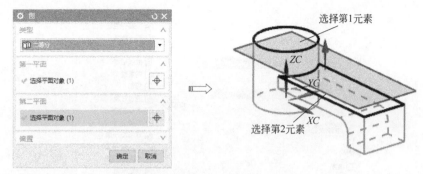

图1-57　二等分

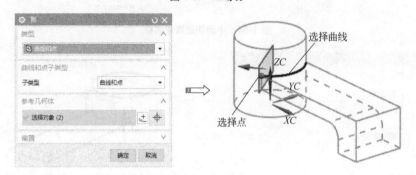

图1-58　曲线和点

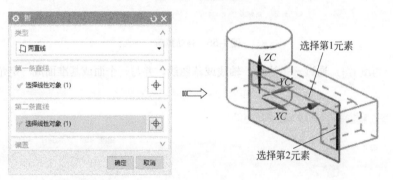

图1-59　两直线

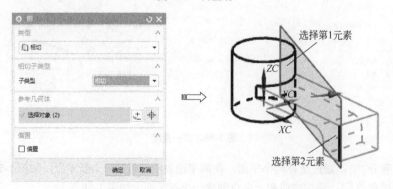

图1-60　相切

⑦ 通过对象□：通过选择对象来指定一个平面，注意不能选择直线，如图1-61所示。

⑧ 点和方向□：通过一点并沿指定方向来创建一个平面，如图1-62所示。

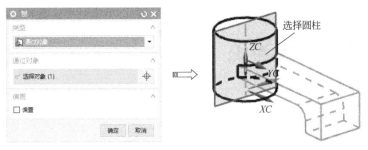

图 1-61　通过对象

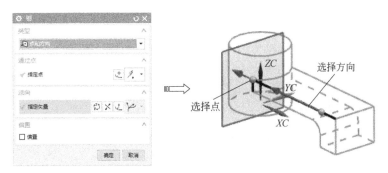

图 1-62　点和方向

⑨ 曲线上 ⎡ ：通过选择一条曲线，并在设定的曲线位置处来创建一个平面，如图 1-63 所示。

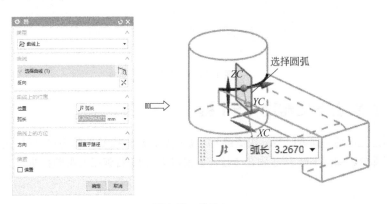

图 1-63　曲线上

⑩ 按系数 ⎯ ：通过指定系数 a、b、c 和 d 来定义一个平面，平面方程为 $aX+bY+cZ=d$，如图 1-64 所示。

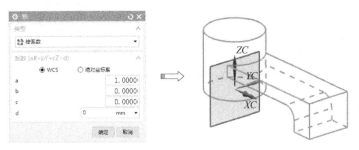

图 1-64　按系数

1.4 NX 的帮助系统

UG NX 提供了超文本格式的全面和快捷的帮助系统，可通过以下三种方式利用 NX 帮助系统。

1.4.1 NX 帮助

选择下拉菜单【帮助】|【NX 帮助】命令，弹出帮助页面，如图 1-65 所示。在【搜索】窗口中输入要查询的内容，按 Enter 键即可。

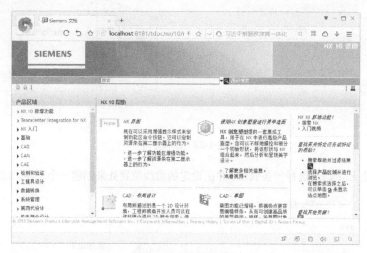

图 1-65　帮助界面

1.4.2 NX 上下文帮助（F1 键）

在使用过程中遇到问题时按下快捷键 F1，系统会自动查找 UG 的用户手册，并定位在当前功能的说明部分。如图 1-66 所示为在【拉伸】窗口中按 F1 键弹出的帮助界面。

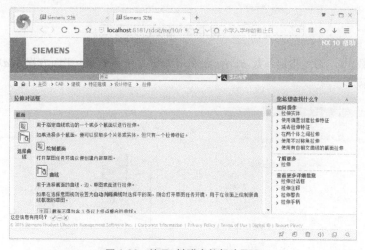

图 1-66　按 F1 键弹出的帮助界面

1.4.3　命令查找器

选择下拉菜单【帮助】|【命令查找器】命令，弹出【命令查找器】对话框，如图 1-67
所示。

图 1-67　【命令查找器】对话框

例如，在【搜索】框中输入"拉伸"，按 Enter 键，显示找到的拉伸结果，如图 1-68 所示。

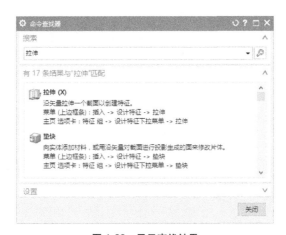

图 1-68　显示查找结果

将鼠标移动到需要的结果上时，显示出相应命令所在的位置，如图 1-69 所示。

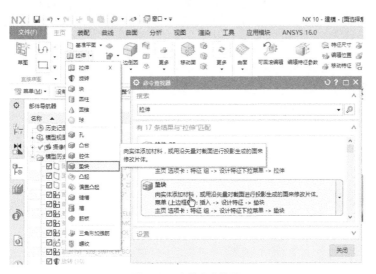

图 1-69　查找命令位置

1.5 本章小结

　　本章简要介绍了 NX 软件的主要功能模块、用户界面和帮助系统等内容，使读者通过本章的学习对该软件有一个初步的了解，为下一阶段的学习打下坚实的基础。

02

第2章

NX草图设计

Chapter two

本章内容

▶ 草图简介

▶ 草图用户界面

▶ 草图绘制工具

▶ 草图编辑工具

▶ 草图操作工具

▶ 草图约束工具

▶ 草图绘制范例

　　草图是 NX 中创建在规定的平面上的命了名的二维曲线集合。创建的草图实现多种设计需求：通过扫掠、拉伸或旋转草图来创建实体或片体、创建 2D 概念布局、创建构造几何体，如运动轨迹、间隙弧。NX 通过尺寸和几何约束可以用于建立设计意图并且提供通过变动参数改变模型的能力。

2.1　NX 草图简介

　　二维草图是 NX 三维建模的基础，草图就是创建在规定的平面上的命了名的二维曲线集合，常用于将草图通过拉伸、旋转、扫掠等特征创建方法来创建实体或片体。

2.1.1　草图元素

　　NX 草图生成器中常用的草图元素如图 2-1 所示。

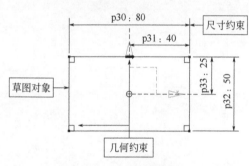

图 2-1　草图生成器元素

（1）草图对象

　　草图对象是在草图生成器中创建的截面几何元素，指草图中的曲线和点。建立草图工作平面后，就可在草图工作平面上建立草图对象了，建立草图对象的方法有多种，既可以在草图工作平面中直接绘制曲线和点，也可以通过草图操作功能中的一些方法，添加绘图工作区中存在的曲线或点到当前草图中，还可以从实体或片体上抽取对象到草图中。

（2）尺寸约束

　　尺寸约束定义零件截面形状和尺寸，例如矩形的尺寸可以用长、宽参数约束。

（3）几何约束

　　几何约束定义几何元素之间的关系，例如两条直线平行、共线，垂直直线与圆弧相切，圆弧与圆弧相切等。

> 🔍 **技术要点**
>
> 　　绘制草图曲线时，不必在意尺寸是否准确，只需绘制出近似形状即可；此后，通过尺寸和几何约束来精确定位草图。

2.1.2　NX 草图用户界面

　　在草图功能区中单击【主页】选项卡中【直接草图】组中的【草图】命令，或选择下拉菜单【插入】|【草图】命令，或选择下拉菜单【插入】|【在任务环境中绘制草图】命令，弹出【创建草图】对话框，在【草图类型】下拉菜单中选择"在平面上"，单击【确定】按钮，进入草图生成器。草图生成器用户界面主要包括菜单、导航器、选项卡、图形区、状态栏等，如图2-2 所示。

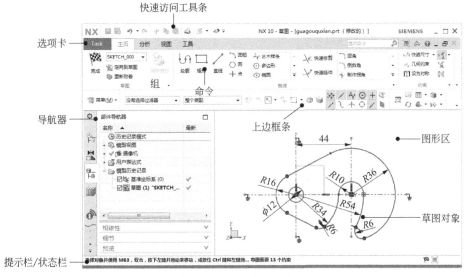

图 2-2 草图生成器界面

2.2 草图知识点概述

草图是绘制三维模型的基础，NX 草图生成器不仅可以创建、编辑草图元素，还可以对草图元素施加尺寸约束和几何约束，实现精确、快速地绘制二维轮廓，因此它提供了草图绘制工具、草图编辑工具、草图操作工具和草图约束工具。

2.2.1 草图绘制工具

草图生成器提供了丰富的绘图工具来创建草图轮廓，下面介绍常用草图绘制工具。

NX 草图生成器【主页】选项卡中的【曲线】组中提供的草图实体绘制工具如表 2-1 所示。

表 2-1　曲线绘制工具

类型	说明	示例
点	用于在草图上建立一个点	
轮廓线	用于在草图平面上连续绘制直线和圆弧，前一段直线或者圆弧的终点是下一段直线或者圆弧的起点	

类型	说明	示例
直线	用于通过两点来创建直线	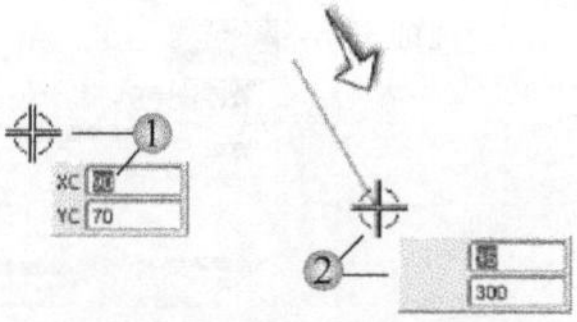
圆弧	圆弧是指绘制圆的一部分，圆弧是不封闭的，而封闭的称为圆	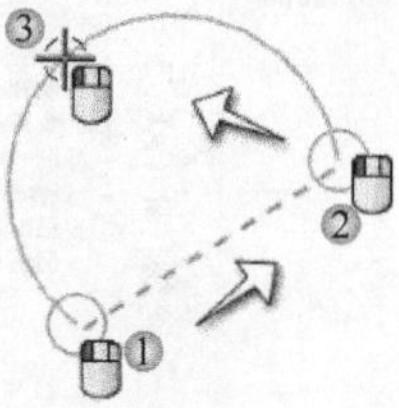
圆	用于绘制圆	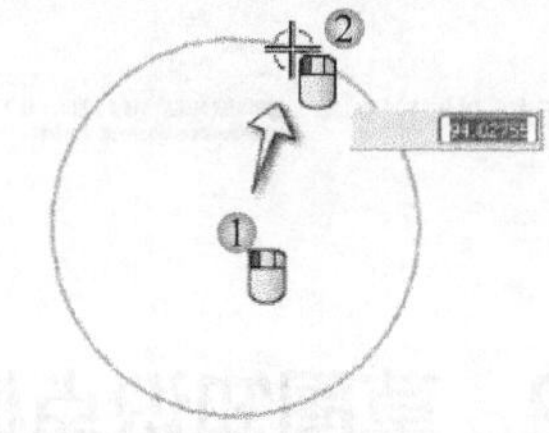
矩形	用于绘制两点、中心点矩形	
多边形	用于通过定义中心创建正多边形	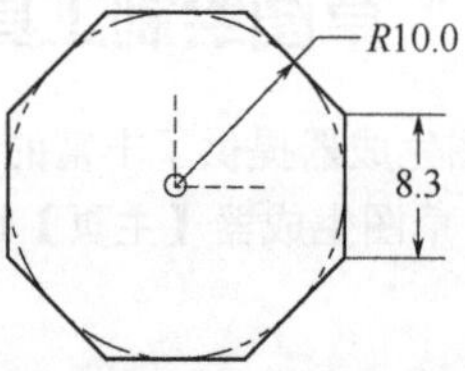
样条线	样条线用于通过一系列控制点来创建样条曲线	
二次曲线	二次曲线绘制功能有：椭圆、抛物线、双曲线和圆锥曲线	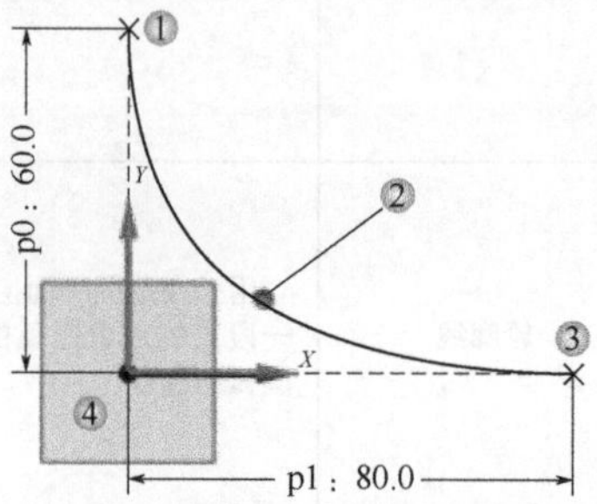

2.2.2 草图编辑工具

草图绘制指令可以完成轮廓的基本绘制，但最初完成的绘制是未经过相应编辑的，需要进行倒圆角、倒角、修剪、镜像等操作，才能获得更加精确的轮廓。NX 草图生成器【曲线】组中提供的草图编辑工具如表 2-2 所示。

表 2-2　草图编辑工具

类型	说明	示例
圆角	用于将图形中棱角位置进行圆弧过渡处理，或对未闭合的边通过圆角进行圆弧闭合处理。UG NX10.0 中草图圆角功能可用于在两条或三条曲线之间创建一个圆角	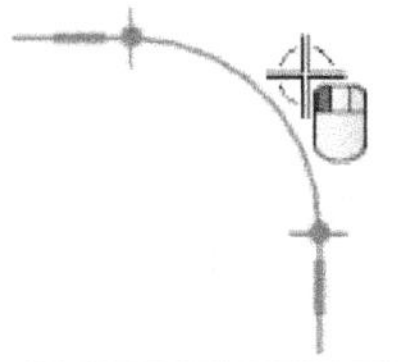
倒角	用于将与两个直线或曲线图形对象相交的直线形成一个倒角	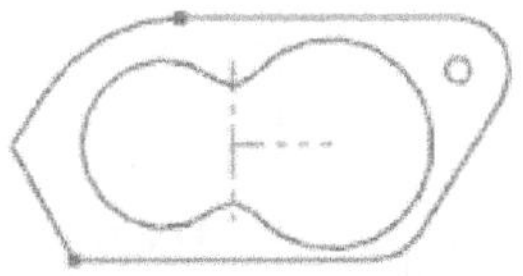
制作拐角	用于将两条输入曲线延伸和/或修剪到一个公共交点来创建拐角	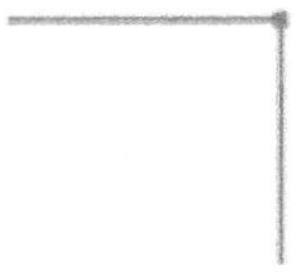
快速修剪	用于将一条曲线修剪至任一方向上最近的交点。如果曲线没有交点，则将其删除	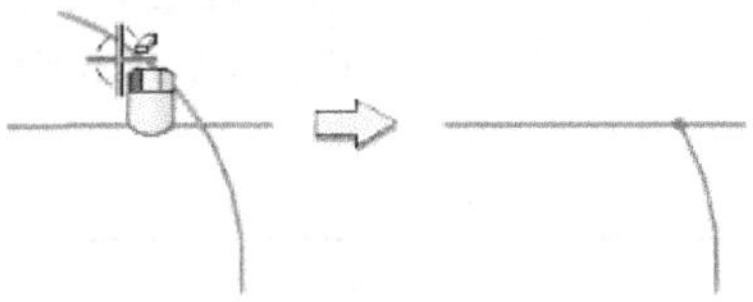
快速延伸	用于延伸草图对象中的直线、圆弧、曲线等	

2.2.3 草图操作工具

NX 提供了草图操作工具进一步完善草图绘制，在功能区中单击【主页】选项卡中【曲线】组中的提供草图操作命令，如图 2-3 所示。

表 2-3　草图操作工具

类型	说明	示例
偏置曲线	偏置曲线的功能是将从实体或片体抽取出的曲线沿指定方向偏置一定距离而产生一条新曲线，并在草图中产生一个偏置约束	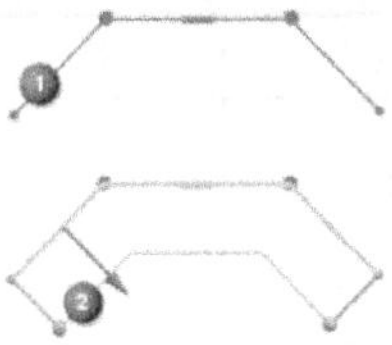

续表

类型	说明	示例
阵列曲线	使用阵列曲线命令可对与草图平面平行的边、曲线和点设置阵列	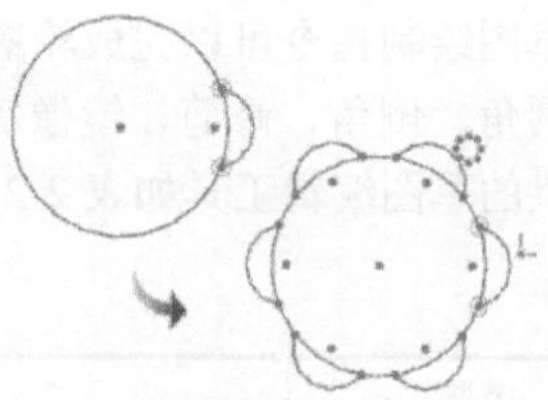
镜像曲线	镜像曲线命令生成的草图是关于草图中心线对称的几何图形	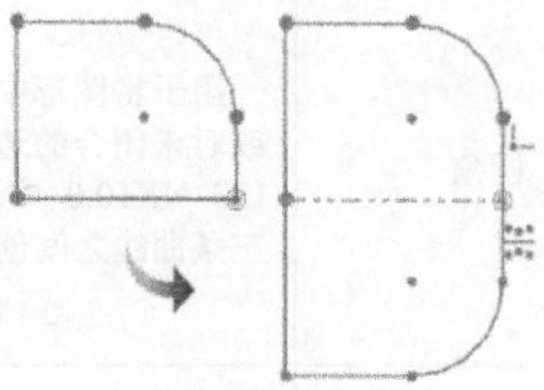
相交曲线	相交曲线的功能是在草图平面与所选连续曲面相交处创建一条光滑曲线	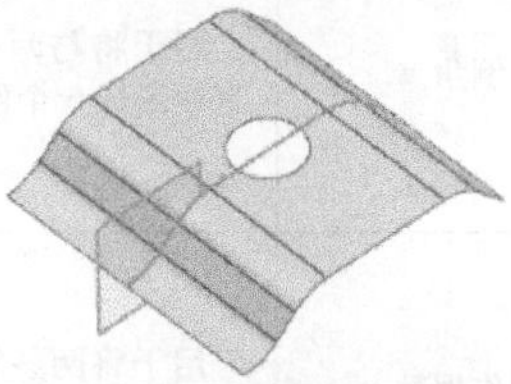
投影曲线	投影曲线命令是指将选择的模型对象沿草图平面法向方向投影到草图中，生成草图对象	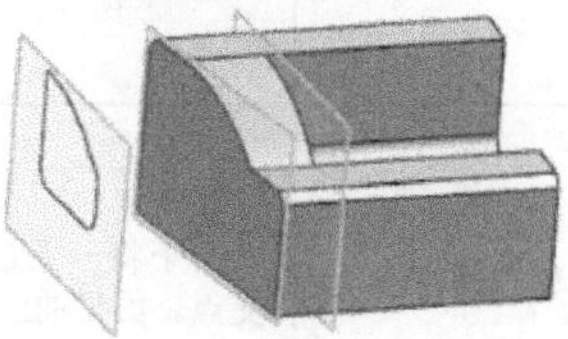

2.2.4 草图约束工具

草图设计强调的是形状设计与尺寸几何约束分开，形状设计仅是一个粗略的草图轮廓，要精确地定义草图，还需要对草图元素进行约束。草图约束包括几何约束和尺寸约束两种。

2.2.4.1 草图几何约束

几何约束用于建立草图对象几何特性（例如直线的水平和竖直）以及两个或两个以上对象间的相互关系（如两直线垂直、平行，直线与圆弧相切等）。单击【主页】选项卡中【约束】组中的【几何约束】命令，利用弹出【几何约束】对话框实现草图几何约束功能。

NX 几何约束的种类与图形元素的种类和数量有关，如表 2-4 所示。

表 2-4　几何约束的种类与图形元素的种类和数量的关系

种类	符号	图形元素的种类和数量
固定	↲	将草图对象固定在某个位置。不同几何对象有不同的固定方法，点一般固定其所在位置；线一般固定其角度或端点；圆和椭圆一般固定其圆心；圆弧一般固定其圆心或端点
完全固定	↲↲	一次性完全固定草图对象的位置和角度

种类	符号	图形元素的种类和数量
重合	⌐	定义两个或多个点相互重合
同心	◎	定义两个或多个圆弧或椭圆弧的圆心相互重合
共线	\\	定义两条或多条直线共线
点在曲线上	↑	定义所选取的点在某曲线上
中点	⊢	定义点在直线的中点或圆弧的中点法线上
水平	→	定义直线为水平直线（平行于工作坐标的 XC 轴）
垂直	↑	定义直线为垂直直线（平行于工作坐标的 YC 轴）
平行	//	定义两条曲线相互平行
垂直	⊥	定义两条曲线彼此垂直
相切	○	定义选取的两个对象相切
等长	=	定义选取的两条或多条曲线等长
等半径	≈	定义选取的两个或多个圆弧等半径
固定长度	↔	该约束定义选取的曲线为固定的长度
固定角度	∠	该约束定义选取的直线为固定的角度

2.2.4.2　草图尺寸约束

尺寸约束就是用数值约束图形对象的大小。在草图功能区中单击【主页】选项卡中【约束】组中的【快速尺寸】命令，打开【快速尺寸】对话框可进行草图尺寸约束标注。

2.3　二维草图绘制范例

下面通过 3 个例子来讲解 NX 草图创建步骤和方法，包括弯板、花盘和异形板等。

2.3.1　绘制弯板草图

以弯板为例来对草图特征设计和操作相关知识进行综合性应用，弯板草图如图 2-3 所示。

2.3.1.1　弯板草图设计思路分析

二维草图设计强调的是形状设计与尺寸几何约束分开，首先通过形状设计粗略绘制出草图轮廓，然后通过草图约束功能精确地定义草图结构。

（1）草图分析，拟订总体绘制思路

首先对草图进行整体分析，找到草图的定位元素或者定位位置，将草图分解成草图绘制元素，如图 2-4 所示。

（2）弯板草图设计流程

根据草图结构特点，按先定位、再轮廓、最后施加约束的原则（或者交叉进行原则）进行绘制草图，如图 2-5 所示。

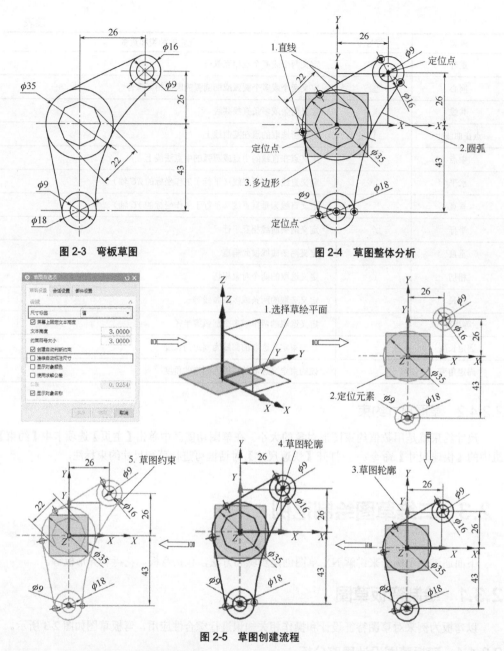

图2-3 弯板草图

图2-4 草图整体分析

图2-5 草图创建流程

2.3.1.2 弯板草图设计操作过程

（1）新建文件

01 启动 NX 后，单击【主页】选项卡的【新建】按钮，弹出【文件新建】对话框，选择【模型】模板。在【名称】文本框中输入"弯板草图"，单击【确定】按钮，新建文件。

（2）绘制草图定位元素

02 在草图功能区中单击【主页】选项卡中【直接草图】组中的【草图】命令，或选择下拉菜单【插入】|【草图】命令，弹出【创建草图】对话框，在【草图类型】下拉菜单中选择"在平面上"，在图形区选择【Datum Coordinate System】的【X-Y平面】图标，然后单击【确定】按钮，进入草图绘制状态，如图2-6所示。

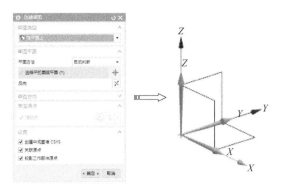

图 2-6　选择草图绘制平面

03 在草图功能区中单击【主页】选项卡中【曲线】组中的【圆】命令 ◯ 以及草图几何约束和尺寸约束命令，绘制草图定位元素，如图 2-7 所示。

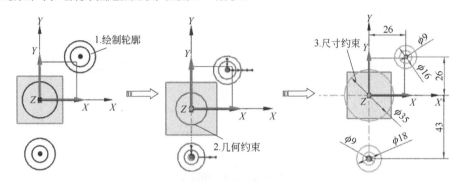

图 2-7　绘制定位元素

（3）绘制草图轮廓

04 在草图功能区中单击【主页】选项卡中【曲线】组中的【圆】命令、【圆弧】命令和【多边形】命令，绘制草图轮廓，如图 2-8 所示。

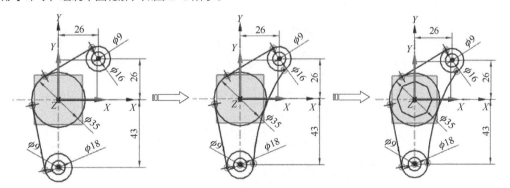

图 2-8　绘制草图轮廓

（4）施加草图约束

05 在草图功能区中单击【主页】选项卡中【约束】组中的【几何约束】命令 ⊥，或选择下拉菜单【插入】|【约束】命令，弹出【几何约束】对话框，如图 2-9 所示。

06 在草图功能区中的【主页】选项卡中单击【约束】组中的【快速尺寸】按钮 ，对草图施加尺寸约束，如图 2-10 所示。

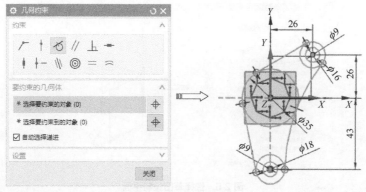

图 2-9　施加几何约束

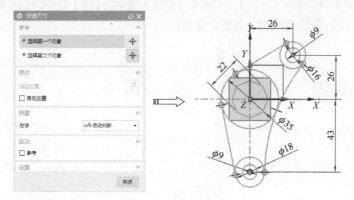

图 2-10　标注草图尺寸

2.3.2　绘制花盘草图

以花盘为例来对草图特征设计和操作相关知识进行综合性应用，花盘草图如图 2-11 所示。

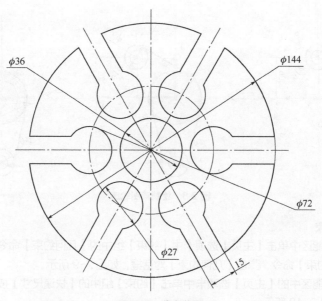

图 2-11　花盘草图

2.3.2.1 花盘草图设计思路分析

二维草图设计强调的是形状设计与尺寸几何约束分开，首先通过形状设计粗略绘制出草图轮廓，然后通过草图约束功能精确地定义草图结构。

（1）草图分析，拟订总体绘制思路

首先对草图进行整体分析，找到草图的定位元素或者定位位置，将草图分解成草图绘制元素，如图 2-12 所示。

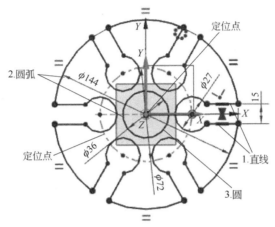

图 2-12　草图整体分析

（2）花盘草图设计流程

根据草图结构特点，按先定位、再轮廓、最后施加约束的原则（或者交叉进行原则）进行绘制草图，如图 2-13 所示。

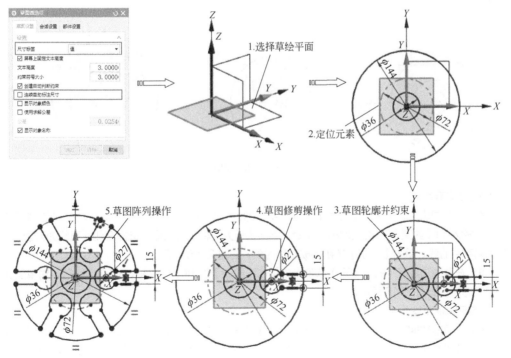

图 2-13　草图创建流程

2.3.2.2 花盘草图设计操作过程

（1）新建文件

01 启动 NX 后，单击【主页】选项卡的【新建】按钮 ，弹出【文件新建】对话框，选择【模型】模板。在【名称】文本框中输入"花盘草图"，单击【确定】按钮，新建文件。

（2）绘制草图轮廓

02 在草图功能区中单击【主页】选项卡中【直接草图】组中的【草图】命令 ，或选择下拉菜单【插入】|【草图】命令，弹出【创建草图】对话框，在【草图类型】下拉菜单中选择"在平面上"，在图形区选择【Datum Coordinate System】的【X-Y 平面】图标，然后单击【确定】按钮，进入草图绘制状态，如图 2-14 所示。

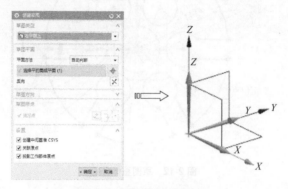

图 2-14　选择草图绘制平面

03 在草图功能区中单击【主页】选项卡中【曲线】组中的【圆】命令 ○、【约束】组中的【转换至/自参考对象】按钮 、【曲线】组中的【直线】命令 ／，绘制并约束草图，如图 2-15 所示。

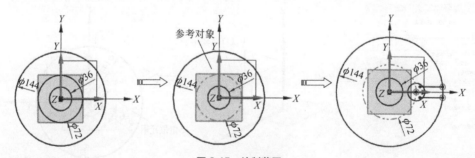

图 2-15　绘制草图

（3）施加草图约束

04 在草图功能区中单击【主页】选项卡中【约束】组中的【设为对称】命令 ，或选择下拉菜单【插入】|【约束】|【设为对称】命令，弹出【设为对称】对话框，选择左侧斜直线为对象，*X* 轴为对称中心线，单击【确定】按钮完成对称约束，如图 2-16 所示。

05 在草图功能区中的【主页】选项卡中单击【约束】组中的【快速尺寸】按钮 ，对草图施加尺寸约束，如图 2-17 所示。

（4）草图编辑和操作

06 在草图功能区中单击【主页】选项卡中【曲线】组中的【快速修剪】命令 ，或选择菜单【编辑】|【曲线】|【快速修剪】命令，弹出【快速修剪】对话框，选择如图 2-18 所示曲线，自动完成修剪。

图 2-16　施加对称约束

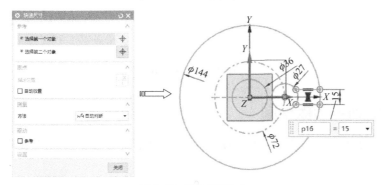

图 2-17　标注草图尺寸

图 2-18　快速修剪

07 在草图功能区中单击【主页】选项卡中【曲线】组中的【阵列曲线】命令，或选择菜单【插入】|【来自曲线集的曲线】|【阵列曲线】命令，弹出【阵列曲线】对话框，选择【布局】为圆形，在【指定点】中选择大圆中心为阵列中心，设置【数量】为 6，【节距角】为 60，单击【确定】按钮完成圆形阵列，如图 2-19 所示。

图 2-19　阵列曲线

08 在草图功能区中单击【主页】选项卡中【曲线】组中的【快速修剪】命令 ，或选择菜单【编辑】|【曲线】|【快速修剪】命令，弹出【快速修剪】对话框，选择如图 2-20 所示曲线，自动完成修剪。

图 2-20　快速修剪

2.3.3　绘制异形板草图

以异形板为例来对草图特征设计和操作相关知识进行综合性应用，异形板草图如图 2-21 所示。

2.3.3.1　异形板草图设计思路分析

二维草图设计强调的是形状设计与尺寸几何约束分开，首先通过形状设计粗略绘制出草图轮廓，然后通过草图约束功能精确地定义草图结构。

（1）草图分析，拟订总体绘制思路

首先对草图进行整体分析，找到草图的定位元素或者定位位置，将草图分解成草图绘制元素，如图 2-22 所示。

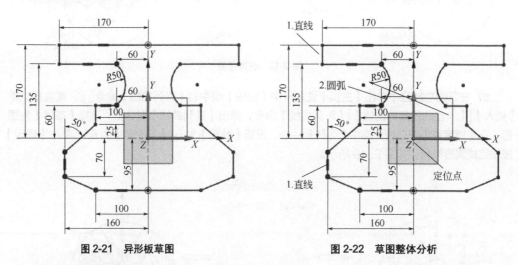

图 2-21　异形板草图　　　　　　　　　　图 2-22　草图整体分析

（2）花盘草图设计流程

在标注草图尺寸时，对于关联尺寸较多且绘制尺寸差距较大的情况，一般采用延迟评估方法。即单击【草图生成器】工具栏上的【延迟评估】按钮 ，然后标注草图尺寸后，再单击【评估草图】按钮 ，如图 2-23 所示。

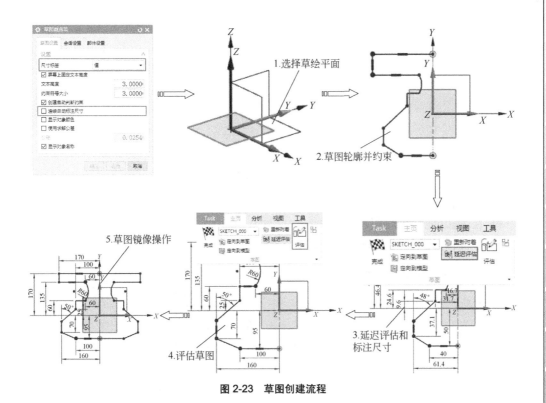

图 2-23　草图创建流程

2.3.3.2　异形板草图设计操作过程

（1）新建文件

01 启动 NX 后，单击【主页】选项卡的【新建】按钮，弹出【文件新建】对话框，选择【模型】模板。在【名称】文本框中输入"异形板草图"，单击【确定】按钮，新建文件。

（2）绘制草图轮廓

02 在草图功能区中单击【主页】选项卡中【直接草图】组中的【草图】命令，或选择下拉菜单【插入】|【草图】命令，弹出【创建草图】对话框，在【草图类型】下拉菜单中选择"在平面上"，在图形区选择【Datum Coordinate System】的【X-Y 平面】图标，然后单击【确定】按钮，进入草图绘制状态，如图 2-24 所示。

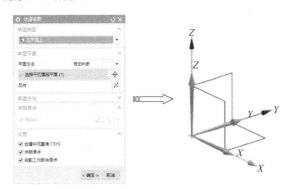

图 2-24　选择草图绘制平面

03 在草图功能区中单击【主页】选项卡中【曲线】组中的【圆弧】命令和【轮廓】命令绘制草图，如图 2-25 所示。

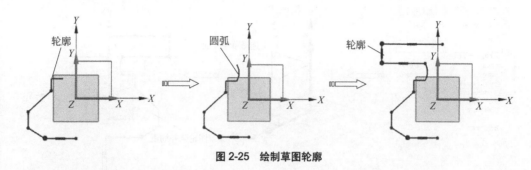

图 2-25 绘制草图轮廓

（3）施加几何约束

04 在草图功能区中单击【主页】选项卡中【约束】组中的【几何约束】命令 ⟂，或选择下拉菜单【插入】|【约束】命令，弹出【几何约束】对话框，施加相关约束，如图 2-26 所示。

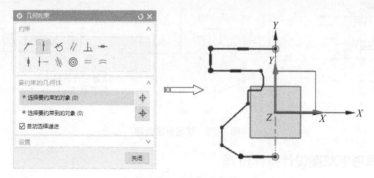

图 2-26 施加几何约束

图 2-27 延迟评估

（4）标注草图尺寸

05 单击【草图生成器】工具栏上的【延迟评估】按钮 ，启动延迟评估草图，如图 2-27 所示。

06 在草图功能区中的【主页】选项卡中单击【约束】组中的【快速尺寸】按钮 ，对草图施加尺寸约束，标注草图的真实尺寸，如图 2-28 所示。

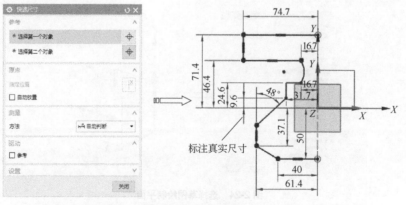

图 2-28 标注草图尺寸

07 单击【评估草图】按钮 ，评估草图尺寸，如图 2-29 所示。

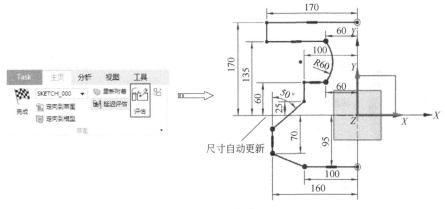

图 2-29　评估草图

（5）草图编辑和操作

08 在草图功能区中单击【主页】选项卡中【曲线】组中的【镜像曲线】命令 ⚮ ，弹出【镜像曲线】对话框，选择如图 2-30 所示草图曲线和镜像中心线，单击【确定】按钮，即可完成草图的镜像操作。

图 2-30　镜像曲线

2.4　本章小结

本章简要介绍了 NX 草图绘制、草图编辑、草图操作以及草图约束等内容，并通过 3 个实例来具体讲解 NX 草图创建步骤和方法，使读者通过本章的学习对 NX 草图绘制方法有深入的了解，为后续实体和曲面建模打下坚实的基础。

03

第3章

Chapter three

NX实体设计

本章内容

- 实体设计界面
- 实体建模方法
- 基本体素特征
- 扫描设计特征
- 基础成形特征
- 实体特征操作
- 实体设计范例

实体特征建模用于建立基本体素和简单的实体模型，包括块体、柱体、锥体、球体、管体还有孔、圆形凸台、型腔、凸垫、键槽、环形槽等。实际的实体造型都可以分解为这些简单的特征建模，因此特征建模部分是实体造型的基础。

3.1 NX 实体特征设计简介

实体特征造型是 NX 三维建模的组成部分，也是用户进行零件设计最常用的建模方法。本节介绍 NX 实体特征设计基本知识和造型方法。

3.1.1 NX 实体设计用户界面

启动 NX 后首先出现欢迎界面，新建文件后，单击【应用模块】选项卡中【建模】按钮进入实体设计用户界面，如图 3-1 所示。

图 3-1 【应用模块】选项卡

NX 实体设计用户界面友好，符合 Windows 风格，主要由标题栏、菜单栏、工具栏、图形区、坐标系图标、提示栏/状态栏和导航器等部分组成，如图 3-2 所示。

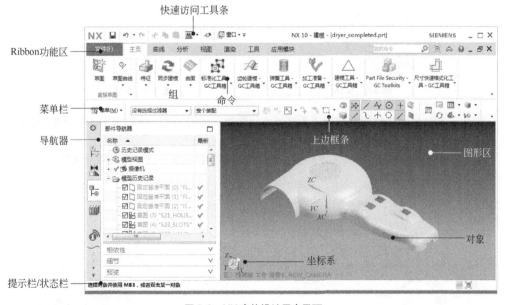

图 3-2 NX 实体设计用户界面

3.1.2 实体特征术语

① 点（points）：独立存在的几何对象，以"+"表示，可以是关联的，也可以是非关联的，

如图 3-3 所示。

② 曲线（curves）：独立存在的几何对象，包括直线（lines）、二次曲线（conics）、样条曲线（splines）等，曲线可以是关联的，也可以是非关联的线、圆弧、圆或脊线，如图 3-3 所示。

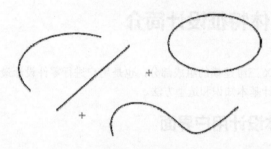

图 3-3　点和曲线

③ 平面（planes）：一个无边界的平面，用一个特殊符号表示，可以独立观察。

④ 物体（bodies）：物体是独立存在的几何体，可以直接删除，包括 2 类：实体与片体。

☑　实体（solids）：由封闭表面包围的具有体积的物体，可以直接删除，如图 3-4 所示。

☑　片体（sheets）：由封闭曲线围成的曲面片，厚度为 0，可以直接删除，一般多指自由曲面，如图 3-5 所示。

 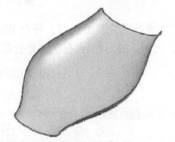

图 3-4　实体　　　　　　　　　　　图 3-5　片体

⑤ 面（faces）：由封闭曲线围成的区域，一般指实体的表面，依赖于实体的存在而存在，有时也可用于片体，不能独立删除，如图 3-6 所示。

⑥ 边（edges）：实体和面的边界线，它依赖于面的存在而存在，不能独立删除，如图 3-7 所示。

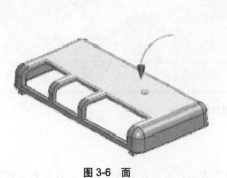 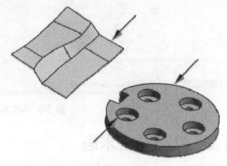

图 3-6　面　　　　　　　　　　　　图 3-7　边

3.2 实体特征知识点概述

无论是产品的概念设计还是详细设计的各个阶段，都需要对模型不断地进行修改，因此基于参数化的实体建模过程包括实体特征设计、实体特征操作两大部分。

3.2.1 实体特征设计

NX 实体特征设计命令可分成 3 部分：基本体素特征、扫描设计特征和基础成形特征。

3.2.1.1 基本体素特征

基本体素特征是三维建模的基础，主要包括长方体、圆柱、圆锥和球体等，如表 3-1 所示。

表 3-1　基本体素特征

类型	说明	示例
长方体	用于创建长方体	
圆柱	用于创建圆柱体	
圆锥	用于构造圆锥或圆台实体	
球体	用于构造球形实体	

3.2.1.2 扫描设计特征

扫描设计特征是指将截面几何体沿导引线或一定的方向扫描生成特征的方法，是利用二维轮廓生成三维实体最为有效的方法，包括拉伸、回转、沿导引线扫掠和管道等，如表 3-2 所示。

表 3-2　扫描设计特征

类型	说明	示例
拉伸	拉伸是将截面曲线沿指定方向拉伸指定距离建立片体或实体特征	

续表

类型	说明	示例
旋转	旋转是将截面曲线（实体表面、实体边缘、曲线、连接曲线或者片体）通过绕设定轴线旋转生成实体或者片体	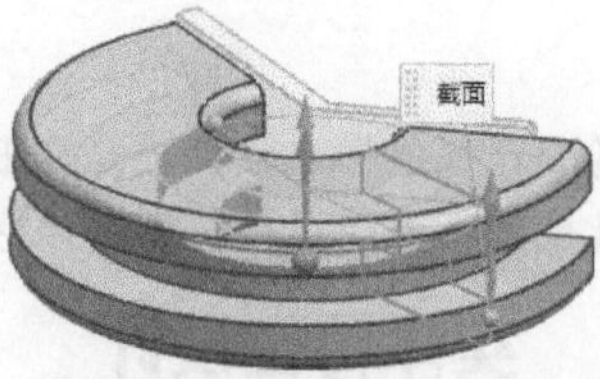
沿导引线扫掠	沿导引线扫掠是将截面（实体表面、实体边缘、曲线或者连接曲线）沿导引线（直线、圆弧或者样条曲线）扫掠创建实体或片体	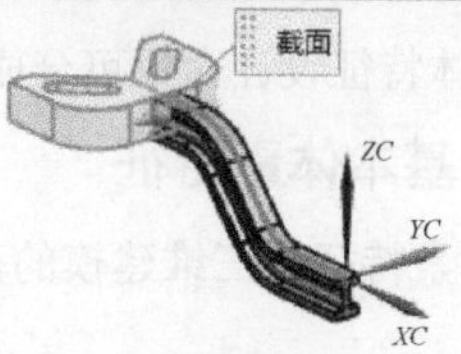
管道	管道特征主要根据给定的曲线和内外直径创建各种管状实体，可用于创建线捆、电气线路、管、电缆或管路	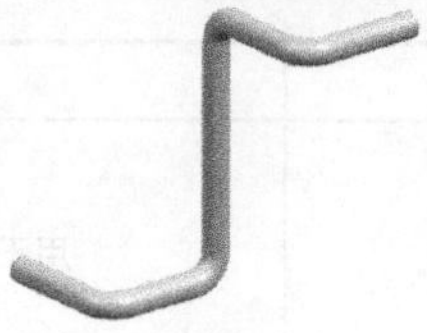

3.2.1.3 基础成形特征

当生成一些简单的实体造型后，通过成形特征的操作，可以建立孔、凸台、腔体、凸垫、凸起、键槽和沟槽等，如表 3-3 所示。

表 3-3 基础成形特征

类型	说明	示例
孔	在实体上创建一个简单的孔、沉头孔或埋头孔	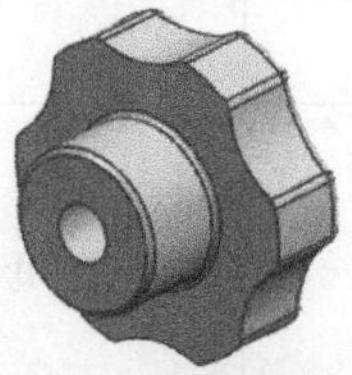
凸台	创建在平面上的圆柱形或圆锥形特征	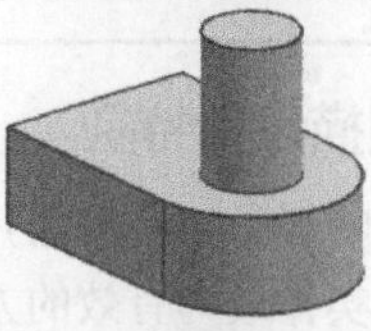
腔体	腔体是在实体中按照一定的形状去除材料建立圆柱形腔或方形腔	
凸垫	在特征面上增加一个指定方向或其他自定义形状的凸起特征	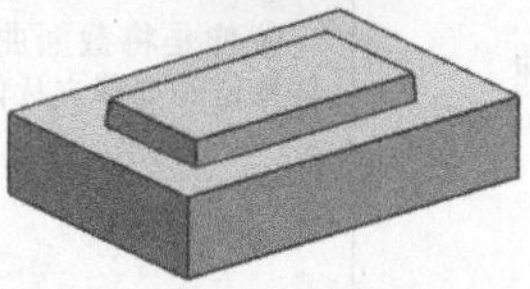

类型	说明	示例
凸起	用于通过沿矢量投影截面形成的面来修改体	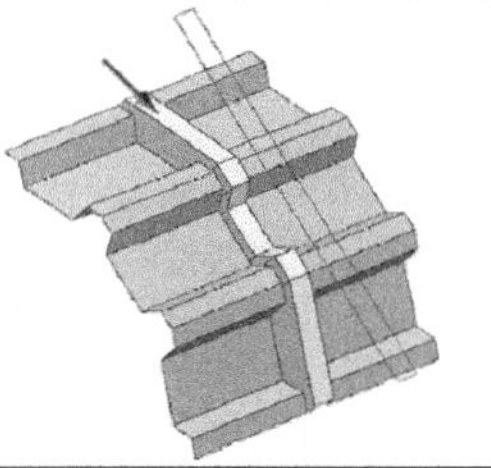
键槽	键槽是从实体特征中去除槽形材料而形成的特征操作，是各类机械零件的典型特征	
沟槽	沟槽在各类机械零件中常见的特征，是指在圆柱或圆锥表面生成的环形槽	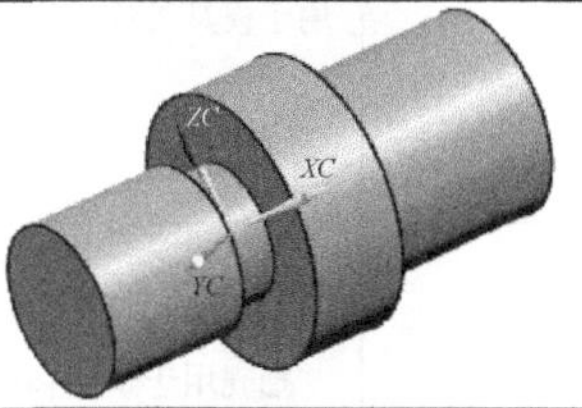
加强肋	加强肋是指在草图轮廓和现有零件之间添加指定方向和厚度的材料，在工程上一般用于加强零件的强度	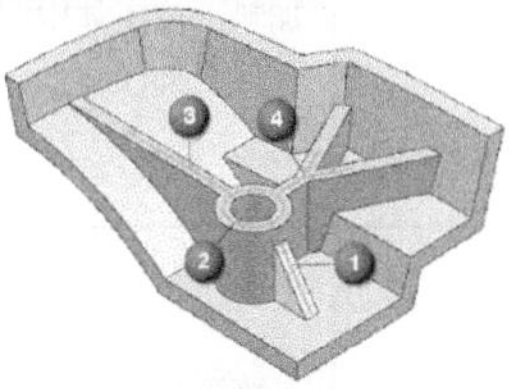
螺纹	在工程设计中，经常用到螺栓、螺柱、螺孔等具有螺纹表面的零件，都需要在表面上创建出螺纹特征，而 UG NX 为螺纹创建提供了非常方便的手段，可以在孔、圆柱或圆台上创建螺纹	

3.2.2 实体特征操作

特征操作是对已存在实体或特征进行修改，以满足设计要求。通过特征操作可用简单的特征建立复杂特征，如表 3-4 所示。

表 3-4 实体特征操作

类型	说明	示例
边倒圆	边倒圆是按指定的半径对所选实体或者片体边缘进行倒圆，使模型上的尖锐边缘变成圆滑表面	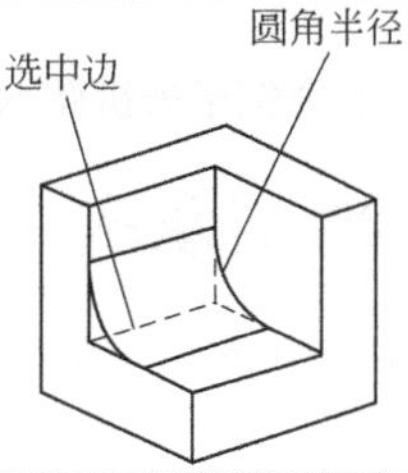

续表

类型	说明	示例
倒斜角	倒斜角是指按指定的尺寸斜切实体的棱边，对于凸棱边去除材料，而对于凹棱边增添材料	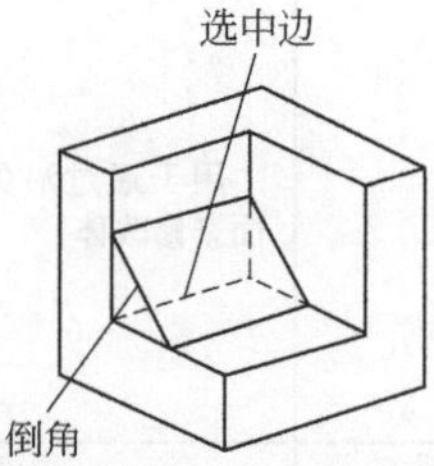 选中边 倒角
拔模	拔模是使实体相对于指定的方向上产生一定倾斜角度的造型工具，主要用于模具设计过程中	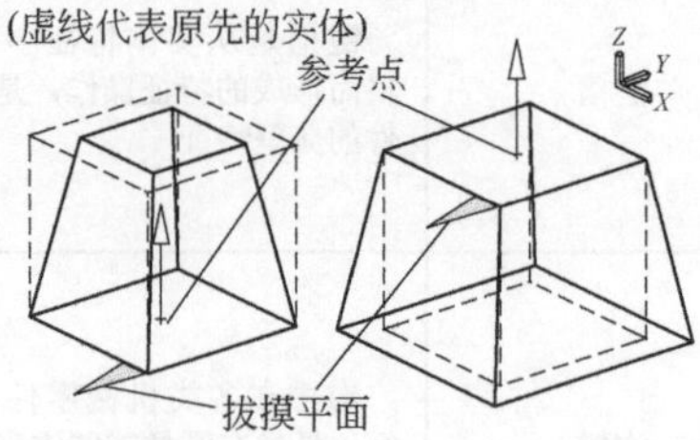 （虚线代表原先的实体） 参考点 拔摸平面
抽壳	抽壳用于从实体内部除料或在外部加料，使实体中空化，从而形成薄壁特征的零件	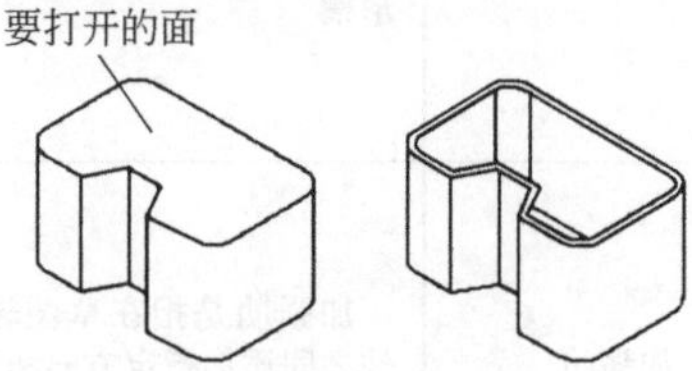 要打开的面
阵列	阵列特征是将指定的一个或者一组特征，按照一定的规律复制以建立特征阵列，避免重复性操作	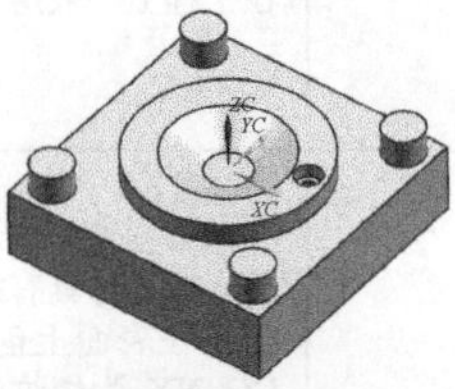
镜像	镜像特征是指通过基准平面或平面镜像选定特征的方法来创建对称的实体模型	

3.3 实体设计范例

下面通过 3 个例子来讲解 NX 实体特征创建步骤和方法，包括轴承座、旋转轴和凉水杯。

3.3.1 绘制轴承座

以轴承座为例来对实体特征设计和操作相关知识进行综合性应用，轴承座结构如图 3-8 所示。

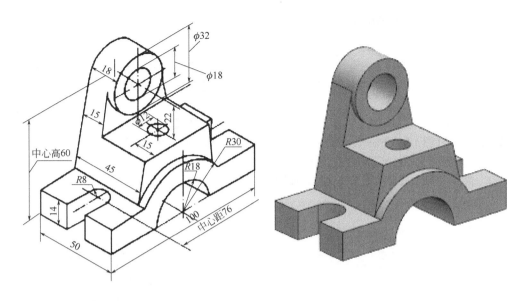

图 3-8　轴承座

3.3.1.1　轴承座设计思路分析

（1）零件分析，拟订总体建模思路

总体思路是：首先对模型结构进行分析和分解，分解为相应 NX 实体特征——拉伸特征、孔特征、镜像特征等，如图 3-9 所示。

（2）轴承座特征造型

按照实体建模过程，首先利用拉伸特征创建底板和主体，然后通过孔特征完善轴承座，如图 3-10 所示。

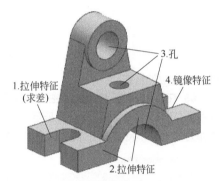

图 3-9　轴承座特征分解

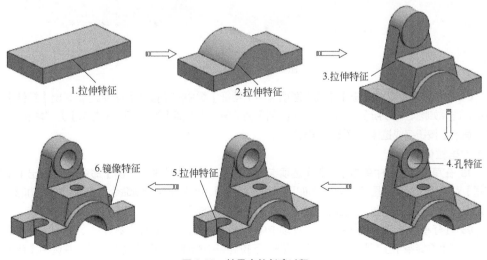

图 3-10　轴承座的创建过程

3.3.1.2 轴承座设计操作过程

（1）新建文件

01 启动 NX 后，单击【主页】选项卡的【新建】按钮，弹出【文件新建】对话框，选择【模型】模板。在【名称】文本框中输入"轴承座"，单击【确定】按钮，新建文件。

（2）创建长方体

02 在建模功能区中单击【主页】选项卡中【特征】组中的【块】命令，或选择菜单【插入】|【设计特征】|【块】命令，弹出【块】对话框，选择【原点和边长】方式，设置长、宽、高分别为 50mm、100mm、14mm，单击【指定点】后的按钮，弹出【点】对话框，原点为（-25，-50,0），单击【确定】按钮完成，如图 3-11 所示。

图 3-11　创建长方体

（3）创建拉伸特征

03 在草图功能区中单击【主页】选项卡中【直接草图】组中的【草图】命令，弹出【创建草图】对话框，选择如图 3-12 所示的平面为草绘平面，利用草图绘制命令、编辑和约束功能，绘制如图 3-12 所示的草图，然后单击【草图】组上的【完成】按钮，退出草图编辑器环境。

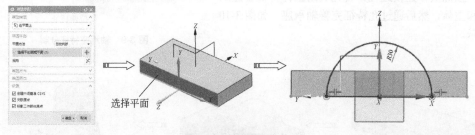

选择平面

图 3-12　绘制草图曲线

04 在建模功能区中单击【主页】选项卡中【特征】组中的【拉伸】命令，弹出【拉伸】对话框，选择如图 3-13 所示曲线，设置【限制】为"值"、【距离】为"50"、【布尔】为"求和"，单击【确定】按钮完成拉伸，如图 3-13 所示。

（4）创建拉伸特征

05 在草图功能区中单击【主页】选项卡中【直接草图】组中的【草图】命令，弹出【创建草图】对话框，选择如图 3-14 所示的平面为草绘平面，利用草图绘制命令、编辑和约束功能，绘制如图 3-14 所示的草图，然后单击【草图】组上的【完成】按钮，退出草图编辑器环境。

06 在建模功能区中单击【主页】选项卡中【特征】组中的【拉伸】命令，弹出【拉伸】对话框。在【选择条】工具栏中的【设计意图】下拉列表中选择【单条曲线】选项，并选中【在相交处停止】按钮，如图 3-15 所示。

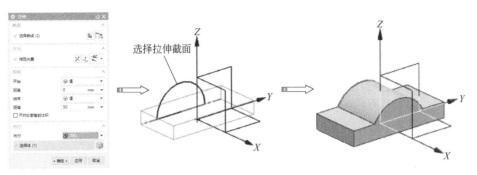

图 3-13 创建拉伸特征

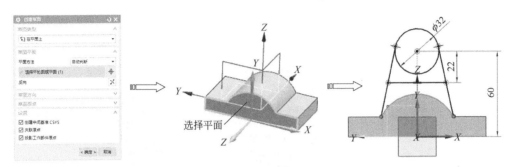

图 3-14 绘制草图曲线

在相交处停止

图 3-15 选择设计意图

07 选择如图 3-16 所示曲线，设置【限制】为"值"、【距离】为"45"、【布尔】为"求和"，单击【确定】按钮完成拉伸。

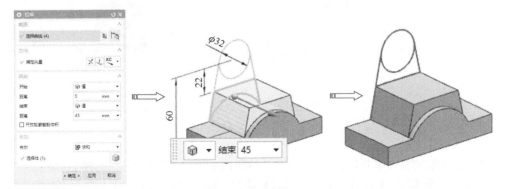

图 3-16 创建拉伸特征（一）

08 重复上述步骤，选择如图 3-17 所示曲线，设置【限制】为"值"、【距离】为"15"、【布尔】为"求和"，单击【确定】按钮完成拉伸。

09 重复上述步骤，选择如图 3-18 所示曲线，设置【限制】为"值"、【距离】为"18"、【布尔】为"求和"，单击【确定】按钮完成拉伸。

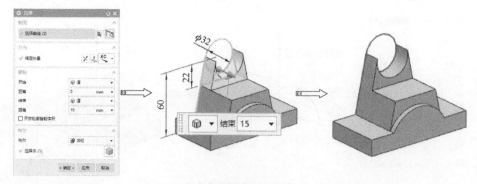

图 3-17　创建拉伸特征（二）

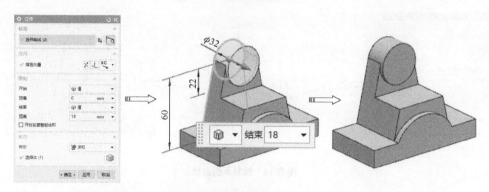

图 3-18　创建拉伸特征（三）

（5）创建孔特征

10 在建模功能区中单击【主页】选项卡中【特征】组中的【孔】按钮 🔲，弹出【孔】对话框，设置【直径】为18mm、【深度限制】为"贯通体"，选择如图 3-19 所示的圆弧中心，设置【孔方向】为"垂直于面"，单击【确定】按钮创建孔。

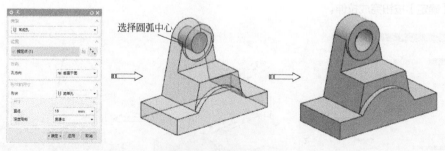

图 3-19　创建孔（一）

11 在建模功能区中单击【主页】选项卡中【特征】组中的【点】命令 ┼，选择【类型】为"自动判断的点"，选择如图 3-20 所示的中点，在【偏置】中设置（-15,0,0），单击【确定】按钮创建点。

12 在建模功能区中单击【主页】选项卡中【特征】组中的【孔】按钮 🔲，弹出【孔】对话框，设置【直径】为12mm、【深度限制】为"贯通体"，选择上一步创建的点，设置【孔方向】为"垂直于面"，单击【确定】按钮创建孔，如图 3-21 所示。

13 在建模功能区中单击【主页】选项卡中【特征】组中的【孔】按钮 🔲，弹出【孔】对话框，设置【直径】为36mm、【深度限制】为"贯通体"，选择如图 3-22 所示的圆弧中心，设置【孔方向】为"垂直于面"，单击【确定】按钮创建孔。

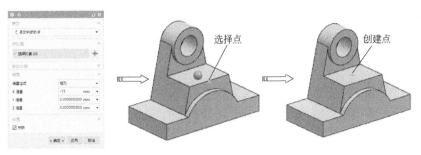

图 3-20　创建点

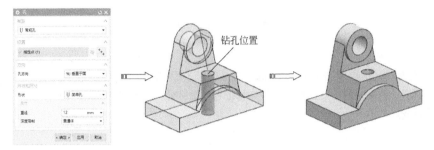

图 3-21　创建孔（二）

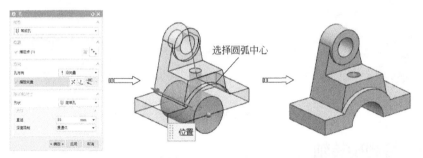

图 3-22　创建孔（三）

（6）创建拉伸特征

14 在草图功能区中单击【主页】选项卡中【直接草图】组中的【草图】命令，弹出【创建草图】对话框，选择如图 3-23 所示的平面为草绘平面，利用草图绘制命令、编辑和约束功能，绘制如图 3-23 所示的草图，然后单击【草图】组上的【完成】按钮，退出草图编辑器环境。

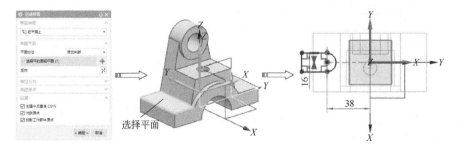

图 3-23　绘制草图曲线

15 在建模功能区中单击【主页】选项卡中【特征】组中的【拉伸】命令，弹出【拉伸】对话框，选择上一步草图曲线，设置【限制】为"贯通"、【布尔】为"求差"，单击【确定】按钮完成拉伸，如图 3-24 所示。

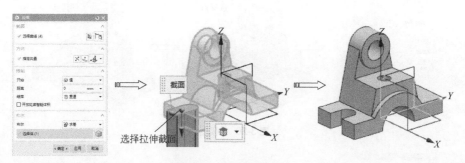

图 3-24　创建拉伸特征

（7）创建镜像特征

16 在建模功能区中单击【主页】选项卡中【特征】组中的【镜像特征】按钮 ，弹出【镜像特征】对话框。选择如图 3-25 所示的拉伸特征为镜像特征，选择镜像基准面 ZX 平面，单击【确定】按钮完成。

图 3-25　镜像特征

3.3.2　绘制旋转轴

以旋转轴为例来对实体特征设计和操作相关知识进行综合性应用，旋转轴结构如图 3-26 所示。

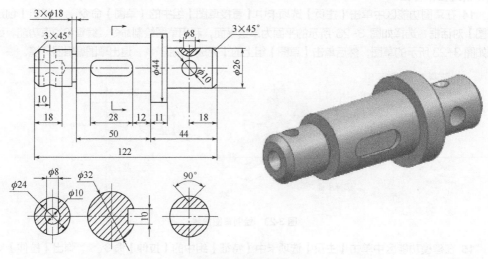

图 3-26　旋转轴模型

3.3.2.1　旋转轴设计思路分析

（1）零件分析，拟订总体建模思路

　　总体思路是：首先对模型结构进行分析和分解，分解为相应 NX 实体特征——旋转特征、孔特征、键槽特征、倒角特征等，如图 3-27 所示。

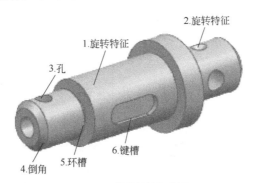

图 3-27　旋转轴特征分解

（2）旋转轴特征造型

　　按照实体建模过程，首先利用旋转特征创建基体，然后通过环槽、键槽、孔和倒角特征完善旋转轴，如图 3-28 所示。

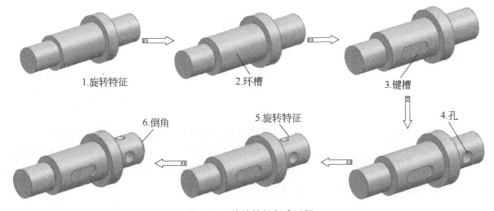

图 3-28　旋转轴的创建过程

3.3.2.2　旋转轴设计操作过程

（1）新建文件

　　01 启动 NX 后，单击【主页】选项卡的【新建】按钮，弹出【文件新建】对话框，选择【模型】模板。在【名称】文本框中输入"旋转轴"，单击【确定】按钮，新建模型文件。

（2）创建旋转特征

　　02 选择下拉菜单【插入】|【在任务环境中绘制草图】命令，弹出【创建草图】对话框，在【草图类型】中选择"在平面上"，选择 YZ 平面为草绘平面，单击【确定】按钮，利用草图工具绘制如图 3-29 所示的草图。单击【草图】组上的【完成】按钮，退出草图编辑器环境。

　　03 在建模功能区中单击【主页】选项卡中【特征】组中的【旋转】命令，弹出【旋转】对话框，选择上一步创建的草图作为回转截面，设置旋转轴为 YC 轴、旋转中心为（0,0,0），单击【确定】按钮完成，如图 3-30 所示。

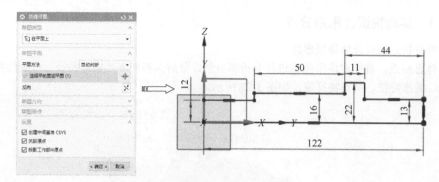

图 3-29　绘制草图

图 3-30　创建旋转特征

图 3-31　【槽】对话框

（3）创建环槽特征

04 在建模功能区中单击【主页】选项卡中【特征】组中的【槽】按钮 🔧，弹出【槽】对话框，如图 3-31 所示。

05 单击【矩形】按钮，弹出放置面选择对话框，在图形区选择左侧圆柱面为放置面，弹出【矩形槽】对话框，设置【槽直径】为 18mm、【宽度】为 3mm，然后选择目标边和工具边，在【创建表达式】对话框中输入"0"，单击【确定】按钮完成槽特征创建，如图 3-32 所示。

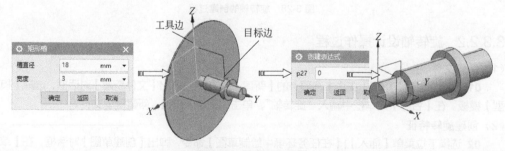

图 3-32　创建矩形环槽

（4）创建键槽特征

06 在建模功能区中单击【主页】选项卡中【特征】组中的【基准平面】命令 ▱，弹出【基准平面】对话框，在【类型】中选择"自动判断"，然后选择如图 3-33 所示的圆柱面和基准平面 YZ，单击【确定】按钮创建基准平面。

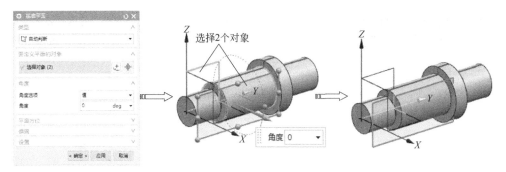

图 3-33　创建基准平面

07 在建模功能区中单击【主页】选项卡中【特征】组中的【键槽】按钮 ，弹出【键槽】对话框，如图 3-34 所示。

图 3-34　【键槽】对话框

08 单击【矩形槽】按钮，弹出放置面选择对话框，在图形区选择如图 3-35 所示的圆柱面为放置面，系统弹出【水平参考】对话框，选择如图 3-35 所示的坐标轴 *Y* 作为长度方向。

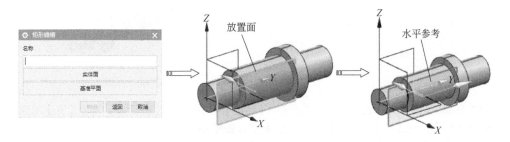

图 3-35　选择放置面和水平参考

09 系统自动弹出【矩形键槽】对话框，设置相关参数，如图 3-36 所示。单击【确定】按钮，弹出【定位】对话框，单击【垂直】按钮 ，如图 3-37 所示。

图 3-36　【矩形键槽】对话框

图 3-37　【定位】对话框

10 选择如图3-38所示的目标；选择如图3-38所示的圆弧边，系统弹出【设置圆弧的位置】对话框，单击【相切点】按钮，在【创建表达式】对话框中输入数值为"12"，单击【确定】按钮完成。

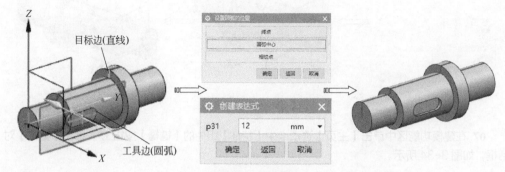

图3-38　创建键槽

（5）创建孔特征

11 在建模功能区中单击【主页】选项卡中【特征】组中的【点】命令 ╈，选择【类型】为"自动判断的点"，选择如图3-39所示的圆点，在【偏置】中设置（13，-18，0），单击【确定】按钮创建点。

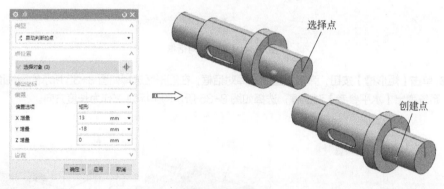

图3-39　创建点

12 在建模功能区中单击【主页】选项卡中【特征】组中的【孔】按钮 ，弹出【孔】对话框，设置【直径】为10mm、【深度限制】为"贯通体"，选择上一步创建的点，设置【孔方向】为"垂直于面"，单击【确定】按钮创建孔，如图3-40所示。

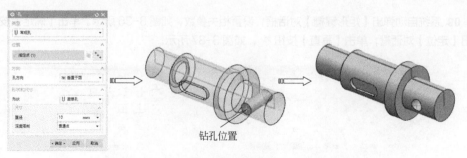

图3-40　创建孔

（6）创建旋转特征

    13 选择下拉菜单【插入】|【在任务环境中绘制草图】命令，弹出【创建草图】对话框，选择 *YZ* 平面为草绘平面，单击【确定】按钮，利用草图工具绘制如图 3-41 所示的草图。单击【草图】组上的【完成】按钮 🏁，退出草图编辑器环境。

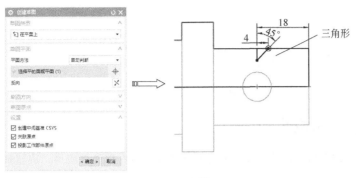

图 3-41　绘制草图

    14 在建模功能区中单击【主页】选项卡中【特征】组中的【旋转】命令 ⑩，弹出【旋转】对话框，选择上一步创建的草图作为回转截面，设置草图中的竖直线作为旋转轴、旋转中心为旋转轴的端点、【布尔】为"求差"，单击【确定】按钮完成，如图 3-42 所示。

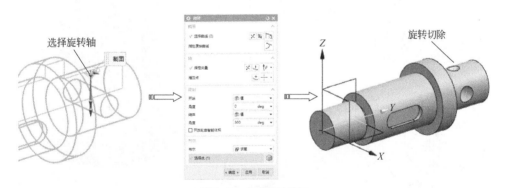

图 3-42　创建旋转特征

（7）创建倒斜角特征

    15 在建模功能区中单击【主页】选项卡中【特征】组中的【倒斜角】按钮 📐，弹出【倒斜角】对话框，在【横截面】下拉列表中选择【对称】方式，设置【距离】为"3"，单击【确定】按钮，系统自动完成倒斜角特征，如图 3-43 所示。

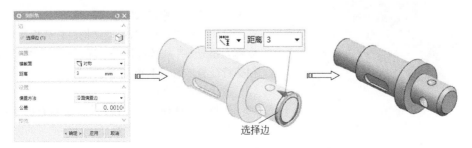

图 3-43　创建倒斜角

16 重复上述孔和倒斜角创建过程，创建另一端的孔和倒斜角，如图 3-44 所示。

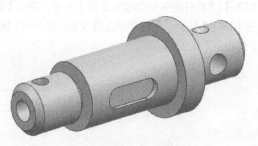

图 3-44　创建孔和倒斜角

3.3.3　绘制凉水杯

以凉水杯为例来对实体特征设计和操作相关知识进行综合性应用，旋转轴结构如图 3-45 所示。

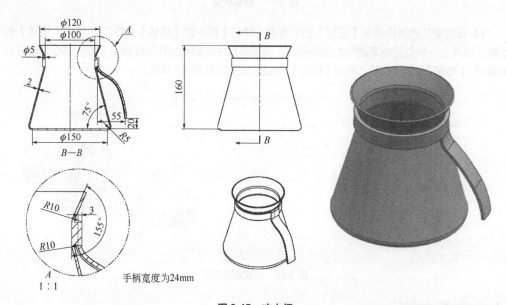

图 3-45　凉水杯

图 3-46　凉水杯特征分解

3.3.3.1　凉水杯设计思路分析

（1）零件分析，拟订总体建模思路

总体思路是：首先对模型结构进行分析和分解，分解为相应 NX 实体特征——旋转特征、加厚特征、扫掠特征等，如图 3-46 所示。

（2）凉水杯特征造型

按照实体建模过程，首先利用旋转特征建立杯体，然后通过加厚和扫掠特征创建杯把，如图 3-47 所示。

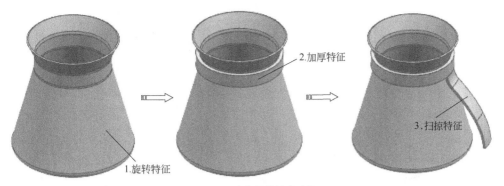

图 3-47　凉水杯的创建过程

3.3.3.2　凉水杯设计操作过程

（1）新建零件

01 启动 NX 后，单击【主页】选项卡的【新建】按钮，弹出【文件新建】对话框，选择【模型】模板。在【名称】文本框中输入"旋转轴"，单击【确定】按钮，新建模型文件。

（2）创建旋转特征

02 选择下拉菜单【插入】|【在任务环境中绘制草图】命令，弹出【创建草图】对话框，在【草图类型】中选择"在平面上"，选择 YZ 平面为草绘平面，利用草图工具绘制如图 3-48 所示的草图。单击【草图】组上的【完成】按钮，退出草图编辑器环境。

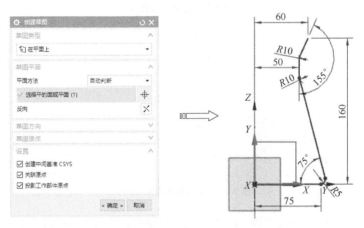

图 3-48　绘制草图

03 在建模功能区中单击【主页】选项卡中【特征】组中的【旋转】命令，弹出【旋转】对话框，选择上一步创建的草图作为回转截面，设置旋转轴为 ZC 轴、旋转中心为（0，0，0），设置【偏置】为 2mm，单击【确定】按钮完成，如图 3-49 所示。

（3）创建加厚特征

04 在建模功能区中单击【主页】选项卡中【特征】组中的【加厚】按钮，弹出【加厚】对话框，选择如图 3-50 所示的曲面，设置【偏置 1】为 5mm，单击【确定】按钮完成。

（4）创建沿引导线扫掠特征

05 在草图功能区中单击【主页】选项卡中【直接草图】组中的【草图】命令，弹出【创建草图】对话框，选择 YZ 平面作为草绘平面，绘制如图 3-51 所示的草图，然后在功能区中单击【草图】组上的【完成】按钮，退出草图编辑器环境。

图 3-49　创建旋转特征

图 3-50　创建加厚特征

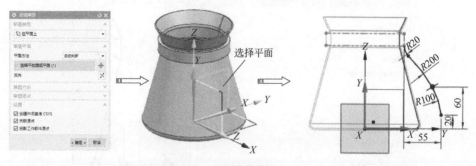

图 3-51　绘制草图曲线（一）

06 在草图功能区中单击【主页】选项卡中【直接草图】组中的【草图】命令，弹出【创建草图】对话框，选择如图 3-52 所示的平面作为草绘平面，绘制如图 3-52 所示的草图，然后在功能区中单击【草图】组上的【完成】按钮，退出草图编辑器环境。

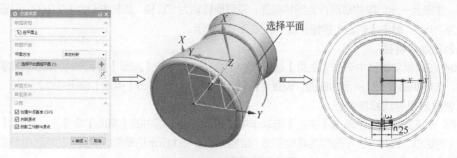

图 3-52　绘制草图曲线（二）

07 在建模功能区中单击【曲面】选项卡中【曲面】组中的【拉伸沿导引线扫掠】命令👜，弹出【沿引导线扫掠】对话框，选择如图 3-53 所示的截面线和引导线，设置【布尔】为"求和"，单击【确定】按钮完成。

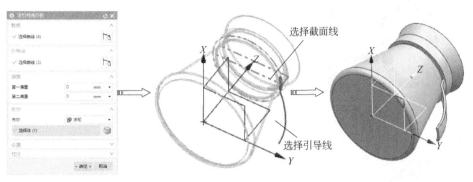

图 3-53　创建沿引导线扫掠特征

3.4　本章小结

　　本章简要介绍了 NX 实体设计与特征操作等内容，并通过 3 个实例来具体讲解 NX 实体造型步骤和方法，使读者通过本章的学习对 NX 实体建模方法有深入的了解，轻松掌握实体特征设计相关知识和应用。

04

第4章

Chapter four

NX曲线和曲面设计

本章内容

▶ 曲线和曲面基本术语

▶ 曲线和曲面设计用户界面

▶ 曲线、曲面知识点概述

▶ 曲线、曲面设计范例

流畅的外形设计离不开曲线和曲面，为了建立好曲面，必须适当建好曲线，曲线线框是曲面的基础，进而由曲线创建曲面，再通过曲面生成实体来创建特定零件。

4.1 NX 曲线和曲面设计概述

使用 NX 软件进行产品设计时，对于形状比较规则的零件，利用实体特征造型快捷方便，基本能满足造型的需要。但对于形状复杂的零件，实体特征的造型方法显得力不从心、难于胜任，这时就需要实体和曲面混合设计才能完成。NX 曲面造型方法繁多、功能强大、使用方便，提供了强大的弹性化设计方式，是三维造型技术的重要组成部分。

4.1.1 曲线和曲面基本术语

了解在 NX 中的曲线和曲面术语可以更好地创建所需曲面，本节简单介绍相关曲线和曲面术语。

（1）**实体、片体和曲面**

在 NX 中构造的物体类型有 2 种：实体与片体。实体是具有一定体积和质量的实体性几何特征。片体是相对于实体而言的，它只有表面，没有体积，并且一个片体是一个独立的几何体，可以包含一个特征，也可以包含多个特征。

   ☑ 实体：具有厚度、由封闭曲面包围的具有体积的物体。

   ☑ 片体：厚度为 0 的实体，它只有表面，没有体积。

   ☑ 曲面：曲面是一种泛称，片体、片体组合、实体的所有表面都可以成为曲面。

（2）**曲面的 U、V 方向**

在数学上，曲面是用两个方向的参数定义的：行方向由 U 参数定义，列方向由 V 参数定义。

对于"通过点"的曲面，大致具有同方向的一组点构成了行，与行大约垂直的一组点构成列方向，如图 4-1 所示。

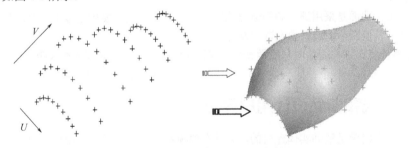

图 4-1　通过点曲面的 U、V 方向

对于"通过曲线"和"直纹面"的生成方法，曲线方向代表了 U 方向，如图 4-2 所示。

（3）**曲面的阶次**

曲面的阶次类似于曲线的阶次，是一个数学概念，用来描述片体的多项式的最高次数，由于片体具有 U、V 两个方向的参数，因此，需分别指定次数。在 NX 中，片体在 U、V 方向的次数必须介于 2～24 之间，但最好采用 3 次，称为双三次曲面。曲面的阶次过高会导致系统运算速度变慢，甚至在数据转换时容易发生数据丢失等情况。

（4）**补片类型**

片体是由补片构成的，根据补片的类型可分为单补片和多补片。

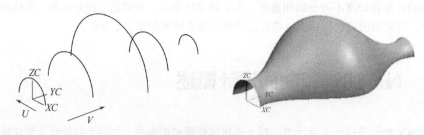

图4-2　曲线曲面的 *U*、*V* 方向

单补片是指所建立的片体只包含一个单一的补片，而多补片则是由一系列的单补片组成的，如图4-3所示。用户在相应的对话框中可以控制生成单张或多张曲面片。补片越多，越能在更小的范围内控制片体的曲率半径，一般情况下，减少补片的数量，可以使所创建的曲面更光滑，因此，从加工的观点出发，创建曲面时应尽可能使用较少的补片。

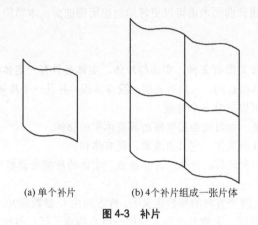

(a) 单个补片　　　　(b) 4个补片组成一张片体

图4-3　补片

（5）曲面公差

在数学上，曲面是采用逼近和插值方法进行计算的，因此需要指定造型误差，具体包括两种类型，其公差值在曲面造型预设置中设定。

① 距离公差：指构造曲面与数学表达的理论曲面在对应点所允许的最大距离误差。

② 角度公差：指构造曲面与数学表达的理论曲面在对应点所允许的最大角度误差。

4.1.2　曲线和曲面设计用户界面

曲线和曲面建模是辅助实体建模的，因此在建模和外观造型设计上都可使用各种与曲面相关的命令。

4.1.2.1　曲线设计用户界面

在建模模块中单击【曲线】选项卡，进入曲线设计用户界面，如图4-4所示。

利用【曲线】选项卡或相关菜单命令 NX 可创建曲线可以分为两类：

（1）基本曲线

基本曲线包括点、直线和圆弧。

（2）复杂曲线

复杂曲线包括矩形、多边形、椭圆、抛物线、螺旋线、艺术样条等。

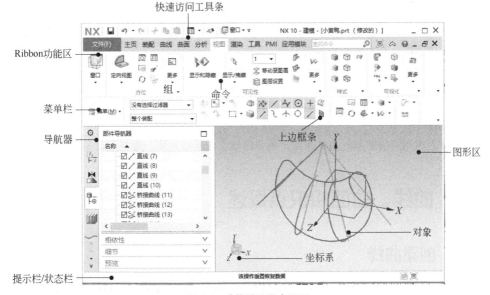

图4-4 曲线设计用户界面

4.1.2.2　曲面设计用户界面

在建模模块中单击【曲面】选项卡，进入曲面设计用户界面，如图4-5所示。

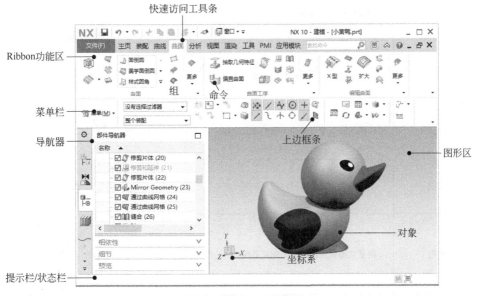

图4-5 曲面设计用户界面

根据其创建方法的不同，曲面可以分成以下几种类型：

（1）点建曲面

通过点创建各种曲面的方法主要包括"四点曲面""整体突变""通过点""从极点"和"从点云"等。

（2）基本曲面（拉伸和旋转曲面）

基本曲面是指将草图、曲线、直线或者曲面拉伸或旋转成曲面。

（3）用曲线建立曲面

用曲线建立曲面是指通过网格线框创建曲面，包括直纹曲面、通过曲线组创建曲面、通过曲线网格创建曲面、艺术曲面和 N 边曲面。

（4）扫掠曲面

扫掠曲面是指选择几组曲线作为截面线沿着导引线（路径）扫掠生成曲面，包括扫掠曲面、样式扫掠、截面曲面、变化扫掠、沿引导线扫掠和管道曲面。

（5）其他曲面

其他曲面包括有界平面、填充曲面、条带曲面、曲线成片体、修补开口等。

4.2 曲线、曲面知识点概述

4.2.1 创建曲线

为了建立好曲面，必须适当建好基本曲线模型，NX 所建立的曲线可以用来作为创建曲面的截面线和引导线。NX 曲线创建功能主要是指生成点、直线、圆弧、样条曲线等，如表 4-1 所示。

表 4-1　常用曲线创建命令

类型	说明	示例
点	利用点构造器每次生成一个点，并且作为一个独立的几何对象，在图形区以 "+" 标识	
点集	点集是通过一次操作生成一系列点	
直线	使用直线功能可创建关联的空间直线	
圆弧/圆	用于创建有参数的空间圆弧和圆	
倒斜角	两条共面直线或曲线间创建斜角	曲线1　逼近相交点　曲线2
矩形	用于通过选择两个对角点创建一个矩形	
多边形	用于创建正多边形	
艺术样条	艺术样条可创建关联或非关联样条曲线	

4.2.2　曲线操作

在曲线创建过程中，由于多数曲线属于非参数性曲线类型，一般在空间中具有很大的随意性和不确定性。通常创建完曲线后，并不能满足用户要求，往往需要借助各种曲线的操作手段来不断调整对曲线做进一步的处理，从而满足用户要求。曲线操作是指对已存在的曲线进行几何运算处理，如曲线偏置、桥接、投影、合并等，如表 4-2 所示。

表 4-2　常用曲线操作命令

类型	说明	示例
偏置曲线	偏置曲线用于将直线、圆弧、样条、二次曲线、实体的棱边偏置一定的距离，从而得到新曲线	
桥接曲线	桥接曲线命令可连接两个对象创建连接曲线	
圆形圆角	用于在两条 3D 曲线或边链之间创建光滑的圆角曲线	
连接曲线	将所选的多条曲线或边连接成一条曲线，其生成结果是与原先的曲线链近似的多项式样条	
投影曲线	将曲线、边缘线或点沿某一方向投影到曲面、平面和基准平面上	
镜像曲线	镜像曲线用于将选定的曲线沿选定的镜像平面生成新的曲线，可对空间曲线进行镜像	
相交曲线	相交曲线是指在两组对象之间生成相交曲线	

4.2.3　创建曲面

绝大多数产品的设计都离不开曲面的构建。NX 的曲面建模功能强大，可以通过点、线或曲面等多种方法来构造曲面，如表 4-3 所示。

表 4-3　常用曲面创建命令

类型	说明	示例
拉伸曲面	拉伸曲面是指将草图、曲线、直线或者曲面拉伸成曲面	

续表

类型	说明	示例
旋转曲面	将草图、曲线等绕旋转轴旋转形成一个旋转曲面	
直纹面	通过一组假想的直线,将两组截面线串之间的对应点连接起来形成的曲面	
通过曲线组	通过选取一系列的截面线串来创建曲面,作为截面线串的对象可以是曲线也可以是实体或片体的边	
通过曲线网格	从沿着两个不同方向的一组现有的曲线轮廓上生成片体	
扫掠曲面	令截面曲线沿所选的引导线进行扫掠生成曲面	
有界平面	有界平面可利用首尾相接曲线的线串作为片体边界来生成一个平面片体	

4.2.4 曲面操作

NX 除曲面构造命令外,还可以对创建的曲面进行操作创建或编辑曲面,如表 4-4 所示。

表 4-4 常用的曲面操作

类型	说明	示例
阵列面	可按不同的阵列布局创建面的阵列	
镜像几何体	通过基准平面或平面镜像选定特征的方法来创建对称的面	
缝合	将两个或两个以上的片体连接成单个新片体	
修剪片体	用已有的曲线(投影曲线和边)或曲面(曲面和平面)为边界来修剪指定的片体或曲面	

类型	说明	示例
延伸片体	用于延伸或修剪片体	
偏置曲面	沿参考曲面的法向在指定的距离上生成一系列偏置曲面	
面倒圆	是指在两个面之间生成恒定半径或可变半径的圆角曲面，所生成的圆角相切于两个面	

4.3 曲线、曲面设计范例

下面通过 3 个例子来讲解 NX 曲线、曲面创建步骤和方法，包括凸模曲面、按钮曲面和风扇叶轮等。

4.3.1 绘制凸模曲面

以凸模曲面为例来对曲线、曲面特征设计和操作相关知识进行综合性应用，凸模曲面结构如图 4-6 所示。

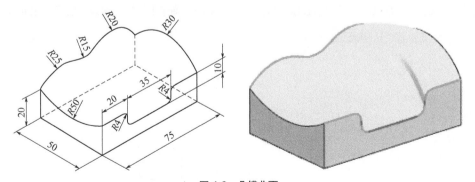

图 4-6 凸模曲面

4.3.1.1 凸模曲面设计思路分析

凸模曲面外形结构流畅圆滑美观，凸模曲面建模流程如下：

（1）**零件分析，拟订总体建模思路**

按凸模曲面的曲面结构特点对曲面进行分解，可分解为顶曲面和侧平面，如图 4-7 所示。

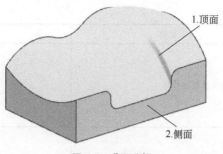

图 4-7 曲面分解

（2）凸模曲面设计步骤

根据曲面建模顺序，一般是先创建点，再创建曲线，最后创建曲面。创建曲线后通过曲线网格建立顶曲面，通过有界平面创建侧面，如图 4-8 所示。

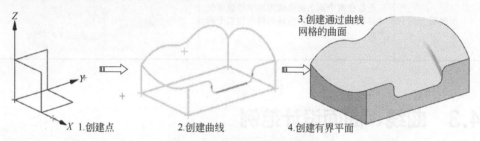

图 4-8 凸模曲面创建基本流程

4.3.1.2 凸模曲面设计操作过程

（1）新建文件

01 启动 NX 后，单击【主页】选项卡的【新建】按钮 □，弹出【文件新建】对话框，选择【模型】模板。在【名称】文本框中输入"凸模曲面"，单击【确定】按钮新建文件。

（2）创建曲线

02 在功能区中单击【主页】选项卡中【曲线】组中的【点】按钮 ╋，弹出【点】对话框，输入坐标（0,0,0）、（50,0,0）、（50,75,0）、（0,75,0），单击【确定】按钮创建点，如图 4-9 所示。

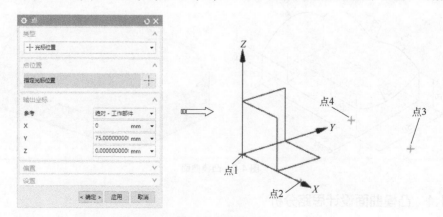

图 4-9 创建坐标点

03 在功能区中单击【主页】选项卡中【曲线】组中的【直线】命令 ∕，弹出【直线】对话框，选择点和方向创建长度为 20mm 的 4 条直线，如图 4-10 所示。

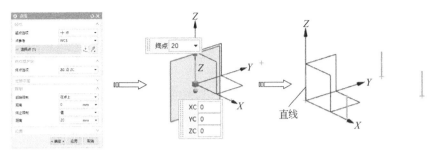

图 4-10　创建直线（一）

04 在功能区中单击【主页】选项卡中【曲线】组中的【直线】命令 ✎，弹出【直线】对话框，选择点创建 4 条直线，如图 4-11 所示。

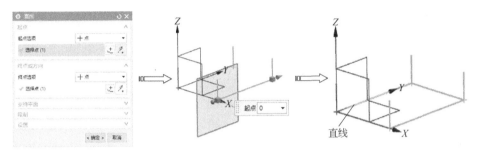

图 4-11　创建直线（二）

05 在功能区中单击【主页】选项卡中【曲线】组中的【点】按钮 ⊹，弹出【点】对话框，选择如图 4-12 所示的直线端点作为参考点，在【偏置】中设置（0,37.5,0），单击【确定】按钮创建点，如图 4-12 所示。

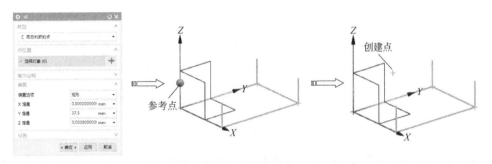

图 4-12　创建坐标点

06 在功能区中单击【主页】选项卡中【曲线】组中的【圆弧/圆】按钮 ⌒，弹出【圆弧/圆】对话框，设置【类型】为"三点画圆弧"，选择如图 4-13 所示的两点，设置【支持平面】为基准面 *XZ*、【半径】为 50mm，创建圆弧如图 4-13 所示。

07 在功能区中单击【主页】选项卡中【曲线】组中的【圆弧/圆】按钮 ⌒，弹出【圆弧/圆】对话框，设置【类型】为"三点画圆弧"，选择如图 4-14 所示的两点，设置【支持平面】为基准面 *ZY*、【半径】为 25mm，创建圆弧如图 4-14 所示。

08 在功能区中单击【主页】选项卡中【曲线】组中的【圆弧/圆】按钮 ⌒，弹出【圆弧/圆】对话框，设置【类型】为"三点画圆弧"，选择如图 4-15 所示的两点，设置【支持平面】为基准面 *ZY*、【半径】为 20mm，创建圆弧如图 4-15 所示。

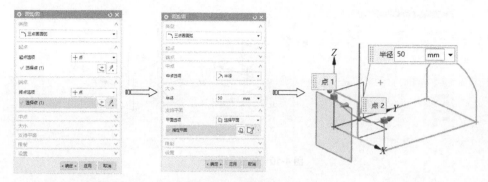

图 4-13　创建圆弧（一）

图 4-14　创建圆弧（二）

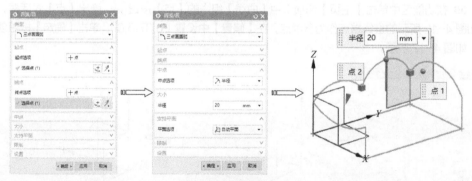

图 4-15　创建圆弧（三）

09 在功能区中单击【主页】选项卡中【更多】组中的【基本曲线】按钮，弹出【基本直线】对话框，单击【圆角】按钮，弹出【曲线倒圆】对话框，单击【两曲线圆角】按钮，设置【半径】为 15mm，依次选择第一、二条曲线，单击鼠标设定圆心位置，如图 4-16 所示。

图 4-16　创建圆角

10 在功能区中单击【主页】选项卡中【派生曲线】组中的【偏置曲线】按钮 🔁，弹出【偏置曲线】对话框，设置【偏置类型】为"3D 轴向"，选择要偏置的曲线，设置【距离】为 10mm、【方向】为+*ZC* 轴方向，单击【确定】按钮完成曲线偏置，如图 4-17 所示。

图 4-17　创建偏置曲线（一）

11 在功能区中单击【主页】选项卡中【派生曲线】组中的【偏置曲线】按钮 🔁，弹出【偏置曲线】对话框，【偏置类型】选择"3D 轴向"，选择要偏置的曲线，设置【距离】为 20mm、【方向】为 *YC* 轴方向，单击【确定】按钮完成曲线偏置，如图 4-18 所示。

图 4-18　创建偏置曲线（二）

12 在功能区中单击【主页】选项卡中【派生曲线】组中的【偏置曲线】按钮 🔁，弹出【偏置曲线】对话框，在【偏置类型】下拉列表中选择"3D 轴向"，在图形区选择曲线，设置【距离】为 20mm、【方向】为 *YC* 轴方向，单击【确定】按钮完成曲线偏置，如图 4-19 所示。

图 4-19　创建偏置曲线（三）

13 在功能区中单击【主页】选项卡中【曲线】组中的【直线】命令 ／，弹出【直线】对话框，选择点创建长度为 20mm 的 2 条直线，如图 4-20 所示。

14 在功能区中单击【主页】选项卡中【更多】组中的【基本曲线】按钮 ♀️，弹出【基本直线】对话框，单击【圆角】按钮 ⌐，弹出【曲线倒圆】对话框，单击【两曲线圆角】按钮 ⌐，设置【半径】为 4mm，依次选择第一、二条曲线，单击鼠标设定圆心位置，创建 4 个圆角，如图 4-21 所示。

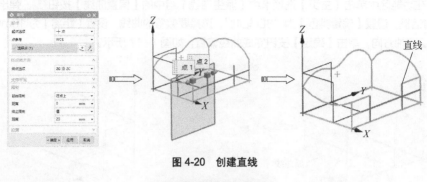

图 4-20　创建直线

图 4-21　创建圆角

（3）创建曲面

15 在功能区中单击【主页】选项卡中【曲面】组中的【通过曲线网格】按钮，弹出【通过曲线网格】对话框，选择如图 4-22 所示的主曲面和交叉曲线，单击【确定】按钮创建通过曲线网格的曲面，如图 4-22 所示。

图 4-22　创建通过曲线网格的曲面

16 在建模功能区中单击【曲面】选项卡中【曲面】组中的【有界平面】按钮，弹出【有界平面】对话框，在图形中选择封闭曲线，单击【确定】按钮创建 5 个有界平面，如图 4-23 所示。

图 4-23　创建有界平面

4.3.2 绘制按钮曲面

以一个按钮曲面设计实例，来详解曲面产品设计和应用技巧。按钮曲面设计造型如图 4-24 所示。

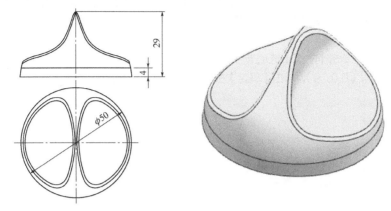

图 4-24　按钮曲面

4.3.2.1 按钮曲面设计思路分析

按钮曲面外形结构流畅圆滑美观，按钮曲面建模流程如下：

（1）零件分析，拟订总体建模思路

按按钮曲面的曲面结构特点对曲面进行分解，可分解为外形轮廓曲面和凹曲面，如图 4-25 所示。

（2）按钮曲面设计步骤

根据曲面建模顺序，一般是先创建点，再

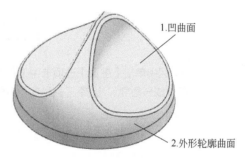

图 4-25　曲面分解

创建曲线，最后创建曲面。创建曲线后通过旋转建立外形曲面，通过扫掠创建凹曲面，利用延伸、修剪和缝合功能完成整个曲面创建，如图 4-26 所示。

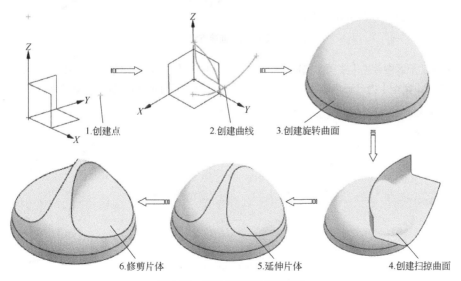

图 4-26　按钮曲面创建基本流程

4.3.2.2 按钮曲面设计操作过程

（1）新建文件

01 启动 NX 后，单击【主页】选项卡的【新建】按钮 📄，弹出【文件新建】对话框，选择【模型】模板。在【名称】文本框中输入"按钮曲面"，单击【确定】按钮新建文件。

（2）创建曲线

02 在功能区中单击【主页】选项卡中【曲线】组中的【点】按钮 ✛，弹出【点】对话框，输入坐标（0,25,0）、（0,0,29），单击【确定】按钮创建点，如图 4-27 所示。

图 4-27　创建坐标点

03 在功能区中单击【主页】选项卡中【曲线】组中的【直线】命令 ╱，弹出【直线】对话框，选择"点"和"成一角度"，选择 Z 轴为参考对象，创建长度为 4mm 的直线，如图 4-28 所示。

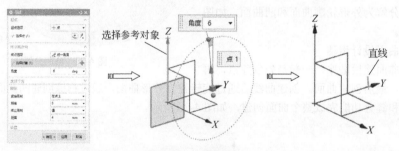

图 4-28　创建直线

04 在功能区中单击【主页】选项卡中【曲线】组中的【圆弧/圆】按钮 ⌒，弹出【圆弧/圆】对话框，选择【类型】为"三点画圆弧"，选择如图 4-29 所示的两点，设置【支持平面】为基准面

图 4-29　创建圆弧

YZ、【半径】为 30mm，创建圆弧如图 4-29 所示。

05 在功能区中单击【主页】选项卡中【更多】组中的【基本曲线】按钮 ♀ ，弹出【基本直线】对话框，单击【圆角】按钮 ⌐ ，弹出【曲线倒圆】对话框，单击【两曲线圆角】按钮 ⌐ ，设置【半径】为 6mm，依次选择第一、二条曲线，单击鼠标设定圆心的位置创建圆角，如图 4-30 所示。

图 4-30　创建圆角

06 在功能区中单击【主页】选项卡中【曲线】组中的【点】按钮 ＋ ，弹出【点】对话框，输入坐标（0,1.3,30）、（0,29,7），单击【确定】按钮创建点，如图 4-31 所示。

图 4-31　创建坐标点

07 在功能区中单击【主页】选项卡中【曲线】组中的【直线】命令 ／ ，弹出【直线】对话框，选择"点"和"成一角度"，选择 *Z* 轴为参考对象，创建长度为-28mm 的直线，如图 4-32 所示。

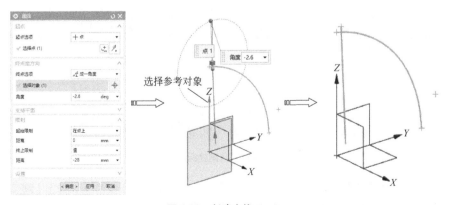

图 4-32　创建直线（一）

08 在功能区中单击【主页】选项卡中【曲线】组中的【直线】命令 ✏，弹出【直线】对话框，选择"点"和"成一角度"，选择 X 轴为参考对象，创建长度为-28mm 的直线，如图 4-33 所示。

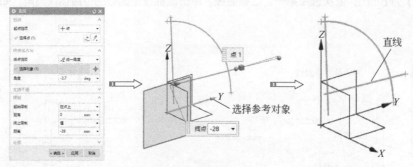

图 4-33　创建直线（二）

09 在功能区中单击【主页】选项卡中【更多】组中的【基本曲线】按钮 ⬙，弹出【基本直线】对话框，单击【圆角】按钮 ⌐，弹出【曲线倒圆】对话框，单击【两曲线圆角】按钮 ⌐，设置【半径】为 12mm，依次选择第一、二条曲线，单击鼠标设定圆心的位置，创建圆角如图 4-34 所示。

图 4-34　创建圆角

10 在功能区中单击【主页】选项卡中【曲线】组中的【点】按钮 ✛，弹出【点】对话框，输入坐标（-30,29,17）、（30,29,17），单击【确定】按钮创建点，如图 4-35 所示。

图 4-35　创建坐标点

11 在功能区中单击【主页】选项卡中【曲线】组中的【圆弧/圆】按钮 ⌒，弹出【圆弧/圆】对话框，选择【类型】为"三点画圆弧"，选择 3 点创建圆弧，如图 4-36 所示。

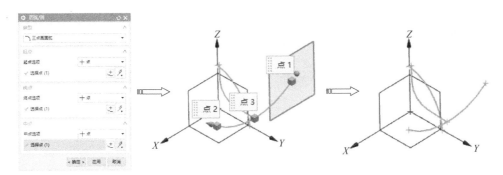

图 4-36　创建圆弧

（3）创建曲面

12 在建模功能区中单击【主页】选项卡中【特征】组中的【旋转】命令 ⛏，弹出【旋转】对话框，设置【体类型】为"片体"，选择旋转截面和旋转轴 *ZC*，单击【确定】按钮完成旋转曲面的创建，如图 4-37 所示。

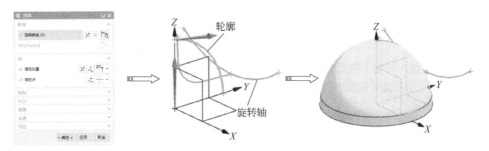

图 4-37　创建旋转曲面

13 在建模功能区中单击【曲面】选项卡中【曲面】组中的【扫掠】按钮 🗘，弹出【扫掠】对话框，选择截面曲线和引导线，单击【确定】按钮创建扫掠曲面，如图 4-38 所示。

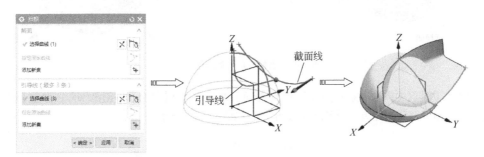

图 4-38　创建扫掠曲面

14 在建模功能区中单击【主页】选项卡中【特征】组中的【镜像几何体】按钮 🗇，弹出【镜像几何体】对话框，选择如图 4-39 所示的扫掠曲面为镜像特征，选择 *XZ* 平面为镜像面，单击【确定】按钮完成。

15 在功能区中单击【主页】选项卡中【曲面工序】组中的【延伸片体】按钮 📄 延伸片体，弹出【延伸片体】对话框，选择如图 4-40 所示的边为曲面延伸侧，设置【限制】为"直至选定"，选择旋转曲面，单击【确定】按钮完成。

镜像基准面　镜像体

选择边

图4-39　镜像体

选择延伸至曲面

图4-40　延伸片体

16 在功能区中单击【主页】选项卡中【曲面工序】组中的【修剪片体】按钮，弹出【修剪片体】对话框，选择旋转曲面为目标片体和2个曲面作为修剪边界，单击【确定】按钮完成，如图4-41所示。

边界

选择面

图4-41　选择修剪片体和修剪边界

17 在功能区中单击【主页】选项卡中【曲面工序】组中的【缝合】按钮，弹出【缝合】对话框，选择所有曲面，单击【确定】按钮完成，如图4-42所示。

目标

图4-42　创建缝合曲面

18 在建模功能区中单击【主页】选项卡中【特征】组中的【倒斜角】按钮 ，弹出【边倒圆】对话框，设置【半径 1】为 1mm，选择 2 条圆角边，单击【确定】按钮，系统自动完成倒角特征，如图 4-43 所示。

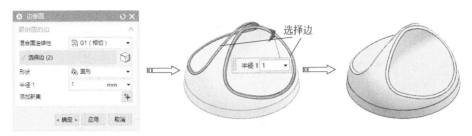

图 4-43　创建倒圆角

4.3.3　绘制风扇叶轮

以风扇叶轮为例来对曲线、曲面特征设计和操作相关知识进行综合性应用，风扇叶轮结构如图 4-44 所示。

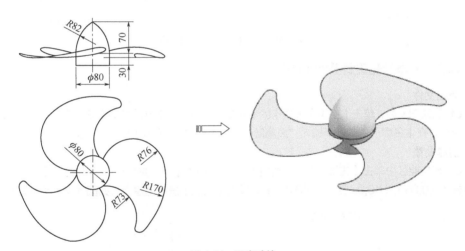

图 4-44　风扇叶轮

4.3.3.1　风扇叶轮设计思路分析

风扇叶轮是日常生活用品，其外形结构流畅圆滑美观，扇叶对称均布。

（1）零件分析，拟订总体建模思路

按风扇叶轮的曲面结构特点对曲面进行分解，可分解为扇轴曲面和扇叶曲面，扇叶曲面为 3 个，结构相同并均布，如图 4-45 所示。

（2）风扇叶轮曲面设计步骤

根据曲面建模顺序，一般是先创建点，再创建曲线，最后创建曲面。创建曲线后通过旋转建立扇轴曲面，通过拉伸修剪阵列建立扇叶曲面，如图 4-46 所示。

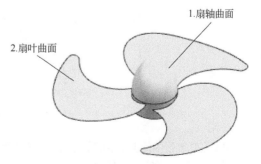

图 4-45　曲面分解

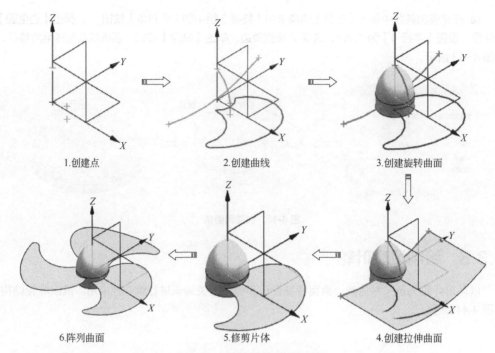

1.创建点　　　　　　2.创建曲线　　　　　　3.创建旋转曲面

6.阵列曲面　　　　　　5.修剪片体　　　　　　4.创建拉伸曲面

图 4-46　风扇叶轮创建基本流程

4.3.3.2　风扇叶轮设计操作过程

（1）新建文件

01 启动 NX 后，单击【主页】选项卡的【新建】按钮，弹出【文件新建】对话框，选择【模型】模板。在【名称】文本框中输入"风扇叶轮曲面"，单击【确定】按钮新建文件。

（2）创建曲线

02 在功能区中单击【主页】选项卡中【曲线】组中的【点】按钮，弹出【点】对话框，输入坐标（0,0,80）、（40,0,-20）、（40,0,10），单击【确定】按钮创建点，如图 4-47 所示。

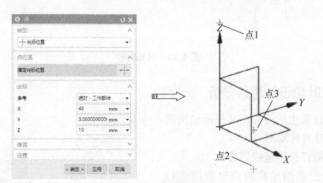

图 4-47　创建坐标点

03 在功能区中单击【主页】选项卡中【曲线】组中的【直线】命令，弹出【直线】对话框，捕捉点创建直线，如图 4-48 所示。

04 在功能区中单击【主页】选项卡中【曲线】组中的【圆弧/圆】按钮，弹出【圆弧/圆】对话框，选择【类型】为"三点画圆弧"，选择如图 4-49 所示的两点，设置【半径】为 82mm，创建圆弧如图 4-49 所示。

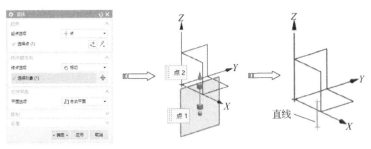

图 4-48　创建直线

图 4-49　创建圆弧

05 选择下拉菜单【插入】|【在任务环境中绘制草图】命令，弹出【创建草图】对话框，在【草图类型】中选择"在平面上"，选择 *XY* 平面为草绘平面，单击【确定】按钮，绘制草图如图 4-50 所示。

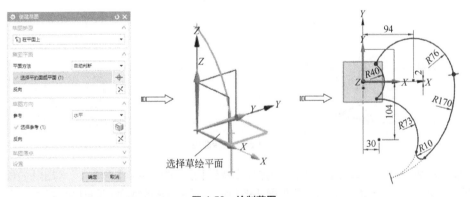

图 4-50　绘制草图

06 在功能区中单击【主页】选项卡中【曲线】组中的【点】按钮 ╋，弹出【点】对话框，输入坐标（0,128,45）、（0,-150,10），单击【确定】按钮创建点，如图 4-51 所示。

07 在功能区中单击【主页】选项卡中【曲线】组中的【圆弧/圆】按钮 ╮，弹出【圆弧/圆】对话框，选择【类型】为"三点画圆弧"，选择如图 4-52 所示的两点，设置【半径】为 380mm，选择 *XC-ZC* 平面为支持平面，创建圆弧如图 4-52 所示。

（3）创建曲面

08 在建模功能区中单击【主页】选项卡中【特征】组中的【旋转】命令 🔁，弹出【旋转】对话框，在【体类型】中选择"片体"，选择旋转截面和旋转轴 *ZC*，单击【确定】按钮，系统自动完成旋转曲面的创建，如图 4-53 所示。

图 4-51　创建点

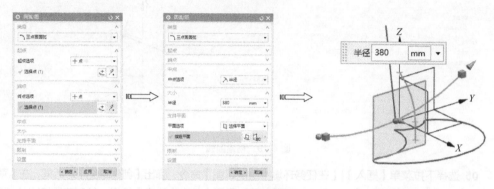

图 4-52　创建圆弧

图 4-53　旋转曲面

09 在建模功能区中单击【主页】选项卡中【特征】组中的【拉伸】命令 ，弹出【拉伸】对话框，在【体类型】中选择"片体"，选择如图 4-54 所示的圆弧为拉伸截面，设置【距离】为 180mm，单击【确定】按钮，系统自动完成拉伸曲面的创建，如图 4-54 所示。

图 4-54　拉伸曲面

10 在功能区中单击【主页】选项卡中【曲面工序】组中的【修剪片体】按钮 ，弹出【修剪片体】对话框，选择如图 4-55 所示的曲面和边界，设置【投影方向】为"↑沿矢量"，单击【确定】按钮，完成修剪片体的操作，如图 4-55 所示。

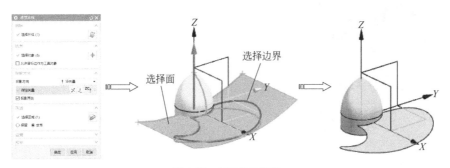

图 4-55 创建片体修剪

11 在建模功能区中单击【主页】选项卡中【特征】组中的【阵列几何特征】按钮 ，弹出【阵列几何特征】对话框，设置【布局】为"圆形"，选择如图 4-56 所示的扇叶曲面为阵列特征，设置【旋转轴】为 *ZC* 轴、【指定点】为（0,0,0）、【数量】为 3、【节距角】为 120°，单击【确定】按钮完成阵列，如图 4-56 所示。

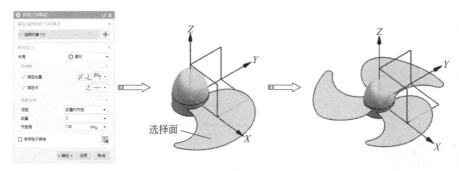

图 4-56 创建阵列几何特征

4.4 本章小结

本章简要介绍了 NX 曲线创建和操作、曲面创建和操作等内容，并通过 3 个实例来具体讲解 NX 曲线、曲面设计步骤和方法，使读者通过本章的学习对 NX 曲面建模方法有深入的了解，轻松掌握曲面设计相关知识和应用。

05

第5章

Chapter five

NX装配设计

本章内容

- ▶ 装配设计界面
- ▶ 组件管理
- ▶ 调整组件位置
- ▶ 装配约束
- ▶ 爆炸图
- ▶ 装配范例

装配是把零部件进行组织和定位形成产品的过程，通过装配可以形成产品的总体结构、检查部件之间是否发生干涉、建立爆炸视图以及绘制装配工程图。UG NX 装配模块采用虚拟装配模式快速将零部件组合成产品，在装配中建立部件之间的链接关系，当零部件被修改后，则引用它的装配部件自动更新。本章主要介绍了 NX 装配技术，包括添加组件、移动组件、装配约束、爆炸图等。建议读者在学习本章内容时配合本书视频讲解，这样可以提高学习效率。

5.1 装配设计简介

装配模块是 NX 集成环境中的一个模块，用于实现将部件的模型装配成一个最终的产品模型，或者从装配开始产品的设计。

5.1.1 NX 装配术语简介

在装配操作中，经常会用到一些装配术语，下面简单介绍这些常用基本术语的含义。

（1）装配（assembly）

装配是把单个零部件通过约束组装成具有一定功能的产品的过程。

（2）装配部件（assembly part）

装配部件是由零件和子装配构成的部件。在 UG 中，允许向任何一个 Part 文件中添加组件构成装配，因此，任何一个 "*.prt" 格式的文件都可以当作装配部件或子装配部件来使用。零件和部件不必严格区分。需要注意的是，当存储一个装配时，各部件的实际几何数据并不是存储在装配部件文件中，而是存储在相应的部件文件中。

（3）子装配（subassembly）

子装配是指在更高一层的装配件中作为组件的一个装配，它也拥有自己的组件。子装配是一个相对的概念，任何一个装配件都可以在更高级的装配中用作子装配。

（4）组件对象（component object）

组件对象是一个从装配部件连接到部件主模型的指针实体，指在一个装配中以某个位置和方向对部件的使用。在装配中每一个组件仅仅含有一个指针指向它的主几何体（引用组件部件）。组件对象记录的信息有部件名称、层、颜色、线型、装配约束等。

（5）组件（component）

组件是指装配中引用到的部件，它可以是单个部件，也可以是一个子装配。组件是由装配部件引用而不是复制到装配部件中的，实际几何体被存储在零件的部件文件中。

（6）单个部件（part）

单个部件是指在装配外存在的部件几何模型，它可以添加到一个装配中去，也可以单独存在，但它本身不能含有下级组件。

（7）装配引用集（reference set）

在装配中，由于各部件含有草图、基准平面及其他的辅助图形数据，若在装配中显示所有数据，一方面容易混淆图形，另一方面引用的部件所有数据需要占用大量内存，会影响运行速度，因此通过引用集可以简化组件的图形显示。

- 模型（model）：引用部件中实体模型。
- 整个部件（entire part）：引用部件中的所有数据。
- 空（empty）：不包括任何模型数据。

（8）装配约束（mating condition）

配对关系是在装配中用来确定组件间的相互位置和方位的，它是通过一个或多个关联约束来实现的。在两个组件之间可以建立一个或多个配对约束，用以部分或完全确定一个组件相对于其他组件的位置与方位。

（9）上下文设计（design in context）

上下文设计是指在装配环境中对装配部件的创建设计和编辑。即在装配建模过程中，可对装配中的任一组件进行添加几何对象、特征编辑等操作，可以其他的组件对象作为参照对象，进行该组件的设计和编辑工作。

（10）自底向上装配（bottom-up assembly）

自底向上装配是先创建部件几何模型、再组合成子装配、最后生成装配部件的装配方法，即先产生组成装配件的最低层次的部件，然后组装成装配件。

（11）自顶向下装配（top-down assembly）

自顶向下装配，是指在装配级中创建与其他部件相关的部件模型，是从装配部件的顶级向下产生子装配和部件（即零件）的装配方法。顾名思义，自顶向下装配是先在结构树的顶部生成一个装配件，然后下移一层，生成子装配和组件。

（12）混合装配（mixing assembly）

混合装配是将自顶向下装配和自底向上装配结合在一起的装配方法。例如先创建几个主要部件模型，再将其装配在一起，然后在装配中设计其他部件，即为混合装配。在实际设计中，可根据需要在两种模式下切换。

（13）主模型（master model）

主模型是供 UG 模块共同引用的部件模型。同一主模型，可同时被工程图、装配、加工、机构分析和有限元分析等模块引用，当主模型被修改时，相关应用自动更新。如图 5-1 所示，当主模型被修改时，有限元分析、工程图、装配和加工等应用都根据部件主模型的改变自动更新。

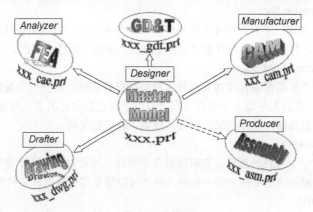

图 5-1　主模型

5.1.2　NX 常规装配方法

在 NX 中，产品的装配有三种方法，即自底向上装配、自顶向下装配、混合装配。

5.1.2.1　自底向上装配（bottom-up assembly）

自底向上装配是真实装配过程的一种体现。在该装配方法中，需要先创建装配模块中所需的所有部件的几何模型，然后再将这些部件模型依次通过配对条件进行约束，使其装配成所需的部件或产品。部件文件的建立和编辑只能在独立于其上层装配的情况下进行，因此，一旦组件的部件文件发生变化，那么所有使用了该组件的装配文件在打开时将会自动更新以反映部件所做的改变。

使用该装配方法时，首先通过"添加组件"操作将已设计好的部件加入当前装配模型中，再通过"装配约束"操作对添加进来的组件之间进行配对约束操作。

5.1.2.2　自顶向下装配（top-down assembly）

自顶向下装配是由装配体向下形成子装配体和组件的装配方法。它是在装配层次上建立和编辑组件的，主要用在上下文设计中，即在装配中参照其他零部件对当前工作部件进行设计，装配层上几何对象的变化会立即反映在各自的组件文件上。

5.1.2.3　混合装配（mixing assembly）

混合装配是将自顶向下装配和自底向上装配组合在一起的一种装配方法。在实际装配建模过程中，不必拘泥于某一种特定的方法，可以根据实际建模需要灵活穿插使用两种方法，即混合装配。也就是说，可以先孤立地建立零件的模型，以后再将其加入装配中，即自底向上的装配；也可以直接在装配层建立零件的模型，边装配边建立部件模型，即自顶向下的装配；可以随时在两种方法之间进行切换。

5.1.3　NX 装配用户界面

5.1.3.1　启动 NX 装配模块

要装配零部件首先要启动装配模块，UG NX 装配设计是在装配模块下进行的。常用以下 2 种形式进入装配模块。

（1）没有开启任何装配文件

当系统没有开启任何文件时，执行【文件】|【新建】命令，弹出【新建】对话框，在【模型】选项卡中选择"装配"模板，在【名称】文本框中输入装配文件名称，并在【文件夹】编辑框中选择装配文件放置位置，然后单击【确定】按钮进入装配模块，如图 5-2 所示。

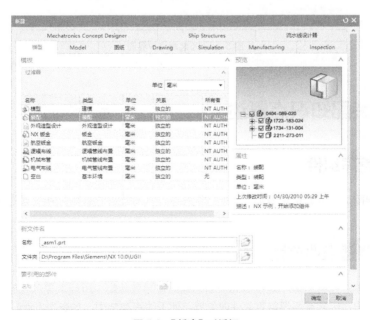

图 5-2　【新建】对话框

（2）开启装配文件在其他模块

当开启装配文件在其他模块时，再执行【开始】|【装配】命令，系统可切换到装配模块，如图 5-3 所示。

图 5-3　执行【装配】命令

5.1.3.2　装配用户界面

装配模块依托于现有模块图形界面，并增加了装配相关命令和操作，如图 5-4 所示。

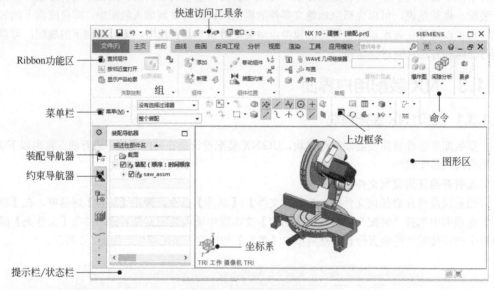

图 5-4　NX 装配用户界面

5.2　装配知识点概述

5.2.1　管理组件

要建立装配体必须将组件添加到装配体文件中，并对组件进行阵列和镜像等相关操作，如表 5-1 所示。

5.2.2　调整组件位置

创建零部件时坐标原点不是按装配关系确定的，导致装配中所插入零部件的位置可能相互干涉，影响装配，因此需要调整零部件的位置，便于约束和装配，如表 5-2 所示。

表 5-1　组件管理命令

类型	说明	示例
添加组件	添加组件就是建立装配体与该零件的一个引用关系，即将该零件作为一个节点链接到装配体上。当组件文件被修改时，所有引用该组件的装配体在打开时都会自动更新到相应组件文件	
新建组件	通过新建组件命令可以将现有几何体复制或移到新组件中，或者创建一个空组件文件，随后向其中添加几何体，常用于自顶向下的设计方法创建装配体	
镜像装配	对于对称结构的产品的造型设计，用户只需建立产品一侧的装配体，然后利用【镜像装配】功能建立另一侧的装配体，可有效地减少需重新装配的组件	
组件阵列	用于以阵列特征方式阵列组件	

表 5-2　组件位置命令

类型	说明	示例
移动组件	用于对加入装配体的组件进行重新的定位。如果组件之间未添加约束条件，就可以对其进行自由操作，如平移、旋转；如果已经施加约束，则可在约束条件下实现组件的平移、旋转等操作	
装配约束	装配约束就是在组件之间建立相互约束条件以确定组件在装配体中的相对位置，主要是通过约束部件之间的自由度来实现的	

续表

类型	说明	示例
显示自由度	使用【显示自由度】命令可临时显示所选组件的自由度	

　　装配约束就是在组件之间建立相互约束条件以确定组件在装配体中的相对位置，只有通过装配约束建立了装配中组件与组件之间的相互位置关系，才可以称得上是真正的装配模型。在功能区中单击【装配】选项卡中【组件位置】组中的【装配约束】命令 ，或选择下拉菜单【装配】|【组件位置】|【装配约束】命令，弹出【装配约束】对话框，对话框中提供了 10 种约束定位方式，如表 5-3 所示。

表 5-3　装配约束定位方式

类型	说明	示例
接触对齐	用于选择两个对象使其接触或对齐	
同心	同心可约束两个组件的圆形边或椭圆边，使其中心重合，并使边的平面共面	
距离	距离是指定两个对象之间的最小三维距离	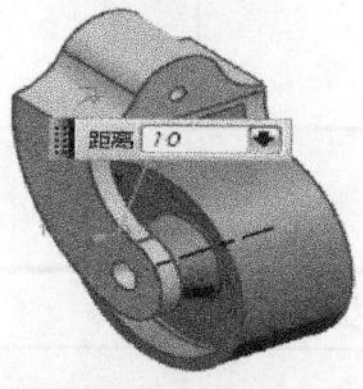
固定	将组件固定在其当前位置不动	
平行	平行是指将两个组件对象的方向矢量定义为平行	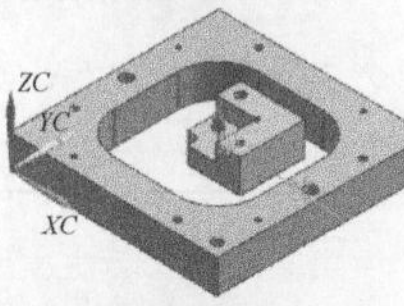
垂直	垂直是指将两个组件对象的方向矢量定义为垂直	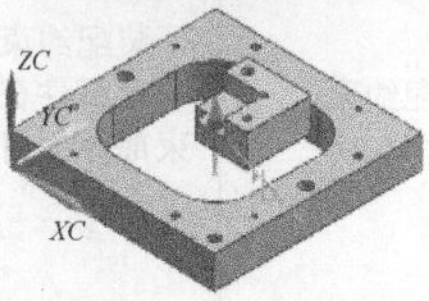

类型	说明	示例
等尺寸配对	等尺寸配对是指将半径相等的两个圆柱面结合在一起，常用于孔中销或螺栓定位	
胶合	胶合约束是指将组件焊接在一起，以使其可以像刚体那样移动	
中心	中心是指使一对对象之间的一个或两个对象中心点对齐，或使一对对象沿另一个对象中心点对齐	
角度	角度是指将两个对象按照一定角度对齐，从而使配对组件旋转到正确的位置	

5.2.3 爆炸视图

　　装配爆炸图是指在装配环境下将建立好装配约束关系的装配体中的各组件沿着指定的方向拆分开来，即离开组件实际的装配位置，以清楚地显示整个装配体或子装配中各组件的装配关系以及所包含的组件数，方便观察产品内部结构以及组件的装配顺序，如图 5-5 所示。爆炸图命令如表 5-4 所示。

图 5-5　爆炸视图

表 5-4　爆炸图命令

类型	说明	示例
新建爆炸图	在当前视图中创建一个新的爆炸视图，并不涉及爆炸图的具体参数，具体的爆炸图参数在其后的编辑爆炸操作中产生	
自动爆炸组件	自动爆炸组件是指基于组件关联条件，按照配对约束中的矢量方向和指定的距离自动爆炸组件	
编辑爆炸图	采用自动爆炸一般不能得到理想的爆炸效果，通常还需要利用【编辑爆炸图】功能对爆炸图进行调整	
隐藏/显示爆炸图	隐藏爆炸图是指隐藏当前爆炸视图，使其不显示在图形窗口中。显示爆炸图可重新将爆炸图显示在图形窗口中	

5.3　装配体设计范例

下面通过 2 个例子来讲解 NX 装配体创建步骤和方法，包括曲柄活塞、加工装配等。

5.3.1　曲柄活塞装配体设计

以曲柄活塞为例来对装配体设计和操作相关知识进行综合性应用，如图 5-6 所示。

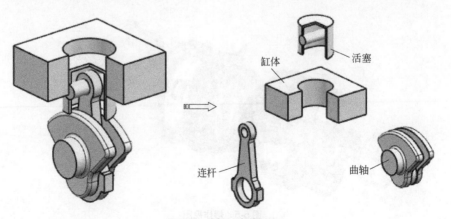

图 5-6　曲柄活塞装配体

5.3.1.1　曲柄活塞装配思路分析

（1）创建装配体文件

新建一个装配文件或者打开一个已存在的装配文件，并进入【装配模块】，如图 5-7 所示。

 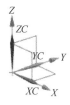

图 5-7　创建装配文件

（2）装配缸体零件

选择【添加组件】命令选取需要加入装配中的相关零部件，然后利用【装配约束】命令，设置添加零部件之间的位置关系，完成装配结构，如图 5-8 所示。

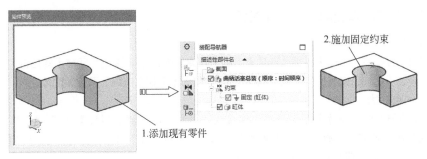

图 5-8　装配缸体零件

（3）装配活塞零件

选择【添加组件】命令选取需要加入装配中的相关零部件，然后利用【装配约束】命令，设置添加零部件之间的位置关系，完成装配结构，如图 5-9 所示。

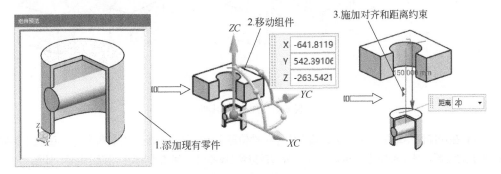

图 5-9　装配活塞零件

（4）装配连杆和曲轴零件

选择【添加组件】命令选取需要加入装配中的相关零部件，然后利用【装配约束】命令，设置添加零部件之间的位置关系，完成装配结构，如图 5-10 所示。

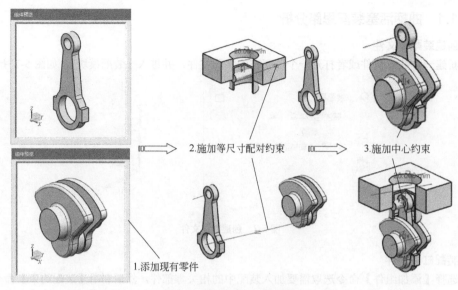

2.施加等尺寸配对约束   3.施加中心约束

1.添加现有零件

图 5-10   装配连杆和曲轴零件

5.3.1.2　曲柄活塞装配设计操作过程

（1）新建文件

01 启动 NX 后，单击【主页】选项卡上的【新建】按钮，弹出【新建】对话框，选择【装配】模板，在【名称】文本框中输入"曲柄活塞"，单击【确定】按钮，新建装配体文件。

（2）加载约束缸体

02 在功能区中单击【装配】选项卡中【组件】组中的【添加组件】按钮，弹出【添加组件】对话框，选择"缸体.prt"，选择【定位】为"绝对原点"，图形区显示【组件预览】对话框。单击【确定】按钮完成，如图 5-11 所示。

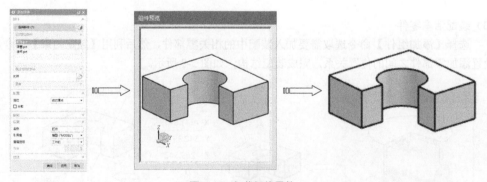

图 5-11　加载缸体零件

03 在功能区中单击【装配】选项卡中【组件位置】组中的【装配约束】命令，弹出【装配约束】对话框，在【类型】中选择"固定"，并选择缸体零件，单击【确定】按钮完成，如图 5-12 所示。

（3）加载约束活塞

04 在功能区中单击【装配】选项卡中【组件】组中的【添加组件】按钮，弹出【添加组件】对话框，选择"活塞.prt"，选择【定位】为"选择原点"，图形区显示【组件预览】对话框，单击【确定】按钮，弹出【点】对话框，在图形区选择方便的一点放置，如图 5-13 所示。

图 5-12　施加固定约束

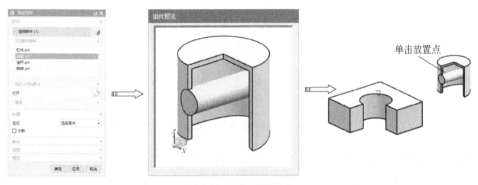

图 5-13　加载活塞零件

05 在功能区中单击【装配】选项卡中【组件位置】组中的【装配约束】命令 ，弹出【装配约束】对话框，选择【接触对齐】，在【方位】中选择"自动判断中心/轴"，选择中心线，单击【应用】按钮，即可创建中心线对齐约束，如图 5-14 所示。

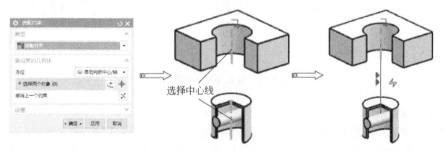

图 5-14　施加中心线对齐约束

06 在功能区中单击【装配】选项卡中【组件位置】组中的【装配约束】命令 ，弹出【装配约束】对话框，选择【距离】，选择两个端面作为装配面，设置【距离】为 20mm，单击【应用】按钮，即可创建距离约束，如图 5-15 所示。

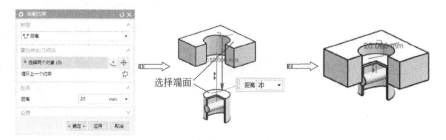

图 5-15　施加距离约束

（4）加载约束连杆

07 在功能区中单击【装配】选项卡中【组件】组中的【添加组件】按钮 ，弹出【添加组件】对话框，选择"连杆.prt"，选择【定位】为"选择原点"，图形区显示【组件预览】对话框，单击【确定】按钮，弹出【点】对话框，在图形区选择方便的一点放置，如图 5-16 所示。

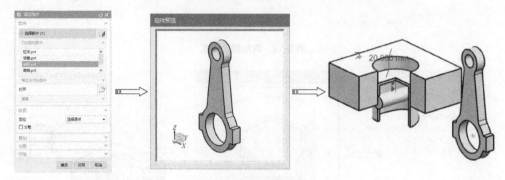

图 5-16　加载连杆零件

08 在功能区中单击【装配】选项卡中【组件位置】组中的【装配约束】命令 ，弹出【装配约束】对话框，选择【等尺寸配对】，选择圆柱和孔表面作为装配面，单击【应用】按钮，即可创建等尺寸配对约束，如图 5-17 所示。

图 5-17　施加等尺寸配对约束

（5）加载约束曲轴

09 在功能区中单击【装配】选项卡中【组件】组中的【添加组件】按钮 ，弹出【添加组件】对话框，选择"曲轴.prt"，选择【定位】为"选择原点"，图形区显示【组件预览】对话框，单击【确定】按钮，弹出【点】对话框，在图形区选择方便的一点放置，如图 5-18 所示。

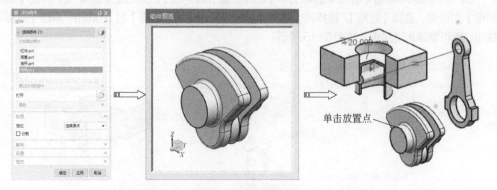

图 5-18　加载曲轴零件

10 在功能区中单击【装配】选项卡中【组件位置】组中的【装配约束】命令 ![icon]，弹出【装配约束】对话框，在【类型】中选择【中心】，在【子类型】中选择"2对2"，选择如图5-19所示的2对表面作为装配面，单击【应用】按钮，即可创建约束，如图5-19所示。

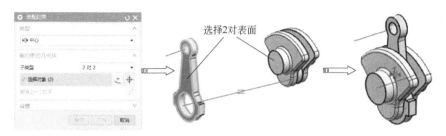

图 5-19　施加中心约束

11 选择【等尺寸配对】，选择圆柱和孔表面作为装配面，单击【应用】按钮，即可创建等尺寸配对约束，如图5-20所示。

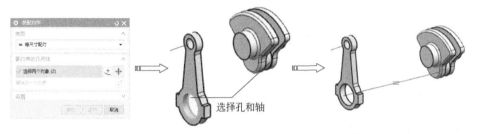

图 5-20　施加等尺寸配对约束

12 在【类型】中选择【中心】，在【子类型】中选择"2对2"，选择如图5-21所示的2对表面作为装配面，单击【应用】按钮，即可创建约束，如图5-21所示。

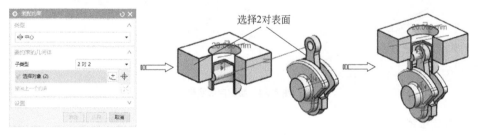

图 5-21　施加中心约束

5.3.2　加工装配设计

以加工装配为例来对装配体设计和操作相关知识进行综合性应用，如图5-22所示。

5.3.2.1　加工装配思路分析

（1）创建装配体文件

新建一个装配体文件或者打开一个已存在的装配体文件，并进入【装配模块】，如图5-23所示。

（2）装配底板零件

选择【添加组件】命令选取需要加入装配中的相关零部件，然后利用【装配约束】命令，设置添加零部件之间的位置关系，完成装配结构，如图5-24所示。

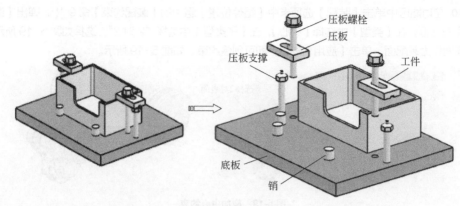

图 5-22 加工装配

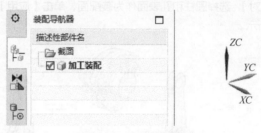

图 5-23 创建装配文件

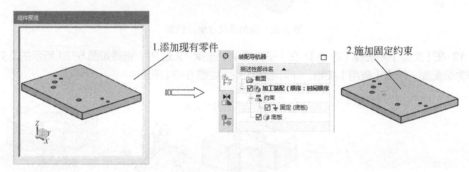

图 5-24 装配底板零件

（3）装配定位销

选择【添加组件】命令选取需要加入装配中的相关零部件，然后利用【装配约束】命令，设置添加零部件之间的位置关系，完成装配结构，如图 5-25 所示。

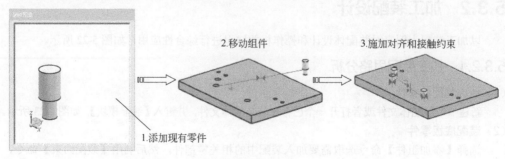

图 5-25 装配定位销

（4）装配工件

选择【添加组件】命令选取需要加入装配中的相关零部件，然后利用【装配约束】命令，设置添加零部件之间的位置关系，完成装配结构，如图 5-26 所示。

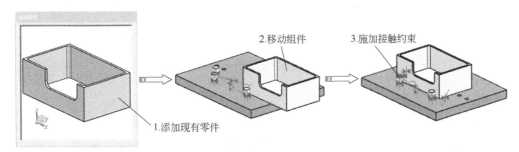

图 5-26　装配工件

（5）装配压板

选择【添加组件】命令选取需要加入装配中的相关零部件，然后利用【装配约束】命令，设置添加零部件之间的位置关系，完成装配结构，如图 5-27 所示。

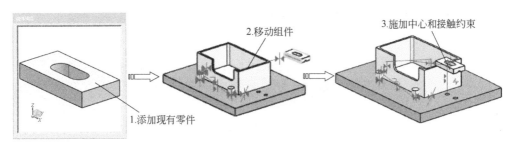

图 5-27　装配压板

（6）装配压板支撑

选择【添加组件】命令选取需要加入装配中的相关零部件，然后利用【装配约束】命令，设置添加零部件之间的位置关系，完成装配结构，如图 5-28 所示。

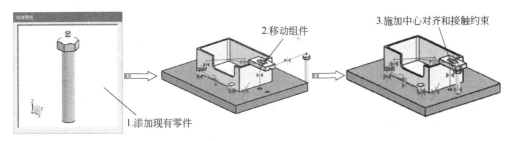

图 5-28　装配压板支撑

（7）装配压板螺栓

选择【添加组件】命令选取需要加入装配中的相关零部件，然后利用【装配约束】命令，设置添加零部件之间的位置关系，完成装配结构，如图 5-29 所示。

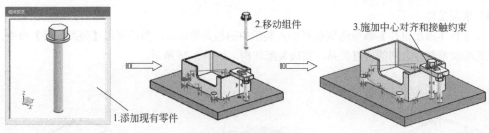

图 5-29　装配压板螺栓

5.3.2.2　加工装配设计操作过程

（1）新建文件

01 启动 NX 后，单击【主页】选项卡上的【新建】按钮 ，弹出【新建】对话框，选择【装配】模板，在【名称】文本框中输入"加工装配"，单击【确定】按钮，新建装配体文件。

（2）加载底板缸体

02 在功能区中单击【装配】选项卡中【组件】组中的【添加组件】按钮 ，弹出【添加组件】对话框，选择"底板.prt"，选择【定位】为"绝对原点"，图形区显示【组件预览】对话框，单击【确定】按钮完成，如图 5-30 所示。

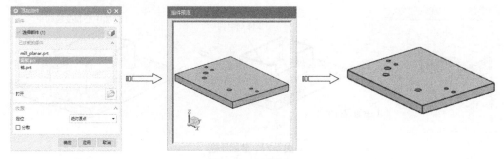

图 5-30　加载底板

03 在功能区中单击【装配】选项卡中【组件位置】组中的【装配约束】命令 ，弹出【装配约束】对话框，在【类型】中选择"固定"，并选择底板零件，单击【确定】按钮完成，如图 5-31 所示。

图 5-31　施加固定约束

（3）加载销

04 在功能区中单击【装配】选项卡中【组件】组中的【添加组件】按钮 ，弹出【添加组件】对话框，选择"销.prt"，选择【定位】为"选择原点"，单击【确定】按钮，弹出【点】对话框，在图形区选择方便的一点放置，如图 5-32 所示。

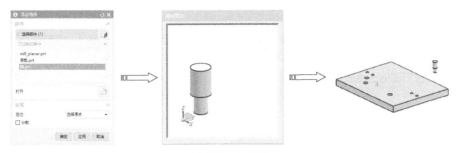

图 5-32　加载销

05 在功能区中单击【装配】选项卡中【组件位置】组中的【装配约束】命令 🔏，弹出【装配约束】对话框，选择【接触对齐】，在【方位】中选择"接触"，选择两个端面作为装配面，单击【应用】按钮，即可创建接触约束，如图 5-33 所示。

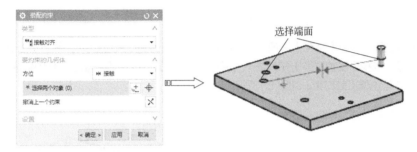

图 5-33　施加接触约束

06 在功能区中单击【装配】选项卡中【组件位置】组中的【装配约束】命令 🔏，弹出【装配约束】对话框，选择【接触对齐】，在【方位】中选择"自动判断中心/轴"，选择中心线，单击【应用】按钮，即可创建中心线对齐约束，如图 5-34 所示。

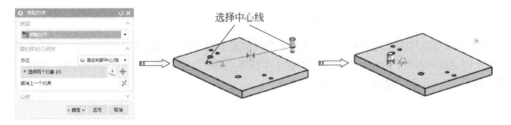

图 5-34　施加中心线对齐约束

07 同理再次加载约束其余两个销，如图 5-35 所示。

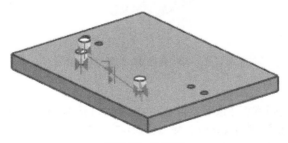

图 5-35　约束销

（4）加载工件

08 在功能区中单击【装配】选项卡中【组件】组中的【添加组件】按钮，弹出【添加组件】对话框，选择"工件.prt"，选择【定位】为"选择原点"，单击【确定】按钮，弹出【点】对话框，在图形区选择方便的一点放置，如图5-36所示。

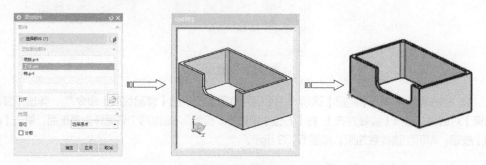

图5-36 加载工件

09 在功能区中单击【装配】选项卡中【组件位置】组中的【装配约束】命令，弹出【装配约束】对话框，选择【接触对齐】，在【方位】中选择"接触"，选择两个端面作为装配面，单击【应用】按钮，即可创建接触约束，如图5-37所示。

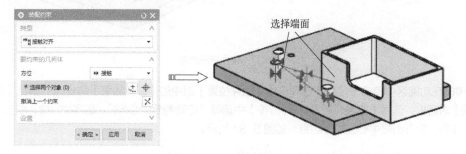

图5-37 施加接触约束（一）

10 在功能区中单击【装配】选项卡中【组件位置】组中的【装配约束】命令，弹出【装配约束】对话框，选择【接触对齐】，在【方位】中选择"接触"，选择两个端面作为装配面，单击【应用】按钮，即可创建接触约束，如图5-38所示。

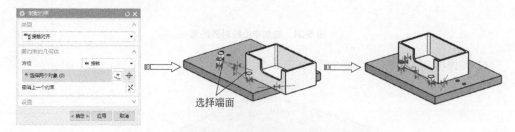

图5-38 施加接触约束（二）

（5）加载压板

11 在功能区中单击【装配】选项卡中【组件】组中的【添加组件】按钮，弹出【添加组件】对话框，选择"压板.prt"，选择【定位】为"选择原点"，单击【确定】按钮，弹出【点】对话框，在图形区选择方便的一点放置，如图5-39所示。

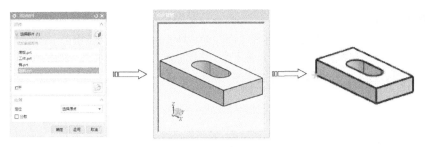

图 5-39　加载压板

12 在功能区中单击【装配】选项卡中【组件位置】组中的【装配约束】命令 🖳，弹出【装配约束】对话框，选择【接触对齐】，在【方位】中选择"接触"，选择两个端面作为装配面，单击【应用】按钮，即可创建接触约束，如图5-40所示。

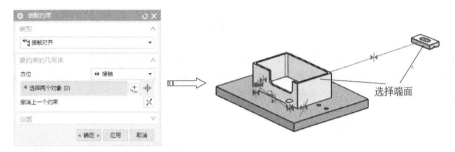

图 5-40　施加接触约束

13 在功能区中单击【装配】选项卡中【组件位置】组中的【装配约束】命令 🖳，弹出【装配约束】对话框，在【类型】中选择【中心】，在【子类型】中选择"2对2"，选择如图5-41所示的2对表面作为装配面，单击【应用】按钮，即可创建约束。

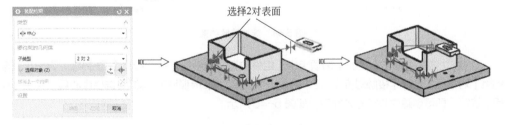

图 5-41　施加中心约束

14 在功能区中单击【装配】选项卡中【组件位置】组中的【装配约束】命令 🖳，弹出【装配约束】对话框，选择【接触对齐】，在【方位】中选择"自动判断中心/轴"，选择中心线作为装配面，单击【应用】按钮，即可创建中心线对齐约束，如图5-42所示。

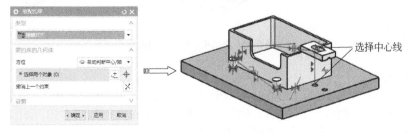

图 5-42　施加中心线对齐约束

（6）加载压板支撑

15 在功能区中单击【装配】选项卡中【组件】组中的【添加组件】按钮 ，弹出【添加组件】对话框，选择"压板支撑.prt"，选择【定位】为"选择原点"，单击【确定】按钮，弹出【点】对话框，在图形区选择方便的一点放置，如图 5-43 所示。

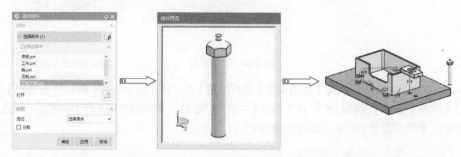

图 5-43 加载压板支撑

16 在功能区中单击【装配】选项卡中【组件位置】组中的【装配约束】命令 ，弹出【装配约束】对话框，选择【接触对齐】，在【方位】中选择"接触"，选择两个端面作为装配面，单击【应用】按钮，即可创建接触约束，如图 5-44 所示。

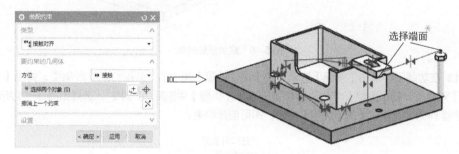

图 5-44 施加接触约束

17 在功能区中单击【装配】选项卡中【组件位置】组中的【装配约束】命令 ，弹出【装配约束】对话框，选择【接触对齐】，在【方位】中选择"自动判断中心/轴"，选择中心线，单击【应用】按钮，即可创建中心线对齐约束，如图 5-45 所示。

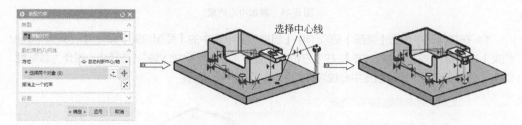

图 5-45 施加中心线对齐约束

（7）加载压板螺栓

18 在功能区中单击【装配】选项卡中【组件】组中的【添加组件】按钮 ，弹出【添加组件】对话框，选择"压板螺栓.prt"，选择【定位】为"选择原点"，单击【确定】按钮，弹出【点】对话框，在图形区选择方便的一点放置，如图 5-46 所示。

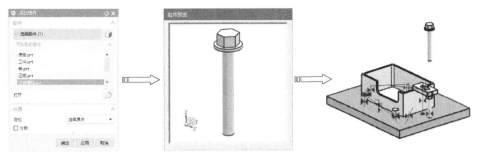

图 5-46　加载压板螺栓

19 在功能区中单击【装配】选项卡中【组件位置】组中的【装配约束】命令 ，弹出【装配约束】对话框，选择【接触对齐】，在【方位】中选择"自动判断中心/轴"，选择中心线，单击【应用】按钮，即可创建中心线对齐约束，如图 5-47 所示。

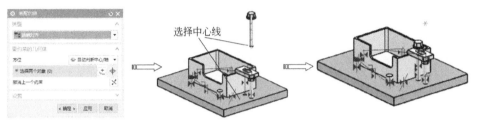

图 5-47　施加中心线对齐约束

20 在功能区中单击【装配】选项卡中【组件位置】组中的【装配约束】命令 ，弹出【装配约束】对话框，选择【接触对齐】，在【方位】中选择"接触"，选择两个端面作为装配面，单击【应用】按钮，即可创建接触约束，如图 5-48 所示。

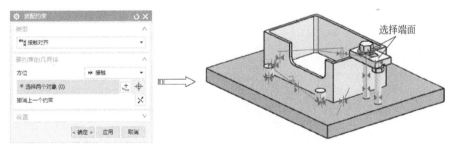

图 5-48　施加接触约束

21 重复上述压板、压板支撑、压板螺栓的装配过程，完成另一侧相关部件装配，如图 5-49 所示。

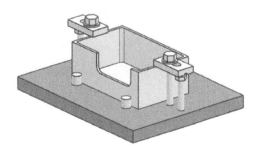

图 5-49　加载装配其他部件

5.4　本章小结

　　本章简要介绍了 NX 装配设计中的管理组件、调整组件位置、爆炸视图等内容，并通过 2 个实例来具体讲解 NX 装配操作步骤和方法，使读者通过本章的学习对 NX 装配体设计方法有深入的了解，轻松掌握装配设计相关知识和应用。

06

第6章

NX CAM数控加工基础知识

本章内容

▶ NX 数控加工功能

▶ NX 数控加工范围

▶ NX 数控加工界面

▶ NX 工序导航器

▶ NX 数控加工流程

UG NX 软件作为世界上最先进的 CAD/CAM/CAE 集成的大型高端应用软件，特别是其 CAM 模块被广泛应用于航空、航天、汽车、造船、通用机械和电子等工业领域，在工业界被公认为最好的 CAM 软件。本章详细介绍了 UG NX 数控加工功能、加工环境初始化、用户界面等。建议读者认真学习本章内容，为更加有效地应用 UG NX 数控加工奠定基础。

建议读者在学习本章内容时配合本书视频讲解，这样可以提高学习效率。

6.1　NX CAM 数控加工简介

6.1.1　NX 数控加工功能

UG CAM 就是 UG 的计算机辅助制造模块，UG CAM 数控加工功能非常强大，可进行数控车、数控铣和数控电火花线切割自动编程。UG CAM 软件包含平面铣、型腔铣、固定轴曲面轮廓铣、可变轴曲面轮廓铣、顺序铣、车削和线切割等多个模块。

6.1.1.1　UG CAM 铣削加工

铣削加工是 UG CAM 中功能最强大的数控加工模块之一，可实现以下几种铣削加工方式。

（1）平面铣加工

平面铣加工创建的刀轨用于移除平面层内的材料，是一种 2.5 轴的加工方法，用于平面轮廓、平面区域或平面孤岛的粗、精加工，它平行于零件底面进行分层切削。零件的底面和每个切削层都与刀具轴线垂直，各个加工部位的内壁与底面垂直，但不能加工底面与侧壁不垂直的部位。平面铣的特点是刀轴固定，底面是平面，各侧壁垂直于底面，如图 6-1 所示。

（2）型腔铣加工

型腔铣加工用于粗加工型腔或型芯区域，是一种 3 轴加工方法。它根据型腔或型芯的形状将要切除的部位在深度方向上分成多个切削层进行切削，每个切削层可指定不同的切削深度，并可用于加工内壁与底面不垂直的部位，但在切削时要求刀具轴线与切削层垂直。型腔铣的特点是刀轴固定，侧壁不垂直于底面，如图 6-2 所示。

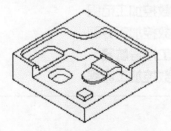

图 6-1　典型平面铣加工零件

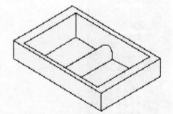

图 6-2　典型型腔铣加工零件

（3）固定轴曲面轮廓铣加工

固定轴曲面轮廓铣加工是通过选择驱动几何体生成驱动点，将驱动点沿着指定的投影矢量投影到零件几何体上生成刀位轨迹点，同时检查刀位轨迹点是否过切或超差。如果刀位轨迹点满足要求，则输出该点，驱动刀具运动，否则放弃该点。固定轴加工适于加工一个或多个复杂曲面，根据不同的加工对象，可实现多种方式的精加工，如图 6-3 所示。

（4）可变轴曲面轮廓铣加工

与固定轴曲面轮廓铣相比，可变轴加工提供了多种刀轴控制方式，可根据不同的加工对象实现多种方式的精加工，主要用于 4 轴或 5 轴加工，如图 6-4 所示。

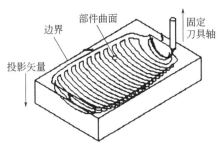

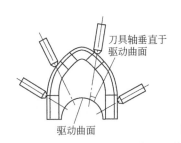

图 6-3 典型固定轴曲面轮廓铣加工零件　　　图 6-4 典型可变轴曲面轮廓铣加工零件

（5）顺序铣加工

顺序铣是一种进行表面精加工的方法，其前道工序一般为平面铣或型腔铣等粗加工。它按照相交或相切面的连接顺序连续加工一系列相接表面，可保证零件相邻表面过渡处的加工精度。顺序铣主要是通过设置各个子操作的刀具路径，以及对机床进行 3 轴、4 轴或 5 轴联动控制来精加工零件表面轮廓，如图 6-5 所示。

6.1.1.2 NX CAM 车削加工

车削加工可以面向二维部件轮廓或三维实体模型编程，用于加工轴类或回转体表面。它可以完成零件的粗车、精车、端面、车螺纹、钻中心孔等加工，如图 6-6 所示。

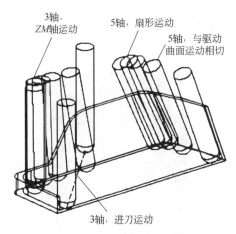

图 6-5 典型顺序铣加工零件

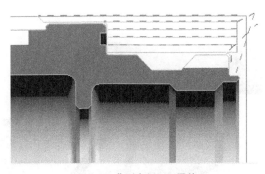

图 6-6 典型车削加工零件

6.1.1.3 NX CAM 线切割加工

线切割加工从接线框或实体模型中产生，可实现 2 轴或 4 轴模式下的切割，它可实现各种范围的线切割操作，如图 6-7 所示。

6.1.2 NX CAM 数控加工应用范围

NX CAM 系统提供了范围极广的功能，它不但可以支持多极化的不同模块选择以满足客户的需要，而且可

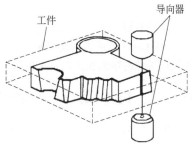

图 6-7 典型线切割加工零件

以方便用户采用不同配置方案来更好地满足其特定的工业需求。

（1）模具制造

NX CAM 系统提供强大的铣削功能，可实现注塑模具、铸造模具和冲压模具的粗、精加工，如图 6-8 所示。

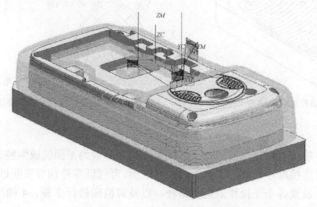

图 6-8　UG NX 在模具制造领域的应用

（2）航空航天

在航空航天领域中，飞机机身和涡轮发动机的零部件都需要多轴加工能力，NX CAM 可很好地满足这些要求，如图 6-9 所示。

（3）日常消费品/高科技产品

NX CAM 可直接满足日常消费品和高科技产品制造商对注塑模具加工制造的需求，如图 6-10 所示。

图 6-9　UG NX 在航空航天领域的应用

图 6-10　UG NX 在日常消费/高科技产品中的应用

（4）通用机械

NX CAM 系统为通用机械工业提供了多种专业的解决方案，比如高效的平面铣、针对铸造件及焊接件的精细加工以及大批量的零部件车削加工和线切割加工等，如图 6-11 所示。

6.1.3　NX CAM 和 NX CAD 的关系

NX CAM 与 NX CAD 联系紧密，所以 NX CAM 可直接利用 NX CAD 创建的模型进行加工编程。

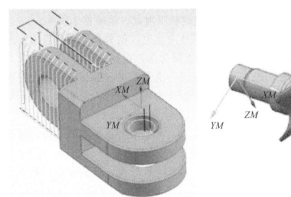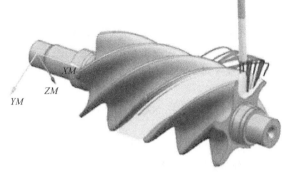

图 6-11　UG NX 在通用机械产品中的应用

6.1.3.1　CAM 和 CAD 关联

　　NX CAM 模块与 NX CAD 模块紧密地集成为一个整体。NX CAM 数据与 NX CAD 模型一起直接保存在部件文件中，随时可修改 CAM 数据或根据模型的变化自动更新 CAM 数据。

　　通常 NX CAM 根据所建立的 NX CAD 三维模型编写数控代码。NX CAM 采用主模型结构，即在产品的开发设计中各个模块引用共同的部件模型，对主模型的任何修改，CAM 能自动更新数据以适应模型的变化，从而确保 NX CAM 模块直接根据最新的模型 CAD 文件进行加工规划，生成 NC 代码。

　　NX CAM 不仅可以直接利用零件的主模型编程，更重要的是可利用装配模型编程。首先，在产品主模型建立后，可实现 NX 的并行工作方式，使编程工作与制图、分析工作由不同的人分别同时进行，互不干扰，其优势是极其显著的；其次，利用装配模型编程的最大好处是可以将夹具考虑进去，避免刀具与夹具之间的干涉，还可将装配在一起的组件共同加工。

6.1.3.2　CAM 的 CAD 基础

　　在进行 NX CAM 数控编程时，首先要利用 NX CAM 建立产品模型，因此，掌握 NX CAD 基础和建模方面的知识也是非常必要的。本书第 1 章～第 5 章即为 UG NX 的 CAD 建模知识。下面再将这 5 章的所有知识点进行归纳如下。

（1）NX 基础知识

 ☑ NX 软件界面：包括 NX 用户操作界面、Ribbon 功能区操作、用户界面定制等。

 ☑ 文件操作：包括新建文件、打开文件、保存文件、关闭文件和文件的导入与导出等，相关命令集中在【文件】下拉菜单中。

 ☑ 鼠标键盘用法：鼠标三键功能及其使用［左键、中键（滚轮）、右键分别对应 NX 系统的 MB1、MB2 和 MB3］、键盘基本用法和常用快捷键。

 ☑ 图层管理：包括图层的编辑、图层的显示和选择、工作层的设置，目的是将不同的内容设置在不同的层中，通过设置图层中对象显示或隐藏来管理各种复杂的图形零件。相关命令集中在菜单【格式】|【图层设置】中。

 ☑ 视图操作：用户在设计过程中，经常需要从不同的视点、不同的角度观察物体，物体以线框图显示或色调图显示等，相关命令集中在【视图】选项卡中或【视图】菜单中。

 ☑ 对象显示操作：包括对象显示和隐藏、编辑对象显示，相关命令集中在选择下拉菜单【编辑】|【显示和隐藏】菜单中。

 ☑ 对象的移动和变换：对象的变换是指对独立存在的几何对象（曲线、草图、实体或片体等各种二维或三维对象）进行移动、复制、旋转、缩放、镜像和阵列等操作。

☑ 对象选择：包括分类选择器、鼠标选取对象、快速拾取对象、选择首选项等。

☑ 点构造器：用户在设计过程中需要在图形区确定一个点时，例如查询一个点的信息或者构造直线的端点等，NX都会弹出【点】对话框辅助用户确定点。

☑ 矢量构造器：在NX应用过程中，经常需要确定一个矢量方向，例如圆柱体或圆锥体轴线方向、拉伸特征的拉伸方向、曲线投影的投影方向等，矢量的创建都离不开矢量构造器。

☑ 平面构造器：在NX建模过程中经常用到平面工具，如基准平面、参考平面、裁剪平面和定位平面等。

☑ 分析工具：分析主要查询物理信息，包括距离、体积、面积等，相关命令主要集中在【分析】菜单和【分析】选项卡中。

（2）草图基础知识

☑ 草图绘制方法：包括点、轮廓线、矩形、圆和圆弧、多边形、样条、二次曲线等。

☑ 草图编辑方法：包括倒圆角、倒角、修剪、镜像等操作，用以获得更加精确的轮廓。

☑ 草图约束方法：草图设计强调的是形状设计与尺寸几何约束分开，形状设计仅是一个粗略的草图轮廓，要精确地定义草图，还需要对草图元素进行约束。草图约束包括几何约束和尺寸约束两种。

（3）曲线基础知识

☑ 曲线设计方法：包括点、直线、圆弧、圆、矩形、多边形、样条曲线等。

☑ 曲线编辑方法：包括编辑曲线参数、修剪曲线、修剪角、分割曲线、曲线长度等。

☑ 曲线操作方法：曲线操作是指对已存在的曲线进行几何运算处理，如曲线偏置、桥接、投影、组合投影、镜像、合并等。

（4）曲面基础知识

☑ 基于点的曲面：主要有通过点、由极点、点云、四点曲面等类型。

☑ 基于曲线的曲面：是指通过网格线框创建曲面，包括直纹曲面、通过曲线组曲面、通过曲线网格、艺术曲面和N边曲面。

☑ 扫掠曲面：扫掠曲面是指选择几组曲线作为截面线沿着导引线（路径）扫掠生成曲面，包括扫掠曲面、样式扫掠、截面、变化扫掠、沿引导线扫掠等。

（5）实体基础知识

☑ 实体特征建模：用于建立基本体素和简单的实体模型，包括块体、柱体、锥体、球体、管体还有孔、圆形凸台、型腔、凸垫、键槽、环形槽等。

☑ 实体特征编辑：包括删除特征、编辑特征参数、编辑特征尺寸、编辑位置、移动特征等。

☑ 实体特征操作：如倒角、拔模、阵列、修剪体、布尔运算等。

（6）装配基础知识

不使用装配是可以编程的，但是如果希望在编程时将夹具也考虑进去或希望在装配部件上实现加工，就需要掌握NX的基本装配功能。

☑ 装配方法：在NX中产品的装配有三种方法，即自底向上装配、自顶向下装配、混合装配。

☑ 组件位置：创建零部件时坐标原点不是按装配关系确定的，导致装配中所插入零部件可能位置相互干涉，影响装配，因此需要调整零部件的位置，便于约束和装配。

☑ 装配约束：是在装配中用来确定组件间的相互位置和方位的，它是通过一个或多个关联约束来实现的。在两个组件之间可以建立一个或多个配对约束，用以部分或完全确定一个组件相对于其他组件的位置与方位。

6.2 NX CAM 数控加工用户界面

NX 的加工环境是指进入 NX 制造模块后进行编程作业的软件环境。我们知道 NX 可以为数控铣、数控车和线切割编制加工程序，而单是 NX 数控铣可进行平面铣、型腔铣、固定轴曲面轮廓铣等不同类型的加工，但每一个编程者面对的加工对象可能比较固定，一般不会用到 NX CAM 的所有功能。比如专门从事三轴铣加工的人，在日常编程作业中可能不会涉及数控车编程、线切割编程以及可变轴编程，那么这些编程功能对他来说就可以屏蔽掉。因此 NX 给我们提供了这样的手段，即可以定制和选择 NX 的编程环境，只将最适合工作要求的功能呈现在我们面前。

6.2.1 启动加工环境

将所要加工的零件实体模型（.prt）文件打开后，单击【应用模块】选项卡中的【加工】按钮 ，系统弹出【加工环境】对话框，如图 6-12 所示。

【加工环境】对话框主要包括"CAM 会话配置"和"要创建的 CAM 设置"两部分，下面分别加以介绍。

6.2.1.1 CAM 会话配置

"CAM 会话配置"列表框列出的随 UG NX 软件提供的一些加工环境，通常包括的配置文件有 cam_general（通用加工配置）、lathe（车削加工配置）、mill_contour（轮廓铣削配置）、mill_multi-axis（多轴铣削配置）、mill_planar（平面铣削配置）和 shops_diemold（模具加工配置）等。

如果系统所提供的配置文件不能满足使用要求，可单击其后的【浏览】按钮 ，选择用户自定义的配置文件。不过对于一般用户，NX 软件提供的这些加工环境基本上满足加工要求，因此不需要用户单独创建。

图 6-12 【加工环境】对话框

> **提示**
>
> cam_general 加工环境是一个基本加工环境，包括了所有铣削加工、车削加工以及线切割加工功能，是最常用的加工环境。

6.2.1.2 要创建的 CAM 设置

在"CAM 会话配置"下拉列表中选定一种加工环境后，"要创建的 CAM 设置"列表显示的就是这个加工环境中的所有操作模板类型。每种操作模板类型是若干操作模板的集合，即一个操作模板是创建操作的样板，也就是具体呈现出来的操作对话框。

6.2.2　NX数控加工操作界面

在【加工环境】对话框中的【CAM会话配置】中选择cam_general，然后在【要创建的CAM设置】选择操作模板后，单击【加工环境】对话框中的【确定】按钮，完成NX数控加工环境配置后，便进入数控加工用户界面，如图6-13所示。

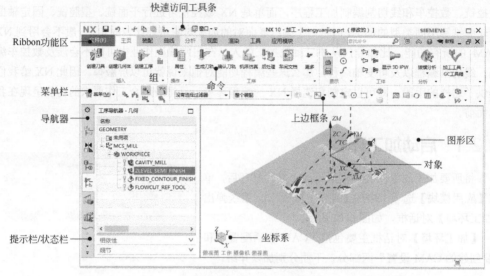

图6-13　数控加工用户界面

进入加工应用模块后，图形窗口【主页】选项卡增加了与加工相关的命令，在导航器中添加了【工序导航器】对话框，在菜单中增加了加工命令，下面仅介绍【主页】选项卡相关选项：

（1）【插入】组

【插入】组包括用于创建程序、刀具、几何体、方法和操作的工具。利用【插入】组创建的各对象在各组相应操作中相互共享，如图6-14所示。

（2）【工序】组

【工序】组工具栏主要用于刀具路径管理、生成和验证刀位轨迹、输出刀具位置源文件、后置处理和车间文档等，如图6-15所示。

（3）【操作】组

【操作】组用于对【工序导航器】中的各种对象进行编辑、剪切、复制、粘贴和删除等操作，如图6-16所示。

图6-14　【插入】组

图6-15　【工序】组

图6-16　【操作】组

提示

图 6-16 中的工具栏名称为"操作"，可能是翻译问题，叫"加工对象"工具栏更加合适。

（4）【工件】组

【工件】组用于对一个 2D 和 3D 工件对象进行显示和保存，如图 6-17 所示。

（5）上边框条中的【工序导航器】组

在上边框条中插入了【工序导航器】组，用于决定工序导航器的显示内容，如图 6-18 所示。由于在数控加工中，用户要频繁利用导航器，故本书单独设立一节"6.3 工序导航器"。

图 6-17 【工件】组

图 6-18 上边框条中的【工序导航器】组

6.3 工序导航器

工序导航器是一个图形用户界面，用户利用工序导航器管理部件中的工序以及刀具、加工几何、加工方法等操作参数。它可以允许用户在各共享操作之间指定参数组，使用一个树结构图了解各个组和操作之间的关系，根据各个组在工序导航器中的位置关系，各种参数可以在组和组或者组和操作间被传递和继承。

工序导航器在"加工"模块屏幕的左侧导航器中，单击【工序导航器】按钮，可打开【工序导航器】对话框，如图 6-19 所示。

工序导航器允许用户执行拖动、剪切、粘贴、删除、编辑、重命名对象等操作。用鼠标双击资源条中的工序导航器图标，将会使工序导航器和资源条分离，这样可将工序导航器停放在任意位置，如图 6-20 所示。

图 6-19 打开工序导航器

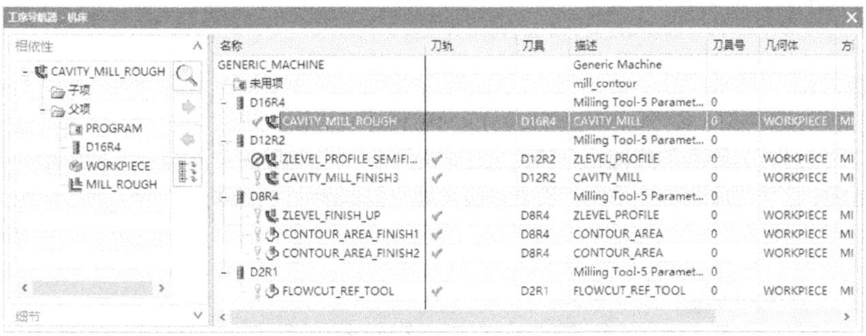

图 6-20 从资源条分离的工序导航器

提示

如果要想将分离的工序导航器返回到资源条中，只要关闭【工序导航器】对话框即可。

6.3.1　工序导航器视图

工序导航器上共有 4 种不同的视图显示状态：程序顺序视图、加工方法视图、机床视图和几何视图。【工序导航器】对话框中是否显示视图以及显示哪种视图，可以通过图 6-18 中上边框条中的【工序导航器】组相关命令按钮控制。

6.3.1.1　工序导航器-程序顺序视图

程序节点以树状结构按层次组织起来，构成父子节点关系，每个程序节点之上可以有父节点，其下可以有子节点也可以有工序，如图 6-21 所示。

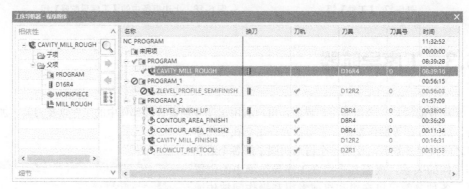

图 6-21　工序导航器-程序顺序视图

程序顺序视图按照刀具路径的执行顺序列出当前零件的所有工序，显示每个工序所属的程序组和每个工序在机床上的执行顺序，各工序的排列顺序确定了后置处理顺序和生成刀具位置源文件的顺序。总的原则是：位于上面的工序的刀轨在刀具源文件 CLSF 或 NC 文件中排在前面，因此先执行加工。

- NC_PROGRAM 是系统给定的根节点，不能改变。
- "未用项"节点也是系统给定节点，不能改变，用于容纳那些暂时不用的操作。
- PROGRAM 是程序节点，其中 PROGRAM_1、PROGRAM_2 是子节点，NC_PROGRAM 是父节点。

 提示

程序节点及其下面的工序都可以通过剪切和粘贴、内部粘贴来改变其在"树"中的位置和顺序，也因此改变了程序的输出顺序，当然也就改变了最后的加工顺序。

6.3.1.2　工序导航器-机床视图

机床视图按照切削刀具来组织各个工序，列出了当前零件中存在的各种刀具以及使用这些刀具的工序名称，如图 6-22 所示。

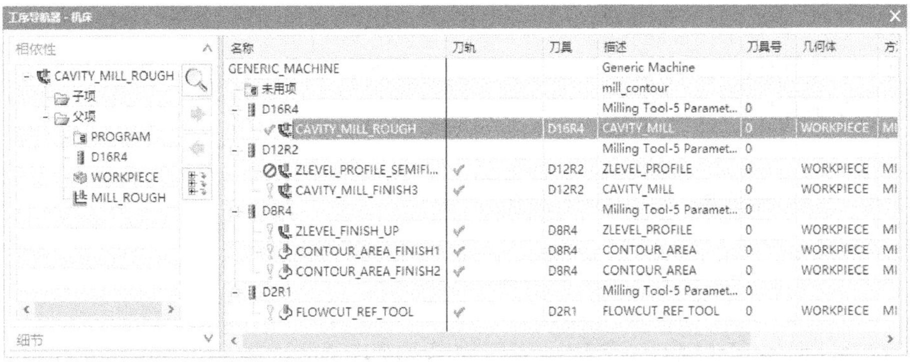

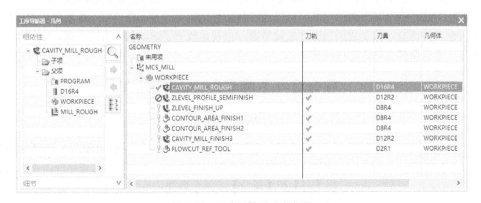

图 6-22　工序导航器-机床视图

刀具节点只能位于根节点或"不使用的项"节点，刀具节点之间不可能以父子关系排列。每个刀具节点就是工序使用的一把刀具。位于同一刀具节点下的工序共享这把刀具。

- GENERIC_MACHINE 是系统给定的根节点，不能改变。
- "未用项"节点也是系统给定的节点，不能改变，用于容纳那些暂时不用的刀具。

刀具节点及其下面的工序都可以通过剪切或粘贴来改变其在"树"中的位置。改变刀具的位置没有实际意义，最多不过是让同类刀具排在一起便于查看。一个工序只能拥有一把刀具，因此将一个工序从一把刀具下移到另一把刀具下实际上就是改变了工序所使用的刀具。改变同一把刀具下的工序的排序没有什么实际意义。

6.3.1.3　工序导航器-几何视图

几何视图列出了当前零件存在的几何体和坐标系，以及使用这些几何体和坐标系的工序名称，如图 6-23 所示。例如铣削加工中最基本需要指定 MSC_MILL、WORKPIECE（工件几何体，包括毛坯几何体和零件几何体）。

图 6-23　工序导航器-几何视图

几何节点以树状层次组织起来，构成了父子节点关系。每一个几何节点之上可以有父节点，其下可以有子节点也可以有工序。每一个几何节点继承其父节点的数据。位于同一个几何节点下的所有工序共享其父节点的几何数据。

几何节点及其下面的工序都可以通过剪切和粘贴来改变它在"树"中的位置和顺序。对于一个工序而言，改变它的加工几何父节点，也就是改变了它的几何参数。

提示

4 种节点数据中，唯有几何节点数据既可以定义成为工序导航器工具中的共享数据，也可以在每一个特定的工序中个别定义。

6.3.1.4　工序导航器-加工方法视图

加工方法视图列出了当前存在的加工方法，以及使用这些加工方法的工序名称，如图 6-24 所示。

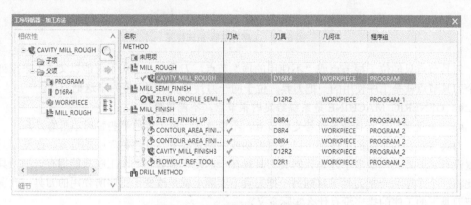

图 6-24　工序导航器-加工方法视图

加工方法节点以树状结构按层次组织起来，构成父子节点关系。每一个加工方法节点之上可以有父节点，其下可以有子节点也可以有工序。每个加工方法节点继承其父节点的数据。位于同一个加工方法节点下的所有工序共享其父节点的加工方法数据，但是每个工序的零件余量、内外公差也可以在工序对话框中个别调整，从而与加工方法中的这些参数可以不一致。

加工方法节点及其下面的工序都可以通过剪切和粘贴来改变它在"树"中的位置和书序。对于一个工序而言，改变它的加工方法父节点，也就是改变了它的加工方法参数，如果执行自动计算，进给量和主轴转速将改变。

图 6-25　工序导航器快捷菜单

6.3.2　工序导航器快捷菜单

6.3.2.1　工序导航器菜单

在工序导航器空白处单击鼠标右键，弹出如图 6-25 所示的快捷菜单。该菜单里的视图切换命令，含义与上述相同，下面仅介绍【列】和【属性】子菜单命令。

（1）【列】子菜单

【列】子菜单用于快速启动或禁止在工序导航器中的显示内容，图 6-26 所示为程序顺序视图时的【列】子菜单内容。该菜单包含了当前视图所有的列，要显示的列在菜单项目前显示复选标记，要更改列显示的内容，只需单击对应的命令即可。

（2）【属性】子菜单

【属性】命令用来改变工序导航器的外观，如图 6-27 所示。

图 6-26 程序顺序视图【列】子菜单

图 6-27 【工序导航器属性】对话框

① 【常规】选项卡用于设置颜色，包括以下选项：

☑ 【换刀】：当刀具改变时，指定行的颜色。

☑ 【高亮显示】：指定选择下拉菜单【工具】|【工序导航器】|【查找】命令时，高亮显示对象的颜色。

☑ 【抑制的轨迹】：指定将抑制的刀具路径的颜色。

☑ 【不使用的对象】：对位于一个或多个工序导航器视图的不使用的项文件夹中的工序指定文本颜色。

☑ 【切换视图以便匹配创建】：显示与所创建的最后一个对象匹配的视图。例如，用户创建一个几何体组，则工序导航器将显示几何体视图。

☑ 【压缩刀具视图】：在机床视图中隐藏刀架和刀槽的树结构，并且仅显示顶级刀具。

② 【列】选项卡用于定义工序导航器的每个视图中列的顺序和可见性。

☑ 【视图】：指定要修改的工序导航器视图。

☑ "列" 列表：列出可用于指定视图的列，并且用户可以利用【上移】按钮🔼和【下移】按钮🔽来重新排列选定列在工序导航器中的顺序。

6.3.2.2 工序导航器对象菜单

在工序导航器中选择对象的方法与 Microsoft Windows 操作系统中选取文件和文件夹的方法类似：

- 利用 MB1 键实现单一选取对象。
- 利用 Shift 和 MB1 键可以实现连续片选对象，但是不可以用拖动光标的方式实现片选。
- 利用 Ctrl 键和 MB1 键可以离散地选取对象。

当在工序导航器中选择某个或多个被选取的节点（程序、刀具、加工几何、加工方法和工序）时，单击鼠标右键，弹出如图 6-28 所示的快捷菜单。

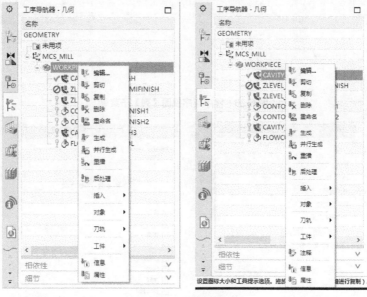

图 6-28　对象快捷菜单

图 6-29　重新弹出工序对话框

（1）【编辑】命令

　　选择该命令，将重新显示工序对话框，如图 6-29 所示。如果有多个对象被高亮显示，则各个对话框将在前一对话框关闭后，按工序导航器中的顺序依次出现。

（2）【剪切】命令

　　该命令用于剪切程序、刀具、加工几何、加工方法、工序节点到系统剪贴板，以便粘贴到其他位置。选择该命令，将工序在工序导航器中删除，如图 6-30 所示。

（3）【复制】命令

　　该命令用于复制程序、刀具、加工几何、加工方法、

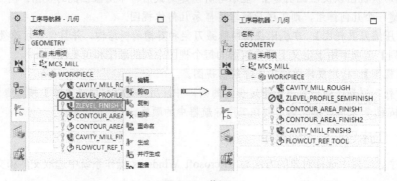

图 6-30　剪切

工序节点到系统剪贴板，以便粘贴到其他位置。选
择该命令，将工序在工序导航器中复制，并拷贝到
粘贴板上，如图6-31所示。

（4）【粘贴】命令

　　该命令用于将系统剪贴板中的一个或多个程序
粘贴到被选取的某个程序下面；将系统剪贴板中的
一把或多把刀具粘贴到被选取的刀具下面；将系统
剪贴板中的一个或多个加工几何粘贴到被选取的某
个加工几何下面；将系统剪贴板中的一个或多个加
工方法粘贴到被选取的某个加工方法下面；将系统
剪贴板中的一个或多个工序粘贴到被选取的任何节
点下面，如图6-32所示。

图6-31　复制

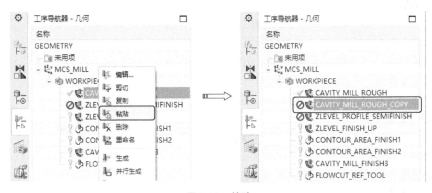

图6-32　粘贴

（5）【内部粘贴】命令

　　该命令与【粘贴】命令类似，不同之处是内部粘贴是将系统剪贴板中的对象粘贴为被选取
的节点的子节点，而粘贴只是将系统剪贴板中的对象粘贴到被选取的节点下面，处于同一层次，
如图6-33所示。

提示

　　利用复制、粘贴或内部粘贴功能，可以快速创建刀具、加工几何、加工方法以及工序。若新
建节点或工序与一个已有的节点或工序类似，便可以制作一个已有的节点或工序的备份，对复制
的节点或工序的参数稍加修改便形成一个新的节点或工序。这种手段可大大提高编程工作的效率，
一定要善加利用。在工序对话框中修改共享数据就是利用一个已有工序通过复制、修改生成一个
新工序的例子。

（6）【删除】命令

　　选择该命令，将工序在工序导航器中删除。

（7）【重命名】命令

　　选择该命令，重新定义工序的名称。

（8）【生成】命令

　　选择该命令，为当前选定的工序生成刀轨。

图 6-33　内部粘贴

（9）【重播】命令

选择该命令，在图形区重新显示刀轨。

（10）【插入】命令

选择该命令，用于在相应节点下创建工序、程序、刀具、几何体和方法等。

（11）【对象】命令

选择该命令，用于对工序执行变换、模板设置等命令。

（12）【刀轨】命令

选择该命令，用于对刀轨进行编辑、删除、仿真等操作。

（13）【工件】命令

选择该命令，用于为当前选择的工序制订工件材料切削部分的显示方式。

（14）【信息】命令

选择该命令，将显示该工序的相关信息。

（15）【属性】命令

选择该命令，弹出对象属性对话框，用于修改对象的名字、提取信息和编辑属性值。

6.3.3　父级组、工序和继承性

从工序导航器中显示的内容可见，对象（父节点组）和工序在 4 个不同的工序导航器视图窗口中显示，工序导航器使用树状结构展现父节点组和工序之间的关系。

根据工序和组在工序导航器中相对位置的不同，一个组中的参数可以向另一个组或工序传递，同时也可以从包含它们的高一级组中继承参数，高一级组称为父组。如图 6-34 所示几何体 MCS_MILL 是父组，其加工坐标系等参数将传递到它下面的子几何体 WORKPIECE 中，子组继承父组的参数，父组的改变会影响到子组。

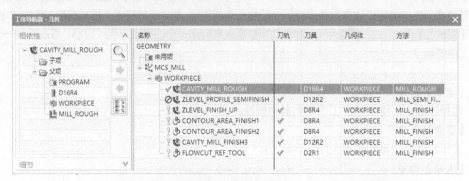

图 6-34　几何体父节点组

6.3.4　删除工序导航器设置

当要打开的文件原先在加工模块下保存时，再次打开时可直接进入加工模块，此时系统将按照该零件第一次配置的加工环境进行工序。如果想对加工环境重新进行设置，则选择下拉菜单【工具】|【工序导航器】|【删除设置】命令，删除当前的加工环境，可重新设置加工环境。

6.4　NX CAM 数控加工流程

利用 NX 进行数控加工遵循一定的加工流程，如图 6-35 所示。

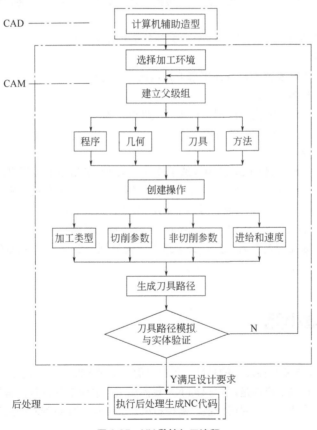

图 6-35　NX 数控加工流程

下面将数控加工流程中的相关内容作以简单介绍：

（1）选择加工环境

CAM 模块功能很多，在编辑前需要定制用户所需要的数控编程环境，选择最适合具体工作要求的加工环境。

（2）建立父级组

在 UG NX 的数控加工中加工是通过创建工序来完成的，在创建工序之前要为工序指定其所对应的父级组，其中包括程序组、刀具组、几何组和方法组。

☑ 【程序】：用于组织各加工工序和排列各工序在程序中的次序。

☑ 【几何】：用于在零件上定义要加工的几何对象和指定零件在机床上的加工方位。

☑ 【刀具】：用于设置加工需要的加工刀具类型以及刀具加工参数。

☑ 【方法】：可以通过对加工余量、几何体的内外公差、切削步距和进给速度等选项的设置，控制表面残余量，为粗加工、半精加工和精加工设定统一的参数。

（3）创建工序

在 NX 数控加工过程中，零件各表面的形成是由若干个按一定次序排列的工序组成的。创建工序时除了要指定加工父级组外，还要设置工序参数，常用的工序参数有：

☑ 【加工类型】：用于选择合适的加工工序方式，可选择的工序类型有平面铣、型腔铣、固定轴曲面轮廓铣、可变轴曲面轮廓铣等。

☑ 【切削参数】：用于设置切削加工参数，主要包括走刀方式、加工余量、顺铣和逆铣等。

☑ 【非切削参数】：用于设置刀具在非切削运动时的移动参数，主要包括进刀、退刀、安全设置等。

☑ 【进给和速度】：用于设置加工时的主轴转速和进给率等。

（4）生成刀具路径

生成刀具的 NCI 数据文件，并在屏幕上显示加工刀具路径。

（5）刀具路径模拟与实体验证

模拟刀具实际切削时的走刀过程，直接对工件进行逼真的切削模拟来观察加工的过程和效果，可避免工件报废，甚至可以省去试切环节。

（6）执行后处理生成 NC 代码

将确认的刀具位置数据 CLSF 转换成适于具体机床数据的数控加工程序，即 NC 代码。

在 NX 中生成的刀具路径如果不经过后置处理将无法直接送到数控机床进行零件加工，这是因为不同厂商生产的机床的硬件条件不同，而且各种机床所使用的控制系统也不同，对同一功能，在不同的数控系统中不完全相同。这些与特定机床相关的信息，不包含刀具位置源文件（CLSF），因此刀具位置源文件必须进行后置处理，以满足不同机床/控制系统的特殊要求。

6.5 本章小结

本章介绍了 UG NX 数控加工的功能、用户界面、工序导航器以及数控加工的一般流程等。在学习本章时需要提醒用户的是，学习 UG NX 数控加工之前应该具备数控编程理论和 UG CAD 建模的相关知识，请读者适当阅读一些"数控机床及其编程""UG NX 产品建模"等方面的相关书籍。

07

第7章

Chapter seven

NX数控加工通用知识

本章内容

▶ 掌握 NX 加工父级组
▶ 掌握 NX 通用加工参数
▶ 掌握 NX 刀具路径管理
▶ 掌握 NX 后处理

本章详细介绍了 UG NX 数控加工父级组、通用参数以及刀具路径管理等。建议读者认真学习本章内容，特别是父级组的创建、通用加工参数以及刀具路径生成和验证。

建议读者在学习本章内容时配合本书视频讲解，这样可以提高学习效率。

7.1 NX 数控加工父级组

在 NX 数控加工中加工是通过创建工序来完成的，在创建工序之前要为工序指定其所对应的父级组，其中包括程序组、刀具组、几何组和方法组。凡是在父级组中定义的数据都可以被其子节点组继承。

7.1.1 创建程序组（节点）

程序组用于组织各加工操作和排列各操作在程序中的次序。例如一个复杂零件如果需要在不同机床上完成各表面的加工，则应将在同一台机床上加工的操作组合成程序组，以便于刀具路径合理管理和后处理。合理地将各操作组成一个程序组，可以在一次后置处理中选择程序组输出多个操作。

图 7-1 【创建程序】对话框

单击【主页】选项卡中的【插入】组中的【创建程序】按钮，或选择下拉菜单【插入】|【程序】命令，弹出【创建程序】对话框，如图 7-1 所示。

【创建程序】对话框中相关选项含义如下。

- 【类型】：根据加工类型，在【类型】下拉列表中选择合适的操作模板类型。在【类型】下拉列表中的操作模板类型就是 UG NX 加工环境中"要创建的 CAM 设置"的操作模板类型。
- 【程序子类型】：子类型是程序组"程序"的类型，这些"程序"用来对要输出的操作进行分组
- 【位置】：在【位置】组框中的【程序】下拉列表中选择程序父级组，该下拉列表中显示的是程序顺序视图中当前已经存在的节点，它们都可以作为新节点的父节点。
- 【名称】：在【名称】文本框中输入新建程序组的名称。

 提示

单击上边框条中的【工序导航器】组中的【程序顺序视图】按钮，将在工序导航器中显示每个操作所需的程序组及其各操作在机床上的执行顺序。

7.1.2 创建刀具组（节点）

在加工过程中，刀具是从工件上切除材料的工具，在创建铣削、车削、点位加工操作时，必须创建刀具或从刀具库中选取刀具。创建和选取刀具时，应考虑加工类型、加工表面形状和

加工部位的尺寸大小等因素。

7.1.2.1　创建刀具节点

在 UG NX 中提供了多种刀具类型供用户选择,
用户只需要指定刀具的类型、直径和长度等参数即
可创建刀具。

单击【插入】工具栏上的【创建刀具】按钮,
或选择下拉菜单【插入】|【刀具】命令,系统弹出
【创建刀具】对话框,如图 7-2 所示。

【创建刀具】对话框的各相关选项含义如下。

（1）【类型】组框

刀具类型随操作模板类型不同而不同,各种操
作模板类型（cam_general 加工环境的操作模板）对
应的刀具类型如下:

- 【mill_planar（平面铣）】: 用于平面铣的各
  类刀具。
- 【mill_contour（轮廓铣）】: 用于轮廓铣的各
  类刀具。
- 【mill_multi-axis（多轴轮廓铣）】: 用于多轴
  轮廓铣的各类刀具。
- 【drill（钻）】: 用于钻、铰、镗、攻螺纹的各类刀具。
- 【hole_making（孔加工）】: 用于钻、铰、镗、攻螺纹的各类刀具。
- 【turning（车削）】: 用于车削的各类刀具。
- 【wire_edm（电火花线切割）】: 用于电火花线切割的各类刀具。

（2）【库】组框

用户可以通过【库】组框,从刀库中选择一把预定义刀具。

（3）【刀具子类型】组框

【刀具子类型】显示对应刀具类型所列的全部刀具图标。

（4）【位置】组框

【位置】组框用于设定所创建的刀具的位置。

（5）【名称】组框

【名称】文本框用于输入所创建刀具的名称,由字母和数字组成,并以字母开头,名称长
度不超过 90 个字符。为了便于管理,通常采用刀具直径和下半径参数作为刀具名称的命名参照。

图 7-2　【创建刀具】对话框

提示

所有刀具只能以工序导航器的刀具视图中的根节点 GENERIC_MACHINE 和 NONE 作为
父节点,因此创建刀具中的【位置】处只能有这两个选择。

7.1.2.2　刀具常用参数

UG NX 中常用的铣刀类型有 5 参数铣刀,下面以常用的 5 参数铣刀为例来讲解铣刀参数。
刀具参数主要集中于【铣刀-5 参数】对话框中的【刀具】选项卡上,如图 7-3 所示。

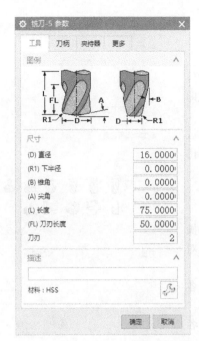

图 7-3 【铣刀-5 参数】对话框

【铣刀-5 参数】对话框中的相关选项的含义如下。

（1）【尺寸】组框

铣刀的基本参数用于确定刀具的基本形状，各尺寸标注显示在刀具示意图中。下面简单介绍一下各参数的含义。

- 【(D) 直径】：铣刀刃口直径，它是决定刀路轨迹产生的最主要因素。
- 【(R1) 下半径】：铣刀下侧圆弧半径，它是刀具底边圆角半径。对于 5 参数铣刀，该半径值可以为 0，形成平底铣刀；当该半径为刀具直径的一半时，则为球刀；当该半径小于刀具直径的一半时，则形成牛鼻刀。
- 【(L) 长度】：刀具的总长，该参数指定刀具的实际长度，包括刀刃和刀柄等部分的总长度。
- 【(B) 锥角】：指定铣刀侧面和铣刀轴线之间的夹角，其取值范围为（−90°，90°）。若该值为正，则刀具外形为上粗下细；若该值为负，则刀具外形为上细下粗；若该值为 0，则刀具侧面与主轴平行。
- 【(A) 尖角】：尖角是指铣刀底部的顶角，该角度为铣刀端部与垂直于刀轴的方向所形成的角度，其取值范围为（0°，90°）。该值为正值，则刀具端部形成一个尖角。
- 【(FL) 刃口长度】：刀具齿部的长度，但刃长不一定代表刀具切削长度，该长度应小于刀具长度。
- 【刀刃】：刀刃的数目，也是铣刀排屑槽的个数（2、4、6 等）。

（2）【描述】组框

在【描述】文本框中可输入刀具的简单说明和提示。单击【描述】组框中的【材料】按钮，弹出【搜索结果】对话框，如图 7-4 所示。用户可以在该对话框中选择合适的刀具材料。

（3）【编号】组框

【编号】组框用于设置刀具补偿和刀具号等参数，包括以下选项。

- 【刀具号】：刀具在铣削加工中心刀具库中的编号，这也是 LOAD/TOOL 后置处理命令用到的值。

图 7-4 【搜索结果】对话框

- 【补偿寄存器】：在机床控制器中刀具长度补偿寄存器的编号，便于协调不同长度的刀具统一进行加工生产，例如 G43 Z15 H02。
- 【刀具补偿寄存器】：在机床控制器中刀具半径补偿寄存器的编号，便于协调不同长度的刀具统一进行加工生产。

（4）【偏置】组框

【Z 偏置】文本框用于输入刀轨在机床的加工坐标系中的位置比在 UG NX 编程环境中 MCS 中的位置沿 Z 轴方向上移（正值）或下降（负值）的距离值。

（5）【信息】组框

【目录号】文本框用于为刀具制订一个分类号，可储存自定义的铣刀，便于刀具管理。

（6）【库】组框

【库号】文本框用于为刀具制订一个库号，单击【将刀具导出至库】按钮，可将自定义的刀具导入系统刀具库中。

（7）【预览】组框

单击【显示】按钮，可在工作坐标系（WCS）的原点处以图形方式显示生成的刀具，以便于检查刀具的大小是否合适。

7.1.3 创建几何组（节点）

创建几何组是在零件上定义要加工的几何对象和指定零件在机床上的加工方位，包括定义加工坐标系、部件、工件、边界和切削区域等。所建立的几何对象可指定为相关操作的加工对象。

7.1.3.1 创建几何节点

单击【主页】选项卡中的【插入】组中的【创建几何体】按钮，或选择下拉菜单【插入】|【几何体】命令，系统弹出【创建几何体】对话框，如图 7-5 所示。

【创建几何体】对话框中选项含义如下。

- 【类型】：根据加工类型，在【类型】下拉列表中选择合适的操作模板类型。该下拉列表中的操作模板类型就是 UG NX 加工环境中"要创建的 CAM 设置"所指定的操作模板类型。
- 【几何体子类型】：在【几何体子类型】中选择

图 7-5 【创建几何体】对话框

合适的几何模板，不同类型的操作模板所包含的几何模板不同，包括"加工坐标系""铣削几何""铣削边界""铣削区域"等。

- 【位置】：在【位置】组框中的【几何体】下拉列表中选择几何父级组，该下拉列表中显示的是几何视图中当前已经存在的节点，它们都可以作为新节点的父节点。
- 【名称】：在【名称】文本框中输入新建几何体的名称。

7.1.3.2 创建加工坐标系

在 NX 加工环境下，可以使用 5 种坐标系，分别为"绝对坐标系 ACS（absolute coordinate system）""工作坐标系 WCS（work coordinate system）""加工坐标系 MCS（machine coordinate system）""参考坐标系 RCS（reference coordinate system）"和"已存坐标系 SCS（saved coordinate system）"。

（1）工作坐标系（WCS）和绝对坐标系（ACS）

工作坐标系（WCS）和绝对坐标系（ACS）在加工环境中的作用与它们在 NX 建模中的作用完全相同，如图 7-6 所示。概括地说，加工环境中，工作坐标系（WCS）是创建曲线、草图、指定避让几何体、指定预钻进刀点、切削开始点等对象和位置时输入坐标的参考；绝对坐标系是决定所有几何对象位置的绝对参考。

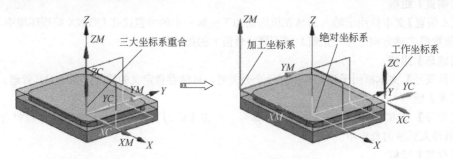

图 7-6 ACS、WCS 和 MCS

> **提示**
>
> 工作坐标系（WCS）和绝对坐标系（ACS）与操作中的刀轨坐标没有关系，刀轨与 MCS 相关。

（2）加工坐标系（MCS）

① 加工坐标系与刀轨的关系 加工坐标系是所有后续刀具路径各坐标点的基准位置。在刀具路径中，所有位置点的坐标值与加工坐标系关联，如果移动加工坐标系，则重新确定后续刀具路径输出坐标点的基准位置。加工坐标系的坐标轴用 XM、YM、ZM 表示，并且在图形区 MCS 的坐标轴长度要比 WCS 的长。另外，如果未指定刀轴矢量方向，则 MCS 的 ZM 轴是默认的刀轴方向，特别是对于固定轴加工。

② 加工坐标系与机床坐标系的关系 数控铣床以及铣削加工中心的 3 个移动轴的方向就是 3 个刀轨的方向，因此是固定的，它们与 NX 加工环境中的 MCS 的 3 个坐标轴的方向一一对应。

机床上有一个机械原点，它的位置在机床制造时已决定好了，用户不可改变，可认为是机床上的绝对坐标系的原点，它是在机床上决定对刀点位置的参考。可以认为对刀点就是机床上的加工坐标系的原点。

（3）定位加工坐标系

单击【创建几何体】对话框中的【MCS】图标 ✗，然后单击【确定】按钮，弹出【MCS】对话框，如图7-7所示。

【MCS】对话框中相关选项含义如下：

①【机床坐标系】组框　单击【机床坐标系】组框中的按钮 ⬚，弹出【CSYS】对话框。利用【CSYS】对话框，用户可调整机床坐标系的位置。

②【参考坐标系】组框　当加工区域从零件的一部分转移到另一部分时，参考坐标系用于定位非模型几何参数（起刀点、返回点、刀轴矢量、安全平面），这样可以减少参数的重新指定。参考坐标系的坐标轴用 *XR*、*YR*、*ZR* 表示。系统在进行参数初始化时，参考坐标系定位在绝对坐标系上。

勾选【链接 RCS 到 MCS】复选框，则 RCS 与 MCS 相同。否则用户可以利用【CSYS】对话框指定参考坐标系。

图7-7　【MCS】对话框

③【安全设置】组框　在【安全设置】组框中设置安全平面位置，安全平面用于定义刀具从一个刀具点退刀运动到下一个切削点的高度，包括以下 4 个选项。

- 使用继承的：继承先前的安全平面作为当前操作的安全平面。
- 无：不进行安全设置。
- 自动平面：在【安全设置】组框中的【安全设置选项】下拉列表中选择"自动平面"，并在【安全距离】文本框中输入数值以确定安全距离，此时系统将自动找到毛坯几何体 Z 方向上的最上端的位置，然后偏置所设定的安全距离来确定的平面作为当前操作的安全平面。
- 平面：在【安全设置】组框中的【安全设置选项】下拉列表中选择"平面"，单击【选择安全平面】按钮 ⬚，利用弹出的【平面】对话框选择一个平面，并在【偏置】文本框中输入距离值，用于表示安全平面的高度位置。

 提示

安全平面可以在创建操作时设置，也可以在创建几何体时设置，在创建几何体时设置的安全平面可以避免创建每一个操作时都要设置安全平面。

④【下限平面】组框　下限平面用于指定刀具最低达到的范围，包括以下 2 个选项。

- 无：不定义下限平面。
- 平面：单击【指定下限平面】按钮 ⬚，弹出【平面】对话框，利用该对话框可选择或创建一个平面作为下限平面，系统以虚线三角形在图形区显示。

 提示

MCS 原点就是机床上的对刀点，MCS 的 3 个轴的方向就是机床刀轨的方向，所以在决定 MCS 的方向和原点位置时，应当从现场加工的实际需要出发，保证毛坯在机床的位置便于装夹、加工和对刀。

7.1.3.3 创建加工几何体

常用的几何体包括部件、工件、边界和切削区域等。在铣削、车削、线切割加工中各种几何体的创建方法不同，具体几何体的创建方法请读者参考其余章节中的"加工几何体"相关内容学习。

7.1.4 创建方法组（节点）

在零件的加工过程中，为了达到加工精度，往往需要进行粗加工、半精加工和精加工等几个工序阶段。粗加工、半精加工和精加工的主要差异在于加工后残留在工件上余料的多少及表面粗糙度。加工方法可以通过对加工余量、几何体的内外公差、切削步距和进给速度等选项的设置，控制表面残余量，为粗加工、半精加工和精加工设定统一的参数。另外加工方法还可以设定刀具路径的显示颜色和方式。

7.1.4.1 创建加工方法节点

单击【主页】选项卡上的【插入】组中的【创建方法】按钮 ，或选择下拉菜单【插入】|【方法】命令，系统弹出【创建方法】对话框，如图7-8所示。

【创建方法】对话框中的相关选项含义如下。

- 【类型】：根据加工类型，在【类型】下拉列表中选择合适的操作模板类型。在【类型】下拉列表中的操作模板类型就是NX加工环境中"要创建的CAM设置"的操作模板类型。
- 【位置】：在【位置】组框中的【方法】下拉列表中选择方法父级组，该下拉列表中显示的是加工方法视图中当前已经存在的节点，它们都可以作为新节点的父节点。
- 【名称】：在【名称】文本框中输入新建加工方法组的名称。

7.1.4.2 【铣削方法】对话框

设置好【创建方法】对话框中的参数后，单击【确定】按钮，弹出【铣削方法】对话框，如图7-9所示。

图7-8 【创建方法】对话框

图7-9 【铣削方法】对话框

提示

进入加工模块后，系统自带了一系列的加工方法，例如铣削中的 MILL_ROUGH、MILL_SEMI_FINISH、MILL_FINISH 和 DRILL_METHOD，这些加工方法基本上满足铣削加工的需要，所以用户完全可以不创建加工方法，而只需根据需要进行调用和设置。

铣削方法可对进给率、刀具轨迹显示颜色、显示方式及部件的余量等进行设置，这些设置都将被调用该加工方法的操作所继承。【铣削方法】对话框中相关选项参数含义如下。

（1）余量

【部件余量】：即切削余量。部件余量是零件加工后没有切除的材料量，这些材料在后续加工操作中将被切除，通常用于需要粗、精加工的场合。

（2）公差

【内公差】和【外公差】：内公差限制刀具在切削过程中越过零件表面的最大距离；外公差限制刀具在切削过程中没有切至零件表面的最大距离。公差指定的值越小，则加工的精度越高。

（3）刀轨设置

① 设置切削方法　单击【刀轨设置】组框中的【切削方法】按钮，弹出【搜索结果】对话框，列出了各种预定义的切削方法，供用户选择使用。

② 设置进给量　为了保证零件表面的加工质量和生产率，在一个刀具路径中一般存在有多种刀具运动类型，如快速、进刀、切削、退刀等。不同的刀具类型，其进给速度不同。在 NX CAM 中将刀轨分段设置不同的进给速度，关于各种进给速度的名称及其对应的运动阶段，如图 7-10 所示。

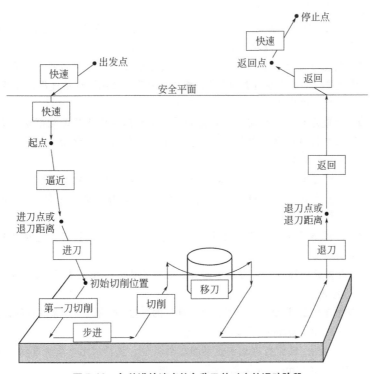

图 7-10　各种进给速度的名称及其对应的运动阶段

单击图 7-9 所示对话框中的【进给】按钮 ，弹出【进给】对话框，如图 7-11 所示。利用该对话框，用户可以设置刀具各种类型的移动速度。

【进给】对话框中各种进给速度的含义如下。

- 【切削】：设置正常切削状态的进给速度，即进给量；根据经验或铣削工艺手册提供的数值或由系统自动计算。
- 【快速】：设置快进速度，即从刀具的初始点（from point）到下一个前进点（goto point）的移动速度。如果快进速度为 0，则在刀具位置源文件中自动插入一个 rapid 命令，后置处理器将产生 G00 快进指令。
- 【逼近】：设置接近速度，即从刀具的起刀点（start point）到进刀点（engage point）的进给速度。在平面铣和型腔铣中进行多层切削时，接近速度是控制刀具从一个切削层到下一个切削层的移动速度。在表面轮廓铣中，接近速度是刀具进入切削前的进给速度。一般接近速度可比"快速"速度小些，如果接近速度为 0，系统将使用"快速"进给速度。

图 7-11 【进给】对话框

- 【进刀】：设置进刀速度，即从刀具进刀点到初始切削位置刀具运动的进给速度。如果进刀速度为 0，系统将使用"切削"进给速度。
- 【第一刀切削】：设置第一刀切削的进给速度。考虑到毛坯表面的硬皮，一般它要比"进刀"速度小一些，如果【第一刀切削】为 0，系统将使用"切削"进给速度。
- 【步进】：设置刀具移向下一平行刀轨时的进给速度。如果提刀跨过，系统将使用"快速"进给速度；如果【步进】取为 0，系统将使用"切削"进给速度，通常可设"步进"速度与"切削"速度相等。
- 【移刀】：设置刀具从一个切削区转移到另一个切削区作水平非切削运动时刀具的移动速度。刀具在跨越移动时首先提升到安全平面，然后横向移动，主要是防止刀具在移动过程中与工件相碰。
- 【退刀】：设置刀具的退刀速度，即刀具从最终切削位置到退刀点之间的刀具移动速度。如果【退刀】为 0，若是线性退刀，系统将使用"快速"进给速度；若是圆弧退刀，系统使用"剪切"进给速度。
- 【离开】：设置离开速度，即刀具从加工部位退出时的移动速度。在钻孔和车槽时，分离速度影响表面粗糙度。
- 【返回】：设置返回速度，即刀具退回到返回点的速度。如果【返回】为 0，系统将使用"快速"进给速度。
- 【设置非切削单位】：设置所有非切削运动速度的单位，包括"无（系统自动计算）""mmpm（毫米/分钟）"和"mmpr（毫米/转）"等 3 种。
- 【设置切削单位】：设置所有切削运动速度的单位，包括"无（系统自动计算）""mmpm（毫米/分钟）"和"mmpr（毫米/转）"等 3 种。

7.2 通用加工参数

各种【工序】对话框虽然有所差异，但大多数选项基本相同。下面以【平面铣】对话框为例来讲解公共参数的含义。

7.2.1 切削模式

【刀轨设置】组框中的【切削模式】选项用于决定加工切削区域的刀具路径的模式与走刀方式。下面介绍平面铣中常用的切削方式。

7.2.1.1 往复 ⧉

【往复】用于产生一系列平行连续的线性往复刀轨，是最经济省时的切削方式，但该方式会产生一系列的交替"顺铣"和"逆铣"，特别适于粗铣加工，如图 7-12 所示。

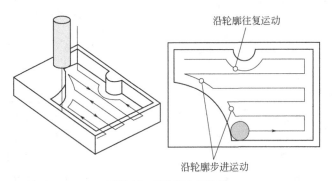

图 7-12 沿轮廓往复运动

7.2.1.2 单向 ⧉

【单向】用于产生一系列单向的平行线性刀轨，相邻两个刀具路径之间都是顺铣或逆铣，如图 7-13 所示。

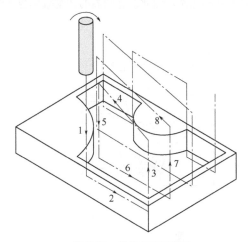

图 7-13 单向走刀示意图

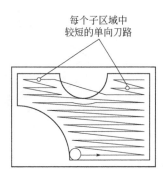

图 7-14 单向走刀子区域单向刀路

与【往复】类似，【单向】生成的刀路将跟随切削区域的轮廓，但前提是刀路不相交。如果【单向】的刀路不相交，便无法跟随切削区域，那么系统将生成一系列较短的刀路，并在子区域间移刀进行切削，如图7-14所示。

7.2.1.3　单向轮廓 ⊟

【单向轮廓】用于产生一系列单向的平行线性刀轨。在横向进给时，刀具直接沿切削区域轮廓进行切削。该方式能够始终严格保持单纯的顺铣或逆铣，如图7-15所示为顺铣加工。

7.2.1.4　跟随周边 ◎

【跟随周边】用于产生一系列同心封闭的环形刀轨，这些刀轨的形状是通过偏移切削区的外轮廓获得的，可加工区域内的所有刀路都将是封闭形状，如图7-16所示。

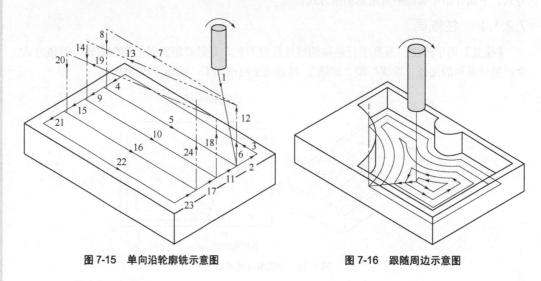

图7-15　单向沿轮廓铣示意图　　　　　　　　　图7-16　跟随周边示意图

7.2.1.5　跟随部件 ◎

【跟随部件】用于根据所指定的零件几何体产生一系列同心线来创建切削刀具路径，可加工区域内的所有刀路都将是封闭形状，如图7-17所示。【跟随部件】的刀轨是连续切削刀轨，像【往复】一样没有空切，且能够维持单纯的顺铣和逆铣，因此既有较高的切削效率也能维持切削稳定和加工质量。

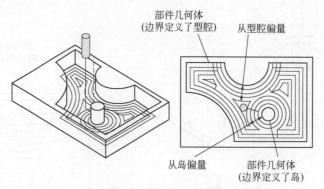

图7-17　跟随部件示意图

7.2.1.6 摆线◎

【摆线】用于将刀具沿着摆线轨迹运动,如图 7-18 所示。当需要限制刀具过大的横向进给而使刀具产生破坏,且需要避免过量切削材料时,可采用该方式。在进刀过程中的岛和部件之间、形成锐角的内拐角以及窄区域中,几乎总是会得到内嵌区域,此时使用摆线加工刀以小的回环切削模式来加工材料(也就是说,刀在以回环切削模式移动的同时,也在旋转),可彻底清除这些区域。

图 7-18　摆线示意图

7.2.1.7 配置文件◻

【配置文件】方式即轮廓切削,它产生单一或指定数量的绕切削区轮廓的刀轨,目的是实现侧面的精加工,如图 7-19 所示。

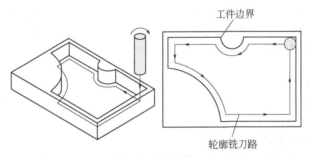

图 7-19　轮廓示意图

7.2.2 切削步距

切削步距即切削步长,是指相邻两道切削路径之间的横向距离,它是关系到刀具切削负荷、加工效率和零件表面质量的重要参数。常用步进方式有"恒定""残余高度""刀具平直百分比"和"可变"等 4 种,下面分别介绍如下。

7.2.2.1 恒定

该方式指定相邻两刀切削路径之间的横向距离为常量。如果指定的距离不能将切削区域均匀分开,系统将自动缩小指定的距离值,并保持恒定不变,如图 7-20 所示。

7.2.2.2 残余高度

该方式指定相邻两刀切削路径刀痕间残余面积高度值,以便系统自动计算横向距离值;系统应保证残余材料高度不超过指定的值,如图 7-21 所示。

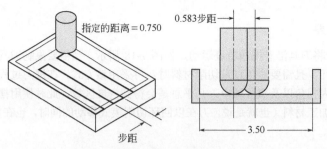

指定的距离＝0.750

0.583步距

3.50

步距

图7-20　恒定步距示意图

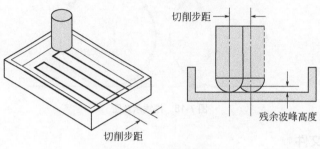

切削步距

残余波峰高度

切削步距

图7-21　残余高度示意图

7.2.2.3　刀具平直百分比

用刀具直径乘"刀具平直百分比"得到的积作为切削步距值，如图7-22所示。如果加工长度不能被切削步距等分，则系统将减小切削步距，并保持一个常数。对于球头铣刀，系统将其整个直径用作有效刀具直径。

7.2.2.4　可变

设置切削步距可变，系统自动确定实际使用的步距。不同的切削模式可变的选项不同，下面分别加以介绍。

（1）往复、单向和单向轮廓

在"往复""单向"和"单向轮廓"模式中，可输入"最大值"和"最小值"，系统将使用该值来确定步距大小和最少步距数量，这些步距值将平行于单向和回转刀路的壁面间距离均匀分割，同时系统还将调整步距以保证刀具始终沿着壁面进行切削而不会剩下多余的材料。如同7-23所示，用户指定的"最大值"是0.5mm，"最小值"是0.25mm，系统计算得出八个步距为0.363mm的刀路，该步距值可保证刀具在切削时相切于所有平行于单向和回转切削的壁面。

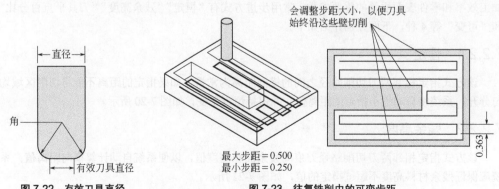

直径

角

有效刀具直径

图7-22　有效刀具直径

会调整步距大小，以便刀具
始终沿这些壁切削

0.363

最大步距＝0.500
最小步距＝0.250

图7-23　往复铣削中的可变步距

如果为最大和最小步距指定相同的值，系统将严格地生成一个固定步距值，这可能导致刀具在沿平行于单向和回转切削的壁面进行切削时留下未切削的材料，如图7-24所示。

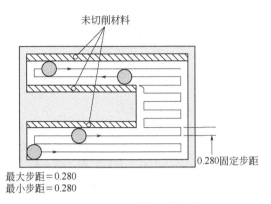

图 7-24　相同的最大和最小值

（2）跟随周边、跟随部件、轮廓铣和标准驱动

对于"跟随周边""跟随部件""轮廓铣"和"标准驱动"模式，用户可分别指定多个步距大小以及每个步距大小所对应的刀路数量。先输入的部分始终对应于距离边界最近的刀路，后输入的部分将逐渐向腔体的中心移动，如图7-25所示。

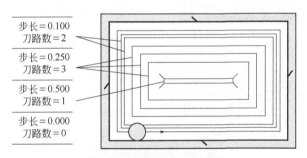

图 7-25　跟随周边的可变步距

当组合的步长和刀路数超出或无法填满要加工的区域时，系统将从切削区域的中心减去或添加一些刀路。如图7-26所示组合的步长和刀路数超出了腔体的大小，系统将保留指定的距边界最近的2个刀路，但将减少腔体中心处的刀路（从指定的10个减少到5个）。

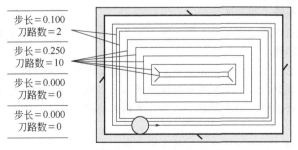

图 7-26　跟随周边的可变步距

7.2.3 切削层

单击【刀轨设置】组框中的【切削层】按钮，弹出【切削层】对话框，如图 7-27 所示。利用该对话框，用户可以确定切削层深度。

在【切削层】对话框中提供了 5 种切削深度的定义方式：

（1）用户定义

该方式允许用户定义切削深度参数，这是最常用的切削深度定义方式。除顶层和底层外的中间各层的实际切削深度介于"公共"和"最小值"之间，将切削范围进行平均分配，并尽量取"公共值"，如图 7-28 所示。

图 7-27 【切削层】对话框

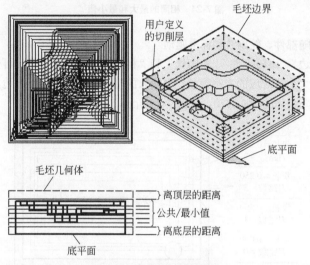

图 7-28 用户定义切削深度

用户定义方式切削深度参数的含义如下：

- "公共"与"最小值"：对于介于初始切削层与最终切削层之间的每一个切削层，由公共深度和最小深度指定切削层的深度方法，即指定一个切深（或称为背吃刀量）。
- 离顶层的距离：在多层铣削操作中用于定义第一个切削层的切削深度。该深度从毛坯几何体顶平面开始测量，如果没有定义毛坯几何体，将从部件边界平面处开始测量，而且与最大或最小深度无关。
- 离底层的距离：在多层铣削操作中用于定义最后一个切削层离底面的距离，该距离从底平面开始测量。
- 临界深度顶面切削：用于"用户定义"和"固定深度"两种类型，不能保证切削层恰好位于岛的顶面上，因此又可能导致岛顶面上有残余材料。勾选【顶面岛】复选框，系统会在每个岛的顶部创建一个仅加工岛顶部的切削路径，用于清理残余材料，如图 7-29 所示。
- 增量侧面余量：用于多深度平面铣削操作的在部件余量的基础上增加一个侧面余量值（比如 0.02mm），以保证刀具与侧面间的安全距离，减轻刀具的深层切削的应力，常用于粗加工中，如图 7-30 所示。

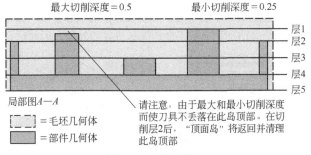

图 7-29　顶面岛选项

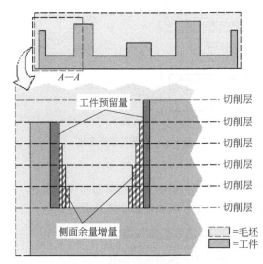

图 7-30　增量侧面余量

（2）仅底面

该方式用于仅有一个切削层的情况，刀具直接深入到底平面切削来定义切削深度，如图 7-31 所示。

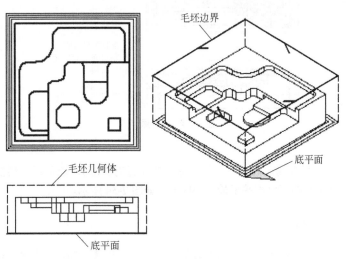

图 7-31　仅底面

（3）底面和临界深度

该方式用于在底平面上生成单个切削层，接着在每个岛顶部生成一条清理刀轨，如图7-32所示。清理刀路仅限于每个岛的顶面，且不会切削岛边界的外侧，因此适合做水平面精加工。

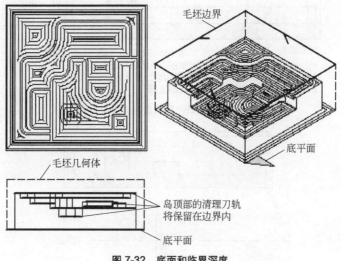

图 7-32　底面和临界深度

（4）临界深度

该方式用于分多层铣削，切削层的位置在岛的顶面和底平面上，与"底面和临界深度"不同之处在于每一层的刀轨覆盖整个毛坯断面，如图7-33所示。

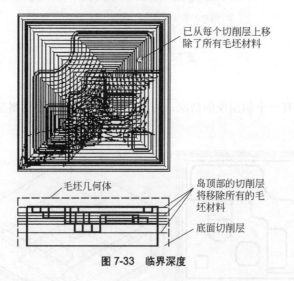

图 7-33　临界深度

（5）恒定

该方式用于分多层铣削，输入一个最大深度值（每刀深度），除最后一层的深度可能小于最大深度值外，其余层的深度都等于最大深度值，如图7-34所示。

7.2.4　切削参数

单击【刀轨设置】组框中的【切削参数】按钮，弹出【切削参数】对话框。不同的加工方法，【切削参数】对话框中的选项不同。下面仅介绍常用的一些参数设置。

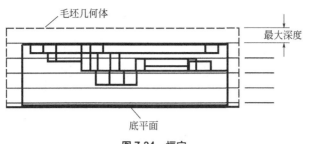

图 7-34　恒定

7.2.4.1 【策略】选项卡

单击【切削参数】对话框中的【策略】选项卡，弹出【策略】对话框，如图 7-35 所示。

（1）切削方向

【切削方向】用于决定刀具切削时的进给方向，包括"顺铣""逆铣""跟随边界"和"边界反向"等 4 种选项。

● 顺铣和逆铣：顺铣是指刀具进给方向与工件运动方向相同，而逆铣是指刀具进给方向与工件运动方向相反，如图 7-36 所示。

图 7-35　【策略】选项卡

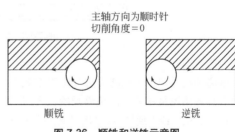

图 7-36　顺铣和逆铣示意图

 提示

数控加工一般多用顺铣，有利于延长刀具的寿命并获得较好的表面加工质量。

● 跟随边界：刀具顺着边界的方向进给，如图 7-37 所示。
● 边界反向：刀具逆着边界的方向进给，如图 7-37 所示。

（2）切削顺序

【切削顺序】用于处理多切削区域的加工顺序，包括"层优先"和"深度优先"2 个选项。

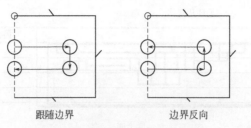

图 7-37　跟随边界和边界反向示意图

- 层优先：刀具先在一个深度上铣削所有外形边界，再进行下一深度的铣削，在切削的过程中刀具在各个切削区域间不断转换，如图 7-38 所示。该选项可用于加工薄壁腔体。
- 深度优先：刀具先在一个外形边界铣削到设定深度后，再进行下一个外形边界的铣削，这种方式的提刀次数和转换次数较少，如图 7-38 所示。

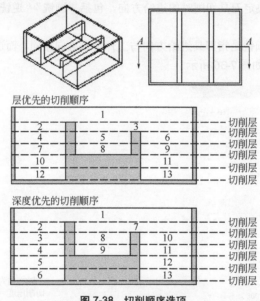

图 7-38　切削顺序选项

（3）刀路方向

该选项仅适用于"跟随周边"走刀方式下，用于确定铣削过程中，铣削开始的位置是从毛坯的中心开始还是从毛坯的边界开始。采用"向内"方向时，离切削模式中心最近的刀具一侧将确定"顺铣"或"逆铣"；采用"向外"方向时，离切削区域边缘最近的刀具一侧将确定"顺铣"或"逆铣"，如图 7-39 所示。

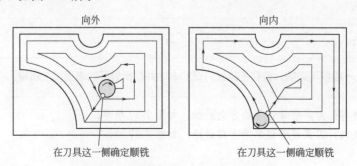

图 7-39　跟随周边向内、向外的顺铣和逆铣

（4）岛清根

该选项用于"跟随周边"和"轮廓加工"走刀方式。环绕岛的周围增加一次走刀，以清除岛侧面周围残留下来的材料，如图 7-40 所示。

无岛清理　　　　　　　　　　　　　　有岛清理

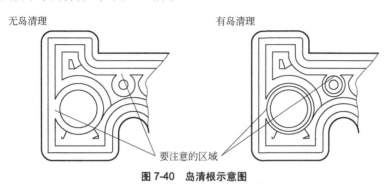

要注意的区域

图 7-40　岛清根示意图

　　"岛清根"主要用于粗加工切削，应指定部件余量以防止刀尚在切削不均等的材料时便将岛切削到位。使用跟随周边切削模式时，应打开"岛清根"。

（5）壁清理

当应用单向切削、往复切削以及跟随周边切削方法时，用壁清理可以清理零件壁后或者岛屿壁上的残留材料。它是在切削完每一个切削层后插入一个轮廓铣轨迹来进行的。使用壁清理，就可以使用大直径刀具做粗加工，不用担心加工后侧面太粗糙，因此壁清理一般还是用来解决粗加工任务的。它包括以下 4 个选项：

- 无：不进行零件的侧壁清理。
- 在起点：表示在每个切削层开始的第一刀作清理，即刀具在切削时，首先沿零件的侧壁产生一条刀具路径进行侧壁清理，再进行层的切削。
- 在终点：表示在每个切削层开始的最后一刀作清理，即刀具在切削时，首先进行层的切削，再沿零件的侧壁产生一条刀具路径进行侧壁清理。
- 自动：在切削过程中，系统根据实际情况自动判断零件的壁理是在层切前还是在层切后。

（6）精加工刀路

该选项用于确定刀具完成主要切削刀路后所作的最后切削刀路。勾选【添加精加工刀路】复选框，并输入精加工步距值，以便在边界和所有岛的周围创建单个或多个轮廓铣削。需要说明的是系统只有在底平面的切削层上才生成此刀路。

（7）毛坯距离

毛坯距离使平面铣的零件边界朝边界的材料侧的反侧或型腔铣的所有零件几何体的表面朝外"偏置"一个毛坯距离值，从而"生成"毛坯（其实并没有看得见的毛坯边界或毛坯几何体），因此也就不需要专门指定毛坯边界或毛坯几何体了。

7.2.4.2 【余量】选项卡

单击【切削参数】对话框中的【余量】选项卡，弹出【余量】对话框，如图 7-41 所示。

该对话框中的参数用于控制材料加工后的保留量，或者是各种边界的偏移量，各参数的含义如下。

- 部件余量：即切削余量。部件余量是零件加工后没有切除的材料量，这些材料在后续加工操作中将被切除，通常用于需要粗、精加工的场合。
- 毛坯余量：定义刀具离开毛坯几何体的距离。
- 最终底面余量：在底平面和所有的岛顶面上为后续加工保留的加工余量。
- 检查余量：定义刀具离开检查几何体的距离。如果检查几何体是工件本身不许刀具切削的部分，那么检查余量相当于这一部分的零件余量。如果检查几何体是夹具零件，那么检查余量是为了防止刀具干涉夹具零件的安全距离。
- 修剪余量：定义刀具离开修剪几何体的距离。
- 内公差和外公差：内公差限制刀具在切削过程中越过零件表面的最大距离；外公差限制刀具在切削过程中没有切至零件表面的最大距离，指定的值越小，则加工的精度越高，如图7-42所示。

图7-41 【余量】选项卡

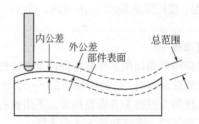

图7-42 内公差和外公差

7.2.4.3 【拐角】选项卡

单击【切削参数】对话框中的【拐角】选项卡，弹出拐角设置选项，如图7-43所示。

该选项卡中的参数用于防止在刀具围绕腔体拐角移动时产生偏离或过切，是"平面铣""型腔铣""固定轴曲面轮廓铣""可变轴曲面轮廓铣""顺序铣"中的共同参数。对于凹角，通过自动生成稍大于刀具半径的拐角几何体（圆），可以让刀具在工件内壁之间光滑过渡；对于凸角，刀具可以通过延伸相邻段或绕拐角滚动添加圆弧的方式来过渡工件。各参数的含义如下：

（1）凸角

该选项用于设置刀具在凸角处的走刀方式，包括以下选项：

- 绕对象滚动：刀具在切削到拐角处时插入一段圆弧用于过渡，该圆弧半径等于刀具半径，圆心位于拐角顶点，这能防止刀具进入那些可能过切部件的受限区域，如图7-44所示。

图7-43 【拐角】选项卡

- 延伸并修剪：刀具在切削到拐角处时插入，沿拐角的切线方向延伸刀具路径，然后如有可能可对刀轨进行修剪以提高效率，如图 7-44 所示。
- 延伸：刀具超出边界形成尖锐的刀轨，这种方法有利于在工件上加工出尖锐凸角，但是不适合高速加工，如图 7-44 所示。

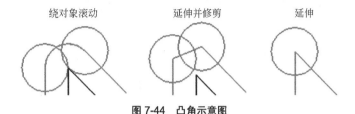

图 7-44　凸角示意图

（2）光顺

该选项用于指定在刀轨的拐角部位添加一个圆角，使零件获得光滑的拐角表面。当切削方式为"跟随周边""跟随工件"时可以将圆角半径添加到外部切削刀轨和内部切削刀轨；切削方式为"轮廓铣""标准驱动"时可将圆角添加到外部切削刀轨；在"单向""往复"切削时不使用圆角。它包括以下选项（如图 7-45 所示）：

- 无：在所有的切削刀路中，刀轨拐角和步距不会应用光顺半径。
- 所有刀路：用于将圆角添加到外部切削刀轨的拐角、内部切削刀轨的拐角以及在切削刀轨和步距之间形成的拐角。
- 半径：用于输入光顺圆弧尺寸，建议半径值不要超过步距值的 50%。

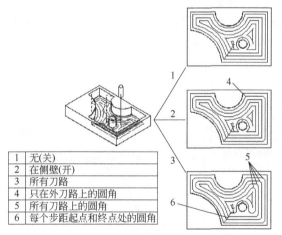

1	无(关)
2	在侧壁(开)
3	所有刀路
4	只在外刀路上的圆角
5	所有刀路上的圆角
6	每个步距起点和终点处的圆角

图 7-45　光顺选项示意图

（3）圆弧上进给调整

通常进给率是指刀具中心的进给速度。在切削凹拐角形成的圆弧刀轨上，刀具圆周上接触材料的切削刃进给率大于中心进给率，导致切削负荷比直线切削时增加，可能引起扎刀导致过切，表面质量变粗糙；如果切削凸角，则情况相反。使用"圆弧上进给调整"自动实现对凸角和凹角处进给速度的调整以解决上述问题。

- 无：不设置进给率补偿。
- 在所有圆弧上：在所有圆弧上补偿。"最小补偿因子"提供缩小进给率的最小减速因子；"最大补偿因子"提供缩小进给率的最大减速因子。

（4）拐角处进给减速

该选项用于降低刀具在切削拐角时的进给率，以减少刀具在切削拐角时出现啃刀现象。它包括以下选项。

- 无：不进行减速控制。
- 当前刀具：使用本操作的刀具直径决定减速距离，如图 7-46 所示。
- 上一个刀具：使用本操作的刀具直径决定减速距离，如图 7-46 所示。

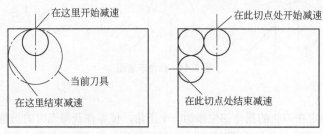

图 7-46 "当前刀具"和"上一个刀具"

刀具在减速时需要设置的相关参数如下。

- 刀具直径百分比：使用刀具直径百分比作为减速距离。默认设置为 110%。
- 减速百分比：设置原有进给率的减速百分比。比如正常切削进给速度为 80mm/min，输入 10%表示减到最低的速度为 8mm/min。
- 步数：设置应用到进给率的减速步数，默认设置为 1 步。因为在 NC 程序中通过生成几个进给技能代码来实现减速的。

下面以图 7-47 为例子说明刀具的减速过程，从当前操作的刀具直径 50%的位置开始减速，由正常进给速度 30mm/min 分 5 步减到 3mm/min，也就是切削工件拐角的速度是正常速度的 10%；拐角材料切削完毕后，逐步增速到正常进给速度。

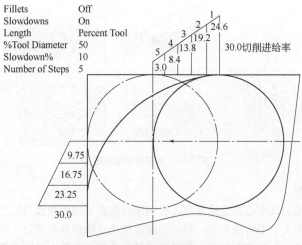

图 7-47 拐角减速参数示意图

- 拐角角度：拐角控制只作用于角度在下列范围内的拐角，超出此范围的拐角，认为不必进行拐角控制。"最小拐角角度"用于设置识别为拐角的最小角度，默认值为 0°；"最大拐角角度"用于设置识别为拐角的最大角度，默认值为 175°。

7.2.4.4 【连接】选项卡

单击【切削参数】对话框中的【连接】选项卡，弹出连接选项参数，如图 7-48 所示。

该选项卡中的参数用于设置在多个切削区的情况下，在切削区之间的切削连接顺序。

（1）切削顺序

合理的切削顺序可以缩短横越运动的总长度，提高加工效率。它包括以下选项。

图 7-48 【连接】选项卡

- 标准：按照切削区边界的创建顺序决定区域加工次序。如果几何体和边界被编辑，这种顺序信息就会丢失，系统随意决定顺序，通常该方法效果不好，如图 7-49 所示。
- 优化：按照横越运动的总长度最短的原则决定区域加工次序，系统以减少空切和缩短走刀距离为依据进行优化，如图 7-50 所示。当使用层优先作为"切削顺序"来加工多个切削层时，优化功能将确定第一个切削层中的区域的加工顺序，第二个切削层中的区域将以相反的顺序进行加工，以此减少刀具在区域间的移动时间。这种交替反向将一直持续，直至所有切削层加工完毕。

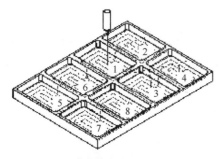

图 7-49 标准方式

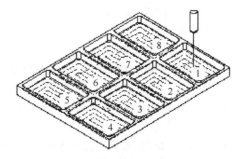

图 7-50 优化的排序

- 跟随起点：根据指定区域起点的顺序设置加工切削区域的顺序，如图 7-51 所示。如果各个区域指定一个点，处理器将完全遵循指定点的顺序。如果各个区域未指定一个点，处理器将查找最遵循连接指定点线段链的可加工区域序列。
- 跟随预钻点：根据指定预钻进刀点的顺序设置加工切削区域的顺序，如图 7-52 所示。

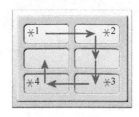

图 7-51 跟随起点

图 7-52 跟随预钻点

（2）区域连接

在同一切削层的可加工区内可能因岛、窄通道的存在等因素而形成多个子切削区域。勾选该选项，只在必要的情况下，刀具从前一个子区退刀，到下一个子区进刀。否则，在子区之间跨越时，刀具一定会退刀，以保证不会过切工件，如图 7-53 所示。

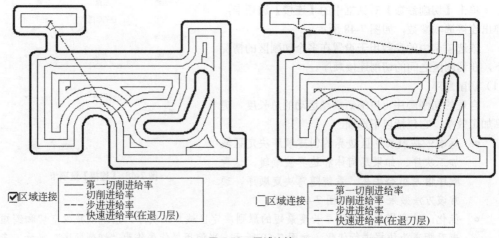

☑区域连接
— 第一切削进给率
— 切削进给率
--- 步进进给率
---- 快速进给率(在退刀层)

☐区域连接
— 第一切削进给率
— 切削进给率
--- 步进进给率
---- 快速进给率(在退刀层)

图 7-53　区域连接

7.2.4.5　【空间范围】选项卡

单击【切削参数】对话框中的【空间范围】选项卡，弹出空间范围设置选项，如图 7-54 所示。

（1）处理中的工件

处理中的工件 IPW 就是 in process workpiece，该组框用于设置在切削加工中当前平面铣操作是否使用上一个操作加工后形成的 IPW 作为毛坯。

- 无：使用现有的毛坯几何体（如果有），或切削整个型腔。
- 使用 2D IPW：在同一几何体组中使用先前操作的 2D IPW 几何体，如图 7-55 所示。左图所示为第一次刀具加工加工结果，右图所示为第二加工只加工前次切削未切削的区域。

图 7-54　【空间范围】选项卡

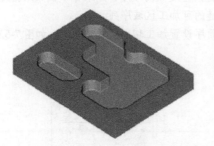

图 7-55　使用 2D IPW 示意图

- 使用参考刀具：在同一几何体组中使用上一个刀具未加工到的拐角中剩余的材料作为毛坯，刀具直径可在下方的【参考刀具】组框中指定。

（2）参考刀具

要加工上一个刀具未加工到的拐角中剩余的材料时，可使用参考刀具。如果是刀具拐角半径的原因，则剩余材料会在壁和底部面之间；如果是刀具直径的原因，则剩余材料会在壁之间。在选择了参考刀具的情况下，操作的刀轨与其他型腔铣或深度加工操作相似，但是会被限制在拐角区域。

（3）重叠距离

该组框用于设置未切区域的偏置值，使未切区域创建的永久边界和曲线相对于未切区域的边缘往外偏置。也就是说，使这些永久边界和曲线比实际的未切区域大一些，如图 7-56 所示。

7.2.4.6 【更多】选项卡

单击【切削参数】对话框中的【更多】选项卡，弹出更多设置选项，如图 7-57 所示。

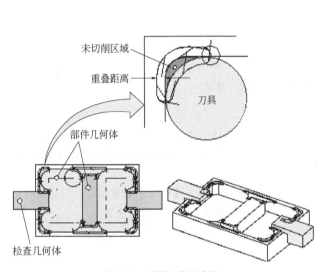

图 7-56　重叠距离示意图　　　　　　　图 7-57　【更多】选项卡

（1）安全距离

部件安全距离定义了刀具所使用的自动进刀/退刀距离。它为部件定义刀具夹持器不能触碰的扩展安全区域，如图 7-58 所示。

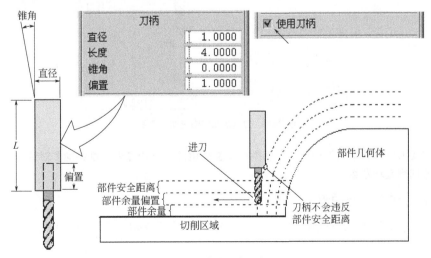

图 7-58　安全距离示意图

（2）边界逼近

当进行粗加工时仿形零件曲线边界的曲线刀轨没有必要精确对应边界的形状，可以用多边形刀轨替代，以减少处理时间和数据。勾选【边界逼近】复选框，从靠近边界的第二刀开始，曲线刀轨变粗糙，如图7-59所示。

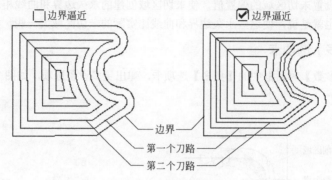

图7-59　边界逼近示意图

（3）下限平面

该组框用于指定刀具最低达到的范围，包括以下3个选项：

- 使用继承的：选择该选项，系统将使用已经存在的下限平面作为当前操作的下限平面。
- 无：选择该选项，不定义下限平面。
- 平面：选择该选项，单击【指定平面】按钮，弹出【平面】对话框，利用该对话框可选择或创建一个平面作为下限平面，系统以虚线三角形在图形区显示。

7.2.5　非切削参数

刀具运动分为两部分：一部分是刀具切入工件之前或离开工件之后的刀具运动，称为非切削运动，如图7-60所示；另一部分是刀具去除零件材料的切削运动。刀具切削零件时，由零件几何形状决定刀具路径，而在非切削运动中，刀具路径则由非切削移动参数控制。

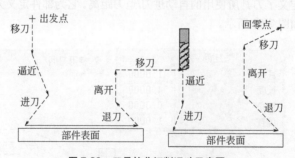

图7-60　刀具的非切削运动示意图

单击【刀轨设置】组框中的【非切削移动】按钮，弹出【非切削移动】对话框，用于设置相关非切削运动参数。

7.2.5.1　【进刀】选项卡

单击【非切削移动】对话框中的【进刀】选项卡，如图7-61所示。用户可在该选项卡中设置刀具进刀的运动方式。

封闭区域是指刀具到达当前切削层之前必须切入材料中的区域，开放区域是指刀具在当前切削层可以凌空进入的区域。

（1）封闭区域

　　【封闭区域】组框包括的进刀类型有"与开放区域相同""螺旋""沿形状斜进刀""插铣"和"无"等 5 种。

　　① 与开放区域相同：处理封闭区域的方式与开放区域类似，且使用开放区域定义的进刀参数。

　　② 螺旋。将创建与第一个切削运动相切的、无碰撞的螺旋状进刀移动，用于"跟随周边"和"跟随工件"切削方式中，如图 7-62 所示。使用"最小安全距离"可避免使用部件/检查几何体。如果无法满足螺旋线移动的要求，则替换为具有相同参数的倾斜移动。

图 7-61　【进刀】选项卡

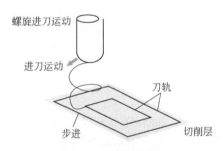

图 7-62　螺旋进刀类型

- 直径：用刀具直径的百分比表示最大螺旋刀轨直径，如图 7-63 所示。螺旋线的默认直径是刀具直径的 90%，以允许螺旋线与刀有 10%的重叠，可防止在螺旋线中央留下一根立柱。
- 斜坡角：指定进刀轨迹的斜角。斜角在垂直于零件的表面内测量，范围为 0°～90°，如图 7-64 所示。

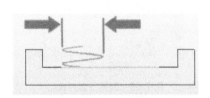

图 7-63　直径示意图

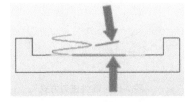

图 7-64　倾斜角度示意图

- 高度：指定要在切削层的上方开始进刀的距离，如图 7-65 所示。
- 最小安全距离：用于设定进刀轨迹与工件的侧面之间的距离，防止刀具在接近工件时发生撞刀，如图 7-66 所示。

● 最小倾面长度：用刀具直径的百分比表示的刀具从斜坡的顶部到底部的最小刀轨距离。它是为了防止在没有中心刃的铣刀加工时斜式或螺旋进刀运动距离太小而造成刀具中心与工件材料的冲突。最小倾面长度按照下式计算：最小倾面长度=2×刀具直径-2×刀片宽度。

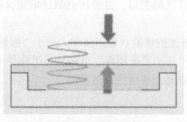

图 7-65　高度示意图

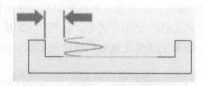

图 7-66　最小安全距离示意图

③ 沿形状斜进刀：进刀轨迹沿刀具轴投影到层的刀轨平面内，刚好与刀轨重合，如图 7-67 所示。它用于"跟随周边"和"跟随工件"切削方式中，相关参数与"螺旋"基本相同。

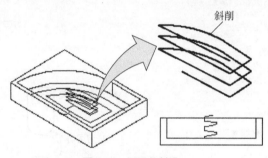

斜削

图 7-67　沿形状斜进刀

④ 插削：插削将直接从指定的高度进刀直线进刀切入工件。

⑤ 无：没有任何进刀运动（黄线没有啦），刀具直接切入工件。

（2）开放区域

刀具在开放区域的进刀运动方式，包括以下选项：

● 与封闭区域相同：开放区域的进刀方式与封闭区域的进刀方式相同。

● 线性：刀具将沿直线进刀，如图 7-68 所示。

● 圆弧：创建一个与切削运动起点相切的圆弧进刀移动，如图 7-69 所示。

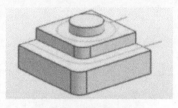

图 7-68　线性进刀方式

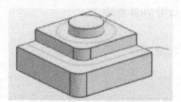

图 7-69　圆弧进刀方式

（3）初始封闭区域

该组框用于控制刀具初始移动到第一个封闭区域切削区域/层的进刀运动。

（4）初始开放区域

该组框用于控制刀具初始移动到第一个开放区域切削区域/层的进刀运动。

提示

　　采用带有低平斜坡角度的螺旋进刀运动,以避免刀具突然接触工件产生加工振动,影响加工质量。

7.2.5.2 【退刀】选项卡

　　单击【非切削移动】对话框中的【退刀】选项卡,如图7-70所示。用户可在该选项卡中设置刀具退刀的运动方式。

- 退刀:用于设置从切削层的切削刀轨的最后一点到退刀点之间的运动,它以退刀速度进给。"退刀"参数与"进刀"选项卡基本相同,只是多了一项"抬刀"选项。"抬刀"将指定在切削运动结束时的竖直退刀,可在"高度"文本框中输入抬刀的高度,如图7-71所示。

图7-70 【退刀】选项卡

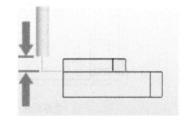

图7-71 抬刀退刀类型

- 最终:控制刀具在每个切削区的最后一层切削刀轨结束处的退刀点及其退刀运动。

7.2.5.3 【起点/钻点】选项卡

　　单击【非切削移动】对话框中的【起点/钻点】选项卡,如图7-72所示。

(1)重叠距离

　　【重叠距离】用于指定切削结束点和起点的重合深度,将确保在进刀和退刀移动处进行完全清理。如图7-73所示,刀轨在切削刀轨原始起点的两侧同等地重叠(图中的距离A)。

(2)区域起点

　　平面铣是由多层2轴刀轨构成的,每一切削区的每层切削刀轨都有一个起始点,称为切削区域起点。切削区域起点位置可以由系统自动决定,也可以由用户决定。

　　① 定制区域起点　实际切削区域起始点一般并不会刚好在用户定义的切削区域起始点位置,但系统会根据定制起点位置、切削模式、切削区域形状等因素决定一个最接近用户定义的起始点的位置作为实际切削区域刀轨起始点,因此切削区域起始点位置只需要大致指定即可。

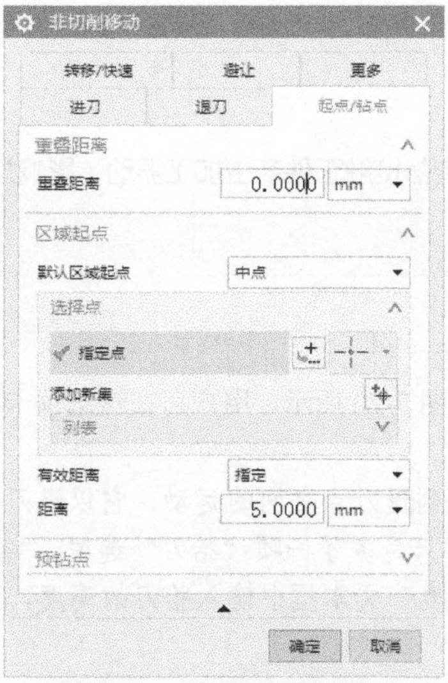

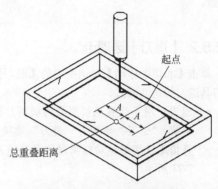

图 7-72 【起点/钻点】选项卡

图 7-73 进刀和退刀的重叠距离

在图 7-74 中，系统使用定制起点 *A* 来定义切削层 1 的进刀位置，使用定制起点 *B* 来定义切削层 2 和 3 的进刀位置。因为刀具不能精确定位到点 *A* 和 *B*，因此系统将每个区域的进刀位置定义为与最近的区域起点尽可能接近。

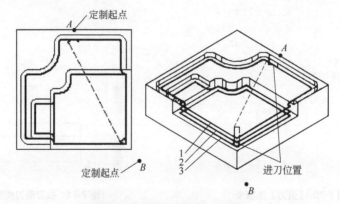

图 7-74 轮廓切削模式切削区域起点

② 多个区域起点　如果用户指定了多个区域起点，则每个切削区域使用与次区域起点最近的点。系统通过测量与刀轴垂直的二维平面上的距离来决定最接近的区域起点，而不是通过测量最短的三维距离来决定最近的起点。如图 7-75 所示，当在 *XC-YC* 平面上测量时，即

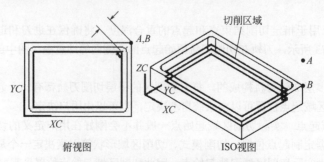

图 7-75 系统在二维平面上测量最近的区域起点

使点 A 施加上距离切削区域更远（在 ZC 方向上），系统仍然认为这两个起点（A 和 B）与切削区域之间的距离相等。

7.2.5.4 【转移/快速】选项卡

单击【非切削移动】对话框中的【转移/快速】选项卡，如图 7-76 所示。用户可设置安全平面、刀具在不同切削区域之间的运动方式、刀具在相同切削区域内的运动方式。

（1）安全设置

【安全设置】用于设置刀具在接近工件的过程中保持到工件表面的安全参数。从这个位置开始到切削刀轨起始点之间从接近速度转化为进刀速度进给，以防止刀具在接近工件时发生撞刀。

（2）区域之间

【区域之间】控制添加以清除不同切削区域（部件上不同区域）之间障碍的退刀、传递和进刀。传递方式是刀具从一个切削区转移到下一个切削区的运动。如果可能，则刀具的横越路线绕过岛和侧面；如果不行，则刀具从一个区的提刀点提升到在此指定的平面高度处作横越运动，到达下一个区的进刀点的上方，然后从平面处朝进刀点（或切削起始点）移动。【区域之间】包括以下 5 种传递类型：

图 7-76 【传递/快速】选项卡

① 安全距离　采用【安全设置】组框中的安全设置选项，通常为安全平面方式，刀具在安全平面或垂直安全距离的高度上作横越运动，如图 7-77 所示。

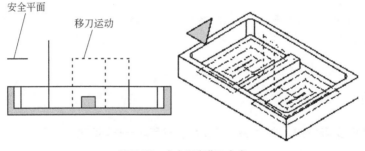

图 7-77　安全距离移刀方式

 提示

使用安全平面可以有很高的安全性，但比较浪费时间。

② 前一平面　刀具完成一个切削层的切削后，提升到上一切削层的高度作横越运动。无论如何，如果可能与零件干涉的话，刀具必须提升到安全平面或毛坯顶面的高度作横越运动，如图 7-78 所示。

③ 直接　刀具从当前位置直接移动到下一区的进刀点，如果没有定义进刀点，那么进刀点就是切削起始点，如图 7-79 所示。该方式不考虑与零件几何体的干涉，因此可能撞刀，必须小心使用。如果直接移动方式不行，系统就将采用安全平面方式。

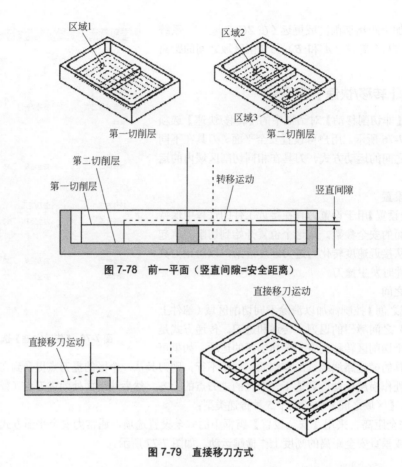

图 7-78　前一平面（竖直间隙＝安全距离）

图 7-79　直接移刀方式

④ 最小安全值 Z　通过指定最小的距离设置横越运动的高度，如果该高度值小于需要，系统就将自动使用"前一平面"作为传递方式，此方式优于"直接"和"前一平面"，兼顾了效率和安全。

提示

首先应用直接移动方式。如果移动无过切，则使用前一安全深度加工平面。

⑤ 毛坯平面　在平面铣中，毛坯平面是指定的部件边界和毛坯边界中最高的平面。在型腔铣中，毛坯平面是指定的切削层中最高的平面。刀具提升到毛坯平面横越比提升到安全平面提升高度有利于提高效率，如图 7-80 所示。

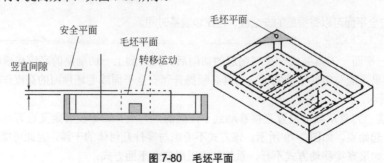

图 7-80　毛坯平面

（3）区域内

【区域内】控制添加以清除切削区域内或切削特征层之间材料的退刀、传递和进刀。

7.2.5.5 【避让】选项卡

单击【非切削移动】对话框中的【避让】选项卡，可进行避让设置，如图7-81所示。

避让几何体用于控制刀具在切削前和切削后的非切削运动的位置。避让几何体由"出发点""起点""返回点"和"回零点"组成，但一般情况下，只需定义"出发点"和"回零点"就可以防止刀具干涉工件，如图7-82所示。

图7-81 【避让】选项卡

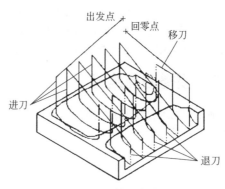

图7-82 避让几何体

- 出发点：用于指定刀具在开始运动前的初始位置。如果没有指定出发点，系统就把刀具第1次加工运动的起刀点作为刀具的初始点。
- 起点：刀具运动的第1个目标点。如果定义了初始点，刀具就以直线运动方式从出发点快速移动到起点；如果还定义了安全平面，则由起刀点竖直向上，在安全平面上取一点，刀具以直线运动方式从出发点快速移动到该点，然后从该点快速移动到起点。
- 返回点：指离开零件时的运动目标点。当完成切削运动后，刀具以直线运动方式从最后切削点或退刀点快速移动到返回点。如果定义了安全平面，则由最后切削点或退刀点竖直向上，在安全平面上取一点，刀具以直线运动方式从最后切削点或退刀点快速移动到该点。返回点应该设置在安全平面之上。
- 回零点：刀具最后停止位置。常用出发点作为回零点，刀具以直线方向从返回点快速移动到回零点，包括"无""与起点相同""回零-没有点"和"指定"等4种。

图7-83 【更多】选项卡

7.2.5.6 【更多】选项卡

单击【非切削移动】对话框中的【更多】选项卡，用户可设置刀具补偿方式，如图7-83所示。

（1）碰撞检查

勾选【碰撞检查】复选框，可检测与部件几何体和检查几何体的碰撞。如果原移动过切，则可避免碰撞。如果不能进行无过切移刀运动，则会发出警告。

（2）刀具补偿

【刀具补偿位置】用于指定何处应用刀具补偿，包括以下选项。

- 无：在任何刀轨均不进行刀具补偿。
- 所有精加工刀路：在所有的精加工刀路径上均进行刀具补偿。
- 最终精加工刀路：仅在最终精加工刀路径上进行刀具补偿。

7.3 管理刀具路径

UG NX刀具路径管理包括"生成刀具路径""编辑刀具路径""删除刀具路径""重播刀具路径""验证刀具路径"以及"输出刀具路径"等。在UG NX数控加工模块中，可以采用多种方法启动刀具路径管理功能，下面仅介绍常用选项。

7.3.1 重播刀具路径

重播用于显示已经正确生成的刀具轨迹，这个命令只有在正确生成了刀具路径之后才能使用，如图7-84所示。

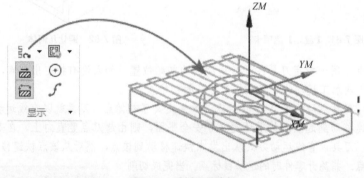

图7-84　重播刀具路径

使用【重播刀轨】选项可使用显示选项对话框中的所有选项，包括刀具和刀轨显示选项、重播速度、进给率的显示、箭头和行号以及生成选项。

7.3.2 生成刀具路径

7.3.2.1 通过创建操作对话框生成刀具路径

当创建铣削的操作时，在【工序】对话框中完成参数设置后，单击该对话框底部的【生成】按钮，可在操作对话框下生成刀具路径。在产生第1层的切削区域范围后，弹出【刀轨生成】对话框，如图7-85所示。设置各选项后，单击【确定】按钮，可依次生成其他操作的刀具路径。

【刀轨生成】对话框中相关选项的含义如下：

- 【显示切削区域】：勾选【显示切削区域】复选框，则在每个切削层上显示刀具路径之前显示切削区域的轮廓。
- 【显示未切削区域】：勾选【显示未切削区域】复选框，则在每个切削层上显示刀具路径之前显示未切削区域的轮廓。
- 【显示后暂停】：勾选【显示后暂停】复选框，则在每个切削层上显示刀具路径后暂停，否则在各切削层上连续产生刀具路径。
- 【显示前刷新】：勾选【显示前刷新】复选框，则在每个切削层显示刀具路径前，先刷新图形窗口。

7.3.2.2 通过加工工具栏按钮生成刀具路径

生成刀具路径时，首先在工序导航器中选择一个或多个需要生成刀具路径的操作，或选择包含操作的程序组。单击【操作】工具栏上的【生成刀轨】按钮，则在产生第 1 个操作的刀具路径后，弹出【刀轨生成】对话框，如图 7-86 所示。

图 7-85 【刀轨生成】对话框（一）

图 7-86 【刀轨生成】对话框（二）

【刀轨生成】对话框中相关选项的含义如下。

- 【在每一刀轨后暂停】：勾选【在每一刀轨后暂停】复选框，则在产生每一条刀具路径后暂停。
- 【在每一刀轨前刷新】：勾选【在每一刀轨前刷新】复选框，则在产生每条刀具路径前刷新窗口。
- 【接受刀轨】：勾选【接受刀轨】复选框，则接受当前所产生的刀轨路径。
- 【继续】：勾选【继续】复选框，则连续生成各操作的刀具路径，否则结束刀具路径生成操作。
- 【重播】：单击【重播】按钮，则在图形区重新显示生成的刀具路径。
- 【列表】：单击【列表】按钮，则列出刀具路径文件。

7.3.3 验证刀具路径

对于已生成的刀具路径，可在图形区中以线框形式或实体形式仿真刀具路径，以便于用户直观地观察刀具的运动过程，进而验证各操作参数的定义是否合理。刀具路径验证的可视化仿真是通过显示刀具轨迹和创建动态毛坯来实现的。

在模拟刀具路径时，首先在工序导航器中选择一个或多个操作，然后单击【操作】工具栏上的【确认刀轨】按钮，弹出【刀轨可视化】对话框，如图 7-87 所示。利用该对话框，用户可以实现 3 种刀具路径的可视化仿真：刀具路径重播、3D 动态刀具轨迹和 2D 动态刀具轨迹。

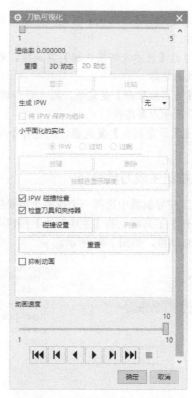

图 7-87 【刀轨可视化】对话框

7.4 刀具路径后置处理

生成刀具路径后可输出刀具轨迹数据，包括"刀具位置源文件""NX/POST 后置处理"和"车间文档"3 种。下面介绍刀具路径后处理方式。

7.4.1 刀具位置源文件

刀具位置源文件是一个可用第三方后置处理器程序进行后置处理的独立文件，它是包含标准 APT 命令的文本文件，其扩展名为".cls"。当一个操作生成后，产生的刀具路径还是一个内部刀具路径。如果要用第三方后置处理程序进行处理，还必须将其输出成外部的 ASCII 文件，即刀具位置源文件（cutter location source file），简称"CLSF 文件"。

在工序导航器中选择一个已生成刀具路径的操作或程序组，然后单击【主页】选项卡上的【工序】组中的【输出 CLSF】按钮，或选择下拉菜单【工具】|【工序导航器】|【输出】|【CLSF】命令，弹出【CLSF 输出】对话框，如图 7-88 所示。选择好合适的刀具位置源文件

图 7-88 【CLSF 输出】对话框

格式后，单击【确定】按钮即可完成输出。

【CLSF 格式】列表中显示能产生的 CLSF 样式：

- CLSF_STANDARD：标准的 APT 类型，包括 GOTO 和其他的后处理语句。
- CLSF_COMPRESSED：和 CLSF_STANDARD 相同，但没有 GOTO 指令，可用于用户观察什么时候使用刀具和使用哪些刀具。
- CLSF_ADVANCED：基于操作数据，自动生成主轴和刀具命令。
- CLSF_BCL：表示 binary coded language，是由美国海军研制开发的。
- CLSF_ISO：国际标准格式的刀具位置源文件。
- CLSF_IDEAS_MILL：用于铣削加工的与 IDEAS 兼容的刀具位置源文件。
- CLSF_IDEAS_MILL_TURN：用于车削加工的与 IDEAS 兼容的刀具位置源文件。

7.4.2 NX POST 后置处理

刀具位置源文件（CLSF）包含 GOTO 点位和控制刀具运动的其他信息，需要经过后置处理（post processing）才能生成 NC 指令。UG NX 后置处理器（NX POST）读取 NX 的内部刀具路径，生成适合指定机床的 NC 代码。

在工序导航器中选择一个已生成刀具路径的操作或程序组，然后单击【主页】选项卡【工序】组中的【后处理】按钮 <img>，或选择下拉菜单【工具】|【工序导航器】|【输出】|【NX 后处理】命令，弹出【后处理】对话框，如图 7-89 所示。选择好合适的机床定义文件类型后，单击【确定】按钮，完成 NC 代码的生成输出。

7.4.3 车间文档

车间文档是一种加工信息文件，是机床操作人员加工零件的文档资料，它包括的信息有：

图 7-89 【后处理】对话框

图 7-90 【车间文档】对话框

零件几何体、零件材料、控制几何体、加工次序、机床刀具设置信息、加工参数、机床刀具控制时间、后处理命令、刀具参数和刀具轨迹信息等。

在工序导航器中选择一个已生成刀具路径的操作或程序组，然后单击【主页】选项卡中【工序】组中的【车间文档】按钮 ，或选择下拉菜单【工具】|【工序导航器】|【输出】|【NX后处理】命令，弹出【车间文档】对话框，如图 7-90 所示。如果在【报告格式】列表中选择的是"TEXT"模板，则系统将生成一个纯文本格式的车间工艺文档；如果选择的是"HTML"模板，则系统会生成一个超文本格式的车间工艺文档。单击"确定"按钮，完成 NC 代码的生成输出。

7.5　本章小结

本章介绍了 NX 数控加工父级组、操作以及刀具路径管理等，这些内容都是 NX 数控加工编程的技术基础，希望读者认真掌握，为下一步具体应用奠定基础。

08

第8章

Chapter eight

NX 2.5轴数控加工技术

本章内容

- ▶ 平面铣技术简介
- ▶ 平面铣加工父级组
- ▶ 面铣加工
- ▶ 平面铣加工
- ▶ 平面轮廓铣加工

贯穿本章的实例

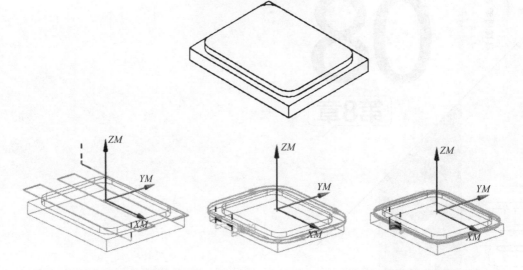

2.5 轴加工在 NX 中通过平面铣操作实现,它适合加工整个形状由平面和与平面垂直的面构成的零件。平面铣加工是 NX 数控加工的基础。本章通过凸台实例讲解 NX 平面铣加工的操作方法和步骤,包括平面铣加工父级组、面铣、平面铣和平面轮廓铣等。

希望通过本章的学习,读者可以轻松掌握 NX 平面铣在 2.5 轴加工中的关键技术和操作方法。

8.1　平面铣加工技术简介

平面铣是一种 2.5 轴的加工方式,它能实现水平方向 X 轴、Y 轴的 2 轴联动,而 Z 轴方向只在完成一层加工后进入下一层时才作单独的动作,从而完成整个零件的加工。平面铣以边界来定义部件几何体的切削区域,并且一直切削到指定的底平面。

8.1.1　平面铣加工

8.1.1.1　平面铣刀路特点

平面铣的切削刀轨是在垂直于刀具平面内的 2 轴刀轨,通过多层 2 轴刀轨逐层切削材料,每一层刀轨称为一个切削层。平面铣刀具的侧刃切削工件侧面的材料,底面的刀刃切削工件底面的材料。

平面铣加工具有以下特点:

① 平面铣在与 XY 平面平行的切削层上创建刀具的切削轨迹,其刀轴固定,垂直于 XY 平面,零件侧面平行于刀轴矢量(刀轴矢量由刀夹指向刀柄)。

② 平面铣不采用几何实体来确定加工区域,而是使用边界或曲线来创建切削区域。因此,平面铣无需做出完整的造型,可依据 2D 图形直接创建刀轨。

③ 平面铣刀轨生成速度快,调整方便,能很好地控制刀具在边界上的位置。

④ 平面铣既可完成粗加工,也可进行精加工。

8.1.1.2 平面铣应用场合

平面铣适合加工整个形状由平面和与平面垂直的面构成的零件。一般情况下，对于直壁的、水平底面为平面的零件，应该优先选择平面铣操作进行粗加工和精加工，如产品的基准平面、内腔的底面、敞开的外形轮廓等，如图 8-1 所示。

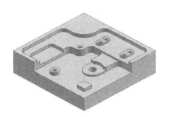

图 8-1　平面铣加工零件

8.1.2　平面铣工序模板

NX 提供了多种平面铣加工模板，其中除了常规的平面铣基本模板外，还有其他模板，其他子类型都是在基本模板上派生出来的，主要针对某一特定的加工情况预先指定和/或屏蔽一些参数，包括面铣、平面轮廓铣、精加工底面、精加工侧壁面、孔铣、螺纹铣、文字铣加工等。

在【主页】选项卡上单击【插入】组中的【创建工序】按钮，系统将弹出【创建工序】对话框，选择【类型】为"mill_planar"，在【工序子类型】中显示平面铣模板，如图 8-2 所示。

平面铣的子类型共有 10 多种，各种平面铣子类型的说明如表 8-1 所示。

图 8-2　【创建工序】对话框

表 8-1　平面铣各子类型的说明

图标	英　文	中　文	说　明
	FLOOR_WALL	底壁加工	切削底面和壁面
	FLOOR_WALL_IPW	带 IPW 的底壁加工	使用 IPW 切削底面和壁面
	FACE_MILLING	使用边界面铣削	基本的面切削操作，用于切削实体上的表面
	FACE_MILLING_MANUAL	手工面铣削	手工面铣削可将切削模式设置为混合模式的面铣加工
	PLANAR_MILL	平面铣	基本的平面铣操作，采用多种方式加工二维的边界和底面
	PLANAR_PROFILE	平面轮廓铣	专门用于侧面的轮廓精加工的一种平面铣，并且没有附加刀轨

图标	英 文	中 文	说 明
	CLEANUP_CORNERS	清理拐角	使用来自前一操作的 IPW,以跟随零件切削类型进行平面铣,常用于清理拐角
	FINISH_WALLS	精加工壁	使用"轮廓"切削模式来精加工壁,同时留出底面上的余量。建议用于精加工竖直壁,同时留出余量以防止刀具与底面接触
	FINISH_FLOORS	精细底面	默认的非切削方式为跟随零件切削类型,默认深度为底面的平面铣
	GROOVE_MILLING	槽铣	使用 T 形刀可铣削加工线槽、键槽和 U 形槽
	HOLE_MILLING	孔铣	用孔铣工序类型可加工孔和圆柱凸台,而不需要使用基于特征的加工
	THREAD_MILLING	螺纹铣	螺旋切削加工螺纹
	PLANAR_TEXT	文字铣	切削制图注释中的文字,用于对文字和曲线的雕刻加工
	MILLING_CONTROL	机床控制	建立机床控制操作,添加相关的后处理操作
	MILLING_USER	自定义方式	自定义参数来建立操作

8.1.3　2.5 轴平面铣数控加工基本流程

以图 8-3 所示零件为例来说明 NX2.5 轴平面铣数控加工的基本流程。

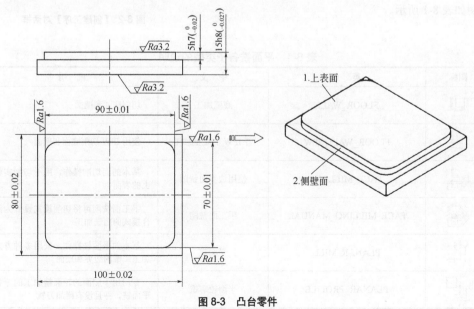

图 8-3　凸台零件

（1）零件结构工艺性分析

由图 8-3 可知该凸台零件尺寸为 100mm×80mm×15mm，中心有矩形凸台为直壁，凸台由 4 段直线和 4 段相切的圆弧组成，上表面与底面均为平面，形状较为简单。毛坯尺寸为 100mm×80mm×18mm，四周已经完成加工，需要进行上表面的精加工和凸台的粗加工、侧壁的精加工。

（2）拟订工艺路线

按照加工要求，以工件底面固定安装在机床上，加工坐标系原点为上表面毛坯中心，采用 2.5 轴平面铣加工。根据数控加工工艺原则，采用工艺路线为"粗加工"→"精加工"，并将加工工艺用 NX CAM 完成，具体内容如下。

① 上表面精加工：采用往复切削模式，利用刀具直径为 ϕ24mm 的平底刀进行上表面面铣精加工。

② 侧壁粗加工：采用较大直径的刀具进行粗加工以便于去除大量多余留量，粗加工采用跟随周边走刀，刀具为直径为 ϕ24mm 的平底刀。

③ 侧壁精加工：进行粗加工后，对局部区域加工余量进行精加工，采用平面轮廓铣加工方法，刀具为直径为 ϕ16mm 的平底刀。

粗、精加工工序中所有的加工刀具和切削参数如表 8-2 所示。

表 8-2　刀具及切削参数表

工步号	工步内容	刀具类型	切削参数		
			主轴转速/(r/min)	进给速度/(mm/min)	背吃刀量/mm
1	上表面精加工	ϕ24mm 平底刀	600	300	3
2	侧壁粗加工	ϕ24mm 平底刀	600	300	4
3	侧壁精加工	ϕ16mm 平底刀	800	500	2

（3）启动数控加工环境

要进行数控加工，首先要启动 NX 数控加工环境，进入 NX 制造模块进行编程作业的软件环境，本例中选择"mill_planar"铣数控加工环境，如图 8-4 所示。

1.打开模型　　2.选择加工环境　　3.打开工序导航器

图 8-4　启动 NX CAM 加工环境

（4）创建加工父级组

在 NX 数控加工中加工是通过创建工序来完成的，在创建工序之前要为工序指定其所对应的父级组（程序组、刀具组、几何组和方法组），首先定位加工坐标系原点和安全平面，然后指定部件几何体和毛坯几何体，接着创建加工刀具组（平底刀 D24 和 D16），最后创建加工方法，如图 8-5 所示。

（5）创建上表面面铣精加工工序

首先启动面铣加工工序，选择面铣加工几何体，然后设置切削模式和切削步距，设置切削参数和非切削参数，最后生成刀具路径和验证，如图 8-6 所示。

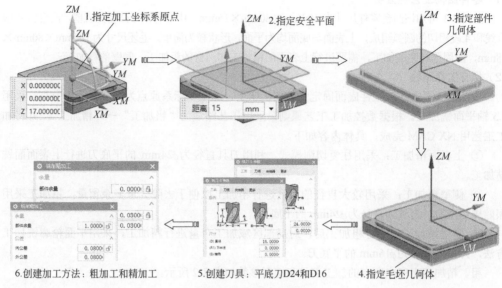

6.创建加工方法：粗加工和精加工　　5.创建刀具：平底刀D24和D16　　4.指定毛坯几何体

图 8-5　创建加工父级组

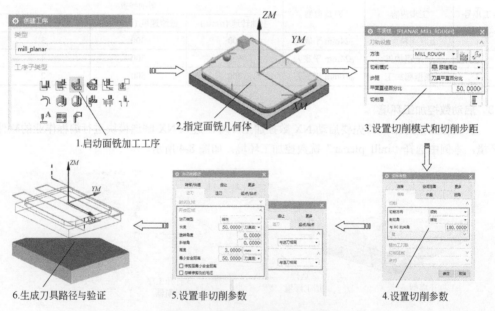

6.生成刀具路径与验证　　5.设置非切削参数　　4.设置切削参数

图 8-6　创建上表面面铣精加工工序

（6）创建侧壁平面铣粗加工工序

　　首先创建平面铣几何体，然后启动平面铣加工工序，设置切削模式和切削步距，设置切削深度、切削参数和非切削参数以及切削起点，设置进给率和速度最后生成刀具路径和验证，如图 8-7 所示。

（7）创建侧壁平面铣精加工工序

　　首先启动平面轮廓铣加工工序，然后设置切削深度、切削参数和非切削参数以及切削起点，最后生成刀具路径和验证，如图 8-8 所示。

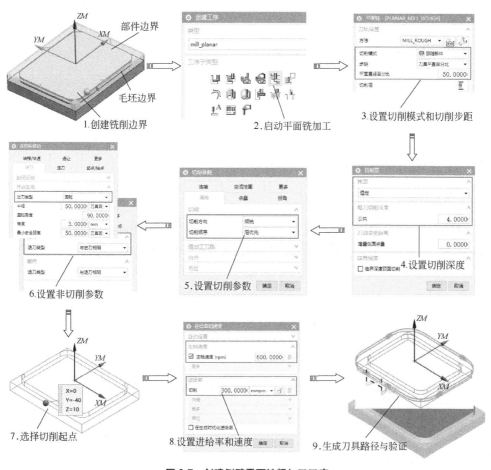

图 8-7　创建侧壁平面铣粗加工工序

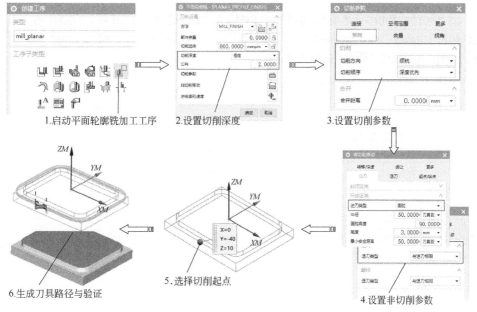

图 8-8　创建侧壁平面铣精加工工序

8.2　启动数控加工环境

2.5 轴平面铣数控加工环境一般选择【CAM 会话配置】为"cam_general"，选择【要创建的 CAM 配置】为"mill_planar"（操作模板）。

操作实例——启动数控加工环境

 操作步骤

01 启动 NX 后，单击【文件】选项卡的【打开】按钮，弹出【打开部件文件】对话框，选择"凸台 CAD.prt"（"扫二维码下载素材文件：\第 8 章\凸台 CAD.prt"），单击【OK】按钮，文件打开后如图 8-9 所示。

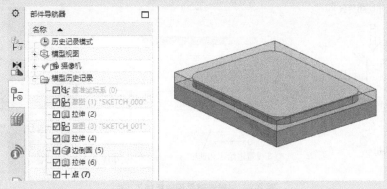

图 8-9　打开模型文件

02 单击【应用模块】选项卡中的【加工】按钮，系统弹出【加工环境】对话框，在【CAM 会话配置】中选择"cam_general"，在【要创建的 CAM 设置】中选择"mill_planar"，单击【确定】按钮，初始化加工环境，如图 8-10 所示。

图 8-10　启动 NX CAM 加工环境

"cam_general"加工环境是一个基本加工环境,包括了所有铣削加工、车削加工以及线切割加工功能,是最常用的加工环境。

8.3 创建加工父级组

在 NX 数控加工中加工是通过创建工序来完成的,在创建工序之前要为工序指定其所对应的父级组,在父级组中定义的数据都可以被其子节点组继承,这样可以简化加工工序的创建。

8.3.1 创建几何组

创建几何组是在零件上定义要加工的几何对象和指定零件在机床上的加工方位,包括定义加工坐标系、部件、工件、边界和切削区域等。所建立的几何对象可指定为相关工序的加工对象。

提示

通常在进入"mill_planar"操作模板后,系统会自动创建"MSC_MILL""WORKPIECE"这两个几何体,所以用户不需要创建,直接双击几何体进行定义即可。

8.3.1.1 定位加工坐标系 MCS

机床坐标系 MCS 的原点就是机床上的对刀点,MCS 的 3 个轴的方向就是机床刀轨方向,所以在决定 MCS 的方向和原点位置时,应当从现场加工的实际需要出发,保证毛坯在机床上的位置便于装夹、加工和对刀。

操作实例——定位加工坐标系原点和安全平面

操作步骤

01 单击上边框条中插入的【工序导航器】组中的【几何视图】按钮 ，将工序导航器切换到几何视图显示。双击工序导航器窗口中的"MCS_MILL",弹出【MCS 铣削】对话框,如图 8-11 所示。

02 定位加工坐标系原点。单击【机床坐标系】组框中的按钮 ，弹出【CSYS】对话框,鼠标左键按住原点并拖动在图形窗口中捕捉如图 8-12 所示的点,定位加工坐标系原点,单击【确定】按钮返回【MCS 铣削】对话框。

03 设置安全平面。在【安全设置】组框中的【安全设置选项】下拉列表中选择【平面】选项,然后单击【指定平面】按钮 ，弹出【平面】对话框,选择毛坯上表面并设置【距离】为15mm,单击【确定】按钮,完成安全平面设置,如图 8-13 所示。

图 8-11 【MCS 铣削】对话框

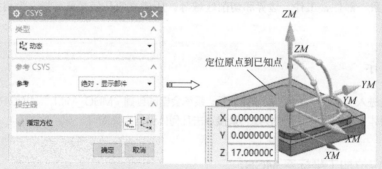

图 8-12 移动确定加工坐标系原点

图 8-13 设置安全平面

 提示

为了提高加工效率，安全高度不要设置太高。一般设置为工件最高表面位置高度再加 10 ～ 20mm 即可。

8.3.1.2 创建铣削工件几何体

通常在平面铣加工中要指定部件几何体、毛坯几何体，如果需要的话可指定检查几何体等。

提示

通常在进入加工模块后，系统会自动创建"MSC_MILL""WORKPIECE"这两个几何体，所以用户不需要创建，直接双击几何体进行定义即可。

操作实例——创建铣削工件几何体

01 在工序导航器中双击"WORKPIECE"，弹出【工件】对话框，如图8-14所示。

图8-14 【工件】对话框

02 创建部件几何体。单击【几何体】组框中【指定部件】选项后的按钮，弹出【部件几何体】对话框，选择模型实体，如图8-15所示。单击【确定】按钮，返回【工件】对话框。

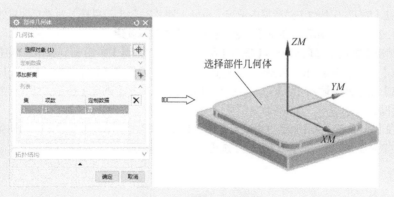

图8-15 创建部件几何体

03 创建毛坯几何体。单击【几何体】组框中【指定毛坯】选项后的按钮，弹出【毛坯几何体】对话框，选择图层 10 上的实体作为毛坯。单击【确定】按钮，完成毛坯几何体的创建，如图 8-16 所示。

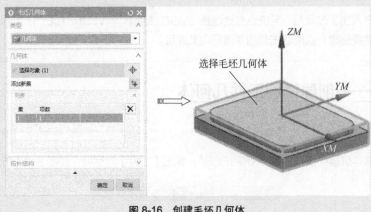

图 8-16　创建毛坯几何体

8.3.2　创建刀具组

2.5 轴加工中常用的刀具为平底刀，本例中创建 D24 和 D16 等 2 把平底刀。

操作实例——创建平底刀

操作步骤

01 单击上边框条中插入的【工序导航器】组中的【机床视图】按钮，将工序导航器切换到机床视图显示。单击【主页】选项卡中的【插入】组中的【创建刀具】按钮，弹出【创建刀具】对话框。在【类型】下拉列表中选择"mill_planar"，【刀具子类型】选择【MILL】图标，在【名称】文本框中输入"D24"，如图 8-17 所示。单击【确定】按钮，弹出【铣刀-5 参数】对话框。

02 在【铣刀-5 参数】对话框中设定【直径】为"24"、【刀具号】为"1"，其他参数接受默认设置，如图 8-18 所示。单击【确定】按钮，完成刀具创建。

03 单击【主页】选项卡中的【插入】组中的【创建刀具】按钮，弹出【创建刀具】对话框。在【类型】下拉列表中选择"mill_contour"，【刀具子类型】选择【MILL】图标，在【名称】文本框中输入"D16"，如图 8-19 所示。单击【确定】按钮，弹出【铣刀-5 参数】对话框。

04 在【铣刀-5 参数】对话框中设定【直径】为"16"、【刀具号】为"2"，其他参数接受默认设置，如图 8-20 所示。单击【确定】按钮，完成刀具创建。

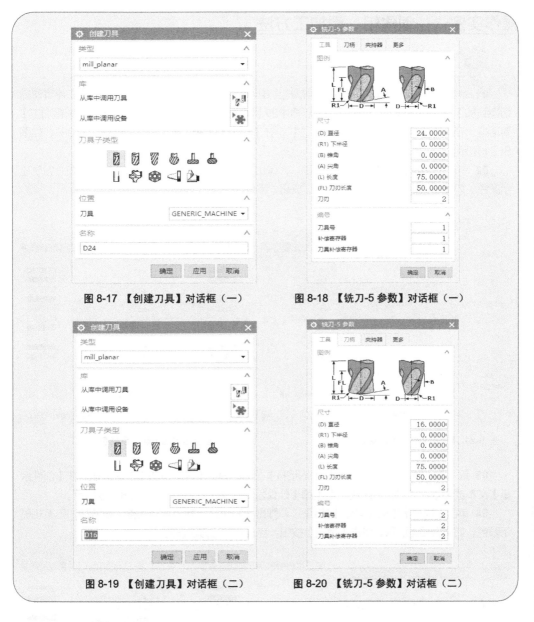

图 8-17 【创建刀具】对话框（一）　　　图 8-18 【铣刀-5 参数】对话框（一）

图 8-19 【创建刀具】对话框（二）　　　图 8-20 【铣刀-5 参数】对话框（二）

8.3.3　创建方法组

加工方法可以通过对加工余量、几何体的内外公差、切削步距和进给速度等选项的设置，控制表面残余量，为粗加工、半精加工和精加工设定统一的参数。另外加工方法还可以设定刀具路径的显示颜色和方式。

 提示

进入加工模块后，系统自带了一系列的加工方法，例如铣削中的 MILL_ROUGH、MILL_SEMI_FINISH、MILL_FINISH 和 DRILL_METHOD，这些加工方法基本上满足铣削加工的需要，所以用户完全可以不创建加工方法，而只需根据需要进行调用和设置。

操作实例——创建粗、精加工方法

操作步骤

01 单击上边框条中插入的【工序导航器】组中的【加工方法视图】按钮，将工序导航器切换到加工方法视图显示。双击工序导航器中的【MILL_ROUGH】图标，弹出【铣削粗加工】对话框。在【部件余量】文本框中输入"1"，在【内公差】和【外公差】中输入"0.08"，如图8-21所示。

02 单击【选项】中的【颜色】按钮，弹出【刀轨显示颜色】对话框，设置粗加工刀轨显示颜色，如图8-22所示。单击【确定】按钮，完成粗加工方法设定。

图8-21 【铣削粗加工】对话框　　　　图8-22 设置粗加工刀轨显示颜色

03 双击工序导航器中的【MILL_FINISH】图标，弹出【铣削精加工】对话框。在【部件余量】文本框中输入"0"，在【内公差】和【外公差】中输入"0.03"，如图8-23所示。

04 单击【选项】中的【颜色】按钮，弹出【刀轨显示颜色】对话框，设置精加工刀轨显示颜色，如图8-24所示。单击【确定】按钮，完成精加工方法设定。

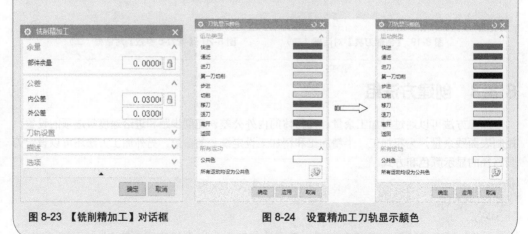

图8-23 【铣削精加工】对话框　　　　图8-24 设置精加工刀轨显示颜色

8.4 创建面铣加工工序（面加工）

面铣是一种特殊的平面铣加工方法，用于加工表面几何对象，可以直接选择表面来指定要加工的表面几何体，系统会根据选择的每一个表面和形状自动识别加工区域，保证不过切部件的剩余部分，如图 8-25 所示。

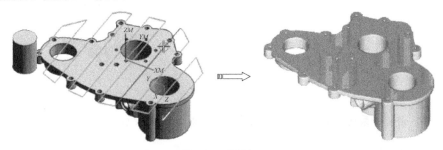

图 8-25　面铣加工

8.4.1 面铣加工几何体

面铣加工中的几何体常用的主要有部件几何体和面边界等 2 种，如图 8-26 所示。

（1）指定部件

部件几何体用于指定表示已完成的工件，为了使用过切检查，必须指定或继承实体部件几何体。

（2）指定面边界

面几何体包含封闭的边界，这些边界内部的材料指明了要切削区域，可以选择"面""曲线"和"点"等方式。

- 曲线：用于指定现有的曲线或边，如图 8-27 所示。

图 8-26　面铣加工几何体

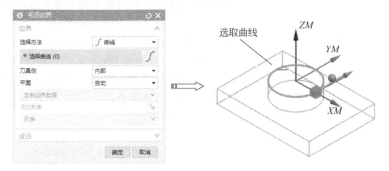

图 8-27　选择曲线

- 面：选择片体或实体的单个平的面，这通常是最简单的方法，如图 8-28 所示。

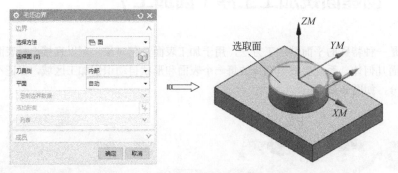

图 8-28　选择面

- 点：通过一系列已定义的点创建封闭边界，如图 8-29 所示。

图 8-29　选择点

8.4.2　面铣加工参数

面铣削操作对话框中绝大多数操作参数与平面铣操作参数相同，面铣削余量主要有"毛坯距离""每刀切削深度"和"最终底面余量"等参数，如图 8-30 所示。

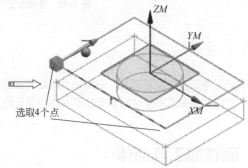

图 8-30　刀轨设置

（1）毛坯距离

【毛坯距离】用于定义要移除材料的总厚度。该距离是在所选面几何体的平面上方并沿刀轴方向测量而得到的，如图 8-31、图 8-32 所示。

（2）最终底面余量

【最终底面余量】用于定义在面几何体的上方剩余未切削材料的厚度。要移除材料的厚度是指"毛坯距离"和"最终底面余量"之差，如图 8-33 所示。

（3）每刀切削深度

在面铣削中，每个选定面的切削层计算如下：切削层=（毛坯距离−最终底面余量）/每刀切削深度，如图 8-34 所示。

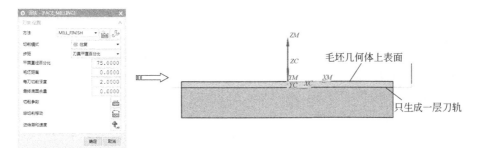

图 8-31　毛坯距离为 0，只生成一层刀轨

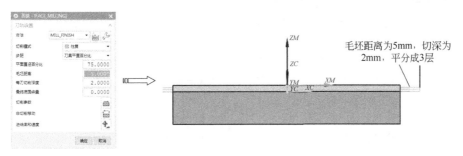

图 8-32　毛坯距离为 5mm，每刀切深为 2mm，生成平均 3 层刀轨

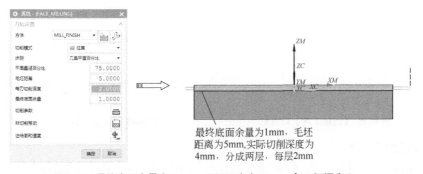

图 8-33　最终底面余量为 1mm，毛坯距离为 5mm，每刀切深为 2mm

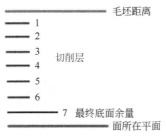

图 8-34　每刀切削深度

操作实例——面铣加工工序

 操作步骤

（1）启动面铣加工工序

01 单击上边框条中插入的【工序导航器】组中的【几何视图】按钮，将工序导航器切换到几何视图显示。单击【主页】选项卡中【插入】组中的【创建工序】按钮，弹出【创建工序】对话框。在【类型】下拉列表中选择"mill_planar"，【工序子类型】选择第 1 行第 3 个图标（FACE_MILLING），【程序】选择"NC_PROGRAM"，【刀具】选择"D24（铣刀-5 参数）"，【几何体】选择"WORKPIECE"，【方法】选择"MILL_FINISH"，在【名称】文本框中输入"FACE_MILLING_FINISH"，如图 8-35 所示。

02 单击【确定】按钮，弹出【面铣】对话框，如图 8-36 所示。

图 8-35 【创建工序】对话框

图 8-36 【面铣】对话框

（2）创建面铣几何体

03 在【几何体】组框中，单击【指定面边界】后的按钮，弹出【毛坯边界】对话框，【选择方法】为"面"，选择如图 8-37 所示的平面，单击【确定】按钮返回。

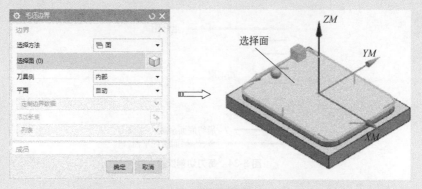

图 8-37 创建面铣几何体

提示

　　面铣与普通平面铣操作的区别在于它是通过选择平面来指定加工对象的，而且面铣操作中无需进行底平面的定义，它以所选择的平面作为底平面。

（3）选择切削模式和设置切削用量

　　04 在【面铣】对话框的【刀轨设置】组框中，在【切削模式】下拉列表中选择"往复"方式，在【步距】下拉列表中选择"刀具平直百分比"，在【平面直径百分比】文本框中输入"75"，设置【毛坯距离】为"0"、【每刀切削深度】为"0"，如图8-38所示。

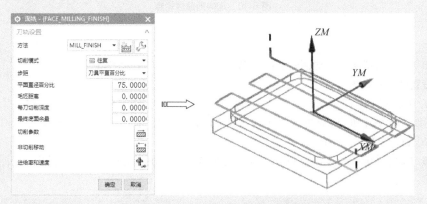

图 8-38　选择切削模式和设置切削用量

（4）设置切削参数

　　05 单击【刀轨设置】组框中的【切削参数】按钮，弹出【切削参数】对话框。【策略】选项卡：【切削方向】为"顺铣"，勾选【延伸至部件轮廓】复选框，设置【简化形状】为"最小包围盒"、【刀具延展量】为"100"，如图8-39所示。

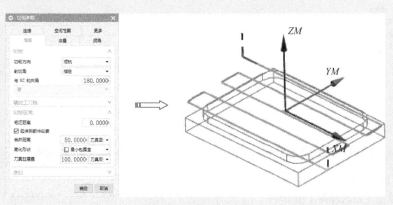

图 8-39　设置切削参数

提示

延伸到部件轮廓可将选定的面延伸到部件边缘，如图8-40所示。

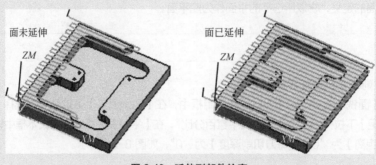

面未延伸　　　　　　　　　面已延伸

图8-40　延伸到部件轮廓

06 单击【切削参数】对话框中的【确定】按钮，完成切削参数设置。

（5）设置非切削参数

07 单击【刀轨设置】组框中的【非切削移动】按钮，弹出【非切削移动】对话框，进行非切削参数设置。【进刀】选项卡：【开放区域】的【进刀类型】为"线性"、【长度】为50%，其他参数设置如图8-41所示。

08 【退刀】选项卡：【退刀】组框中【退刀类型】为"与进刀相同"，其他参数设置如图8-42所示。

图8-41　【进刀】选项卡

图8-42　【退刀】选项卡

（6）设置进给参数

09 单击【刀轨设置】组框中的【进给率和速度】按钮，弹出【进给率和速度】对话框。设置【主轴速度（rpm）】为"600"、【切削】为"300""mmpm"，其他接受默认设置，如图8-43所示。

（7）生成刀具路径并验证

10 在【面铣】对话框中完成参数设置后，单击该对话框底部【操作】组框中的【生成】按钮 ，可在该对话框下生成刀具路径，如图 8-44 所示。

11 单击【面铣】对话框底部【操作】组框中的【确认】按钮 ，弹出【刀轨可视化】对话框，然后选择【2D动态】选项卡，单击【播放】按钮 ▶，可进行 2D 动态刀具切削过程模拟，如图 8-45 所示。

12 单击【确定】按钮，返回【面铣】对话框，然后单击【确定】按钮，完成面铣加工操作。

（8）刀具路径后处理

13 在工序导航器中选择工序"PLANAR_MILL_ROUGH"，然后单击【工序】组中的【后处理】按钮 ，弹出【后处理】对话框，如图 8-46 所示。

图 8-43 【进给率和速度】对话框

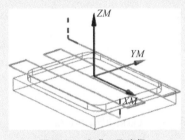

图 8-44 生成刀具路径

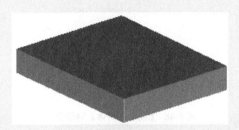

图 8-45 实体切削验证

14 选择好合适的机床定义文件类型后，单击【确定】按钮，完成 NC 代码的生成输出，如图 8-47 所示。

图 8-46 【后处理】对话框

图 8-47 生成的 NC 代码

8.5 创建平面铣加工工序（粗加工）

平面铣工序是 2.5 轴加工的核心模板，用于移除垂直于固定刀轴的平面切削层中的材料，通常用于 2.5 轴粗加工之中。

8.5.1 铣削边界

8.5.1.1 导航器节点创建铣削边界几何体

在平面铣操作中，加工区域是由边界和底平面来限定的，边界用于计算刀位轨迹，定义刀具的切削范围，而底平面用于控制刀具的切削深度。

单击【主页】选项卡上的【插入】组中的【创建几何体】按钮 ，或选择下拉菜单【插入】|【几何体】命令，弹出【创建几何体】对话框，选择【几何体子类型】中的【MILL_BND】图标 ，如图8-48所示。单击【确定】按钮，弹出【铣削边界】对话框，如图8-49所示。

图8-48 【创建几何体】对话框

图8-49 【铣削边界】对话框

利用【铣削边界】对话框可设置常用的平面铣加工几何体，包括部件边界、毛坯边界、检查边界、修剪边界和底面5种。

（1）部件边界

部件边界用于描述完整的零件，它控制刀具运动的范围，可以通过选择面、曲线、点和永久边界来定义部件边界，如图8-50所示。

 提示

边界可以是开放的也可以是封闭的，开放边界的材料侧为左侧或右侧，封闭边界的材料侧为内部保留和外部保留。

（2）毛坯边界

毛坯边界用于表示被加工零件毛坯的几何对象，它是系统计算刀轨的重要依据，如图8-51所示。毛坯边界没有敞开的边界，只有封闭的边界。当部件边界和毛坯边界都定义了之后，系统根据毛坯边界和部件边界共同定义的区域（两种边界相交的区域）定义刀具运动的范围。

 提示

毛坯边界不是必须定义的。部件边界和毛坯边界至少定义一个，作为驱动刀具切削运动的区域。如果既没有部件边界也没有毛坯边界，则不能产生平面铣操作；如果只有毛坯边界而没有部件边界，将产生毛坯边界范围内的铣削加工。

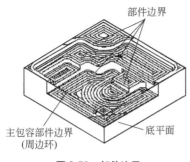

部件边界

主包容部件边界
(周边环)

底平面

图 8-50　部件边界

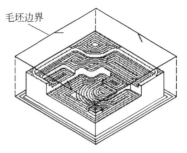

毛坯边界

图 8-51　毛坯边界

（3）检查边界

检查边界用于指定不允许刀具切削的部位，如图 8-52 所示。检查边界没有敞开的边界，只有封闭的边界，用户可以设置"检查余量"来定义刀具离开边界的距离。

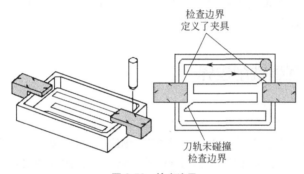

检查边界
定义了夹具

刀轨未碰撞
检查边界

图 8-52　检查边界

（4）修剪边界

如果操作的整个刀轨涉及的切削范围的某一区域不希望被切削，可以利用修剪边界将这部分刀轨去除。修剪边界通过指定刀具路径在修剪区域的内侧或外侧来限制整个切削范围，如图 8-53 所示。

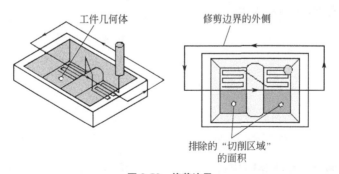

工件几何体

修剪边界的外侧

排除的"切削区域"
的面积

图 8-53　修剪边界

（5）底面

底面是一个垂直于刀具轴的平面，它用于指定平面铣的最低高度。定义底面后，其余切削平面平行于底面而产生，如图 8-54 所示。每个操作中仅能定义一个底面，第二个选择平面会自动替代第一个选取的面作为底面。可以直接在工件上选取水平的表面作为底面，也可将选取的表面偏置一定距离后作为底面；或者利用【平面】对话框创建一个平面作为底面。

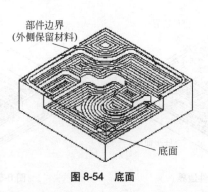

部件边界
（外侧保留材料）

底面

图 8-54　底面

提示

　　如果用户没有选择底面，则系统用加工坐标系 *XM- YM* 平面作为底面；如果部件平面与底面在同一平面上，那么只能产生单一深度的刀轨。

操作实例——创建铣削边界

操作步骤

　　01 单击【主页】选项卡上的【插入】组中的【创建几何体】按钮 ，或选择下拉菜单【插入】|【几何体】命令，弹出【创建几何体】对话框，选择【几何体子类型】中的【MILL_BND】图标 ，如图 8-55 所示。单击【确定】按钮，弹出【铣削边界】对话框，如图 8-56 所示。

图 8-55　【创建几何体】对话框

图 8-56　【铣削边界】对话框

　　02 单击【指定部件边界】按钮 ，在弹出的【部件边界】对话框中的【选择方法】选择"面"，在【刀具侧】选项中选择"外部"，然后选择图 8-57 所示的表面。单击【确定】按钮，完成部件边界的设置，返回【铣削边界】对话框。

　　03 单击【指定毛坯边界】按钮 ，在弹出的【毛坯边界】对话框中的【选择方法】选择"面"，在【平面】中选择"指定"，选择工件上表面作为平面位置，如图 8-58 所示。

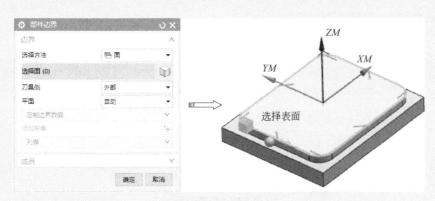

图 8-57　选择部件边界

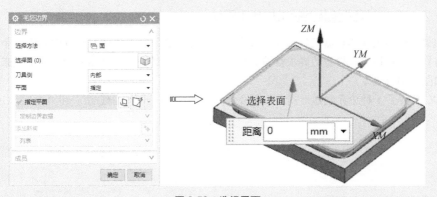

图 8-58　选择平面

04 在【刀具侧】选项中选择"内部"，然后选择图 8-59 所示的毛坯上表面。单击【确定】
按钮，完成毛坯边界的设置，返回【铣削边界】对话框。

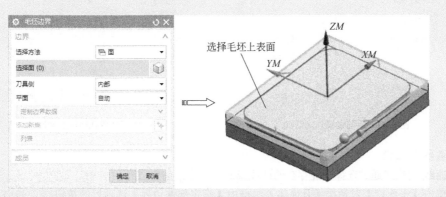

图 8-59　选择毛坯边界

05 单击【指定底面】按钮 🗔，在弹出的【平面】对话框引导下选择如图 8-60 所示的平面
作为底面。单击【确定】按钮，完成底面的选择。

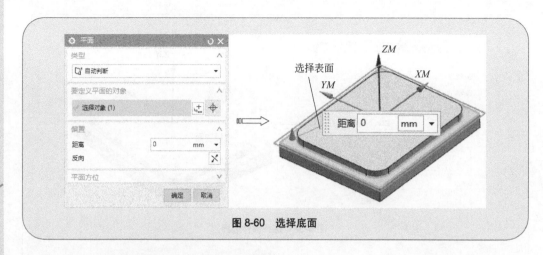

图 8-60　选择底面

8.5.1.2　工序对话框创建铣削边界几何体

如果不使用工序导航器工具的几何节点数据，而要在平面铣操作对话框中为操作个别定义部件边界、毛坯边界、检查边界、修剪边界，应当在该对话框中选择相应的几何节点来定义边界，如图 8-61 所示。

NX 提供了 4 种边界创建形式，下面介绍常用的 2 种——"曲线/边"和"面"，如图 8-62 所示。

图 8-61　平面铣操作对话框

图 8-62　【边界几何体】对话框

（1）曲线/边模式

曲线/边模式通过选择已经存在的曲线或曲面边缘来创建边界。

单击【平面铣】对话框【几何体】组框中【指定部件边界】选项后的按钮，弹出【边界几何体】对话框，在【模式】下拉列表中选择"曲线/边"选项，弹出【创建边界】对话框，如图 8-63 所示。

【创建边界】对话框相关选项参数含义如下。

①【类型】：用于指定要创建的边界为"开放的"或"封闭的"。封闭边界定义一个区域，而开放边界定义的是一个轨迹，如图 8-64 所示。封闭边界使用同一个点定义第一段的起点和最

后一段的终点；而开放边界不使用同一个点定义第一段的起点和最后一段的终点。

图 8-63 【创建边界】对话框

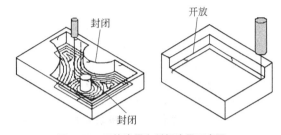

图 8-64 开放边界和封闭边界示意图

②【平面】：用于定义所选择几何体曲线或边缘将投影到的平面，包括以下两个选项。

● 自动：边界平面由选择的几何体来决定。如果选择的所有边界都在一个平面上，则指定的平面就是边界所在的平面；如果选择的边界不在一个平面，则会投影到前两个边界所在的平面创建几何区域，如图 8-65 所示。

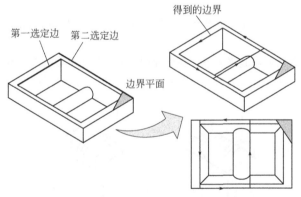

图 8-65 自动定义边界平面

● 用户定义：当选择【平面】中的"用户定义"时，在弹出的【平面】对话框中指定边界平面，如图 8-66 所示。

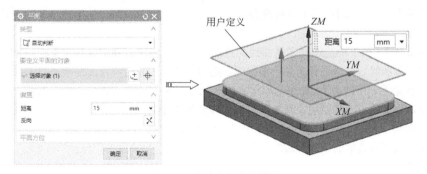

图 8-66 用户定义边界平面

提示

当系统无法根据选择的曲线或边缘定义出投影平面时，则将 *XC-YC* 平面作为投影平面。

③【材料侧】：用于指定加工时保留哪一边的材料。

当【类型】选择为"封闭的"时，【材料侧】下拉列表可选择"内部"和"外部"。

- 内部：指保留边界内侧的材料。
- 外部：指保留边界外部的材料。

当【类型】选择为"开放的"时，【材料侧】下拉列表可选择"左"和"右"。

- 左：加工时保留沿边界串联方向的左侧材料。
- 右：加工时保留沿边界串联方向的右侧材料。

提示

对于不同类型的边界，其内、外侧的定义不同，当作为部件边界使用时，其材料侧为保留部分；当作为毛坯边界使用时，其材料侧为切除部分；当作为检查边界使用时，其材料侧为保留部分。保留部分将不产生刀轨，而相对的切削侧则是刀具轨迹切削的部位。

④【刀具位置】：用于指定刀具接近边界时的位置，包括"相切"和"对中（开）"等2个选项。

- 相切：刀具的侧面与边界对齐，在创建的边界上显示半边箭头，如图 8-67 所示。
- 对中（开）：刀尖沿刀轴方向与边界对齐，在创建的边界上显示完整箭头，如图 8-67 所示。

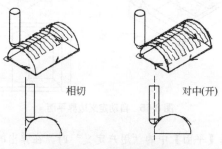

相切　　　　　　　对中(开)

图 8-67　刀具位置示意图

⑤【定制成员数据】：用于对所选择边界进行公差、侧边余量、切削速度和后处理命令等参数的设置。

⑥【成链】：用于快速选择多条曲线的方法。单击此按钮，弹出【成链】对话框，在图形区中选择一条曲线后，再选择另外一条曲线，则两条曲线之间的所有曲线全部被选择。

⑦【移除上一个成员】：如果选取边界时选错了对象，可单击该按钮删除最后一次选取的边界对象。该按钮可连续使用，直至选取的物体全部被移除。

⑧【创建下一个边界】：如果边界超过一个，则在选取下一个边界之前，需要单击该按钮，以告知系统接下来选取的曲线或边线为另一个轮廓边界。

（2）面模式

该模式通过选择模型的平面，以平面的所有边界曲线作为部件边界。该模式是系统默认的边界选择模式。单击【平面铣】对话框中【几何体】组框中【指定部件边界】选项后的按钮 ，弹出【边界几何体】对话框，在【类型】下拉列表中选择"面"选项，如图 8-68 所示。

【边界几何体】对话框中相关选项含义如下。

①【名称】：通过输入表面的名称来选择这些对象。因为一般不会给这些对象预先指定名称属性，所以通常不使用这种方法选取对象。

②【列出边界】：用于列出先前创建的边界的名称，主要用于永久边界中。

③【材料侧】：用于指定保留边界哪一侧材料。

④【几何体类型】：显示当前定义的边界是零件几何体还是毛坯几何体。

⑤【忽略孔】、【忽略岛】和【忽略倒斜角】：当选择面边界时，设置【忽略孔】、【忽略岛】和【忽略倒斜角】等选项，这些相关选项的含义如下。

图 8-68 【边界几何体】对话框

- 【忽略孔】：勾选【忽略孔】复选框，在所选平面上产生边界时忽略平面上包含的孔，即在孔的边缘处不产生边界，如图 8-69 所示。

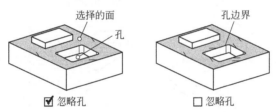

图 8-69 忽略孔示意图

- 【忽略岛】：勾选【忽略岛】复选框，在所选平面上产生边界时忽略平面上包含的孤岛，即在孤岛的边缘处不生成边界，所谓孤岛是指平面上的凸台、凹坑和台阶等，如图 8-70 所示。

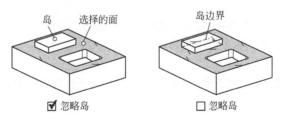

图 8-70 忽略岛示意图

- 【忽略倒斜角】：勾选【忽略倒斜角】复选框，在所选平面上产生边界时忽略平面上包含的倒角，在倒角的两个相邻表面的交线处创建边界，如图 8-71 所示。

⑥【凸边】和【凹边】：用于控制沿着选定面的凸边和凹边出现的边界成员的刀具位置，如图 8-72 所示，包括"相切"和"对中"等 2 个选项。

- 相切：刀具定位到与边界成员相切的位置。
- 对中：允许刀具中心定位到边界成员上。

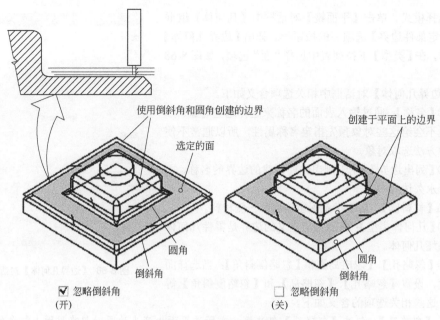

图 8-71   忽略倒斜角示意图

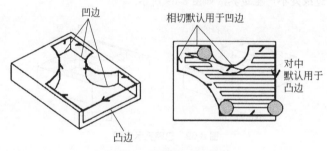

图 8-72   凸边和凹边示意图

 提示

在加工中，由于凸边通常为开放区域，因此一般设置为"对中"，这样可以完全切除凸边处的材料；一般凹边设置为"相切"，以清除内角凹边处的材料。

⑦【移除上一个】：在创建边界的过程中可通过单击【移除上一个】按钮立即取消已选取的边界。

8.5.2   切削模式

平面铣和型腔铣操作中的切削模式决定了加工切削区域的刀轨图样。平面铣和型腔铣工序中的切削模式决定了用于加工切削区域的刀轨模式。

8.5.2.1   往复 ⊒

【往复】用于产生一系列平行连续的线性往复刀轨，是最经济省时的切削方式，但该方式会产生一系列的交替"顺铣"和"逆铣"，特别适于粗铣加工，如图 8-73 所示。

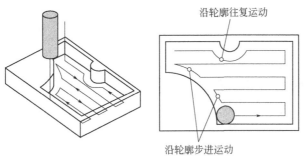

图 8-73　往复运动最后跟随轮廓

8.5.2.2　单向⫤

【单向】用于产生一系列单向的平行线性刀轨，相邻两个刀具路径之间都是顺铣或逆铣，如图 8-74 所示。

8.5.2.3　单向轮廓⫥

【单向轮廓】用于产生一系列单向的平行线性刀轨。在横向进给时，刀具直接沿切削区域轮廓进行切削。该方式能够始终严格保持单纯的顺铣或逆铣，如图 8-75 所示。

8.5.2.4　跟随周边⧉

【跟随周边】用于产生一系列同心封闭的环形刀轨，这些刀轨的形状是通过偏移切削区的外轮廓获得的，可加工区域内的所有刀路都将是封闭形状，如图 8-76 所示。

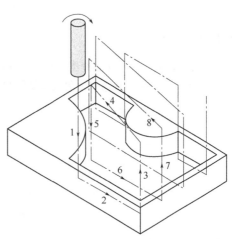

图 8-74　单向走刀示意图

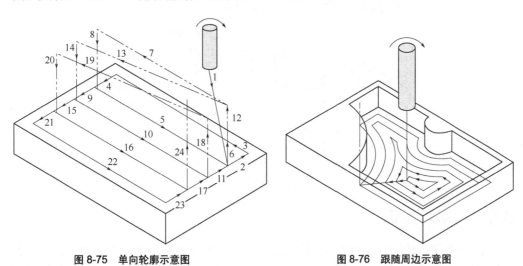

图 8-75　单向轮廓示意图　　　　　　**图 8-76　跟随周边示意图**

8.5.2.5　跟随部件⧉

【跟随部件】用于根据所指定的零件几何产生一系列同心线来创建切削刀具路径，可加工区域内的所有刀路都将是封闭形状如图 8-77 所示。

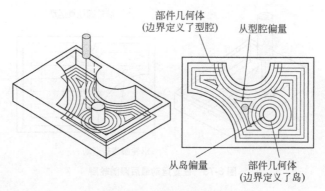

图 8-77　跟随部件示意图

8.5.2.6　摆线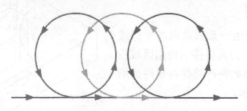

【摆线】用于将刀具沿着摆线轨迹运动，如图 8-78 所示。当需要限制刀具过大的横向进给而使刀具产生破坏，且需要避免过量切削材料时，可采用该方式。

图 8-78　摆线示意图

8.5.2.7　轮廓

【轮廓】用于产生单一或指定数量的绕切削区轮廓的刀轨，目的是实现侧面的精加工，可以加工开放区域，也可以加工封闭区域，如图 8-79 所示。

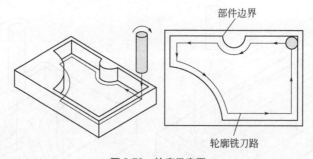

图 8-79　轮廓示意图

8.5.3　切削步距

切削步距即切削步长，是指相邻两道切削路径之间的横向距离，它是关系到刀具切削负荷、加工效率和零件表面质量的重要参数。常用步进方式有"恒定""残余高度""刀具平直百分比"和"可变"等 4 种，分别介绍如下。

8.5.3.1　恒定

"恒定"用于指定相邻两刀切削路径之间的横向距离为常量。如果指定的距离不能将切削区域均匀分开，系统将自动缩小指定的距离值，并保持恒定不变，如图 8-80 所示。

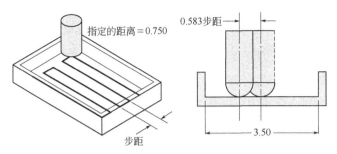

图 8-80　恒定步距示意图

8.5.3.2　残余高度

"残余高度"用于指定相邻两刀切削路径刀痕间残余面积的高度值，以便系统自动计算横向距离值；系统应保证残余材料高度不超过指定的值，如图 8-81 所示。

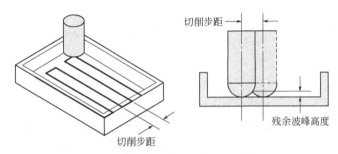

图 8-81　残余高度示意图

8.5.3.3　刀具平直百分比

用刀具直径乘"刀具平直百分比"得到的积作为切削步距值，如图 8-82 所示。如果加工长度不能被切削步距等分，则系统将减小切削步距，并保持一个常数。

8.5.3.4　可变

设置切削步距可变，系统自动确定实际使用的步距。如图 8-83 所示,用户指定的"最大值"是 0.5mm，"最小值"是 0.25mm，系统计算得出八个步距为 0.363mm 的刀路，该步距值可保证刀具在切削时相切于所有平行于单向和回转切削的壁面。

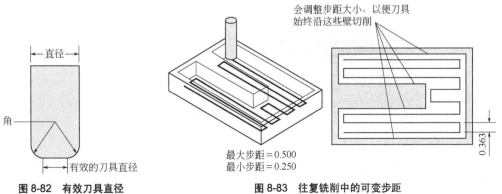

图 8-82　有效刀具直径　　　　　　图 8-83　往复铣削中的可变步距

8.5.4 切削层（切削深度）

单击【刀轨设置】组框中的【切削层】按钮▤，弹出【切削层】对话框，如图 8-84 所示。在【切削层】对话框中提供了 5 种切削深度的定义方式，下面分别加以介绍。

8.5.4.1 用户定义

该方式允许用户输入数值定义切削深度，这是最常用的切削深度定义方式，如图 8-85 所示。

图 8-84 【切削层】对话框　　　　　　　图 8-85 用户定义

除顶层和底层外的中间各层的实际切削深度介于"公共"和"最小值"之间，将切削范围进行平均分配，并尽量取"公共"值，如图 8-86 所示。

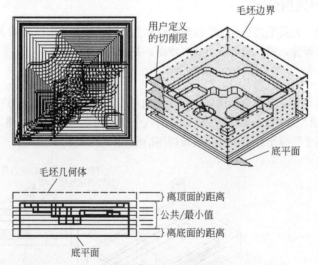

图 8-86 用户定义切削深度

8.5.4.2 仅底面

该方式用于仅有一个切削层的情况，刀具直接深入到底平面切削来定义切削深度，如图 8-87 所示。

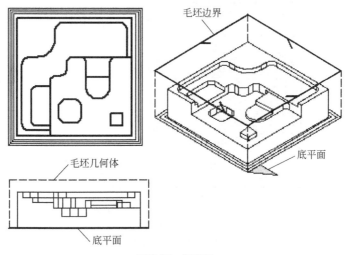

图 8-87　仅底面

8.5.4.3　底面和临界深度

该方式用于在底平面上生成单个切削层，接着在每个岛顶部生成一条清理刀轨，如图 8-88 所示。清理刀路仅限于每个岛的顶面，且不会切削岛边界的外侧，因此适合做水平面精加工。

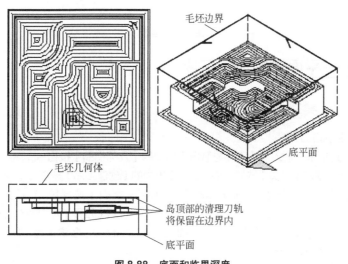

图 8-88　底面和临界深度

8.5.4.4　临界深度

该方式用于分多层铣削，切削层的位置在岛的顶面和底平面上，与"底面和临界深度"的不同之处在于每一层的刀轨覆盖整个毛坯断面，如图 8-89 所示。

8.5.4.5　恒定

该方式用于分多层铣削，输入一个最大深度值（每刀切削深度），除最后一层的深度可能小于最大深度值外，其余层的深度都等于最大深度值，如图 8-90 所示。

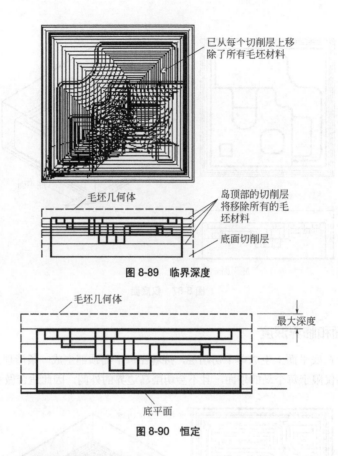

已从每个切削层上移除了所有毛坯材料

毛坯几何体

岛顶部的切削层将移除所有的毛坯材料

底面切削层

图 8-89 临界深度

毛坯几何体

最大深度

底平面

图 8-90 恒定

操作实例——平面铣粗加工工序

 **操作步骤**

（1）启动平面铣加工工序

01 单击上边框条中插入的【工序导航器】组中的【几何视图】按钮 ，将工序导航器切换到几何视图显示。单击【主页】选项卡中【插入】组中的【创建工序】按钮 ，弹出【创建工序】对话框。在【类型】中选择"mill_planar"，【工序子类型】选择第 1 行第 5 个图标 （PLANAR_MILL），【程序】选择"NC_PROGRAM"，设置【刀具】为"D24（铣刀-5 参数）"、【几何体】为"MILL_BND"、【方法】为"MILL_ROUGH"、【名称】为"PLANAR_MILL_ROUGH"，如图 8-91 所示。

02 单击【确定】按钮，弹出【平面铣】对话框，如图 8-92 所示。

（2）选择切削模式和设置切削用量

03 在【平面铣】对话框的【刀轨设置】组框中，在【切削模式】下拉列表中选择"跟随周边"，在【步距】下拉列表中选择"刀具平直百分比"，在【平面直径百分比】文本框中输入"50"，如图 8-93 所示。

（3）设置切削层（切削深度）

04 单击【刀轨设置】组框中的【切削层】按钮 ，弹出【切削层】对话框，选择【类型】为"用户定义"选项、【公共】为"3"、【最小值】为"2"，其他参数如图 8-94 所示。单击【确定】按钮，返回【平面铣】对话框。

图 8-91 【创建工序】对话框

图 8-92 【平面铣】对话框

图 8-93 选择切削模式和设置切削用量

图 8-94 【切削层】对话框

（4）设置切削参数

05 单击【刀轨设置】组框中的【切削参数】按钮，弹出【切削参数】对话框。【策略】选项卡：【切削方向】为"顺铣"，【切削顺序】为"层优先"，【刀路方向】为"向内"，其他参数设置如图 8-95 所示。

06 【余量】选项卡：【最终底面余量】为"0"，如图 8-96 所示。

07 单击【切削参数】对话框中的【确定】按钮，完成切削参数设置。

（5）设置非切削参数

08 单击【刀轨设置】组框中的【非切削移动】按钮，弹出【非切削移动】对话框。【进刀】选项卡：【开放区域】的【进刀类型】为"圆弧"，【半径】为"50""刀具百分比"，其他参数设置如图 8-97 所示。

09 【退刀】选项卡：【退刀】组框中【退刀类型】为"与进刀相同"，其他参数设置，如图 8-98 所示。

图 8-95 【策略】选项卡

图 8-96 【余量】选项卡

图 8-97 【进刀】选项卡

图 8-98 【退刀】选项卡

10 【起点/钻点】选项卡:【默认区域起点】为"中点",选择如图 8-99 所示的直线中点作为刀具路径起点。

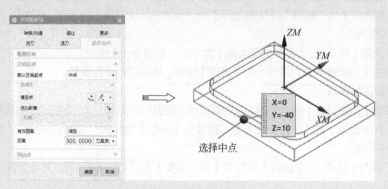

图 8-99 选择切削起点

11 【转移/快速】选项卡：【区域内】的【转移类型】为"前一平面"、【安全距离】为 3mm，如图 8-100 所示。

12 单击【非切削移动】对话框中的【确定】按钮，完成非切削参数设置。

（6）设置进给参数

13 单击【刀轨设置】组框中的【进给率和速度】按钮 ，弹出【进给率和速度】对话框。设置【主轴速度（rpm）】为"600"、【切削】为"300""mmpm"，其他接受默认设置，如图 8-101 所示。

图 8-100 【转移/快速】选项卡 　　　　　图 8-101 【进给率和速度】对话框

（7）生成刀具路径并验证

14 单击【平面铣】对话框底部【操作】组框中的【生成】按钮 ，可在该对话框下生成刀具路径，如图 8-102 所示。

15 单击【操作】组框中的【确认】按钮 ，弹出【刀轨可视化】对话框，然后选择【2D 动态】选项卡，单击【播放】按钮 ，可进行 2D 动态刀具切削过程模拟，如图 8-103 所示。

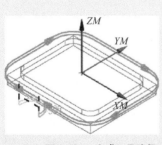

图 8-102 生成刀具路径 　　　　　　图 8-103 实体切削验证

（8）刀具路径后处理

16 在工序导航器中选择工序"PLANAR_MILL_ROUGH"，然后单击【工序】组中的【后处理】按钮 ，弹出【后处理】对话框，如图 8-104 所示。

17 选择好合适的机床定义文件类型后，单击【确定】按钮，完成 NC 代码的生成输出，如图 8-105 所示。

图 8-104 【后处理】对话框

图 8-105 生成的 NC 代码

8.6 创建平面轮廓铣加工工序（精加工）

平面轮廓铣子类型是专门用于侧面的轮廓精加工的一种平面铣子工序，如图 8-106 所示。用户也可在创建工序时选择平面铣方式，而在【切削模式】中选择"轮廓"方式，二者产生的刀轨类似。

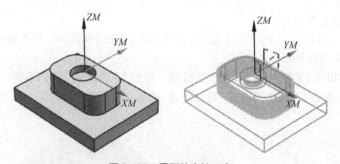

图 8-106 平面轮廓铣工序

操作实例——平面轮廓铣精加工工序

（1）启动平面轮廓铣工序

01 单击上边框条中插入的【工序导航器】组中的【几何视图】按钮 ，将工序导航器切换到几何视图显示。单击【主页】选项卡中【插入】组中的【创建工序】按钮 ，弹出【创建工序】对话框。在【类型】下拉列表中选择"mill_planar"，【工序子类型】选择第 1 行第 6 个图标 （PLANAR_PROFILE），设置【程序】为"NC_PROGRAM"、【刀具】为"D16（铣刀-5 参数）"、【几何体】为"MILL_BND"、【方法】为"MILL_FINISH"、【名称】为"PLANAR_PROFILE_FINISH"，如图 8-107 所示。

02 单击【确定】按钮，弹出【平面轮廓铣】对话框，如图 8-108 所示。

图 8-107 【创建工序】对话框

图 8-108 【平面轮廓铣】对话框

（2）设置切削用量

03 在【刀轨设置】组框中，设置【切削进给】为"500""mmpm"，在【切削深度】下拉列表中选择"用户定义"，在【公共】文本框中输入"3"，在【最小值】文本框中输入"2"，如图 8-109 所示。

图 8-109 设置切削用量

（3）设置切削参数

04 单击【刀轨设置】组框中的【切削参数】按钮，弹出【切削参数】对话框。【策略】选项卡：【切削方向】为"顺铣"，【切削顺序】为"深度优先"，其他参数设置如图 8-110 所示。

05【更多】选项卡：取消【允许底切】复选框，其他参数设置如图 8-111 所示。

图 8-110 【策略】选项卡

图 8-111 【更多】选项卡

06 单击【切削参数】对话框中的【确定】按钮，完成切削参数设置。

（4）设置非切削参数

07 单击【刀轨设置】组框中的【非切削移动】按钮，弹出【非切削移动】对话框。【进刀】选项卡：【开放区域】的【进刀类型】为"圆弧"、【半径】为 50%，其他参数设置如图 8-112 所示。

08【退刀】选项卡：【退刀】组框中【退刀类型】为"与进刀相同"，其他参数设置如图 8-113 所示。

图 8-112 【进刀】选项卡

图 8-113 【退刀】选项卡

09【起点/钻点】选项卡：【默认区域起点】为"中点"，选择如图 8-114 所示的直线中点作为刀具路径起点。

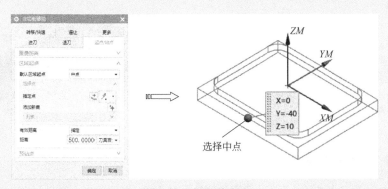

图 8-114　选择切削起点

10【转移/快速】选项卡:【区域内】的【转移类型】为"前一平面"、【安全距离】为 3mm,如图 8-115 所示。

11 单击【非切削移动】对话框中的【确定】按钮,完成非切削参数设置。

（5）设置进给参数

12 单击【刀轨设置】组框中的【进给率和速度】按钮 ,弹出【进给率和速度】对话框。设置【主轴速度（rpm）】为"800"、【切削】为"500""mmpm",其他接受默认设置,如图 8-116 所示。

图 8-115　【转移/快速】选项卡

图 8-116　【进给率和速度】对话框

（6）生成刀具路径并验证

13 单击【平面轮廓铣】对话框底部【操作】组框中的【生成】按钮 ,可在该对话框下生成刀具路径,如图 8-117 所示。

14 单击【操作】组框中的【确认】按钮 ,弹出【刀轨可视化】对话框,然后选择【2D 动态】选项卡,单击【播放】按钮 ,可进行 2D 动态刀具切削过程模拟,如图 8-118 所示。

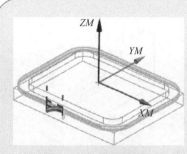

图 8-117　生成刀具路径

图 8-118　实体切削验证

15 单击【确定】按钮，返回【平面轮廓铣】对话框，然后单击【确定】按钮，完成加工操作。

（7）刀具路径后处理

16 在工序导航器中选择工序"PLANAR_PROFILE_FINISH"，然后单击【工序】组中的【后处理】按钮📑，弹出【后处理】对话框，如图 8-119 所示。

17 选择好合适的机床定义文件类型后，单击【确定】按钮，完成 NC 代码的生成输出，如图 8-120 所示。

图 8-119　【后处理】对话框

图 8-120　生成的 NC 代码

8.7　本章小结

本章以凸台零件为例讲解了 NX2.5 轴平面铣加工的操作方法和步骤，包括平面铣边界几何、平面铣切削模式、平面铣切削参数、平面铣非切削参数、面铣加工等，使读者通过该例来掌握平面铣加工的具体应用。同时希望读者能进行更多的练习，完全掌握及熟练应用平面铣加工方法。

09

第9章

Chapter nine

NX 3 轴数控加工技术

本章内容

▶ 3 轴铣加工技术简介
▶ 加工父级组
▶ 型腔铣加工
▶ 深度轮廓铣加工
▶ 固定轴曲面轮廓铣加工

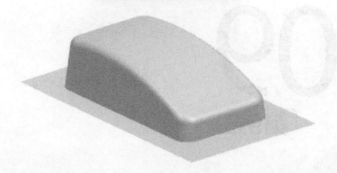

数控零件 3 轴加工是指机床的 X、Y、Z 3 轴一起联动，多用于曲面的加工。按照数控加工工艺原则，3 轴数控加工一般分成粗加工、半精加工和精加工。NX 通过型腔铣实现粗加工，通过深度轮廓铣实现半精加工，通过固定轴曲面轮廓铣完成曲面精加工。本章通过上盖凸模零件实例讲解 NX 3 轴铣加工的操作方法和步骤，希望通过本章的学习，读者可以轻松掌握 NX 3 轴铣加工的应用方法。

9.1　3 轴数控铣加工技术简介

数控零件 3 轴加工是指机床的 X、Y、Z 3 轴一起联动，多用于曲面的加工。按照数控加工工艺原则，3 轴数控加工一般分成粗加工、半精加工和精加工。NX 通过型腔铣实现粗加工，通过深度轮廓铣实现半精加工，通过固定轴曲面轮廓铣完成曲面精加工。

9.1.1　型腔铣粗加工

型腔铣加工能够以固定刀轴快速建立 3 轴粗加工刀位轨迹，以分层切削的方式加工出零件的大概形状，在每个切削层上都沿着零件的轮廓建立轨迹。型腔铣加工主要用于粗加工，特别适于建立模具的凸模和凹模粗加工刀位轨迹。

9.1.1.1　型腔铣刀路特点

型腔铣的加工特征是在刀具路径的同一高度内完成一层切削，当遇到曲面时将会绕过，再下降一个高度进行下一层的切削，系统按照零件在不同深度的截面形状计算各层的刀路轨迹，如图 9-1 所示。可以理解成在一个由轮廓组成的封闭容器内，由曲面和实体组成容器中的堆积物，在容器中注入液体，在每一个高度上，液体存在的位置均为切削范围。

型腔铣的操作与平面铣一样是在与 XY 平面平行的切削层上创建刀位轨迹，其操作有以下特点：

① 刀轨为层状，切削层垂直于刀具轴，一层一层地切削，即在加工过程中机床两轴联动。

② 采用边界、面、曲线或实体定义刀具切削运动区域（即定义部件几何体和毛坯几何体），但是实际应用中大多数采用实体。

③ 切削效率高，但会在零件表面上留下层状余料，因此型腔铣主要用于粗加工，但是某些型腔铣操作也可以用精加工，此时需要用户设置好切削层位置和参数。

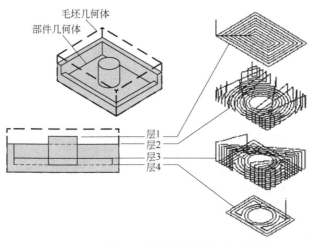

图 9-1　型腔铣的切削层

④ 可以适用于带有倾斜侧壁、陡峭曲面及底面为曲面的工件的粗加工与精加工，典型零件如模具的动模、顶模及各类型框等。

⑤ 刀位轨迹创建容易，只要指定零件几何体与毛坯几何体，即可生成刀轨。

9.1.1.2　型腔铣应用场合

型腔铣用于加工非直壁的、有岛的顶面，以及槽腔的底面为平面或曲面的零件，如图 9-2 所示。在许多情况下（特别是粗加工），型腔铣可以代替平面铣。型腔铣在数控加工应用中最为广泛，可用于大部分粗加工以及直壁或者斜度不大的侧壁的精加工；通过限定高度值，只做一层，型腔铣也可用于平面的精加工以及清角加工等。

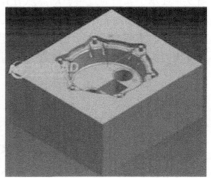

图 9-2　型腔铣零件

9.1.2　深度轮廓铣加工

深度轮廓铣也称为等高轮廓铣，是一个固定轴铣削模块，常用于固定轴半精加工和精加工。深度轮廓铣移除垂直于固定刀轴的平面层中的材料，在陡峭壁上保持近似恒定的残余高度和切屑负荷，如图 9-3 所示。

深度轮廓铣加工采用多个切削层铣削实体或曲面的轮廓，对于一些形状复杂的零件，其中需要加工的表面既有平缓的曲面，又有陡峭的曲面，或者是接近垂直的斜面和曲面，如某些模具的型腔和型芯。在加工有这类特点的零件时，对于平缓的曲面和陡峭的曲面就需要采用不同的加工方式，而深度轮廓铣加工就特别适合陡峭曲面的加工。

使用深度轮廓铣切削方法可以生成与型腔铣类似的刀轨。由于深度轮廓铣是为半精加工和精加工而设计的，因此使用深度轮廓加工代替型腔铣会有一些优点：

① 深度轮廓铣不需要毛坯几何体，只做轮廓铣削。

② 深度轮廓铣具有陡峭空间范围，这样就能做到只在陡峭面上实现切削。

③ 当首先进行深度切削时，深度轮廓铣按形状进行排序，而型腔铣按区域进行排序。这就意味着岛部件形状上的所有层都将在移至下一个岛之前进行切削。

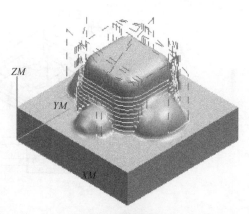

图9-3 深度轮廓铣加工

④ 在封闭形状上，深度轮廓铣可以通过直接斜削到部件上在层之间移动，从而创建螺旋线形刀轨。

⑤ 在开放形状上，深度轮廓铣可以交替方向进行切削，从而沿着壁向下创建往复运动。

9.1.3 固定轴曲面轮廓铣加工

固定轴曲面轮廓铣可加工轮廓形表面，刀具可以跟随零件表面的形状进行加工，刀具移动轨迹为沿刀轴平面内的曲线，刀轴方向固定。固定轴曲面轮廓铣一般用于零件的半精加工或精加工，也可用于复杂形状表面的粗加工。

要建立固定轴曲面轮廓铣，需先指定驱动几何和零件几何。系统将驱动几何上的驱动点沿刀轴方向投影到零件的几何表面上，然后沿指定的投影矢量将其投影到部件表面上。

图9-4 显示了如何通过将驱动点从有界平面投影到部件曲面来创建操作，首先在边界内创建驱动点阵列，然后沿指定的投影矢量将其投影到部件曲面上。

刀具将定位到部件表面上的接触点，当刀具在部件上从一个接触点移动到另一个接触点时，可使用刀尖的"输出刀具位置点"来创建刀轨，如图9-5 所示。

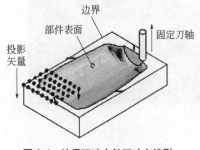

图9-4 边界驱动中的驱动点投影

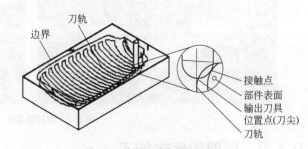

图9-5 边界驱动方法的刀轨

固定轴曲面轮廓铣常用的术语，如图9-6 所示。

- 零件几何体（part geometry）：用于加工的几何体。
- 检查几何体（check geometry）：用于停止刀具运动的几何体。
- 驱动几何体（drive geometry）：用于产生驱动点的几何体。
- 驱动点（drive point）：从驱动几何体上产生的、将投射到零件几何体上的点。
- 驱动方法（drive method）：驱动点产生的方法。
- 投射矢量（project vector）：指引驱动点投射的方向，决定刀具接触零件的位置。

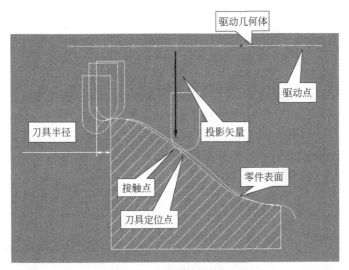

图 9-6　固定轴曲面轮廓铣基本术语

9.1.4　3 轴铣削数控加工基本流程

以图 9-7 所示零件为例来说明 NX 3 轴铣削数控加工的基本流程。

9.1.4.1　零件结构工艺性分析

由图 9-7 可知该零件尺寸为 170mm×100mm×35.6mm，由分型面、侧壁面、顶面曲面组成，侧壁面和顶面两个片体之间用圆角连接。毛坯尺寸为 170mm×100mm×65 mm，四周已经完成加工，材料为高硬模具钢，加工表面粗糙度 Ra 为 0.8μm，工件底部安装在工作台上。

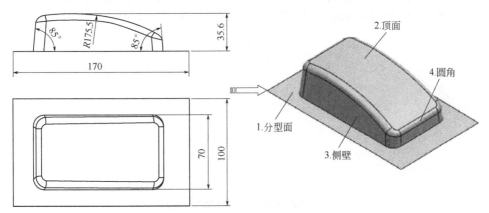

图 9-7　上盖凸模零件

9.1.4.2　拟订工艺路线

按照加工要求，以工件底面固定安装在机床上，加工坐标系原点为上表面毛坯中心，采用 3 轴铣加工技术。根据数控加工工艺原则，采用工艺路线为粗加工→半精加工→精加工，并将加工工艺用 NX CAM 完成，具体内容如下：

（1）粗加工

采用较大直径的刀具进行粗加工以便于去除大量多余留量，粗加工采用型腔铣环切的方法，刀具为 ϕ16mm、R2mm 的圆角刀。

（2）半精加工

利用半精加工来获得较为均匀的加工余量，半精加工采用深度轮廓铣加工方式，同时为了获得更好的表面质量，增加了在层间切削选项，刀具为ϕ10mm、R2mm的圆角刀。

（3）精加工

数控精加工中要进行加区域规划，即将加工对象分成不同的加工区域，分别采用不同的加工工艺和加工方式进行加工。分型面精加工采用平面铣加工，刀具为ϕ8mm、R1mm的圆角刀；顶面和圆角面采用固定轴曲面轮廓铣，刀具为ϕ6mm的球刀，采用区域铣削驱动方法；侧壁面采用深度轮廓铣加工，刀具为ϕ8mm、R1mm的圆角刀。

粗、精加工工序中所有的加工刀具和切削参数如表9-1所示。

表9-1　刀具及切削参数表

工步号	工步内容	刀具类型	切削用量		
			主轴转速/(r/min)	进给速度/(mm/min)	背吃刀量/mm
1	型腔铣粗加工	ϕ16mm、R2mm圆角刀	1500	1000	0.5
2	深度轮廓铣半精加工	ϕ10mm、R2mm圆角刀	2000	1000	0.5
3	顶面和圆角面精加工	ϕ6mm球刀	2000	800	0.5
4	分型面平面铣精加工	ϕ8mm、R1mm圆角刀	1500	1000	0.5
5	侧壁面深度轮廓铣精加工	ϕ8mm、R1mm圆角刀	1500	1000	0.5

9.1.4.3　数控加工基本流程

（1）启动数控加工环境

要进行数控加工，首先要启动NX数控加工环境，进入NX制造模块进行编程作业的软件环境，本例中选择"mill_contour"铣数控加工环境，如图9-8所示。

图9-8　启动NX CAM加工环境

（2）创建加工父级组

在NX数控加工中加工是通过创建工序来完成的，在创建工序之前要为工序指定其所对应的父级组（程序组、刀具组、几何组和方法组），首先定位加工坐标系原点和安全平面，然后指定部件几何体和毛坯几何体，接着创建加工刀具组，最后创建加工方法，如图9-9所示。

（3）创建型腔铣粗加工工序

采用较大直径的刀具进行粗加工以便于去除大量多余留量，粗加工采用型腔铣环切的方法，刀具为ϕ12mm、R2mm的圆角刀，如图9-10所示。

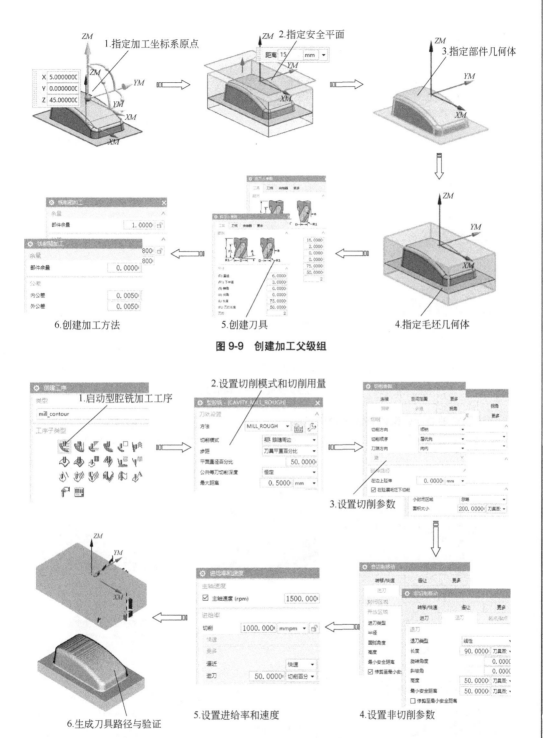

图 9-9　创建加工父级组

图 9-10　创建型腔铣粗加工工序

（4）创建深度轮廓铣半精加工工序

利用半精加工来获得较为均匀的加工余量，半精加工采用深度轮廓铣加工方式，同时为了获得更好的表面质量，增加了在层间切削选项，刀具为ϕ10mm、R2mm 的圆角刀，如图 9-11 所示。

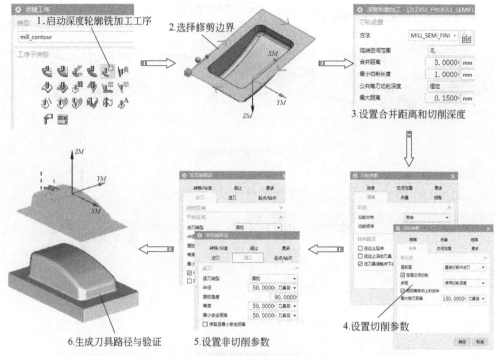

图 9-11　创建深度轮廓铣半精加工工序

（5）创建固定轴曲面轮廓铣精加工顶面工序

精加工采用分区加工，对于顶面采用区域驱动的固定轴曲面轮廓铣加工，如图 9-12 所示。

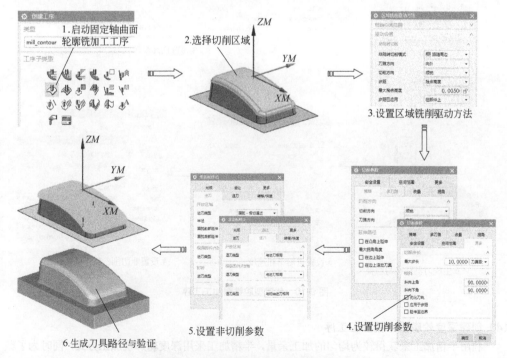

图 9-12　创建固定轴曲面轮廓铣精加工工序

（6）创建平面铣精加工分型面工序

精加工采用分区加工，对于平坦的分型面采用平面铣进行精加工，如图9-13所示。

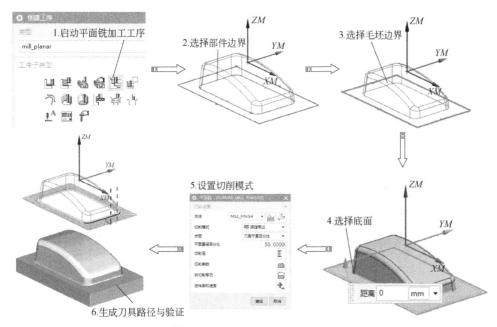

图9-13　创建平面铣精加工分型面工序

（7）创建深度轮廓铣精加工陡峭面工序

精加工采用分区加工，对于陡峭区域采用深度轮廓铣加工，刀具为ϕ6mm、R1mm的圆角刀，如图9-14所示。

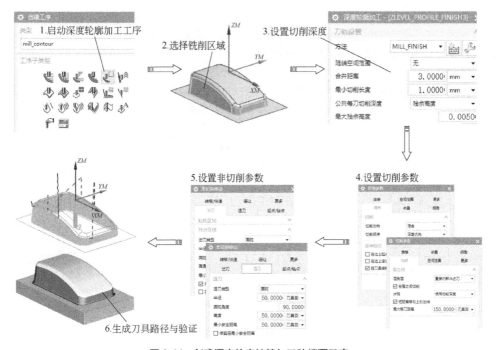

图9-14　创建深度轮廓铣精加工陡峭面工序

9.2 启动数控加工环境

3轴铣数控加工环境一般选择【CAM 会话配置】为"cam_general",选择【要创建的 CAM 配置】为"mill_contour"(操作模板)。

操作实例——启动数控加工环境

 操作步骤

01 启动 NX 后,单击【文件】选项卡的【打开】按钮 ,弹出【打开部件文件】对话框,选择"上盖 CAD.prt"("扫二维码下载素材文件:\第 9 章\3 轴\上盖 CAD.prt"),单击【OK】按钮,文件打开后如图 9-15 所示。

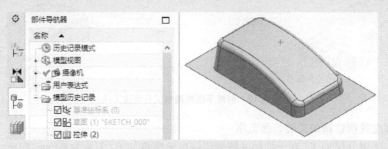

图 9-15 打开模型文件

02 单击【应用模块】选项卡中的【加工】按钮 ,系统弹出【加工环境】对话框,在【CAM 会话配置】中选择"cam_general",在【要创建的 CAM 设置】中选择"mill_contour",单击【确定】按钮,初始化加工环境,如图 9-16 所示。

图 9-16 启动 NX CAM 加工环境

9.3 创建加工父级组

在 NX 数控加工中加工是通过创建工序来完成的，在创建工序之前要为工序指定其所对应的父级组，在父级组中定义的数据都可以被其子节点组继承，这样可以简化加工工序的创建。

9.3.1 创建几何组

3 轴数控加工中需要创建的几何对象包括加工坐标系 MCS、零件几何体、毛坯几何体、检查几何体、修剪几何体等。所建立的几何对象可指定为相关工序的加工对象。

提示

通常在进入"mill_contour"操作模板后，系统会自动创建"MSC_MILL""WORKPIECE"这两个几何体，所以用户不需要创建，直接双击几何体进行定义即可。

9.3.1.1 定位加工坐标系 MCS

数控铣削加工的加工坐标系 MCS 往往定位在毛坯表面中心，本例中通过创建点的方式设置加工坐标系原点。

操作实例——定位加工坐标系原点和安全平面

操作步骤

01 单击上边框条中插入的【工序导航器】组中的【几何视图】按钮，将工序导航器切换到几何视图显示。双击工序导航器窗口中的"MCS_MILL"，弹出【MCS 铣削】对话框，如图 9-17 所示。

图 9-17 【MCS 铣削】对话框

02 定位加工坐标系原点。单击【机床坐标系】组框中的按钮，弹出【CSYS】对话框，鼠标左键按住原点并拖动在图形窗口中捕捉如图 9-18 所示的点，定位加工坐标系原点，单击【确定】按钮返回【MCS 铣削】对话框。

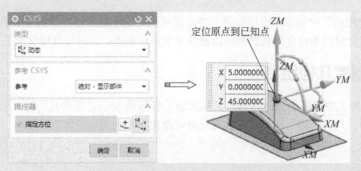

图 9-18　移动确定加工坐标系原点

03 设置安全平面。在【安全设置】组框中的【安全设置选项】下拉列表中选择【平面】选项，然后单击【指定平面】按钮，弹出【平面】对话框，选择毛坯上表面并设置【距离】为 15mm，单击【确定】按钮，完成安全平面设置，如图 9-19 所示。

图 9-19　设置安全平面

9.3.1.2　创建铣削工件几何体

通常在 3 轴数控铣加工中要指定部件几何体、毛坯几何体，如果需要的话可指定检查几何体等。

提示

通常在进入加工模块后，系统会自动创建"MSC_MILL""WORKPIECE"这两个几何体，所以用户不需要创建，直接双击几何体进行定义即可。

操作实例——创建铣削工件几何体

01 在工序导航器中双击"WORKPIECE"，弹出【工件】对话框，如图 9-20 所示。

图 9-20 【工件】对话框

02 创建部件几何体。单击【几何体】组框中【指定部件】选项后的按钮，弹出【部件几何体】对话框，选择所有曲面，如图 9-21 所示。单击【确定】按钮，返回【部件几何体】对话框。

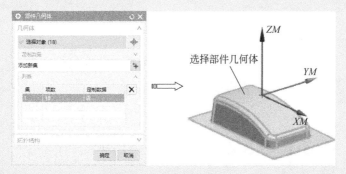

图 9-21 创建部件几何体

03 创建毛坯几何体。单击【几何体】组框中【指定毛坯】选项后的按钮，弹出【毛坯几何体】对话框，选择图层 10 上的实体作为毛坯。单击【确定】按钮，完成毛坯几何体的创建，如图 9-22 所示。

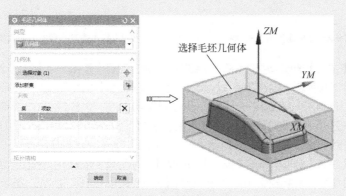

图 9-22 创建毛坯几何体

9.3.2 创建刀具组

3轴加工中常用的刀具为圆角刀、球刀，本例中创建 D16R2、D10R2、D8R1 等 3 把圆角刀和 B6 球刀。

操作实例——创建刀具

 操 作 步 骤

01 单击上边框条中插入的【工序导航器】组中的【机床视图】按钮，将工序导航器切换到机床视图显示。单击【主页】选项卡中的【插入】组中的【创建刀具】按钮，弹出【创建刀具】对话框。在【类型】下拉列表中选择"mill_contour"，【刀具子类型】选择"MILL"图标，在【名称】文本框中输入"D16R2"，如图 9-23 所示。单击【确定】按钮，弹出【铣刀-5 参数】对话框。

02 在【铣刀-5 参数】对话框中设定【直径】为"16"、【下半径】为"2"、【刀具号】为"1"，其他参数接受默认设置，如图 9-24 所示。单击【确定】按钮，完成刀具创建。

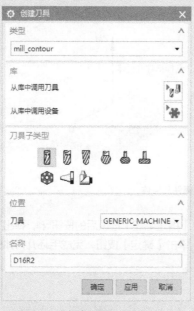

图 9-23 【创建刀具】对话框（一）

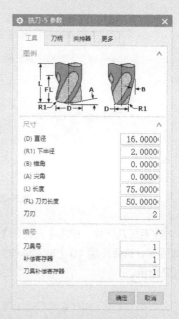

图 9-24 【铣刀-5 参数】对话框（一）

03 单击【主页】选项卡中的【插入】组中的【创建刀具】按钮，弹出【创建刀具】对话框。在【类型】下拉列表中选择"mill_contour"，【刀具子类型】选择"MILL"图标，在【名称】文本框中输入"D10R2"，如图 9-25 所示。单击【确定】按钮，弹出【铣刀-5 参数】对话框。

04 在【铣刀-5 参数】对话框中设定【直径】为"10"、【下半径】为"2"、【刀具号】为"2"，其他参数接受默认设置，如图 9-26 所示。单击【确定】按钮，完成刀具创建。

05 单击【主页】选项卡中的【插入】组中的【创建刀具】按钮，弹出【创建刀具】对话框。在【类型】下拉列表中选择"mill_contour"，【刀具子类型】选择"MILL"图标，在【名称】文本框中输入"D8R1"，如图 9-27 所示。单击【确定】按钮，弹出【铣刀-5 参数】对话框。

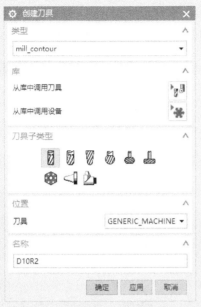

图 9-25 【创建刀具】对话框（二）

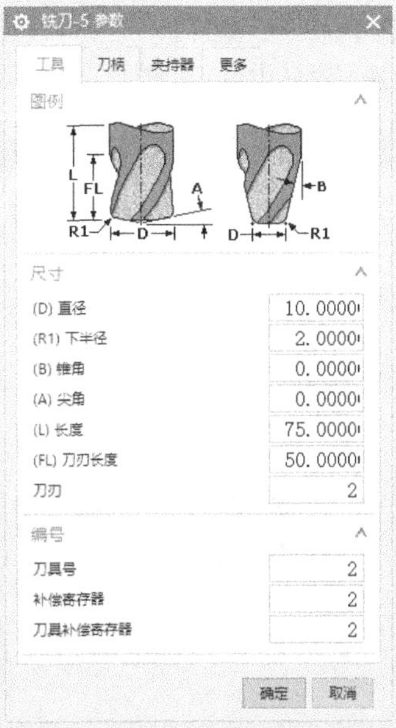

图 9-26 【铣刀-5 参数】对话框（二）

06 在【铣刀-5 参数】对话框中设定【直径】为"8"、【下半径】为"1"、【刀具号】为"3"，其他参数接受默认设置，如图 9-28 所示。单击【确定】按钮，完成刀具创建。

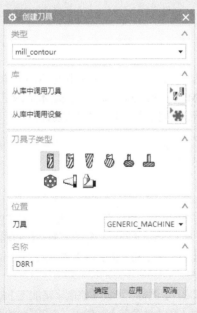

图 9-27 【创建刀具】对话框（三）

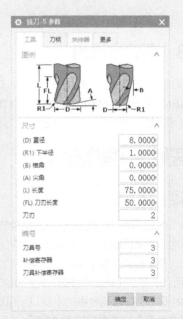

图 9-28 【铣刀-5 参数】对话框（三）

07 单击【主页】选项卡中的【插入】组中的【创建刀具】按钮，弹出【创建刀具】对话框。在【类型】下拉列表中选择"mill_contour"，【刀具子类型】选择"MILL"图标，在【名称】文本框中输入"B6"，如图 9-29 所示。单击【确定】按钮，弹出【铣刀-5 参数】对话框。

08 在【铣刀-5 参数】对话框中设定【直径】为"6"、【下半径】为"3"、【刀具号】为"4"，其他参数接受默认设置，如图 9-30 所示。单击【确定】按钮，完成刀具创建。

图 9-29 【创建刀具】对话框（四）

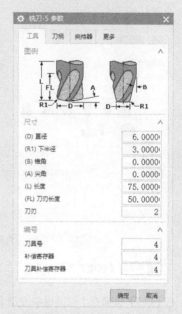

图 9-30 【铣刀-5 参数】对话框（四）

9.3.3 创建方法组

进入加工模块后，系统自带了一系列的加工方法，例如铣削中的 MILL_ROUGH、MILL_SEMI_FINISH、MILL_FINISH 和 DRILL_METHOD，这些加工方法基本上满足铣削加工的需要，所以用户完全可以不创建加工方法，而只需根据需要进行调用和设置。

操作实例——创建方法

 操作步骤

01 单击上边框条中插入的【工序导航器】组中的【加工方法视图】按钮，将工序导航器切换到加工方法视图显示。双击工序导航器中的【MILL_ROUGH】图标，弹出【铣削粗加工】对话框。在【部件余量】文本框中输入"1"，在【内公差】和【外公差】中输入"0.08"，如图 9-31 所示。单击【确定】按钮，完成粗加工方法设定。

02 双击工序导航器中的【MILL_SEMI_FINISH】图标，弹出【铣削半精加工】对话框。在【部件余量】文本框中输入"0.5"，在【内公差】和【外公差】中输入"0.03"，如图 9-32 所示。单击【确定】按钮，完成半精加工方法设定。

03 双击工序导航器中的【MILL_FINISH】图标，弹出【铣削精加工】对话框。在【部件余量】文本框中输入"0"，在【内公差】和【外公差】中输入"0.005"，如图 9-33 所示。单击【确定】按钮，完成精加工方法设定。

图 9-31　设置铣削粗加工方法　　　　　图 9-32　设置铣削半精加工方法

图 9-33　设置铣削精加工方法

9.4　创建型腔铣加工工序（粗加工）

3 轴数控加工的粗加工主要采用型腔铣工序，型腔铣加工能够以分层切削的方式加工出零件的大概形状，在每个切削层上都沿着零件的轮廓建立轨迹，特别适于建立模具的凸模和凹模粗加工刀位轨迹。

9.4.1　型腔铣切削层参数

单击【刀轨设置】组框中的【切削层】按钮▤，弹出【切削层】对话框，如图 9-34 所示。在【切削层】对话框中相关选项参数含义如下。

9.4.1.1　【范围】组框

（1）范围类型

① 自动：将范围设置为与任何水平平面对齐，只要没有添加或修改局部范围，切削层就将保持与工件的关联性。系统将自动检测工件上的新的水平表面，并添加关键层与之匹配，如图 9-35 所示。

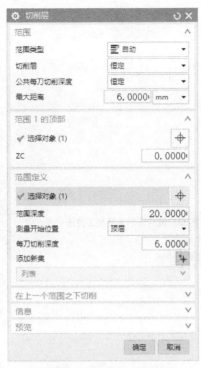

图 9-34 【切削层】对话框

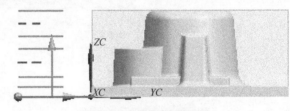

图 9-35 自动生成切削范围

② 用户定义:用户自行定义每个范围,如图 9-36 所示。通过选择面定义的范围将保持与部件的关联性,但部件的临界深度不会自动删除。

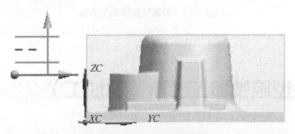

图 9-36 用于定义切削范围

③ 单一:将根据工件和毛坯几何体设置一个切削范围,如图 9-37 所示。

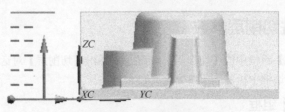

图 9-37 单一切削范围

(2)切削层

【切削层】用于指定再分割某个切削层的方法,包括以下选项。

① 恒定:按【公共每刀切削深度】值保持相同的切削深度,如图 9-38 所示。

图 9-38　恒定

② 仅在范围底部：仅在底部范围内切削，如图 9-39 所示。

图 9-39　仅在范围底部

（3）公共每刀切削深度

在计算刀轨时，系统根据指定的【公共每刀切削深度】的大小，计算出不超过指定值的相等深度的各切削层。当指定每一刀的全局深度值为 0.25mm 时，系统将根据不同的切削深度，计算出不同大小的每刀全局深度值，如图 9-40 所示。

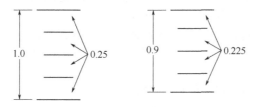

图 9-40　每刀的公共深度示意图

【公共每刀切削深度】下拉列表包括以下 2 种方式。

- 恒定：限制连续切削刀路之间的距离来设定切削深度，在【最大距离】文本框中输入。
- 残余高度：限制刀路之间的材料高度来设定切削深度，在【最大残余高度】文本框中输入。

9.4.1.2　【范围 1 的顶部】组框

【范围 1 的顶部】组框用于指定第一个范围的顶部位置，可通过直接选择零件表面或输入 ZC 坐标值来确定，如图 9-41 所示。

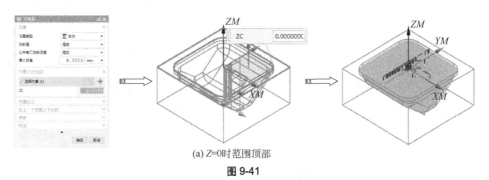

(a) Z=0时范围顶部

图 9-41

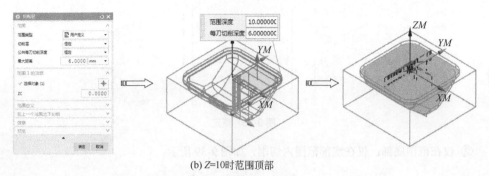

(b) Z=10时范围顶部

图 9-41　范围 1 的顶部

9.4.1.3 【范围定义】组框

【范围定义】组框用于为当前选定的范围指定相关参数，如图 9-42 所示。

【范围定义】组框相关选项含义如下。

（1）选择对象

该选项用于指定范围底部的位置。

（2）范围深度

该选项通过指定与参考平面的距离来指定范围底部。

（3）测量开始位置

该选项用于定义测量范围深度值的方式，即指定测量范围深度值的参考平面，包括以下选项。

- 顶层：从第一刀切削范围顶部测量范围深度。
- 范围顶部：从当前高亮显示的范围的顶部测量范围深度。
- 范围底部：从当前高亮显示的范围的底部测量范围深度，也可使用滑尺来修改范围底部的位置。
- WCS 原点：从 WCS 原点测量范围深度。

（4）每刀切削深度

该选项用于指定当前活动范围的最大切削深度。

【每刀切削深度】与【公共每刀切削深度】类似，但前者的值将影响单个范围中的每一刀的最大深度。通过为每个范围指定不同的每一刀的深度，可以创建如图 9-43 所示的切削层，即

图 9-42　【范围定义】组框

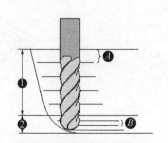

图 9-43　指定不同的切削范围

在某些区域内每个切削层将切削下较多的材料，而在另一些区域内每个切削层只切削下较少的材料。"范围 1"使用了较大的每一刀的局部深度 A 值，从而可以快速地切削材料；"范围 2"使用了较小的每一刀的局部深度 B 值，以便逐渐移除靠近倒圆轮廓处的材料。

（5）添加新集

该选项用于在当前范围之下添加新的切削范围。

（6）列表

该选项用于显示所有切削范围的具体信息，包括"范围深度""每刀切削深度"等。在列表中选中一个切削范围，单击其右侧的【移除】按钮✕，可删除所选定的范围。

9.4.2 型腔铣切削参数

单击【刀轨设置】组框中的【切削参数】按钮，弹出【切削参数】对话框。该对话框中的相关参数与【平面铣】基本相同，下面仅介绍【余量】选项卡。单击【切削参数】对话框中的【余量】选项卡，弹出余量参数设置选项，如图 9-44 所示。

该选项卡用于控制材料加工后的保留量，或者是各种边界的偏移量，其中部分参数的含义如下：

（1）部件侧面余量

部件侧面余量指定壁面剩余的材料量，它是在每个切削层上沿垂直于刀轴的方向（水平）测量的。它可以应用在所有能够进行水平测量的部件表面（平面、非平面、竖直面、倾斜面等）上。

（2）部件底面余量

部件底面余量指定底面剩余的材料量，它是沿刀轴方向竖直测量的，如图 9-45 所示。部件底面余量仅应用于满足以下条件的部件表面：用于定义切削层、表面为平面、表面垂直于刀轴（曲面法矢平行于刀轴）。

图 9-44　【余量】选项卡

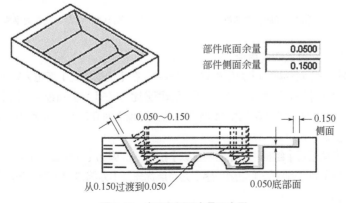

| 部件底面余量 | 0.0500 |
| 部件侧面余量 | 0.1500 |

0.050～0.150

0.150 侧面

从0.150过渡到0.050

0.050底部面

图 9-45　底面和侧面余量示意图

操作实例——型腔铣粗加工工序

操作步骤

（1）启动型腔铣工序

01 单击上边框条中插入的【工序导航器】组中的【几何视图】按钮 🔩，将工序导航器切换到几何视图显示。单击【主页】选项卡中【插入】组中的【创建工序】按钮 💤，弹出【创建工序】对话框。在【类型】下拉列表中选择"mill_contour"，【工序子类型】选择第1行第1个图标 🗘（CAVITY_MILL），【程序】选择"NC_PROGRAM"，【刀具】选择"D12R2（铣刀-5 参数）"，【几何体】选择"WORKPIECE"，【方法】选择"MILL_ROUGH"，在【名称】文本框中输入"CAVITY_MILL_ROUGH"，如图9-46 所示。

02 单击【确定】按钮，弹出【型腔铣】对话框，如图9-47 所示。

图9-46 【创建工序】对话框

图9-47 【型腔铣】对话框

（2）选择切削模式和设置切削用量

03 在【型腔铣】对话框的【刀轨设置】组框中，在【切削模式】下拉列表中选择"跟随周边"方式，在【步距】下拉列表中选择"刀具平直百分比"，在【平面直径百分比】文本框中输入"50"，设置【公共每刀切削深度】为"恒定"、【最大距离】为 0.5mm，如图9-48 所示。

（3）设置切削参数

04 单击【刀轨设置】组框中的【切削参数】按钮 🔄，弹出【切削参数】对话框。【策略】选项卡：【切削方向】为"顺铣"，【切削顺序】为"层优先"，【刀路方向】为"向内"，其他参数设置如图9-49 所示。

05 【余量】选项卡：勾选【使底面余量和侧面余量一致】复选框将侧面和底面余量设置相同，如图9-50 所示。

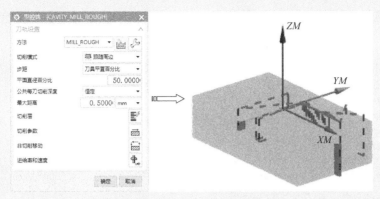

图 9-48 选择切削模式和设置切削用量

图 9-49 【策略】选项卡

图 9-50 【余量】选项卡

 提示

斜面零件余量在底面与侧面余量之间变化，曲面零件余量在零件底面与侧面余量之间变化。勾选【使底面余量和侧面余量一致】复选框，可将二者的数值设置为相等。

06 单击【切削参数】对话框中的【确定】按钮，完成切削参数设置。

（4）设置非切削参数

07 单击【刀轨设置】组框中的【非切削移动】按钮 ，弹出【非切削移动】对话框，进行非切削参数设置。【进刀】选项卡：【封闭区域】的【进刀类型】为"螺旋"、【直径】为 90%，【开放区域】的【进刀类型】为"圆弧"、【半径】为 7mm，其他参数设置如图 9-51 所示。

08 【退刀】选项卡：【退刀】组框中【退刀类型】为"与进刀相同"，其他参数设置如图 9-52 所示。

图 9-51 【进刀】选项卡　　　　　图 9-52 【退刀】选项卡

09 【起点/钻点】选项卡:【重叠距离】为 1mm,其他参数设置如图 9-53 所示。

10 【转移/快速】选项卡:【区域内】的【转移类型】为"前一平面",其他参数设置如图 9-54 所示。

图 9-53 【起点/钻点】选项卡

图 9-54 【转移/快速】选项卡

11 单击【非切削参数】对话框中的【确定】按钮,完成非切削参数设置。

图 9-55 【进给率和速度】对话框

（5）设置进给参数

12 单击【刀轨设置】组框中的【进给率和速度】按钮，弹出【进给率和速度】对话框。设置【主轴速度（rpm）】为"1500"、【切削】为"1000""mmpm"，其他接受默认设置，如图 9-55 所示。

（6）生成刀具路径并验证

13 在【型腔铣】对话框中完成参数设置后，单击该对话框底部【操作】组框中的【生成】按钮，可在该对话框下生成刀具路径，如图 9-56 所示。

14 单击【型腔铣】对话框底部【操作】组框中的【确认】按钮，弹出【刀轨可视化】对话框，然后选择【2D 动态】选项卡，单击【播放】按钮，可进行 2D 动态刀具切削过程模拟，如图 9-56 所示。

15 单击【确定】按钮，返回【型腔铣】对话框，然后单击【确定】按钮，完成型腔铣加工操作。

（7）刀具路径后处理

16 在工序导航器中选择工序"CAVITY_MILL_ROUGH"，然后单击【工序】组中的【后处理】按钮，弹出【后处理】对话框，如图 9-57 所示。

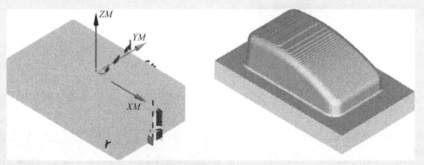

图 9-56 刀具路径和实体切削验证

17 选择好合适的机床定义文件类型后，单击【确定】按钮，完成 NC 代码的生成输出，如图 9-58 所示。

图 9-57 【后处理】对话框

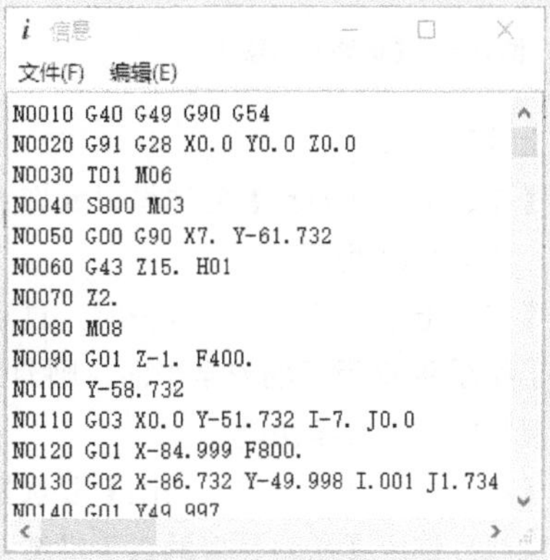

图 9-58 生成的 NC 代码

9.5 创建深度轮廓铣加工工序（半精加工）

深度轮廓铣加工采用多个切削层铣削实体或曲面的轮廓，对于一些形状复杂的零件，其中需要加工的表面既有平缓的曲面，又有陡峭的曲面，或者是接近垂直的斜面和曲面，如某些模具的型腔和型芯。在加工有这类特点的零件时，对于平缓的曲面和陡峭的曲面就需要采用不同的加工方式，而深度轮廓铣加工就特别适合陡峭曲面的加工，同时也常用深度轮廓铣加工作为半精加工方式。

9.5.1 延伸路径参数

单击【切削参数】对话框中的【策略】选项卡，弹出【策略】对话框，如图 9-59 所示。

【策略】选项卡中部分选项参数含义如下。

（1）切削方向-混合

使用混合切削方向在各切削层中交替改变切削方向，可省去刀具在各层间进行多次移刀运动，如图 9-60 所示。

图 9-59 【策略】选项卡

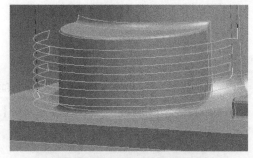

图 9-60 使用混合切削方向的开放区域

（2）在边上滚动刀具

选中【在边上滚动刀具】复选框以允许刀具在边缘滚动，或者清除该复选框以防止刀具在边缘滚动，如图 9-61 所示。

取消【在边上滚动刀具】复选框时，过渡刀具的移动是非切削移动。例如，如果为非切削移动定义了如图 9-62 所示的安全平面，则刀具在往复运动之间会退回到安全平面。

（3）在刀具接触点下继续切削

取消【在刀具接触点下继续切削】复选框，则在刀具与部件表面失去接触的切削层停止加工部件轮廓线；选中【在刀具接触点下继续切削】复选框，则继续在刀具不会接触部件表面的层下面加工部件轮廓线，如图 9-63 所示。

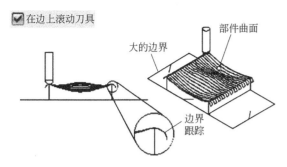

☑ 在边上滚动刀具

部件曲面

大的边界

边界
跟踪

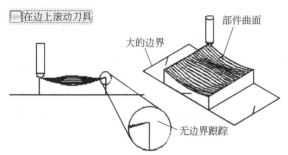

☐ 在边上滚动刀具

部件曲面

大的边界

无边界跟踪

图 9-61　在边缘滚动刀具

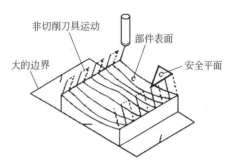

非切削刀具运动

部件表面

大的边界

安全平面

图 9-62　取消【在边上滚动刀具】时的退刀

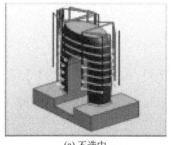

(a) 不选中

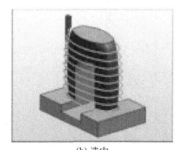

(b) 选中

图 9-63　在刀具接触点下继续切削

图 9-64　【连接】选项卡

9.5.2　加工连接参数

单击【切削参数】对话框中的【连接】选项卡，弹出连接参数设置选项，如图 9-64 所示。

【连接】选项卡中部分选项参数含义如下。

（1）层到层

该选项用于决定当前刀具从一个切削层进入到下一个切削层时如何运动。它是一个专用于深度铣的切削参数，包括以下选项。

① 使用转移方法：使用【非切削移动】对话框中的【安全设置】中指定的方式决定层与层之间的运动方式。如图 9-65 所示刀具在每一层刀路完成之后退刀到安全平面，经横越后进入下一层切削。

② 直接对部件进刀：刀具从一个切削层进入下一个切削层的运动像一个普通的步距运动，消除了不必

要的退刀，提高了加工效率，如图9-66所示。

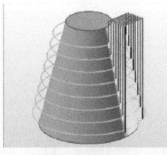

图9-65 使用转移方法

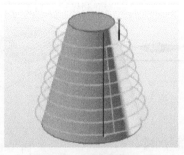

图9-66 直接对部件进刀

③ 沿部件斜进刀：刀具从一个切削层到下一个切削层的运动是一个斜式运动，可在【斜坡角】中输入斜切角度值。该方式具有更恒定的切削深度和残余高度，并且能在部件顶部和底部生成完整刀路，如图9-67所示。

④ 沿部件交叉斜进刀：与"沿部件斜进刀"相似，不同的是在斜削进下一层之前完成每层刀路，如图9-68所示。

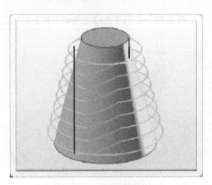

图9-67 沿部件斜进刀

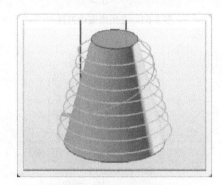

图9-68 沿部件交叉斜进刀

（2）在层之间切削

该选项用于在深度加工中的切削层间存在间隙时创建额外的切削。【在层之间切削】可消除在标准层到层加工操作中留在浅区域中的非常大的残余高度，不必为非陡峭区域创建单独的区域铣削操作，也不必使用非常小的切削深度来控制非陡峭区域中的残余波峰，如图9-69所示。

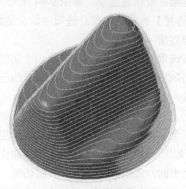

不选中【在层之间切削】

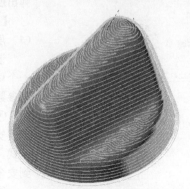

选中【在层之间切削】

图9-69 在层之间切削

（3）短距离移动上的进给

该选项用于指定如何连接同一区域内的不同切削区域。

取消【短距离移动上的进给】复选框，则指定刀具使用当前转移方法退刀，然后移刀至下一位置并进刀。选中【短距离移动上的进给】复选框，如果距离小于最大移刀距离值，则沿部件表面以步距进给率移动刀具;如果距离大于最大移刀距离值，则刀具使用当前转移方法退刀，然后移刀至下一位置并进刀，如图 9-70 所示。

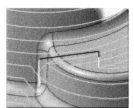 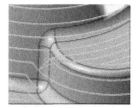

取消【短距离移动上的进给】复选框　　　选中【短距离移动上的进给】复选框

图 9-70　短距离移动时进给

（4）最大移刀距离

该选项用于定义不切削时希望刀具沿部件进给的最长距离。当系统需要连接不同的切削区域时，如果这些区域之间的距离小于此值，则刀具将沿部件进给；如果该距离大于此值，则系统将使用当前传递方法来退刀、移刀并进刀至下一位置，如图 9-71 所示。

 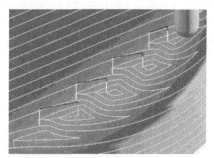

小于【最大移刀距离】的切削　　　　　超出【最大移刀距离】的切削

图 9-71　最大移刀距离

操作实例——深度轮廓铣半精加工工序

（1）启动深度轮廓铣加工工序

01 单击上边框条中插入的【工序导航器】组中的【几何视图】按钮 ，将工序导航器切换到几何视图显示。单击【主页】选项卡中【插入】组中的【创建工序】按钮 ，弹出【创建工序】对话框。在【类型】下拉列表中选择" mill_contour"，【工序子类型】选择第 1 行第 5 个图标 （ZLEVEL_PROFILE），【程序】选择"NC_PROGRAM"，【刀具】选择"D10R2（铣刀-5 参数）"，【几何体】选择"WORKPIECE"，【方法】选择"MILL_SEMI_FINISH"，在【名称】文本框中输入"ZLEVEL_PROFILE_SEMIFINISH"，如图 9-72 所示。

02 单击【确定】按钮，弹出【深度轮廓加工】对话框，如图 9-73 所示。

图 9-72 【创建工序】对话框

图 9-73 【深度轮廓加工】对话框

（2）指定修剪边界

03 单击【几何体】组框中的【指定修剪边界】后的按钮 ⊠，弹出【修剪边界】对话框，在【选择方法】中选择"曲线"，【修剪侧】为"外部"，在图形区选择如图 9-74 所示的曲线作为修剪边界，单击【确定】按钮完成。

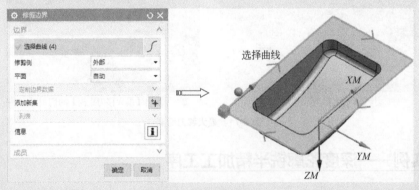

图 9-74 选择修剪边界

（3）设置合并距离和切削深度

04 在【刀轨设置】组框中，在【陡峭空间范围】下拉列表中选择"无"，【合并距离】为 3mm，【最小切削长度】为 1mm，在【公共每刀切削深度】中选择"恒定"，【最大距离】为 0.15mm，如图 9-75 所示。

（4）设置切削参数

05 单击【刀轨设置】组框中的【切削参数】按钮 ⇨，弹出【切削参数】对话框。【策略】选项卡：【切削方向】为"混合"，【切削顺序】为"深度优先"，取消【在边上延伸】和【在边上滚动刀具】复选框，选中【在刀具接触点下继续切削】，如图 9-76 所示。

图 9-75　设置合并距离和切削深度

06【连接】选项卡:【层到层】为"直接对部件进刀",勾选【在层之间切削】复选框和【短距离移动上的进给】复选框,如图 9-77 所示。

图 9-76　【策略】选项卡

图 9-77　【连接】选项卡

07 单击【切削参数】对话框中的【确定】按钮,完成切削参数设置。

(5)设置非切削参数

08 单击【刀轨设置】组框中的【非切削移动】按钮，弹出【非切削移动】对话框。【进刀】选项卡:【开放区域】的【进刀类型】为"圆弧"、【半径】为 50%,其他参数设置如图 9-78 所示。

09【退刀】选项卡:【退刀】组框中【退刀类型】为"与进刀相同",其他参数设置,如图 9-79 所示。

10【起点/钻点】选项卡:【重叠距离】为 1mm,其他参数设置如图 9-80 所示。

11【转移/快速】选项卡:【区域内】的【转移类型】为"前一平面"、【安全距离】为 3mm,如图 9-81 所示。

12 单击【非切削移动】对话框中的【确定】按钮,完成非切削参数设置。

图 9-78 【进刀】选项卡

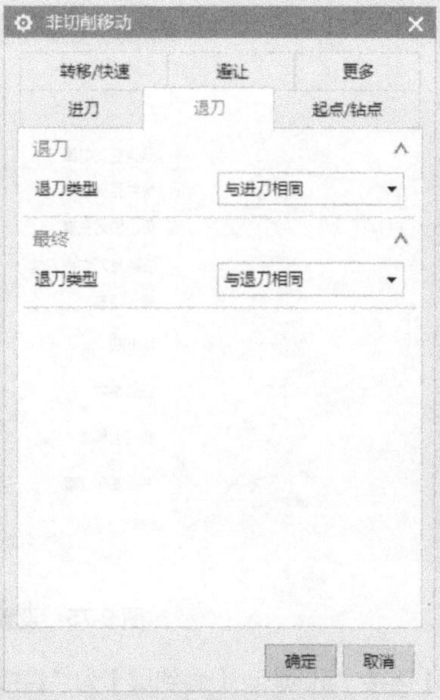

图 9-79 【退刀】选项卡

图 9-80 【起点/钻点】选项卡

图 9-81 【转移/快速】选项卡

（6）设置进给参数

13 单击【刀轨设置】组框中的【进给率和速度】按钮，弹出【进给率和速度】对话框。设置【主轴速度（rpm）】为"2000"、【切削】为"1000""mmpm"，其他接受默认设置，如图 9-82 所示。

（7）生成刀具路径并验证

14 单击【深度轮廓加工】对话框底部【操作】组框中的【生成】按钮，可在该对话框下生成刀具路径，如图 9-83 所示。

图9-82 【进给率和速度】对话框

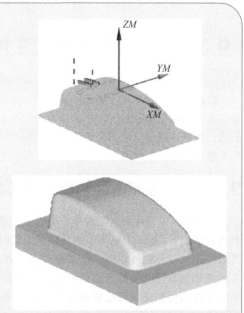

图9-83 刀具路径和实体切削验证

15 单击【操作】组框中的【确认】按钮🔧，弹出【刀轨可视化】对话框，然后选择【2D 动态】选项卡，单击【播放】按钮▶，可进行 2D 动态刀具切削过程模拟，如图 9-83 所示。

（8）刀具路径后处理

16 在工序导航器中选择工序"ZLEVEL_PROFILE_SEMIFINISH"，然后单击【工序】组中的【后处理】按钮🔧，弹出【后处理】对话框，如图 9-84 所示。

17 选择好合适的机床定义文件类型后，单击【确定】按钮，完成 NC 代码的生成输出，如图 9-85 所示。

图9-84 【后处理】对话框

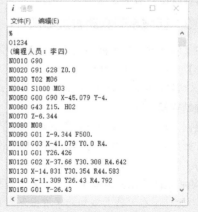

图9-85 生成的 NC 代码

9.6　创建分区精加工工序（精加工）

数控精加工中要进行加工区域规划，即将加工对象分成不同的加工区域，分别采用不同的加工工艺和加工方式进行加工，目的是提高加工效率和质量。如加工表面由水平面和自由曲面组成，显然，对于这两部分可采用不同的加工方式以提高加工效率和质量，即对水平面部分采用平底刀加工，而对曲面部分应采用球刀加工。

9.6.1　固定轴曲面轮廓铣加工曲面

3轴加工中采用固定轴曲面轮廓铣作为零件曲面的半精加工或精加工，也可用于复杂形状表面的粗加工。驱动方法用于定义创建刀轨时的驱动点，一旦定义了驱动点，就用来创建刀轨。若未指定零件几何体，则直接从驱动点创建刀轨；若指定了零件几何体，则把驱动点沿投影方向投影到零件几何体上创建刀轨。系统提供了多种驱动方法，选择何种驱动方法，与要加工的零件表面的形状以及复杂程度有关。本节仅介绍固定轴曲面轮廓铣中最常用的区域铣削驱动方法。

9.6.1.1　区域铣削驱动方法简介

区域铣削驱动方法是固定轴曲面轮廓铣特定的驱动方法。区域铣削驱动方法通过指定切削区域来生成刀具路径，并且在需要的情况下添加"陡峭包含"和"修剪边界"约束，如图9-86所示。

用户可通过选择"曲面区域""片体"或"面"来定义切削区域，切削区域几何体不需要按一定的行序或列序进行选择。如果不指定切削区域，系统将使用完整定义的工件几何体（刀具无法接近的区域除外）作为切削区域。换言之，系统将使用工件轮廓线作为切削区域。

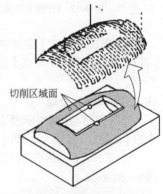

切削区域面

图 9-86　区域铣削驱动方法

9.6.1.2　区域铣削驱动方法参数

在【驱动方法】组框中的【方法】下拉列表中选择【区域铣削】选项，弹出【区域铣削驱动方法】对话框，如图9-87所示。

【区域铣削驱动方法】对话框中部分选项参数含义如下。

（1）陡峭空间范围

根据刀轨的陡峭度限制切削区域，用于控制残余高度和避免将刀具插入到陡峭曲面上的材料中。如果刀轨的某些部分与刀轴的垂直平面所成的角大于指定的陡角，那么这部分的刀轨被定义为"陡峭"，而其余的刀轨部分被视为"非陡峭"，如图9-88所示。

【陡峭空间范围】组框中【方法】下拉列表中可指定陡峭空间的范围方式，包括以下选项。

- 无：不在刀轨上施加陡峭度限制，而是加工整个切削区域。
- 非陡峭：只在部件表面角度小于陡角值的切削区域内加工，陡角值允许的范围是0°～90°，如图9-89所示。
- 定向陡峭：只在部件表面角度大于陡角值的切削区域内加工，陡角值允许的范围是0°～90°，如图9-90所示。

图 9-87 【区域铣削驱动方法】对话框

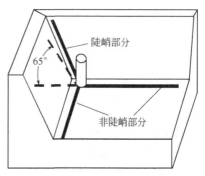

图 9-88 陡峭部分和非陡峭部分

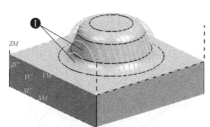

图 9-89 非陡峭

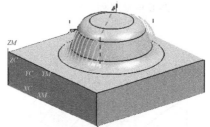

图 9-90 定向陡峭

（2）切削模式

切削模式用于定义刀轨的形状，共计有 16 种，下面仅介绍常用的切削模式。

① 跟随周边 "跟随周边"是可沿着切削区域的轮廓创建一系列同心刀路的切削模式，如图 9-91 所示。与"往复"一样，该切削模式在步距间保持连续的进刀来最大化切削运动。

② 轮廓加工 "轮廓加工"是跟随切削区域边界的切削模式。与"跟随周边"不同，该模式仅用于沿着边界进行切削，如图 9-92 所示。

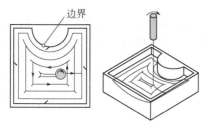

图 9-91 跟随周边（顺铣向外）

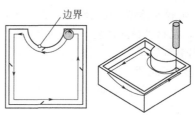

图 9-92 轮廓加工-顺铣

③ 单向 "单向"是一个单方向的切削模式，它通过退刀使刀具从一个切削刀路转换到下一个切削刀路，转向下一个刀路的起点，然后再以同一方向继续切削，如图9-93所示。

④ 往复 "往复"是指在一个方向上生成单向刀路，继续切削时进入下一个刀路，并按相反的方向创建一个回转刀路，如图9-94所示。这种切削模式可以通过允许刀具在步距间保持连续的进刀来最大化切削运动，在相反方向切削的结果是生成一系列的交替顺铣和逆铣。

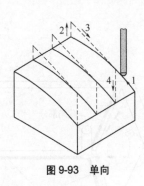

图9-93　单向

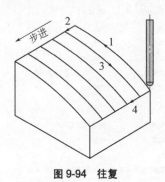

图9-94　往复

⑤ 单向轮廓 "单向轮廓"是一个单方向的单向切削模式，切削过程中刀具沿着步距的边界轮廓移动，如图9-95所示。

⑥ 单向步进 "单向步进"是带有切削步距的单向模式。如图9-96所示为"单向步进"的切削和非切削移动序列，刀路1是一个切削运动，刀路2～4是非切削移动，刀路5是一个步距和切削运动，刀路6重复序列。

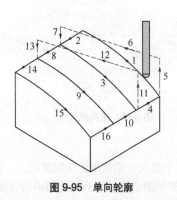

图9-95　单向轮廓

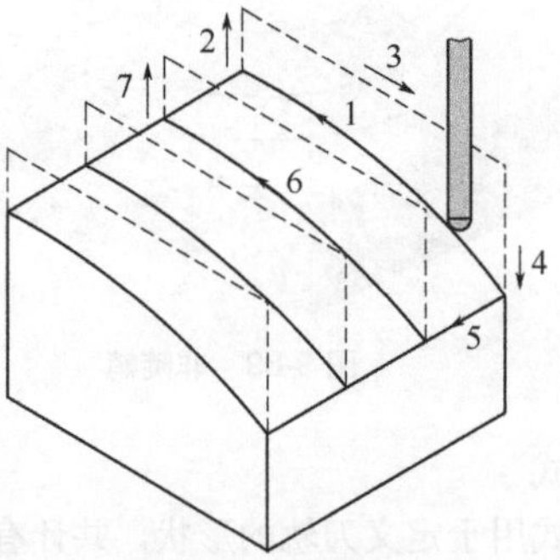

图9-96　单向步进

⑦ 同心模式 同心模式是从用户指定的或系统计算的最优中心点逐渐增大的或逐渐减小的圆形切削模式，包括"同心往复""同心单向""同心单向轮廓""同心单向步进"等，如图9-97所示为"同心往复"。

⑧ 径向模式 径向模式是从用户指定或系统计算出的最佳中点向外延伸的径向线性切削模式，包括"径向往复""径向单向""径向单向轮廓""径向单向步进"，如图9-98所示为"径向单向"。

（3）步距已应用

在【区域铣削驱动方法】对话框中以通过切换"在平面上"和"在部件上"来定义步距的测量方式。

● 在平面上：选择"在平面上"方式，当系统生成用于操作的刀轨时，步距是在垂直于

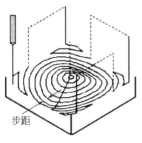

图 9-97 同心往复

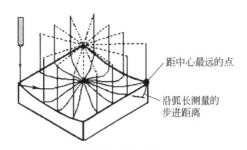

图 9-98 径向单向

刀轴的平面上测量的，如图 9-99 所示。如果将此刀轨应用至具有陡峭壁的工件，那么此工件上实际的步距不相等，因此最适用于非陡峭区域。

- 在部件上：选择"在部件上"方式，当系统生成用于操作的刀轨时，沿着工件测量步距，如图 9-99 所示。因为"在部件上"沿着工件测量步距，所以它适用于具有陡峭壁的工件。该方式可以对工件几何体较陡峭的部分维持更紧密的步距，以实现对残余高度的附加控制。

在平面上　　　　　在部件上

图 9-99 步距已应用

操作实例——固定轴曲面轮廓铣精加工工序（顶面）

（1）启动固定轴曲面轮廓铣加工工序

01 单击上边框条中插入的【工序导航器】组中的【几何视图】按钮 ，将工序导航器切换到几何视图显示。单击【主页】选项卡中【插入】组中的【创建工序】按钮 ，弹出【创建工序】对话框。在【类型】下拉列表中选择"mill_contour"，【工序子类型】选择第 2 行第 1 个图标 （FIXED_CONTOUR），【程序】为"NC_PROGRAM"，【刀具】为"B6（铣刀-5 参数）"，

图 9-100 【创建工序】对话框

图 9-101 【固定轮廓铣】对话框

【几何体】为"WORKPIECE",【方法】为"MILL_FINISH",【名称】为"FIXED_CONTOUR_FINISH1",如图9-100所示。

02 单击【确定】按钮，弹出【固定轮廓铣】对话框，如图9-101所示。

（2）选择切削区域

03 单击【几何体】组框中【指定切削区域】选项后的按钮，弹出【切削区域】对话框，在图形区选择如图9-102所示的曲面作为切削区域，单击【确定】按钮完成。

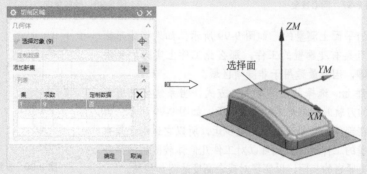

图9-102 选择切削区域

（3）选择驱动方法并设置驱动参数

04 在【驱动方法】组框中的【方法】下拉列表中选取"区域铣削"，系统弹出【区域铣削驱动方法】对话框，如图9-103所示。

05 在【驱动设置】组框中选择【非陡峭切削模式】为"跟随周边"，【步距】为"残余高度"，并在【最大残余高度】中输入"0.005"，如图9-104所示。

图9-103 选择驱动方法

图9-104 【区域铣削驱动方法】对话框

06 单击【区域铣削驱动方法】对话框中的【确定】按钮，完成驱动方法设置，返回【固定轮廓铣】对话框。

（4）设置切削参数

07 单击【刀轨设置】组框中的【切削参数】按钮，弹出【切削参数】对话框。【策略】选项卡：【切削方向】为"顺铣"，【刀路方向】为"向外"，取消【在边上延伸】复选框，取消【在边上滚动刀具】复选框，其他接受默认设置，如图 9-105 所示。

08 【更多】选项卡：设置【最大步长】为 10%，取消【应用于步距】复选框，勾选【优化刀轨】复选框，如图 9-106 所示。

图 9-105 【策略】选项卡

图 9-106 【更多】选项卡

09 单击【切削参数】对话框中的【确定】按钮，完成切削参数设置。

（5）设置非切削参数

10 单击【刀轨设置】组框中的【非切削移动】按钮，弹出【非切削移动】对话框，进行非切削参数设置。【进刀】选项卡：【开放区域】的【进刀类型】为"圆弧-相切逼近"、【半径】为 50%，其他参数设置如图 9-107 所示。

11 【退刀】选项卡：【开放区域】和【根据部件/检查】的【退刀类型】为"与进刀相同"，【最终】的【退刀类型】为"与初始进刀相同"，如图 9-108 所示。

图 9-107 【进刀】选项卡

图 9-108 【退刀】选项卡

12 【转移/快速】选项卡:【安全设置选项】为"使用继承的",其他参数设置如图 9-109 所示。

13 在【区域之间】设置【逼近】、【离开】、【移刀】参数如图9-110所示。

图 9-109 【转移/快速】选项卡   图 9-110 设置【区域之间】参数

14 在【区域内】和【初始和最终】组框中设置各参数如图 9-111 所示。

15 单击【非切削移动】对话框中的【确定】按钮,完成非切削参数设置。

(6)设置进给参数

16 单击【刀轨设置】组框中的【进给率和速度】按钮,弹出【进给率和速度】对话框。设置【主轴速度(rpm)】为"2000"、【切削】为"800""mmpm",其他接受默认设置,如图 9-112 所示。

(7)生成刀具路径并验证

17 单击【固定轮廓铣】对话框底部【操作】组框中的【生成】按钮,可在该对话框下生成刀具路径,如图 9-113 所示。

18 单击【操作】组框中的【确认】按钮,弹出【刀轨可视化】对话框,然后选择【2D 动态】选项卡,单击【播放】按钮,可进行 2D 动态刀具切削过程模拟,如图 9-113 所示。

图 9-111 设置【区域内】和【初始和最终】参数　　　　**图 9-112 【进给率和速度】对话框**

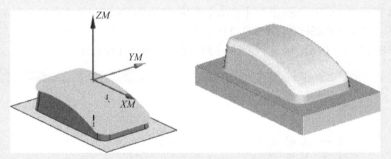

图 9-113 刀具路径和实体切削验证

19 单击【固定轮廓铣】对话框中的【确定】按钮，接受刀具路径，并关闭【固定轮廓铣】对话框。

（8）刀具路径后处理

20 在工序导航器中选择工序"FIXED_CONTOUR_FINISH1"，然后单击【工序】组中的【后处理】按钮 ，弹出【后处理】对话框，如图 9-114 所示。

21 选择好合适的机床定义文件类型后，单击【确定】按钮，完成 NC 代码的生成输出，如图 9-115 所示。

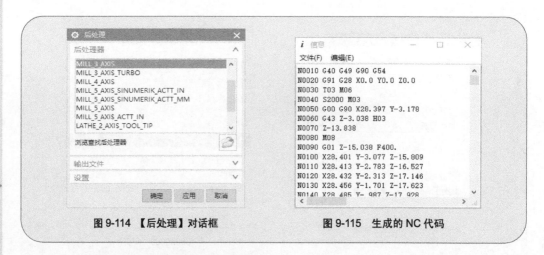

图 9-114 【后处理】对话框　　　　图 9-115　生成的 NC 代码

9.6.2　平面铣加工平面分型面

对于平坦的分型面采用平面铣进行精加工，平面铣加工中关键要设置好铣削加工边界。

操作实例——平面铣精加工工序（分型面）

 操作步骤

（1）创建平面铣精加工工序

01 单击上边框条中插入的【工序导航器】组中的【几何视图】按钮 ，将工序导航器切换到几何视图显示。单击【插入】工具栏中的【创建工序】按钮 ，弹出【创建工序】对话框。在【类型】下拉列表中选择"mill_planar"，【工序子类型】选择第 1 行第 5 个图标 （PLANAR_MILL），【程序】选择"NC_PROGRAM"，【刀具】选择"D8R1（铣刀-5 参数）"，【几何体】选择"WORKPIECE"，【方法】选择"MILL_FINISH"，【名称】文本框中输入"PLANAR_MILL_FINISH2"，如图 9-116 所示。

02 单击【确定】按钮，弹出【平面铣】对话框，如图 9-117 所示。

图 9-116　【创建工序】对话框

图 9-117　【平面铣】对话框

（2）创建边界几何体

　　03 在【几何体】组框中，单击【指定毛坯边界】后的按钮，弹出【边界几何体】对话框，【模式】为"面"，【材料侧】为"外部"，选择如图 9-118 所示的平面，单击【确定】按钮。

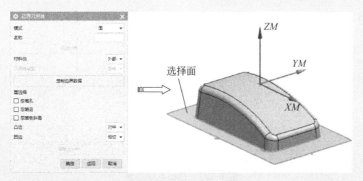

图 9-118　创建边界几何体

　　04 系统弹出【编辑边界】对话框，单击 ▶ 按钮，调整两条封闭边界的材料侧，如图 9-119 所示。

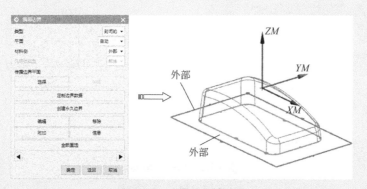

图 9-119　调整边界材料侧

　　05 单击【编辑边界】对话框中的【编辑】按钮，弹出【编辑成员】对话框，依次设置外侧 4 条边的【刀具位置】为"对中"，如图 9-120 所示，单击【确定】按钮完成。

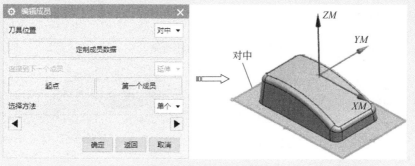

图 9-120　调整刀具位置

06 在【几何体】组框中，单击【指定毛坯边界】后的按钮📦，弹出【创建边界】对话框，【类型】为"曲线"，【材料侧】为"内部"，【刀具位置】为"对中"，选择如图 9-121 所示的曲线作为毛坯边界，单击【确定】按钮完成。

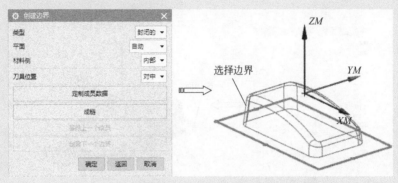

图 9-121　选择毛坯边界

07 修剪边界。在【几何体】组框中，单击【指定修剪边界】后的按钮📦，弹出【创建边界】对话框，【修剪侧】为"内部"，选择如图 9-122 所示的曲线，单击【确定】按钮返回。

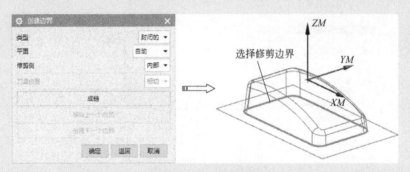

图 9-122　选择修剪边界

08 在【几何体】组框中，单击【指定底面】后的按钮🖫，弹出【平面】对话框，选择如图 9-123 所示的腔槽底面，单击【确定】按钮返回。

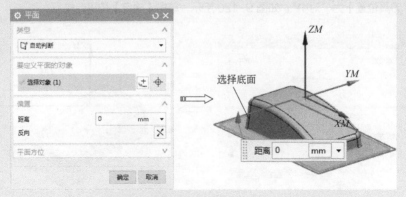

图 9-123　选择底面

（3）选择切削模式和设置切削用量

09 在【平面铣】对话框的【刀轨设置】组框中，在【切削模式】下拉列表中选择"跟随周边"方式，在【步距】下拉列表中选择"刀具平直百分比"，在【平面直径百分比】文本框中输入"50"，如图 9-124 所示。

（4）设置切削参数

10 单击【刀轨设置】组框中的【切削参数】按钮 ，弹出【切削参数】对话框。【策略】选项卡：【切削方向】为"顺铣"，【切削顺序】为"层优先"，其他参数设置如图 9-125 所示。

11 【余量】选项卡：【修剪余量】为"4"，其他参数设置如图 9-126 所示。

12 单击【切削参数】对话框中的【确定】按钮，完成切削参数设置。

图 9-124　切削模式和设置切削用量

图 9-125　【策略】选项卡

图 9-126　【余量】选项卡

 提示

本例中通过设置修剪边界和修剪余量来控制刀轨过切和欠切，具体数值一般选择为刀具半径值，也可根据加工情况进行调整。

（5）设置非切削参数

13 单击【刀轨设置】组框中的【非切削移动】按钮 ，弹出【非切削移动】对话框。【进刀】选项卡：【开放区域】的【进刀类型】为"圆弧"、【半径】为 7mm，其他参数设置如图 9-127 所示。

14 【退刀】选项卡：【退刀】组框中【退刀类型】为"与进刀相同"，其他参数设置如图 9-128 所示。

图 9-127 【进刀】选项卡

图 9-128【退刀】选项卡

15 单击【非切削移动】对话框中的【确定】按钮，完成非切削参数设置。

（6）设置进给参数

16 单击【刀轨设置】组框中的【进给率和速度】按钮，弹出【进给率和速度】对话框。设置【主轴速度（rpm）】为"1500"、【切削】为"1000""mmpm"，其他接受默认设置，如图 9-129 所示。

（7）生成刀具路径并验证

17 单击【平面铣】对话框底部【操作】组框中的【生成】按钮，可在该对话框下生成刀具路径，如图 9-130 所示。

图 9-129 【进给率和速度】对话框

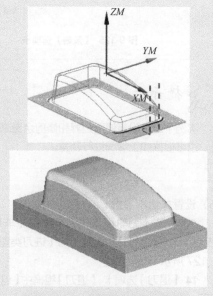

图 9-130 刀具路径和实体切削验证

18 单击【操作】组框中的【确认】按钮 🔊，弹出【刀轨可视化】对话框，然后选择【2D 动态】选项卡，单击【播放】按钮 ▸，可进行 2D 动态刀具切削过程模拟，如图 9-130 所示。

19 单击【确定】按钮，返回【平面铣】对话框，然后单击【确定】按钮，完成加工操作。

（8）刀具路径后处理

20 在工序导航器中选择工序"PLANAR_MILL_FINISH2"，然后单击【工序】组上的【后处理】按钮 🔊，弹出【后处理】对话框，如图 9-131 所示。

21 选择好合适的机床定义文件类型后，单击【确定】按钮，完成 NC 代码的生成输出，如图 9-132 所示。

图 9-131 【后处理】对话框

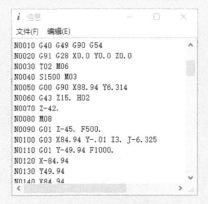

图 9-132 生成的 NC 代码

9.6.3 深度轮廓铣精加工陡峭面

当加工倾斜角度较大的曲面时，采用等高方式（深度轮廓铣）切削，以设定切削深度的方式来有效地控制残余高度。

操作实例——深度轮廓铣精加工工序（侧壁面）

（1）启动深度轮廓铣加工工序

01 单击上边框条中插入的【工序导航器组】中的【几何视图】按钮 🔩，将工序导航器切换到几何视图显示。单击【主页】选项卡中【插入】组中的【创建工序】按钮 🖉，弹出【创建工序】对话框。在【类型】下拉列表中选择" mill_contour"，【工序子类型】选择第 1 行第 5 个图标 🖊（ZLEVEL_PROFILE），【程序】选择"NC_PROGRAM"，【刀具】选择"D8R1（铣刀-5 参数）"，【几何体】选择"WORKPIECE"，【方法】选择"MILL_FINISH"，在【名称】文本框中输入"ZLEVEL_PROFILE_FINISH3"，如图 9-133 所示。

02 单击【确定】按钮，弹出【深度轮廓加工】对话框，如图 9-134 所示。

（2）选择铣削区域

03 在【几何体】组框中单击【指定或编辑切削区域几何体】按钮 🔩，弹出【切削区域】对话框，依次选择如图 9-135 所示的陡峭区域，单击【确定】按钮，返回【深度轮廓加工】对话框。

图 9-133 【创建工序】对话框　　　　图 9-134 【深度轮廓加工】对话框

图 9-135　选择铣削区域

（3）设置合并距离和切削深度

04 在【刀轨设置】组框中，在【陡峭空间范围】下拉列表中选择"无"，【合并距离】为 3mm，【最小切削长度】为 1mm，在【公共每刀切削深度】中选择"残余高度"，【最大残余高度】为"0.005"，如图 9-136 所示。

（4）设置切削参数

05 单击【刀轨设置】组框中的【切削参数】按钮，弹出【切削参数】对话框。【策略】选项卡：【切削方向】为"混合"，【切削顺序】为"深度优先"，取消【在边上延伸】和【在边上滚动刀具】复选框，选中【在刀具接触点下继续切削】，如图 9-137 所示。

06【连接】选项卡：【层到层】为"直接对部件进刀"，勾选【在层之间切削】复选框和【短距离移动上的进给】复选框，如图 9-138 所示。

图 9-136　设置合并距离和切削深度

图 9-137 【策略】选项卡

图 9-138 【连接】选项卡

07 单击【切削参数】对话框中的【确定】按钮，完成切削参数设置。

（5）设置非切削参数

08 单击【刀轨设置】组框中的【非切削移动】按钮，弹出【非切削移动】对话框。【进刀】选项卡:【开放区域】的【进刀类型】为"圆弧"、【半径】为 50%，其他参数设置如图 9-139 所示。

09 【退刀】选项卡:【退刀】组框中【退刀类型】为"与进刀相同"，其他参数设置如图 9-140 所示。

图 9-139 【进刀】选项卡

图 9-140 【退刀】选项卡

10 【起点/钻点】选项卡:【重叠距离】为 1mm，其他参数设置如图 9-141 所示。

11 【转移/快速】选项卡:【区域内】的【转移类型】为"前一平面"、【安全距离】为 3mm，如图 9-142 所示。

12 单击【非切削移动】对话框中的【确定】按钮，完成非切削参数设置。

图 9-141 【起点/钻点】选项卡　　　　图 9-142 【转移/快速】选项卡

（6）设置进给参数

13 单击【刀轨设置】组框中的【进给率和速度】按钮 🐝，弹出【进给率和速度】对话框。设置【主轴速度（rpm）】为"1500"、【切削】为"1000""mmpm"，其他接受默认设置，如图 9-143 所示。

（7）生成刀具路径并验证

14 单击【深度轮廓加工】对话框底部【操作】组框中的【生成】按钮 👉，可在该对话框下生成刀具路径，如图 9-144 所示。

15 单击【操作】组框中的【确认】按钮 ⏏，弹出【刀轨可视化】对话框，然后选择【2D动态】选项卡，单击【播放】按钮 ▶，可进行 2D 动态刀具切削过程模拟，如图 9-144 所示。

图 9-143 【进给率和速度】对话框

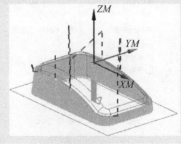

图 9-144 刀具路径和实体切削验证

（8）刀具路径后处理

16 在工序导航器中选择工序"ZLEVEL_PROFILE_FINISH3"，然后单击【工序】组上的
【后处理】按钮，弹出【后处理】对话框，如图9-145所示。

17 选择好合适的机床定义文件类型后，单击【确定】按钮，完成NC代码的生成输出，如
图9-146所示。

图9-145 【后处理】对话框

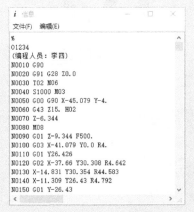

图9-146 生成的NC代码

9.7 本章小结

本章以上盖凸模零件为例讲解了NX 3轴数控加工技术，包括型腔铣、深度轮廓加工、固
定轴曲面轮廓铣等，使读者通过该例掌握3轴铣加工的具体应用。同时希望读者能进行更多的
练习，完全掌握及熟练应用3轴铣加工方法。

10

NX多轴数控加工技术

Chapter ten

本章内容

▶ 多轴铣加工技术简介

▶ 加工父级组

▶ 可变轴曲面轮廓铣加工

▶ 顺序铣加工

▶ 刀轴控制方法

贯穿本章的实例

多轴加工是指一台机床上具有 3 个或 3 个以上的轴,并且各个坐标轴能够在数控系统的控制下同时协调运动进行加工。多轴加工可以在一次装夹的条件下完成多面加工,从而提高零件的加工精度和加工效率,而且刀具或工件的姿态角可以随时调整,所以可以加工更复杂的零件。

本章介绍 NX 可变轴曲面轮廓铣操作,包括可变轴曲面轮廓铣驱动方法以及刀轴控制方法等。

10.1 多轴数控铣加工技术简介

多轴加工是指一台机床上具有 3 个或 3 个以上的轴,并且各个坐标轴能够在数控系统的控制下同时协调运动进行加工。多轴加工可以在一次装夹的条件下完成多面加工,从而提高零件的加工精度和加工效率,而且刀具或工件的姿态角可以随时调整,所以可以加工更加复杂的零件。NX 中多轴加工技术主要包括可变轴曲面轮廓铣加工和顺序铣加工技术。

10.1.1 可变轴曲面轮廓铣加工

可变轴曲面轮廓铣简称为变轴铣,通过精确控制投影矢量、驱动方法和刀轴,使刀轨沿着非常复杂的曲面轮廓移动,一般用于零件精加工。

图 10-1 所示为曲面驱动方法中,首先在选定的驱动曲面上创建驱动点阵列,然后沿指定的投影矢量将其投影到部件表面上,刀具定位到部件表面上的接触点,当刀具从一个接触点移动

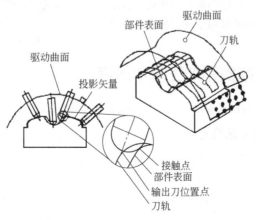

图 10-1 曲面驱动方法的可变轴曲面轮廓铣原理

到另一个接触点时，可使用刀尖的"输出刀位置点"来创建刀轨；投影矢量和刀轴都是可变的，并且都定义为与驱动曲面垂直。

在不定义部件几何体时，在选定的驱动曲面上创建驱动点阵列，刀具将直接定位到已成为接触点的驱动点上，如图 10-2 所示。图中所示刀轴是可变的，并且定义为与驱动曲面垂直。

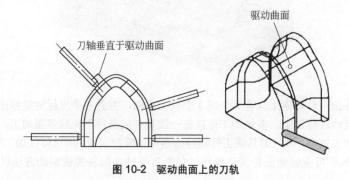

图 10-2　驱动曲面上的刀轨

10.1.2　顺序铣加工

顺序铣加工是一种创建五轴精加工的方法，用于精确加工零件的侧壁。

顺序铣是为连续加工一系列边缘相连的曲面而设计的加工方法。一旦使用平面铣或型腔铣对曲面进行了粗加工，就可以使用顺序铣对曲面进行精加工。在顺序铣加工中，主要通过设置进刀、连续加工、退刀和点到点移刀等一系列刀具运动来产生刀轨，并对机床进行 3 轴、4 轴或 5 轴联动控制，从而使刀具准确地沿曲面轮廓运动，如图 10-3 所示。

在顺序铣中加工操作由子操作组成，每个子操作是单独的刀具运动，它们共同形成了完整的刀轨。第一个子操作使用【进刀运动】对话框来创建从起点或进刀点到最初切削位置的刀具运动。其后的子操作使用【连续刀轨运动】对话框来创建从一个驱动曲面到下一个驱动曲面的切削序列，使用【退刀运动】对话框来创建远离部件的非切削移动，以及使用【点到点运动】对话框来创建退刀和进刀之间的移刀运动。

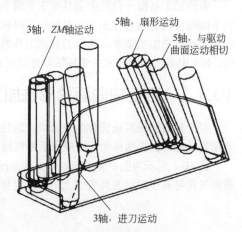

图 10-3　顺序铣加工示例

10.1.3　多轴铣削数控加工基本流程

以图 10-4 所示零件为例来说明 NX 多轴数控加工的基本流程。

10.1.3.1　零件结构工艺性分析

由图 10-4 可知该零件尺寸为 125mm×70mm×30.2mm，由分型面、侧壁面、顶面、凹腔曲面组成，侧壁面和顶面两个片体之间用圆角连接。毛坯尺寸为 125mm×70mm×40mm，四周已经完成加工，材料为高硬模具钢，加工表面粗糙度 Ra 为 0.8μm，工件底部安装在工作台上。

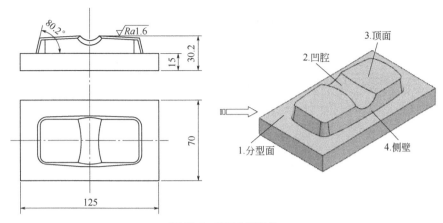

图 10-4　车灯凸模零件

10.1.3.2　拟订工艺路线

按照加工要求，以工件底面固定安装在机床上，加工坐标系原点为上表面毛坯中心，采用多轴铣加工技术。根据数控加工工艺原则，采用工艺路线为"粗加工"→"半精加工"→"精加工"，并将加工工艺用 NX CAM 完成，具体内容如下：

（1）粗加工

采用较大直径的刀具进行粗加工以便于去除大量多余留量，粗加工采用型腔铣环切的方法，刀具为 ϕ10mm、R2mm 的圆角刀。

（2）半精加工

利用半精加工来获得较为均匀的加工余量，半精加工采用深度轮廓铣加工方式，同时为了获得更好的表面质量，增加了在层间切削选项，刀具为 ϕ8mm、R2mm 的圆角刀。

（3）精加工

数控精加工中要进行加工区域规划，即将加工对象分成不同的加工区域，分别采用不同的加工工艺和加工方式进行加工。分型面精加工采用平面铣加工，刀具为 ϕ6mm、R1mm 的圆角刀；顶面、凹腔曲面和侧壁面采用可变轴曲面轮廓铣，刀具分别为 ϕ4mm 的球刀和 ϕ6mm、R1mm 的圆角刀，采用曲面铣削驱动方法。

粗、精加工工序中所有的加工刀具和切削参数如表 10-1 所示。

表 10-1　刀具及切削参数表

工步号	工步内容	刀具类型	切削用量		
			主轴转速/(r/min)	进给速度/(mm/min)	背吃刀量/mm
1	型腔铣粗加工	ϕ10mm、R2mm 圆角刀	1000	700	0.5
2	深度轮廓铣半精加工	ϕ8mm、R2mm 圆角刀	1200	1000	0.15
3	顶面、凹腔曲面可变轴轮廓铣精加工	ϕ4mm 球刀	2500	1000	—
4	侧壁面可变轴轮廓铣精加工	ϕ6mm、R1mm 圆角刀	2500	1000	—
5	分型面平面铣精加工	ϕ6mm、R1mm 圆角刀	2000	1500	—

10.1.3.3　数控加工基本流程

（1）启动数控加工环境

要进行数控加工，首先要启动 NX 数控加工环境，进入 NX 制造模块进行编程作业的软件环境，本例中选择"mill_multi-axis"铣数控加工环境，如图 10-5 所示。

1.打开模型　　2.选择加工环境　　3.打开工序导航器

图 10-5　启动 NX CAM 加工环境

（2）创建加工父级组

在 NX 数控加工中加工是通过创建工序来完成的，在创建工序之前要为工序指定其所对应的父级组（程序组、刀具组、几何组和方法组），首先定位加工坐标系原点和安全平面，然后指定部件几何体和毛坯几何体，接着创建加工刀具组，最后创建加工方法，如图 10-6 所示。

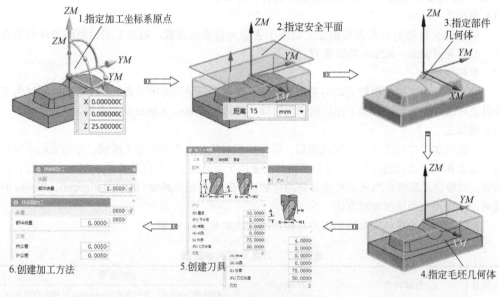

1.指定加工坐标系原点　　2.指定安全平面　　3.指定部件几何体

6.创建加工方法　　5.创建刀具　　4.指定毛坯几何体

图 10-6　创建加工父级组

（3）创建型腔铣粗加工工序

采用较大直径的刀具进行粗加工以便于去除大量多余留量，粗加工采用型腔铣环切的方法，刀具为φ10mm、R2mm 的圆角刀，如图 10-7 所示。

（4）创建深度轮廓铣半精加工工序

利用半精加工来获得较为均匀的加工余量，半精加工采用深度轮廓铣加工方式，同时为了获得更好的表面质量，增加了在层间切削选项，刀具为φ8mm、R2mm 的圆角刀，如图 10-8 所示。

（5）创建可变轴曲面轮廓铣精加工顶面工序

精加工采用分区加工，对于顶面曲面采用曲面驱动的可变轴曲面轮廓铣加工，刀轴为"垂直于驱动体"，如图 10-9 所示。

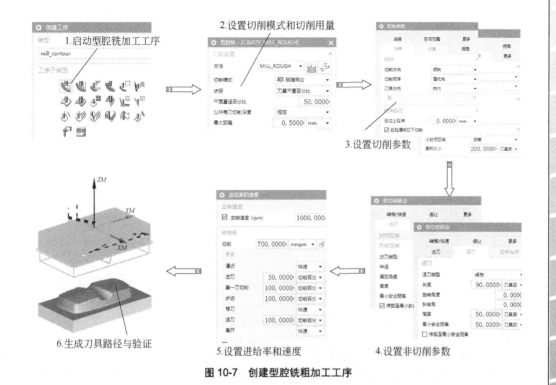

图 10-7　创建型腔铣粗加工工序

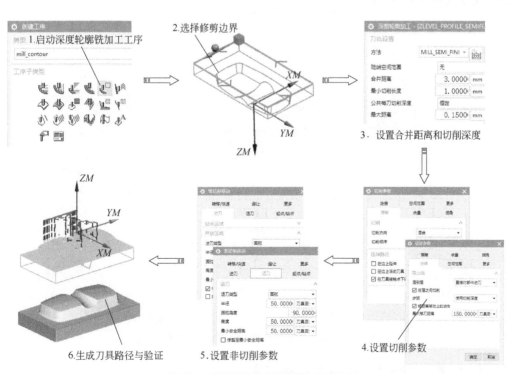

图 10-8　创建深度轮廓铣半精加工工序

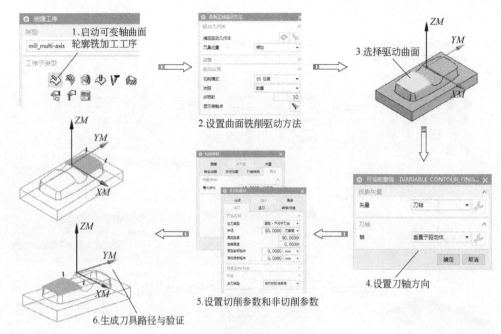

图 10-9　创建可变轴曲面轮廓铣精加工顶面工序

（6）创建可变轴曲面轮廓铣精加工凹腔曲面工序

精加工采用分区加工，对于凹腔曲面采用曲面驱动的可变轴曲面轮廓铣加工，刀轴为"朝向直线"，如图 10-10 所示。

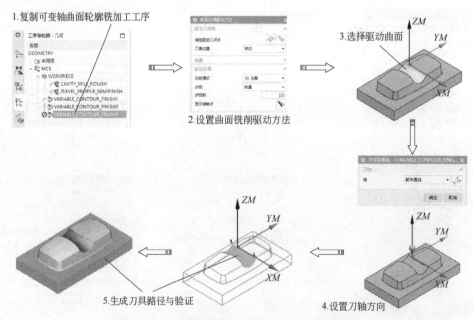

图 10-10　创建可变轴曲面轮廓铣精加工凹腔曲面工序

（7）创建可变轴曲面轮廓铣精加工侧壁曲面工序

精加工采用分区加工，对于侧壁曲面采用曲面驱动的可变轴曲面轮廓铣加工，刀轴为"侧刃驱动体"，如图 10-11 所示。

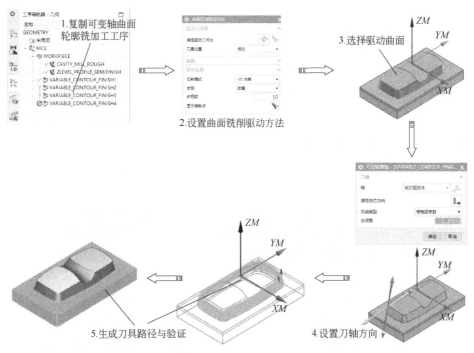

图 10-11　创建可变轴曲面轮廓铣精加工侧壁面工序

1. 复制可变轴曲面轮廓铣加工工序
2. 设置曲面铣削驱动方法
3. 选择驱动曲面
4. 设置刀轴方向
5. 生成刀具路径与验证

（8）创建平面铣精加工分型面工序

精加工采用分区加工，对于平坦的分型面采用平面铣进行精加工，如图 10-12 所示。

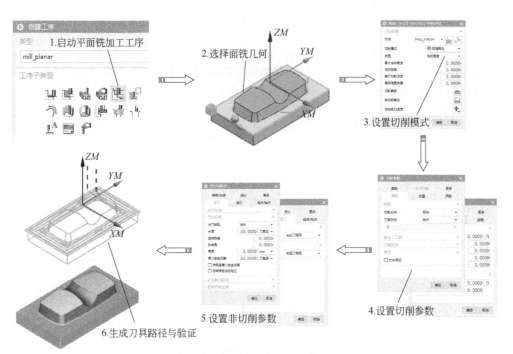

1. 启动平面铣加工工序
2. 选择面铣几何
3. 设置切削模式
4. 设置切削参数
5. 设置非切削参数
6. 生成刀具路径与验证

图 10-12　创建平面铣精加工分型面工序

10.2 启动数控加工环境

多轴铣数控加工环境一般选择【CAM 会话配置】为 "cam_general"，选择【要创建的 CAM 配置】为 "mill_multi-axis"（操作模板）。

操作实例——启动数控加工环境

 操作步骤

01 启动 NX 后，单击【文件】选项卡的【打开】按钮 🗁，弹出【打开部件文件】对话框，选择 "车灯凸模 CAD.prt"（"扫二维码下载素材文件: \第 10 章\车灯凸模 CAD.prt"），单击【OK】按钮，文件打开后如图 10-13 所示。

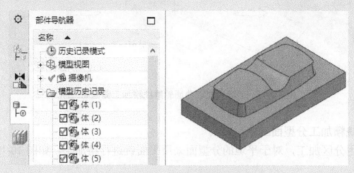

图 10-13　打开模型文件

02 单击【应用模块】选项卡中的【加工】按钮 ⚒，系统弹出【加工环境】对话框，在【CAM 会话配置】中选择 "cam_general"，在【要创建的 CAM 设置】中选择 "mill_multi-axis"，单击【确定】按钮，初始化加工环境，如图 10-14 所示。

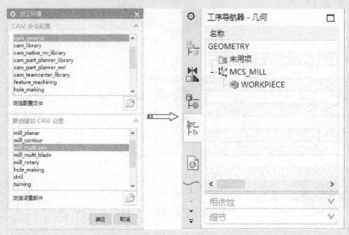

图 10-14　启动 NX CAM 加工环境

10.3 创建加工父级组

在 NX 数控加工中加工是通过创建工序来完成的，在创建工序之前要为工序指定其所对应的父级组，在父级组中定义的数据都可以被其子节点组继承，这样可以简化加工工序的创建。

10.3.1 创建几何组

多轴数控加工中需要创建的几何对象包括加工坐标系 MCS、零件几何体、毛坯几何体、检查几何体、修剪几何体等。所建立的几何对象可指定为相关工序的加工对象。

提示

通常在进入"mill_multi-axis"操作模板后，系统会自动创建"MSC_MILL""WORKPIECE"这两个几何体，所以用户不需要创建，直接双击几何体进行定义即可。

10.3.1.1 定位加工坐标系 MCS

数控铣削加工的加工坐标系 MCS 往往定位在毛坯表面中心，本例中通过创建点的方式设置加工坐标系原点。

操作实例——定位加工坐标系原点和安全平面

01 单击上边框条中插入的【工序导航器组】中的【几何视图】按钮 ，将工序导航器切换到几何视图显示。双击工序导航器窗口中的"MCS_MILL"，弹出【MCS 铣削】对话框，如图 10-15 所示。

图 10-15 【MCS 铣削】对话框

02 定位加工坐标系原点。单击【机床坐标系】组框中的按钮 ，弹出【CSYS】对话框，鼠标左键按住原点并拖动在图形窗口中捕捉如图 10-16 所示的点，定位加工坐标系原点，单击【确定】按钮返回【MCS 铣削】对话框。

图 10-16　移动确定加工坐标系原点

03 设置安全平面。在【安全设置】组框中的【安全设置选项】下拉列表中选择【平面】选项，然后单击【指定平面】按钮 ，弹出【平面】对话框，选择毛坯上表面并设置【距离】为15mm，单击【确定】按钮，完成安全平面设置，如图 10-17 所示。

图 10-17　设置安全平面

10.3.1.2　创建铣削工件几何体

通常在多轴数控铣加工中要指定部件几何体、毛坯几何体，如果需要的话可指定检查几何体等。

> **提示**
>
> 通常在进入加工模块后，系统会自动创建"MSC_MILL""WORKPIECE"这两个几何体，所以用户不需要创建，直接双击几何体进行定义即可。

操作实例——创建铣削工件几何体

操作步骤

01 在工序导航器中双击"WORKPIECE"，弹出【工件】对话框，如图 10-18 所示。

图 10-18 【工件】对话框

02 创建部件几何体。单击【几何体】组框中【指定部件】选项后的按钮，弹出【部件几何体】对话框，选择所有曲面，如图 10-19 所示。单击【确定】按钮，返回【部件几何体】对话框。

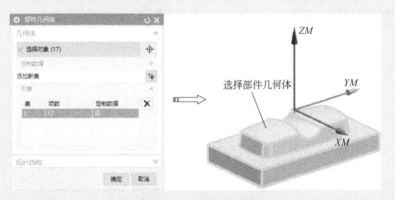

图 10-19 创建部件几何体

03 创建毛坯几何体。单击【几何体】组框中【指定毛坯】选项后的按钮，弹出【毛坯几何体】对话框，选择图层 10 上的实体作为毛坯。单击【确定】按钮，完成毛坯几何体的创建，如图 10-20 所示。

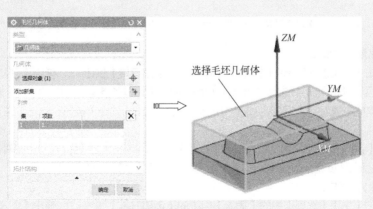

图 10-20 创建毛坯几何体

10.3.2 创建刀具组

多轴加工中常用的刀具为圆角刀、球刀，本例中创建 $D10R2$、$D8R2$、$D6R1$ 等 3 把圆角刀和 $D4R2$ 球刀。

操作实例——创建刀具

 操作步骤

（1）创建圆角刀 D10R2

01 单击上边框条中插入的【工序导航器】组中的【机床视图】按钮，将工序导航器切换到机床视图显示。单击【主页】选项卡中的【插入】组中的【创建刀具】按钮，弹出【创建刀具】对话框。在【类型】下拉列表中选择"mill_multi-axis"，【刀具子类型】选择"MILL"图标，在【名称】文本框中输入"D10R2"，如图 10-21 所示。单击【确定】按钮，弹出【铣刀-5 参数】对话框。

02 在【铣刀-5 参数】对话框中设定【直径】为"10"、【下半径】为"2"、【刀具号】为"1"，其他参数接受默认设置，如图 10-22 所示。单击【确定】按钮，完成刀具创建。

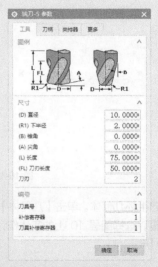

图 10-21 【创建刀具】对话框（一）　　图 10-22 【铣刀-5 参数】对话框（一）

（2）创建圆角刀 D8R2

03 单击【主页】选项卡中的【插入】组中的【创建刀具】按钮，弹出【创建刀具】对话框。在【类型】下拉列表中选择" mill_multi-axis"，【刀具子类型】选择"MILL"图标，在【名称】文本框中输入"D8R2"，如图 10-23 所示。单击【确定】按钮，弹出【铣刀-5 参数】对话框。

04 在【铣刀-5 参数】对话框中设定【直径】为"8"、【下半径】为"2"、【刀具号】为"2"，其他参数接受默认设置，如图 10-24 所示。单击【确定】按钮，完成刀具创建。

（3）创建球刀 D4R2

05 单击【主页】选项卡中的【插入】组中的【创建刀具】按钮，弹出【创建刀具】对话框。在【类型】下拉列表中选择"mill_multi-axis"，【刀具子类型】选择"MILL"图标，在

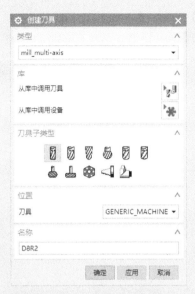

图 10-23 【创建刀具】对话框（二）

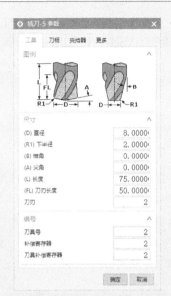

图 10-24 【铣刀-5 参数】对话框（二）

【名称】文本框中输入"D4R2"，如图 10-25 所示。单击【确定】按钮，弹出【铣刀-5 参数】对话框。

06 在【铣刀-5 参数】对话框中设定【直径】为"4"、【下半径】为"2"、【刀具号】为"3"，其他参数接受默认设置，如图 10-26 所示。单击【确定】按钮，完成刀具创建。

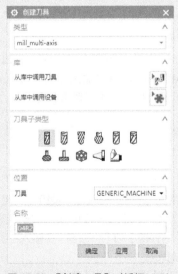

图 10-25 【创建刀具】对话框（三）

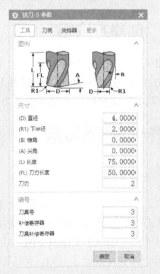

图 10-26 【铣刀-5 参数】对话框（三）

（4）创建圆角刀 D6R1

07 单击【主页】选项卡中的【插入】组中的【创建刀具】按钮，弹出【创建刀具】对话框。在【类型】下拉列表中选择"mill_multi-axis"，【刀具子类型】选择"MILL"图标，在【名称】文本框中输入"D6R1"，如图 10-27 所示。单击【确定】按钮，弹出【铣刀-5 参数】对话框。

08 在【铣刀-5参数】对话框中设定【直径】为"6"、【下半径】为"1"、【刀具号】为"4"，其他参数接受默认设置，如图10-28所示。单击【确定】按钮，完成刀具创建。

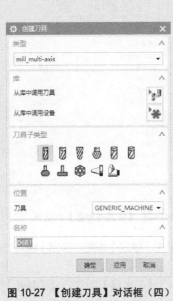

图10-27 【创建刀具】对话框（四）

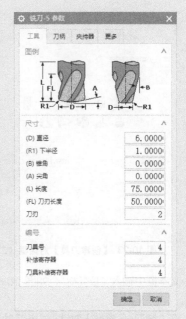

图10-28 【铣刀-5参数】对话框（四）

10.3.3 创建方法组

进入加工模块后，系统自带了一系列的加工方法，例如铣削中的 MILL_ROUGH、MILL_SEMI_FINISH、MILL_FINISH 和 DRILL_METHOD，这些加工方法基本上满足铣削加工的需要，所以用户完全可以不创建加工方法，而只需根据需要进行调用和设置。

操作实例——创建方法

 操作步骤

01 单击上边框条中插入的【工序导航器】组中的【加工方法视图】按钮🔛，将工序导航器切换到加工方法视图显示。双击工序导航器中的【MILL_ROUGH】图标，弹出【铣削粗加工】对话框。在【部件余量】文本框中输入"1"，在【内公差】和【外公差】中输入"0.08"，如图10-29所示。单击【确定】按钮，完成粗加工方法设定。

02 双击工序导航器中的【MILL_SEMI_FINISH】图标，弹出【铣削半精加工】对话框。在【部件余量】文本框中输入"0.5"，在【内公差】和【外公差】中输入"0.03"，如图10-30所示。单击【确定】按钮，完成半精加工方法设定。

03 双击工序导航器中的【MILL_FINISH】图标，弹出【铣削精加工】对话框。在【部件余量】文本框中输入"0"，在【内公差】和【外公差】中输入"0.005"，如图10-31所示。单击【确定】按钮，完成精加工方法设定。

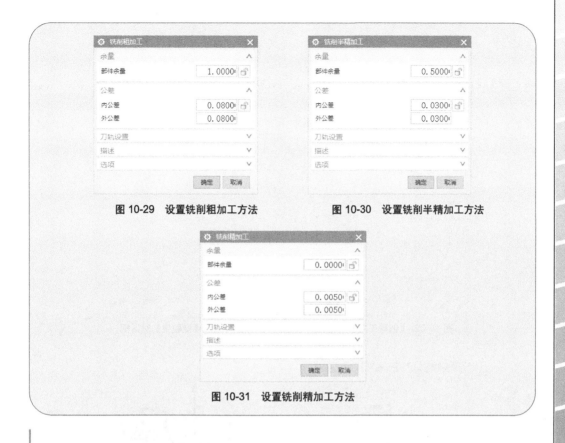

图 10-29　设置铣削粗加工方法　　　　　　　图 10-30　设置铣削半精加工方法

图 10-31　设置铣削精加工方法

10.4　创建型腔铣加工工序（粗加工）

多轴加工中采用 3 轴型腔铣进行粗加工，下面通过实例介绍型腔铣的加工过程。

操作实例——型腔铣粗加工工序

（1）启动型腔铣工序

01 单击上边框条中插入的【工序导航器】组中的【几何视图】按钮，将工序导航器切换到几何视图显示。单击【主页】选项卡中【插入】组中的【创建工序】按钮，弹出【创建工序】对话框。在【类型】下拉列表中选择"mill_contour"，【工序子类型】选择第 1 行第 1 个图标（CAVITY_MILL），【程序】选择"NC_PROGRAM"，【刀具】选择"D10R2（铣刀-5 参数）"，【几何体】选择"WORKPIECE"，【方法】选择"MILL_ROUGH"，在【名称】文本框中输入"CAVITY_MILL_ROUGH"，如图 10-32 所示。

02 单击【确定】按钮，弹出【型腔铣】对话框，如图 10-33 所示。

（2）选择切削模式和设置切削用量

03 在【型腔铣】对话框的【刀轨设置】组框中，在【切削模式】下拉列表中选择"跟随周边"方式，在【步距】下拉列表中选择"刀具平直百分比"，在【平面直径百分比】文本框中输入"50"，设置【公共每刀切削深度】为"恒定"、【最大距离】为 0.5mm，如图 10-34 所示。

图 10-32 【创建工序】对话框

图 10-33 【型腔铣】对话框

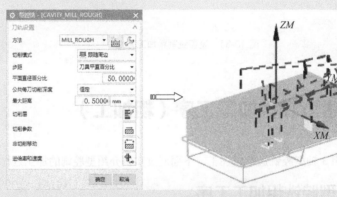

图 10-34　选择切削模式和设置切削用量

（3）设置切削参数

04 单击【刀轨设置】组框中的【切削参数】按钮，弹出【切削参数】对话框。【策略】选项卡：【切削方向】为"顺铣"，【切削顺序】为"层优先"，【刀路方向】为"向内"，其他参数设置如图 10-35 所示。

05 【余量】选项卡：勾选【使底面余量和侧壁余量一致】复选框将侧面和底面余量设置相同，如图 10-36 所示。

06 单击【切削参数】对话框中的【确定】按钮，完成切削参数设置。

（4）设置非切削参数

07 单击【刀轨设置】组框中的【非切削移动】按钮，弹出【非切削移动】对话框，进行非切削参数设置。【进刀】选项卡：【封闭区域】的【进刀类型】为"螺旋"、【直径】为 90%，【开放区域】的【进刀类型】为"圆弧"、【半径】为 7mm，其他参数设置如图 10-37 所示。

08 【退刀】选项卡：【退刀】组框中【退刀类型】为"与进刀相同"，其他参数设置如图 10-38所示。

图 10-35 【策略】选项卡

图 10-36 【余量】选项卡

图 10-37 【进刀】选项卡

图 10-38 【退刀】选项卡

09 【起点/钻点】选项卡：【重叠距离】为 1mm，其他参数设置如图 10-39 所示。

10 【转移/快速】选项卡：【区域内】的【转移类型】为"前一平面"，其他参数设置如图 10-40 所示。

11 单击【非切削移动】对话框中的【确定】按钮，完成非切削参数设置。

（5）设置进给参数

12 单击【刀轨设置】组框中的【进给率和速度】按钮，弹出【进给率和速度】对话框。设置【主轴速度（rpm）】为"1000"、【切削】为"700""mmpm"，其他接受默认设置，如图 10-41 所示。

图 10-39 【起点/钻点】选项卡　　　　图 10-40 【转移/快速】选项卡

图 10-41 【进给率和速度】对话框

（6）生成刀具路径并验证

13 在【型腔铣】对话框中完成参数设置后，单击该对话框底部【操作】组框中的【生成】按钮，可在该对话框下生成刀具路径，如图 10-42 所示。

14 单击【型腔铣】对话框底部【操作】组框中的【确认】按钮，弹出【刀轨可视化】对话框，然后选择【2D 动态】选项卡，单击【播放】按钮 ，可进行 2D 动态刀具切削过程模拟，如图 10-43 所示。

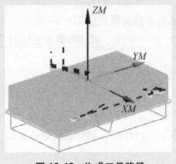

图 10-42　生成刀具路径

图 10-43　实体切削验证

15 单击【确定】按钮，返回【型腔铣】对话框，然后单击【确定】按钮，完成型腔铣加工操作。

（7）刀具路径后处理

16 在工序导航器中选择工序"CAVITY_MILL_ROUGH"，然后单击【工序】组中的【后处理】按钮 ，弹出【后处理】对话框，如图 10-44 所示。

17 选择好合适的机床定义文件类型后，单击【确定】按钮，完成 NC 代码的生成输出，如图 10-45 所示。

图 10-44 【后处理】对话框

图 10-45 生成的 NC 代码

10.5 创建深度轮廓铣加工工序（半精加工）

多轴加工中采用 3 轴深度轮廓铣进行半精加工，为精加工留下均匀的余量，下面实例介绍深度轮廓铣的加工过程。

操作实例——深度轮廓铣半精加工工序

（1）启动深度轮廓铣加工工序

01 单击上边框条中插入的【工序导航器】组中的【几何视图】按钮 ，将工序导航器切换到几何视图显示。单击【主页】选项卡中【插入】组中的【创建工序】按钮 ，弹出【创建工序】对话框。在【类型】下拉列表中选择"mill_contour"，【工序子类型】选择第 1 行第 5 个图标 （ZLEVEL_PROFILE），【程序】选择"NC_PROGRAM"，【刀具】选择"D8R2（铣刀-5 参数）"，【几何体】选择"WORKPIECE"，【方法】选择"MILL_SEMI_FINISH"，【名称】为"ZLEVEL_PROFILE_SEMIFINISH"，如图 10-46 所示。

02 单击【确定】按钮，弹出【深度轮廓加工】对话框，如图 10-47 所示。

（2）指定修剪边界

03 单击【几何体】组框中的【指定修剪边界】后的按钮 ，弹出【修剪边界】对话框，在【选择方法】中选择"曲线"，【修剪侧】为"外部"，在图形区选择如图 10-48 所示的曲线作为修剪边界，单击【确定】按钮完成。

图 10-46 【创建工序】对话框

图 10-47 【深度轮廓加工】对话框

图 10-48 选择修剪边界

（3）设置合并距离和切削深度

　　04 在【刀轨设置】组框中，在【陡峭空间范围】下拉列表中选择"无"，【合并距离】为3mm，【最小切削长度】为1mm，在【公共每刀切削深度】中选择"恒定"，【最大距离】为0.15mm，如图 10-49 所示。

（4）设置切削参数

　　05 单击【刀轨设置】组框中的【切削参数】按钮，弹出【切削参数】对话框。【策略】选项卡：【切削方向】为"混合"，【切削顺序】为"深度优先"，取消【在边上延伸】和【在边上滚动刀具】复选框，选中【在刀具接触点下继续切削】，如图 10-50 所示。

　　06 【连接】选项卡：【层到层】为"直接对部件进刀"，勾选【在层之间切削】复选框和【短距离移动上的进给】复选框，如图 10-51 所示。

图 10-49 设置合并距离和切削深度

图 10-50 【策略】选项卡　　　　图 10-51 【连接】选项卡

07 单击【切削参数】对话框中的【确定】按钮，完成切削参数设置。

（5）设置非切削参数

08 单击【刀轨设置】组框中的【非切削移动】按钮，弹出【非切削移动】对话框。【进刀】选项卡：【开放区域】的【进刀类型】为"圆弧"、【半径】为 50%，其他参数设置如图 10-52 所示。

09【退刀】选项卡：【退刀】组框中【退刀类型】为"与进刀相同"，其他参数设置如图 10-53 所示。

图 10-52 【进刀】选项卡　　　　图 10-53 【退刀】选项卡

10【起点/钻点】选项卡：【重叠距离】为 1mm，其他参数设置如图 10-54 所示。

11【转移/快速】选项卡：【区域内】的【转移类型】为"前一平面"、【安全距离】为 3mm，如图 10-55 所示。

12 单击【非切削移动】对话框中的【确定】按钮，完成非切削参数设置。

图 10-54 【起点/钻点】选项卡

图 10-55 【转移/快速】选项卡

（6）设置进给参数

　　13 单击【刀轨设置】组框中的【进给率和速度】按钮，弹出【进给率和速度】对话框。设置【主轴速度（rpm）】为"1200"、【切削】为"1000""mmpm"，其他接受默认设置，如图 10-56 所示。

（7）生成刀具路径并验证

　　14 单击【深度轮廓加工】对话框底部【操作】组框中的【生成】按钮，可在该对话框下生成刀具路径，如图 10-57 所示。

　　15 单击【操作】组框中的【确认】按钮，弹出【刀轨可视化】对话框，然后选择【2D 动态】选项卡，单击【播放】按钮，可进行 2D 动态刀具切削过程模拟，如图 10-58 所示。

（8）刀具路径后处理

　　16 在工序导航器中选择工序"ZLEVEL_PROFILE_SEMIFINISH"，然后单击【工序】组中的【后处理】按钮，弹出【后处理】对话框，如图 10-59 所示。

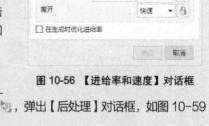

图 10-56 【进给率和速度】对话框

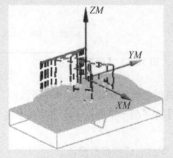

图 10-57 生成刀具路径

图 10-58 实体切削验证

17 选择好合适的机床定义文件类型后，单击【确定】按钮，完成 NC 代码的生成输出，如图 10-60 所示。

<table>
<tr><td>图 10-59 【后处理】对话框</td><td>图 10-60 生成的 NC 代码</td></tr>
</table>

10.6 创建分区精加工工序（精加工）

数控精加工中要进行加工区域规划，即将加工对象分成不同的加工区域，分别采用不同的加工工艺和加工方式进行加工，目的是提高加工效率和质量。如加工表面由水平面和自由曲面组成，显然，对于这两部分可采用不同的加工方式以提高加工效率和质量，即对水平面部分采用平底刀 3 轴加工，而对曲面部分应采用球刀多轴加工。

10.6.1 可变轴曲面轮廓铣驱动方法

在 NX 中提供了 8 种可变轴曲面轮廓铣驱动方法，如图 10-61 所示。这些驱动方法与固定轴曲面轮廓铣基本相同，不同的是可变轴曲面轮廓铣没有"区域铣削"和"清根"驱动方法，增加了"外形轮廓加工"。

图 10-61 可变轴曲面轮廓铣驱动方法

10.6.2 可变轴曲面轮廓铣刀轴控制

可变轴曲面轮廓铣简称为变轴铣，通过精确控制投影矢量、驱动方法和刀轴，使刀轨沿着非常复杂的曲面轮廓移动，一般用于零件精加工。与固定轴曲面轮廓铣的主要区别在于可变轴曲面轮廓铣可以通过【刀轴】选项控制刀轴的方向。通常【刀轴】定义为从刀尖方向指向刀具夹持器方向的矢量，如图10-62所示。

可变轴曲面轮廓铣提供了大量的刀轴矢量选项，用户可在【可变轮廓铣】对话框中的【刀轴】组框中进行选择，如图10-63所示。

图10-62　刀轴矢量　　　　图10-63　可变轴曲面轮廓铣刀轴方式

下面介绍最常用的几种刀轴方式：

10.6.2.1　相对于部件

"相对于部件"用于通过前倾角和侧斜角来定义相对于部件几何表面法向矢量的可变刀轴，如图10-64所示。

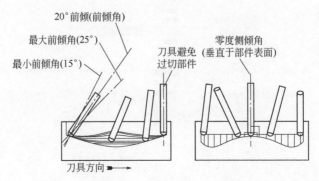

图10-64　"相对于部件"刀轴

10.6.2.2　垂直于部件

"垂直于部件"用于定义在每个接触点处垂直于部件表面的刀轴,如图 10-65 所示。

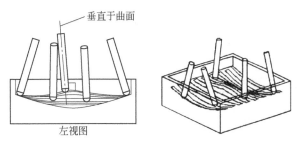

图 10-65　"垂直于部件"刀轴

提示

　"垂直于部件"设定刀轴矢量在每一个接触点处垂直于零件几何体表面,而且工件表面曲率变化越缓慢,得到的加工质量越好。

10.6.2.3　相对于驱动体

"相对于驱动体"用于通过前倾角和侧斜角来定义相对于驱动几何体表面法向矢量的可变刀轴,如图 10-66 所示。

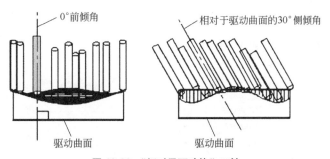

图 10-66　"相对于驱动体"刀轴

10.6.2.4　垂直于驱动体

"垂直于驱动体"用于定义在每个驱动点处垂直于驱动曲面的可变刀轴,如图 10-67 所示。

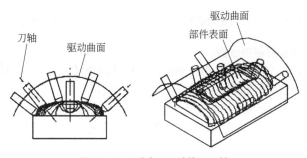

图 10-67　"垂直于驱动体"刀轴

提示

"垂直于驱动体"产生于驱动曲面相关的刀轴矢量，如果工件曲面非常复杂，可以创建一个比较光顺的驱动曲面控制刀轴，从而得到比较好的加工表面质量。

操作实例——可变轴曲面轮廓铣精加工工序（顶面）

 操作步骤

（1）启动固定轴曲面轮廓铣加工工序

01 单击上边框条中插入的【工序导航器】组中的【几何视图】按钮 ，将工序导航器切换到几何视图显示。单击【主页】选项卡中【插入】组中的【创建工序】按钮 ，弹出【创建工序】对话框。在【类型】下拉列表中选择"mill_multi-axis"，【工序子类型】选择第 1 行第 1 个图标 （VARIABLE_CONTOUR），【程序】选择"NC_PROGRAM"，【刀具】选择"D4R2（铣刀-5 参数）"，【几何体】选择"MCS"，【方法】选择"MILL_FINISH"，【名称】为"VARIABLE_CONTOUR_FINISH1"，如图 10-68 所示。

02 单击【确定】按钮，弹出【可变轮廓铣】对话框，如图 10-69 所示。

图 10-68　【创建工序】对话框　　　　图 10-69　【可变轮廓铣】对话框

（2）选择驱动方法并设置驱动参数

03 在【可变轮廓铣】对话框中，在【驱动方法】组框中的【方法】下拉列表中选取"曲面"，如图 10-70 所示，系统弹出【曲面区域驱动方法】对话框。

04 在【驱动几何体】组框中，单击【指定驱动几何体】选项后的按钮 ，弹出【驱动几何体】对话框，选择如图 10-71 所示的曲面。单击【确定】按钮，返回【曲面区域驱动方法】对话框。

图 10-70　选择驱动方法

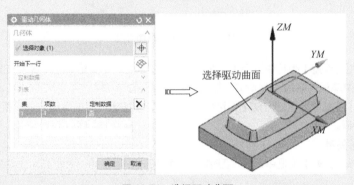

图 10-71　选择驱动曲面

 提示

在不定义部件几何体时，在选定的驱动曲面上创建驱动点阵列，刀具将直接定位到已成为接触点的驱动点上。

05 在【驱动几何体】组框中单击【切削方向】按钮 ，弹出切削方向确认对话框，选择如图 10-72 所示箭头所指定方向为切削方向，然后单击【确定】按钮，返回【曲面区域驱动方法】对话框。

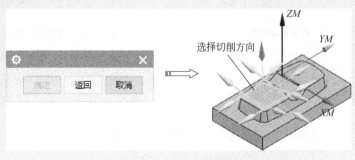

图 10-72　选择切削方向

06 在【驱动几何体】组框中单击【材料反向】按钮，确认材料侧方向如图 10-73 所示。

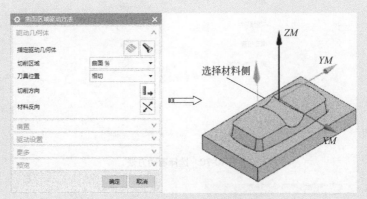

图 10-73 设置材料侧方向

07 在【驱动设置】组框中选择【切削模式】为"往复"、【步距】为"残余高度"，并在【最大残余高度】文本框中输入"0.005"，如图 10-74 所示。

08 单击【曲面区域驱动方法】对话框中的【确定】按钮，完成驱动方法设置，返回【可变轮廓铣】对话框。

（3）设置投影矢量

09 在【投影矢量】组框中选择"刀轴"，如图 10-75 所示。

图 10-74 设置驱动参数

图 10-75 选择投影矢量

 提示

如果未定义部件几何体，则当直接在驱动几何体上加工时，可不设置投影矢量。

（4）选择刀轴方向

10 在【刀轴】组框中选择【轴】为"垂直于驱动体"，如图 10-76 所示。

图 10-76　选择刀轴方式

（5）设置切削参数

11 单击【刀轨设置】组框中的【切削参数】按钮，弹出【切削参数】对话框。【刀轴控制】选项卡：【最大刀轴更改】为"10"，【方法】为"每一步长"，如图 10-77 所示。

12【更多】选项卡：【最大步长】为 10%，如图 10-78 所示。

图 10-77　【刀轴控制】选项卡

图 10-78　【更多】选项卡

13 单击【切削参数】对话框中的【确定】按钮，完成切削参数设置。

（6）设置非切削参数

14 单击【刀轨设置】组框中的【非切削移动】按钮，弹出【非切削移动】对话框，进行非切削参数设置。【进刀】选项卡：【开放区域】的【进刀类型】为"圆弧-平行于刀轴"、【半径】为 50%，其他参数设置如图 10-79 所示。

15【退刀】选项卡：【开放区域】的【退刀类型】为"与进刀相同"，如图 10-80 所示。

图 10-79　【进刀】选项卡

图 10-80　【退刀】选项卡

16 【转移/快速】选项卡:【安全设置选项】为"使用继承的",其他参数设置如图 10-81 所示。

图 10-81 【转移/快速】选项卡

17 在【区域之间】组框中设置【逼近】、【离开】、【移刀】参数如图 10-82 所示。

18 在【区域内】和【初始和最终】组框中设置各参数如图 10-83 所示。

图 10-82 设置【区域之间】参数　　　　图 10-83 设置【区域内】和【初始和最终】参数

19 单击【非切削参数】对话框中的【确定】按钮，完成非切削参数设置。

（7）设置进给参数

20 单击【刀轨设置】组框中的【进给率和速度】按钮，弹出【进给率和速度】对话框。设置【主轴速度（rpm）】为"2500"、【切削】为"1000""mmpm"，其他接受默认设置，如图 10-84 所示。

（8）生成刀具路径并验证

21 单击【可变轮廓铣】对话框底部【操作】组框中的【生成】按钮，可在该对话框下生成刀具路径，如图 10-85 所示。

22 单击【操作】组框中的【确认】按钮，弹出【刀轨可视化】对话框，然后选择【2D 动态】选项卡，单击【播放】按钮，可进行 2D 动态刀具切削过程模拟，如图 10-86 所示。

图 10-84 【进给率和速度】对话框

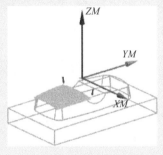

图 10-85 生成刀具路径

图 10-86 实体切削验证

23 单击【可变轮廓铣】对话框中的【确定】按钮，接受刀具路径，并关闭【可变轮廓铣】对话框。

（9）刀具路径后处理

24 在工序导航器中选择工序"VARIABLE_CONTOUR_FINISH1"，然后单击【工序】组中的【后处理】按钮，弹出【后处理】对话框，如图 10-87 所示。

25 选择好合适的机床定义文件类型后，单击【确定】按钮，完成 NC 代码的生成输出，如图 10-88 所示。

图 10-87 【后处理】对话框

图 10-88 生成的 NC 代码

（10）复制可变轴曲面轮廓铣精加工工序"VARIABLE_CONTOUR_FINISH1"

26 在工序导航器窗口选择"VARIABLE_CONTOUR_FINISH1"工序，单击鼠标右键，在弹出的快捷菜单中选择【复制】命令，然后选中"VARIABLE_CONTOUR_FINISH1"工序，单击鼠标右键，在弹出的快捷菜单中选择【粘贴】命令，如图 10-89 所示。

27 选择复制粘贴后的工序，单击鼠标右键，在弹出的快捷菜单中选择【重命名】命令，将其改称为"VARIABLE_CONTOUR_FINISH2"。

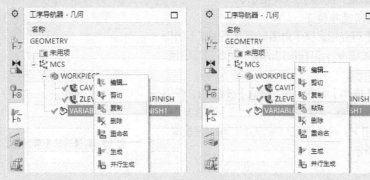

图 10-89　复制粘贴工序

（11）选择驱动方法

28 在工序导航器上双击"VARIABLE_CONTOUR_FINISH2"工序，弹出【可变轮廓铣】对话框。在【可变轮廓铣】对话框中，在【驱动方法】组框中的【方法】下拉列表中选取"曲面"，系统弹出【曲面区域驱动方法】对话框，如图 10-90 所示。

29 在【驱动几何体】组框中，单击【指定驱动几何体】选项后的按钮，弹出【驱动几何体】对话框，选择如图 10-91 所示的曲面。单击【确定】按钮，返回【曲面区域驱动方法】对话框。

30 在【驱动几何体】组框中单击【切削方向】按钮，弹出切削方向确认对话框，选择如图 10-92 所示箭头所指定方向为切削方向，然后单击【确定】按钮，返回【曲面区域驱动方法】对话框。

图 10-90　【曲面区域驱动方法】对话框

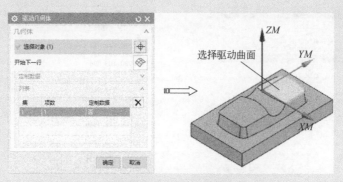

图 10-91　选择驱动曲面

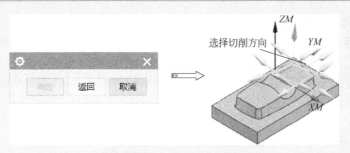

图 10-92　选择切削方向

31 在【驱动几何体】组框中单击【材料反向】按钮，确认材料侧方向如图 10-93 所示。

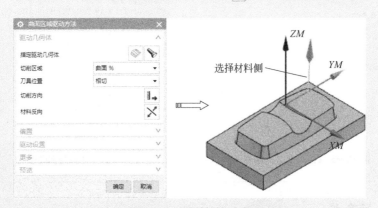

图 10-93　设置材料侧方向

32 单击【曲面驱动方法】对话框中的【确定】按钮，完成驱动方法设置，返回【可变轮廓铣】对话框。

（12）生成刀具路径并验证

33 单击【可变轮廓铣】对话框底部【操作】组框中的【生成】按钮，可在该对话框下生成刀具路径，如图 10-94 所示。

34 单击【操作】组框中的【确认】按钮，弹出【刀轨可视化】对话框，然后选择【2D动态】选项卡，单击【播放】按钮，可进行 2D 动态刀具切削过程模拟，如图 10-95 所示。

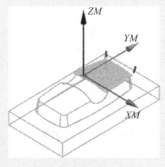

图 10-94　生成刀具路径

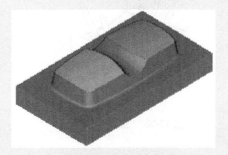

图 10-95　实体切削验证

35 单击【可变轮廓铣】对话框中的【确定】按钮，接受刀具路径，并关闭【可变轮廓铣】对话框。

（13）刀具路径后处理

36 在工序导航器中选择工序"VARIABLE_CONTOUR_FINISH2"，然后单击【工序】组中的【后处理】按钮 🔧，弹出【后处理】对话框，如图 10-96 所示。

37 选择好合适的机床定义文件类型后，单击【确定】按钮，完成 NC 代码的生成输出，如图 10-97 所示。

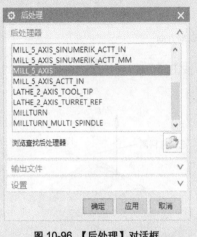

图 10-96 【后处理】对话框

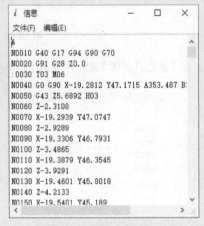

图 10-97 生成的 NC 代码

10.6.2.5 远离点

"远离点"是通过指定一个聚焦点来定义刀轴矢量，刀轴矢量以聚焦点为起点指向刀柄，其中聚焦点必须位于刀具和零件几何体的另一侧，如 10-98 所示。

10.6.2.6 朝向点

"朝向点"通过指定一个聚焦点来定义可变刀轴矢量，刀轴矢量以刀柄为起点指向聚焦点，其中聚焦点与零件几何体必须在同一侧，如图 10-99 所示。

图 10-98 "远离点"刀轴

图 10-99 "朝向点"刀轴

10.6.2.7 远离直线

"远离直线"是控制刀轴矢量沿着某直线的全长并垂直于该直线，刀轴矢量从直线指向刀柄，其中直线必须位于刀具和待加工零件几何体的另一侧，如图 10-100 所示。

10.6.2.8 朝向直线

"朝向直线"是控制刀轴矢量沿着某直线的全长并垂直于该直线，刀轴矢量从刀柄指向直线，其中直线必须位于刀具和待加工零件几何体的同一侧，如图 10-101 所示。

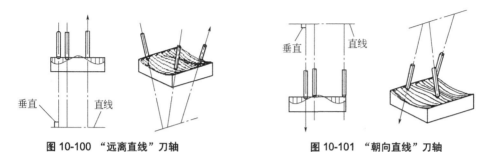

图 10-100 "远离直线"刀轴　　　　图 10-101 "朝向直线"刀轴

操作实例——可变轴曲面轮廓铣精加工工序（凹面）

（1）复制可变轴曲面轮廓铣精加工工序"VARIABLE_CONTOUR_FINISH2"

01 单击上边框条中插入的【工序导航器】组中的【几何视图】按钮 ，将工序导航器切换到几何视图显示。在工序导航器窗口选择"VARIABLE_CONTOUR_FINISH2"工序，单击鼠标右键，在弹出的快捷菜单中选择【复制】命令，然后选中"VARIABLE_CONTOUR_FINISH2"工序，单击鼠标右键，在弹出的快捷菜单中选择【粘贴】命令，如图 10-102 所示。

02 选择复制粘贴后的工序，单击鼠标右键，在弹出的快捷菜单中选择【重命名】命令，将其改称为"VARIABLE_CONTOUR_FINISH3"，如图 10-102 所示。

图 10-102 复制粘贴工序

（2）选择驱动方法

03 在工序导航器上双击"VARIABLE_CONTOUR_FINISH3"工序，弹出【可变轮廓铣】对话框。在【可变轮廓铣】对话框中，在【驱动方法】组框中的【方法】下拉列表中选取"曲面"，系统弹出【曲面区域驱动方法】对话框，如图 10-103 所示。

04 在【驱动几何体】组框中，单击【指定驱动几何体】选项后的按钮 ，弹出【驱动几何体】对话框，选择如图 10-104 所示的曲面。单击【确定】按钮，返回【曲面区域驱动方法】对话框。

图 10-103　【曲面区域驱动方法】对话框

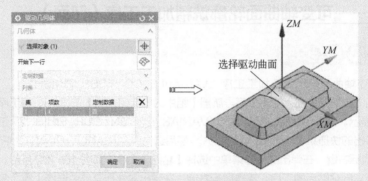

图 10-104　选择驱动曲面

05 在【驱动几何体】组框中单击【切削方向】按钮 ，弹出切削方向确认对话框，选择如图 10-105 所示箭头所指定方向为切削方向，然后单击【确定】按钮，返回【曲面区域驱动方法】对话框。

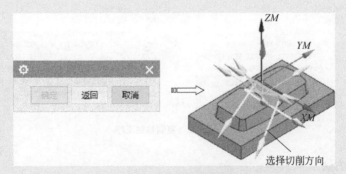

图 10-105　选择切削方向

06 在【驱动几何体】组框中单击【材料反向】按钮 ，确认材料侧方向如图 10-106 所示。

07 单击【曲面区域驱动方法】对话框中的【确定】按钮，完成驱动方法设置，返回【可变轮廓铣】对话框。

（3）选择刀轴方向

08 在【刀轴】组框中选择【轴】为"朝向直线"，如图 10-107 所示。

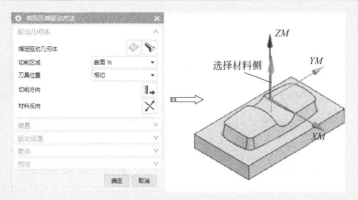

图 10-106 设置材料侧方向

09 系统弹出【朝向直线】对话框,单击【指定矢量】右侧的 ✖ · 按钮,选择 XC 轴为矢量方向,如图 10-108 所示。

图 10-107 选择刀轴方式

图 10-108 【朝向直线】对话框

10 单击【指定点】后的【点】按钮 ⊞,弹出【点】对话框,设置点的坐标为(0,0,40),如图 10-109 所示。单击【确定】按钮返回。

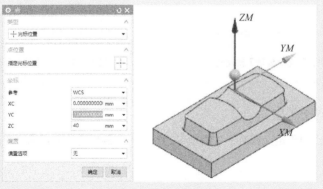

图 10-109 选择指定点

（4）生成刀具路径并验证

11 单击【可变轮廓铣】对话框底部【操作】组框中的【生成】按钮 ⯐,可在该对话框下生成刀具路径,如图 10-110 所示。

12 单击【操作】组框中的【确认】按钮 ⯐,弹出【刀轨可视化】对话框,然后选择【2D 动态】选项卡,单击【播放】按钮 ▶,可进行 2D 动态刀具切削过程模拟,如图 10-111 所示。

13 单击【可变轮廓铣】对话框中的【确定】按钮,接受刀具路径,并关闭【可变轮廓铣】对话框。

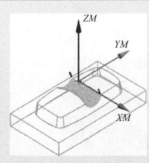

图 10-110　生成刀具路径

图 10-111　实体切削验证

（5）刀具路径后处理

14 在工序导航器中选择工序"VARIABLE_CONTOUR_FINISH3"，然后单击【工序】组中的【后处理】按钮 🖾，弹出【后处理】对话框，如图 10-112 所示。

15 选择好合适的机床定义文件类型后，单击【确定】按钮，完成 NC 代码的生成输出，如图 10-113 所示。

图 10-112　【后处理】对话框

图 10-113　生成的 NC 代码

10.6.2.9　相对于矢量

"相对于矢量"用于定义相对于带有指定的前倾角和侧倾角的矢量的可变刀轴，如图 10-114 所示。

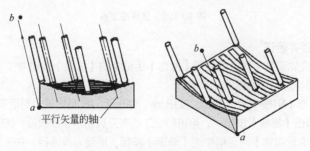

图 10-114　"相对于矢量"刀轴

选择该选项后，弹出【相对于矢量】对话框，如图 10-115 所示。利用该对话框可指定一个矢量，并设置【前倾角】和【侧倾角】文本框参数。

【相对于矢量】对话框中相关参数选项含义如下：

（1）前倾角

该参数用于定义了刀具沿刀轨前倾或后倾的角度，如图 10-116 所示。正的前倾角表示刀具相对于刀轨方向向前倾斜，负的前倾角表示刀具相对于刀轨方向向后倾斜。由于前倾角基于刀具的运动方向，因此往复切削模式将使刀具在单向刀路中向一侧倾斜，而在回转刀路中向相反的一侧倾斜。

（2）侧倾角

该参数用于定义刀具从一侧到另一侧的角度，如图 10-116 所示。其正值将使刀具向右倾斜（沿刀具路径方向），负值将使刀具向左倾斜。与前倾角不同，侧倾角是固定的，它与刀具的运动方向无关。

图 10-115 【相对于矢量】对话框

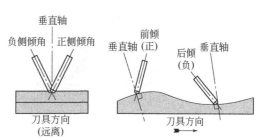

图 10-116 前倾角与侧倾角示意图

10.6.2.10 插补矢量

"插补矢量"通过在指定点定义矢量方向来控制刀轴，可以在驱动几何体上定义足够多矢量以创建光顺的刀轴运动，如图 10-117 所示。驱动几何体上任意点处的刀轴都将被用户指定的矢量插补，指定的矢量越多，越容易对刀轴进行控制。

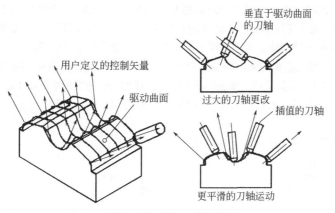

图 10-117 插补矢量刀轴

> 提示
>
> "插补矢量"刀轴方式仅在可变轴曲面轮廓铣加工中使用"曲线驱动"方法或"曲面驱动"方法时才可用。

10.6.2.11 侧刃驱动体

"侧刃驱动体"用于定义沿驱动曲面的侧刃划线移动的刀轴，该方式允许刀具的圆周切削刃切削驱动曲面，而刀尖切削部件表面。首先按顺序选择多个驱动曲面，然后选择"侧刃驱动体"方式，此时【刀轴】组框如图10-118所示。

单击【指定侧刃方向】按钮，弹出【选择侧刃驱动方向】对话框，图形区显示定义刀轴方向的4个矢量箭头，选择一个作为刀轴方向，如图10-119所示。

图 10-118 "侧刃驱动体"选项

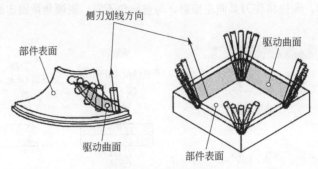

图 10-119 侧刃驱动体

操作实例——可变轴曲面轮廓铣精加工工序（侧面）

（1）复制可变轴曲面轮廓铣精加工工序"VARIABLE_CONTOUR_FINISH3"

01 单击上边框条中插入的【工序导航器】组中的【几何视图】按钮，将工序导航器切换到几何视图显示。在【工序导航器】窗口选择"VARIABLE_CONTOUR_FINISH3"工序，单击鼠标右键，在弹出的快捷菜单中选择【复制】命令，然后选中"VARIABLE_CONTOUR_FINISH3"工序，单击鼠标右键，在弹出的快捷菜单中选择【粘贴】命令，如图10-120所示。

02 选择复制粘贴后的工序，单击鼠标右键，在弹出的快捷菜单中选择【重命名】命令，将其改称为"VARIABLE_CONTOUR_FINISH4"，如图10-120所示。

图 10-120 复制粘贴工序

图 10-121 【曲面区域驱动方法】对话框

（2）选择驱动方法

03 在工序导航器上双击"VARIABLE_CONTOUR_FINISH3"工序，弹出【可变轮廓铣】对话框。在【可变轮廓铣】对话框中，在【驱动方法】组框中的【方法】下拉列表中选取"曲面"，系统弹出【曲面区域驱动方法】对话框，如图 10-121 所示。

04 在【驱动几何体】组框中，单击【指定驱动几何体】选项后的按钮⬧，弹出【驱动几何体】对话框，选择如图 10-122 所示的所有侧曲面。单击【确定】按钮，返回【曲面区域驱动方法】对话框。

05 在【切削区域】中选择"曲面%"，弹出【曲面百分比方法】对话框，设置【结束步长%】为"90"，如图 10-123 所示。单击【确定】按钮返回。

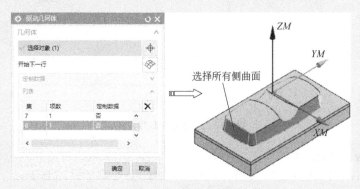

图 10-122 选择驱动曲面

图 10-123 设置切削区域

06 在【驱动几何体】组框中单击【切削方向】按钮，弹出切削方向确认对话框，选择如图 10-124 所示箭头所指定方向为切削方向，然后单击【确定】按钮，返回【曲面区域驱动方法】对话框。

07 在【驱动几何体】组框中单击【材料反向】按钮，确认材料侧方向如图 10-125 所示。

08 单击【曲面区域驱动方法】对话框中的【确定】按钮，完成驱动方法设置，返回【可变轮廓铣】对话框。

（3）选择投影矢量方向

09 在【投影矢量】组框中选择【垂直于驱动体】，如图 10-126 所示。

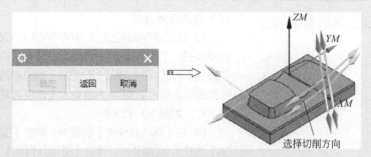

图 10-124　选择切削方向

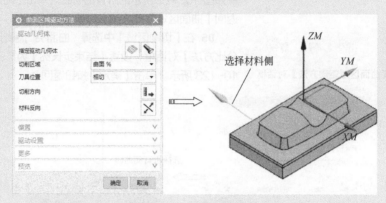

图 10-125　设置材料侧方向

（4）重新选择刀具 D6R1

10 在【工具】组框中选择"D6R1（铣刀-5 参数）"，如图 10-127 所示。

图 10-126　选择投影矢量

图 10-127　重新选择刀具

（5）选择刀轴方向

11 在【刀轴】组框中选择【轴】为"侧刃驱动体"，在【侧倾角】中输入"1"，如图 10-128 所示。

12 单击【指定侧刃方向】后的【指定侧刃方向】按钮，弹出【选择侧刃驱动方向】对话框，在图形区选择如图 10-129 所示的箭头方向作为刀轴方向，然后返回【可变轮廓铣】对话框。

（6）生成刀具路径并验证

13 单击【可变轮廓铣】对话框底部【操作】组框中的【生成】按钮，可在该对话框下生成刀具路径，如图 10-130 所示。

图 10-128　选择刀轴控制方法

14 单击【操作】组框中的【确认】按钮，弹出【刀轨可视化】对话框，然后选择【2D 动态】选项卡，单击【播放】按钮▶，可进行 2D 动态刀具切削过程模拟，如图 10-131 所示。

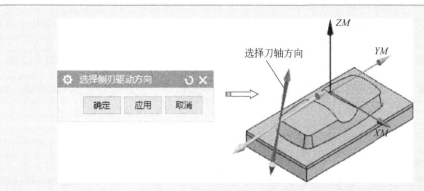

图 10-129 选择刀轴方向

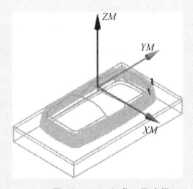

图 10-130 生成刀具路径

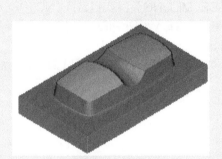

图 10-131 实体切削验证

15 单击【可变轮廓铣】对话框中的【确定】按钮，接受刀具路径，并关闭【可变轮廓铣】对话框。

（7）刀具路径后处理

16 在工序导航器中选择工序"VARIABLE_CONTOUR_FINISH4"，然后单击【工序】组中的【后处理】按钮，弹出【后处理】对话框，如图 10-132 所示。

17 选择好合适的机床定义文件类型后，单击【确定】按钮，完成 NC 代码的生成输出，如图 10-133 所示。

图 10-132 【后处理】对话框

图 10-133 生成的 NC 代码

10.6.3 平面铣加工平面分型面

对于平坦的分型面采用平面铣进行精加工，平面铣加工中关键要设置好铣削加工边界。

操作实例——平面铣精加工工序（分型面）

 操作步骤

（1）启动面铣工序

01 单击上边框条中插入的【工序导航器】组中的【几何视图】按钮 🖳，将工序导航器切换到几何视图显示。单击【主页】选项卡中【插入】组中的【创建工序】按钮 💂，弹出【创建工序】对话框。在【类型】下拉列表中选择"mill_planar"，【工序子类型】选择第 1 行第 3 个图标 🖳（FACE_MILLING），【程序】选择"NC_PROGRAM"，【刀具】选择"D6R1（铣刀-5 参数）"，【几何体】选择"WORKPIECE"，【方法】选择"MILL_FINISH"，【名称】为"FACE_MILLING_FINISH5"，如图 10-134 所示。

02 单击【确定】按钮，弹出【面铣】对话框，如图 10-135 所示。

图 10-134 【创建工序】对话框　　　　图 10-135 【面铣】对话框

（2）创建面铣几何体

03 在【几何体】组框中，单击【指定面边界】后的按钮 ⬚，弹出【毛坯边界】对话框，【选择方法】为"面"，选择如图 10-136 所示的平面，单击【确定】按钮返回。

（3）选择切削模式和设置切削用量

04 在【面铣】对话框的【刀轨设置】组框中，在【切削模式】下拉列表中选择"跟随周边"，在【步距】下拉列表中选择"残余高度"，在【最大残余高度】文本框中输入"0.005"，【毛坯距离】为"3"，【每刀切削深度】为"0"，如图 10-137 所示。

（4）设置切削参数

05 单击【刀轨设置】组框中的【切削参数】按钮 🗐，弹出【切削参数】对话框。【策略】选项卡:【切削方向】为"顺铣"，【刀路方向】为"向内"，如图 10-138 所示。

图 10-136 创建面铣几何体

图 10-137 选择切削模式和设置切削用量

06 【余量】选项卡:【余量】组框中各项参数均为"0",如图 10-139 所示。

图 10-138 【策略】选项卡

图 10-139 【余量】选项卡

07 单击【切削参数】对话框中的【确定】按钮，完成切削参数设置。

（5）设置非切削参数

08 单击【刀轨设置】组框中的【非切削移动】按钮，弹出【非切削移动】对话框，进行非切削参数设置。【进刀】选项卡：【开放区域】的【进刀类型】为"线性"、【长度】为50%，其他参数设置如图10-140所示。

09 【退刀】选项卡：【退刀】组框中【退刀类型】为"与进刀相同"，其他参数设置如图10-141所示。

图10-140 【进刀】选项卡　　　　　　　图10-141 【退刀】选项卡

（6）设置进给参数

10 单击【刀轨设置】组框中的【进给率和速度】按钮，弹出【进给率和速度】对话框。设置【主轴速度（rpm）】为"2000"、【切削】为"1500""mmpm"，其他接受默认设置，如图10-142所示。

（7）生成刀具路径并验证

11 在【面铣】对话框中完成参数设置后，单击该对话框底部【操作】组框中的【生成】按钮，可在该对话框下生成刀具路径，如图10-143所示。

12 单击【面铣】对话框底部【操作】组框中的【确认】按钮，弹出【刀轨可视化】对话框，然后选择【2D动态】选项卡，单击【播放】按钮▶，可进行2D动态刀具切削过程模拟，如图10-144所示。

13 单击【确定】按钮，返回【面铣】对话框，然后单击【确定】按钮，完成面铣加工操作。

（8）刀具路径后处理

14 在工序导航器中选择工序"FACE_MILLING_FINISH5"，然后单击【工序】组中的【后处理】按钮，弹出【后处理】对话框，如图10-145所示。

图10-142 【进给率和速度】对话框

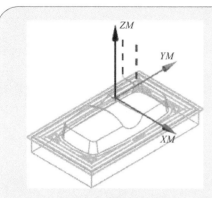

图 10-143 生成刀具路径

图 10-144 实体切削验证

15 选择好合适的机床定义文件类型后，单击【确定】按钮，完成 NC 代码的生成输出，如图 10-146 所示。

图 10-145 【后处理】对话框

图 10-146 生成的 NC 代码

10.7 本章小结

本章以车灯凸模为例讲解了 NX 多轴数控加工技术，包括型腔铣、深度轮廓铣、可变轴曲面轮廓铣等，使读者通过该例来掌握多轴铣加工的具体应用。同时希望读者能进行更多的练习，完全掌握及熟练应用多轴铣加工方法。

11

第11章

NX车削加工技术

Chapter eleven

本章内容

▶ 车削加工技术简介

▶ 车削加工父级组

▶ 端面车加工

▶ 粗车加工

▶ 精车加工

▶ 车槽加工

▶ 螺纹车削加工

贯穿本章实例

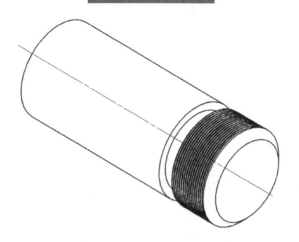

NX 数控车削模块提供了完整的数控车削加工解决方案，主要用于轴类、盘套类零件的加工，该模块能够快速创建粗加工、精加工、中心钻孔和螺纹加工等车削加工方法。本章详细介绍了 NX 车削加工的几何体、刀具、加工参数等。

希望通过本章的学习，读者能轻松掌握 NX 车削加工中的关键技术和操作方法。

11.1 车削加工技术简介

车削加工中心可以加工各种回转表面，如内外圆柱面、内外圆锥面、螺纹、沟槽、端面和成形面等，加工精度可达 IT8～IT7，表面粗糙度 *Ra* 值为 1.6～0.8μm。车削常用来加工单一轴线的零件。

11.1.1 数控车削加工

11.1.1.1 数控车削加工的编程特点

（1）加工坐标系

加工坐标系应与机床坐标系的坐标方向一致，X 轴对应径向，Z 轴对应轴向，C 轴（主轴）的运动方向则按从机床尾架向主轴看，逆时针+C 向、顺时针为-C 向。加工坐标系的原点应选在便于测量或对刀的基准位置，一般在工件的右端面或左端面上。

（2）直径编程方式

在车削加工的数控程序中，X 轴的坐标值取为零件图样上的直径值。采用直径尺寸编程与零件图样中的尺寸标注一致，这样可避免尺寸换算过程中可能造成的错误，给编程带来很大方便。

（3）进刀和退刀方式

对于车削加工，进刀时先采用快速走刀接近工件切削起点附近的某个点，再改用切削进给，以减少空走刀的时间，提高加工效率。切削起点的确定与工件毛坯余量大小有关，应以刀具快速走刀到该点时刀尖不与工件发生碰撞为原则。

11.1.1.2 数控车削加工的应用

数控车削加工主要用于加工轴类、盘类等回转体零件。通过数控加工程序的运行，可自动完成内外圆柱面、圆锥面、成形表面、螺纹和端面等工序的切削加工，并能进行车槽、钻孔、扩孔、铰孔等工作，如图 11-1 所示。

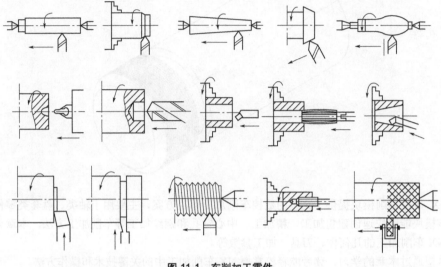

图 11-1 车削加工零件

11.1.2 车削工序模板

NX 提供了多种车削加工模板，在【主页】选项卡中单击【插入】组中的【创建工序】按钮，系统将弹出【创建工序】对话框，选择【类型】为 "turning"，在【工序子类型】中显示车削模板，如图 11-2 所示。

图 11-2 【创建工序】对话框

车削工序子类型共有 20 多种，常用车削工序子类型的说明如表 11-1 所示。

表 11-1　常用车削工序子类型的说明

图标	英　文	中　文	说　明
	CENTERLINE_SPOTDRILL	点钻	加工轴类工件中心孔,可用于后续中心线钻孔定位
	CENTERLINE_DRILLING	中心线钻孔	用于钻轴类零件中心孔
	CENTERLINE_PECKDRILL	中心线啄钻	用增量深度方式、断屑后刀具退出孔的方式进行孔加工，常用于深孔加工
	CENTERLINE_BREAKCHIP	中心线断屑钻	用增量深度方式进行断屑加工孔,常用于深孔加工
	CENTERLINE_REAMING	铰孔	使用铰孔循环来进行中心线铰孔加工
	CENTERLINE_TAPPING	攻螺纹	执行攻螺纹循环，攻螺纹循环会进行送入、反转主轴后送出
	FACING	端面加工	用于车削零件端面
	ROUGH_TURN_OD	粗车外圆	用于粗车加工轮廓外径表面
	ROUGH_BACK_TURN	粗车（逆向）	用于反方向车削加工零件外圆表面
	ROUGH_BORE_ID	粗镗内孔	用于粗镗加工轮廓内径表面
	ROUGH_BACK_BORE	粗镗（逆向）	用于反方向粗镗加工轮廓内径表面
	FINISH_TURN_OD	精车外圆	用于精车加工轮廓外径表面
	FINISH_BORE_ID	精镗内孔	用于精镗加工轮廓内径表面
	FINISH_BACK_BORE	精镗（逆向）	用于反方向精镗加工轮廓内径表面
	GROOVE_OD	车槽外圆	使用各种插削策略切削零件外径上的槽
	GROOVE_ID	车槽内孔	使用各种插削策略切削零件内径上的槽
	GROOVE_FACE	车槽端面	使用各种插削策略切削零件端面上的槽
	THREAD_OD	外螺纹加工	用于车削加工外表面螺纹
	THREAD_ID	内螺纹加工	用于车削加工内表面螺纹
	PARTOFF	切断加工	用于切断工件

11.1.3　NX 车削数控加工基本流程

以图 11-3 所示零件为例来说明车削数控加工的基本流程。

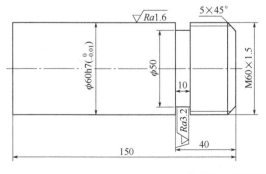

图 11-3　短轴零件

（1）零件结构工艺性分析

由图 11-3 可知该短轴零件尺寸为ϕ60mm×150mm，上有螺纹和退刀槽，形状较为简单。毛坯尺寸为ϕ80mm×155mm，四周已经完成加工，需要进行整个外圆表面的加工。

（2）拟订工艺路线

按照加工要求，以左端卡盘固定安装在机床上，加工坐标系原点为右侧毛坯中心，根据数控车削加工工艺的要求，采用顺序为"端面"→"粗车"→"精车"→"车槽"→"螺纹"的工艺路线依次加工右侧表面，逐步达到加工精度。

（3）启动数控加工环境

要进行数控加工，首先要启动 NX 数控加工环境，进入 NX 制造模块进行编程作业的软件环境，本例中选择"turning"车数控加工环境，如图 11-4 所示。

1.打开模型　　2.选择加工环境　　3.打开工序导航器

图 11-4　启动 NX CAM 加工环境

（4）创建加工父级组

在 NX 数控加工中加工是通过创建工序来完成的，在创建工序之前要为工序指定其所对应的父级组（程序组、刀具组、几何组和方法组），首先定位加工坐标系原点，然后指定部件几何体、毛坯几何体和避让几何体，最后创建加工用的各种刀具，如图 11-5 所示。

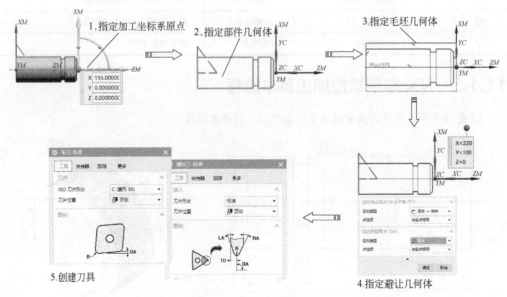

1.指定加工坐标系原点　　2.指定部件几何体　　3.指定毛坯几何体

5.创建刀具　　4.指定避让几何体

图 11-5　创建加工父级组

（5）创建端面车削加工工序

首先启动端面车削加工工序，然后设置切削区域，设置切削模式和切削用量，设置非切削参数以及进给率和速度，最后生成刀具路径和验证，如图 11-6 所示。

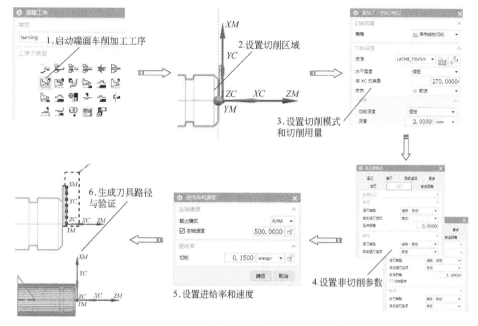

图 11-6　创建端面车削加工工序

（6）创建粗车加工工序

首先启动粗车加工工序，然后设置切削模式和切削用量，设置切削参数和非切削参数，设置进给率和速度，最后生成刀具路径和验证，如图 11-7 所示。

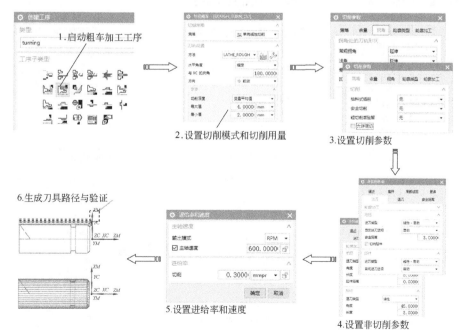

图 11-7　创建粗车加工工序

（7）创建精车加工工序

首先启动精车加工工序，然后设置切削区域，设置切削模式和切削用量，设置切削参数和非切削参数，最后生成刀具路径和验证，如图11-8所示。

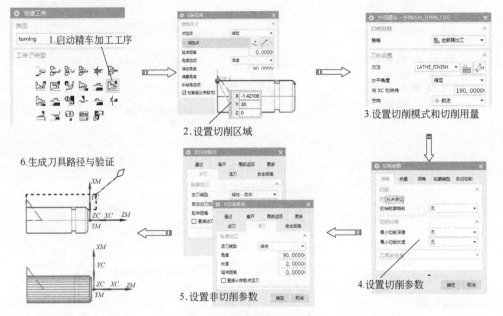

图11-8　创建精车加工工序

（8）创建车槽加工工序

首先启动车槽加工工序，然后设置切削区域，设置切削模式和切削用量，设置切削参数和非切削参数，最后生成刀具路径和验证，如图11-9所示。

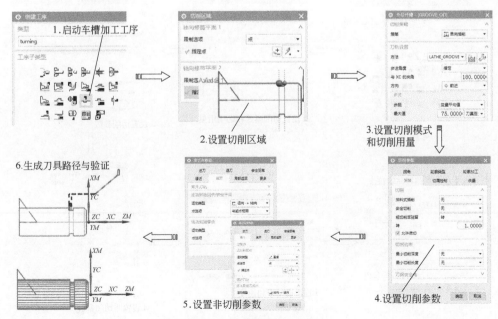

图11-9　创建车槽加工工序

（9）创建车螺纹加工工序

首先启动车螺纹加工工序，然后设置螺纹形状，设置切削参数以及进给率和速度，最后生成刀具路径和验证，如图 11-10 所示。

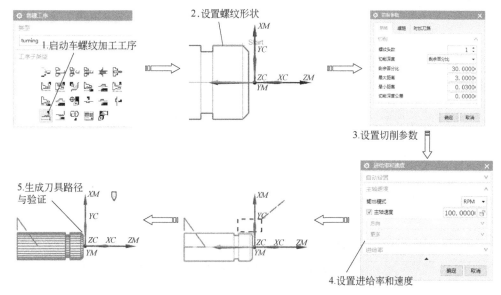

图 11-10　创建车螺纹加工工序

11.2　启动数控加工环境

车削数控加工环境一般选择【CAM 会话配置】为"cam_general"，选择【要创建的 CAM 配置】为"turning"（操作模板）。

操作实例——启动数控加工环境

操作步骤

01 启动 NX 后，单击【文件】选项卡的【打开】按钮 ，弹出【打开部件文件】对话框，选择"短轴 CAD.prt"（"扫二维码下载素材文件：\第 11 章\短轴 CAD.prt"），单击【OK】按钮，文件打开后如图 11-11 所示。

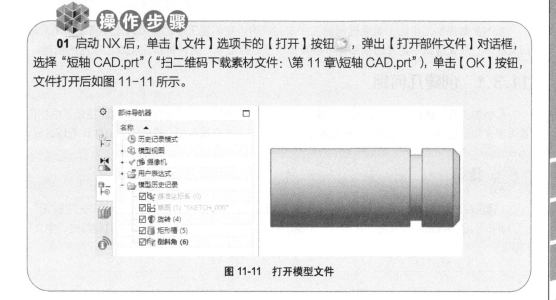

图 11-11　打开模型文件

02 单击【应用模块】选项卡中的【加工】按钮 ᵇᵉ，系统弹出【加工环境】对话框，在【CAM会话配置】中选择"cam_general"，在【要创建的 CAM 设置】中选择"turning"，单击【确定】按钮，初始化加工环境，如图 11-12 所示。

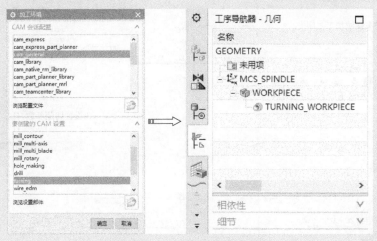

图 11-12　启动 NX CAM 加工环境

 提示

"cam_general"加工环境是一个基本加工环境，包括了所有铣削加工、车削加工以及线切割加工功能，是最常用的加工环境。

11.3　创建加工父级组

在 NX 数控加工中加工是通过创建工序来完成的，在创建工序之前要为工序指定其所对应的父级组，在父级组中定义的数据都可以被其子节点组继承，这样可以简化加工工序的创建。

11.3.1　创建几何组

车削加工几何体由加工坐标系、部件、毛坯、空间范围和避让几何体等组成。在加工中往往首先定义加工坐标系，目的是确定车削的主轴，然后定义车削横截面，最后定义部件和毛坯边界。

 提示

通常在进入"turning"操作模板后，系统会自动创建"MSC_SPINDLE""WORKPIECE""TURNING_WORKPIECE"等 3 个几何体，所以用户不需要创建，直接双击几何体进行定义即可。

11.3.1.1 定位加工坐标系 MCS

车削加工坐标系主要用于确定工件加工的基点和编程原点，车削加工中一般以毛坯右端面中心点作为坐标系原点。

通常数控车床加工的零件以回转体为主，所以，它的工作平面是二维平面。根据这个特点，通常设置 WCS 的 *XC* 轴正方向指向右侧，*YC* 轴正方向竖直向上，定位 WCS 的 *XY* 平面平行于车床的工作平面。这样车削加工平面与计算机屏幕平行，方便工作人员进行各种操作尤其是角度输入。然而在实际操作中工作坐标系并不一定满足需要。因此，在进行车削加工时，根据机床主轴的方位，合理设置工作平面是非常必要的，通常采用以下 2 种方式：

（1）*XM-YM*

XM-YM 平面被定义为车削工作平面，*XM*（WCS 中的 *XC*）轴被定义为主轴中心线，MCS 原点将作为编程零点位置。

- *XM* 轴与主轴轴心线及 *XC* 轴重合。
- *YM* 轴与 *YC* 轴重合。
- MCS 的原点即程序的原点。

（2）*ZM-XM*

ZM-XM 平面被定义为车削工作平面，*ZM*（WCS 中的 *XC*）轴被定义为主轴中心线，MCS 原点将作为编程零点位置。

- *ZM* 轴与主轴中心线及 *XC* 轴重合。
- *XM* 轴与 *YC* 轴重合。
- MCS 的原点即程序的原点。

提示

建议初学者在定义机床坐标系时考虑整个工件的加工工艺要求，以提高工件加工效率和加工质量。车削加工中一般以毛坯右端面中心点作为机床坐标系原点。

操作实例——定位加工坐标系

操作步骤

01 单击上边框条中插入的【工序导航器】组中的【几何视图】按钮，将工序导航器切换到几何视图显示。双击工序导航器窗口中的"MCS_ SPINDLE"，弹出【MCS 主轴】对话框，如图 11-13 所示。

02 定位加工坐标系原点。单击【机床坐标系】组框中的按钮，弹出【CSYS】对话框，在图形窗口中输入移动坐标数值为（155,0,0），沿着 *X* 轴移动 155mm，如图 11-14 所示。单击【确定】按钮返回。

03 选择车床工作平面。在【车床工作平面】选项的下拉列表中选择"ZM-XM"，设置 *XC* 轴为机床主轴，如图 11-15 所示。单击【确定】按钮完成。

图 11-13 【MCS 主轴】对话框

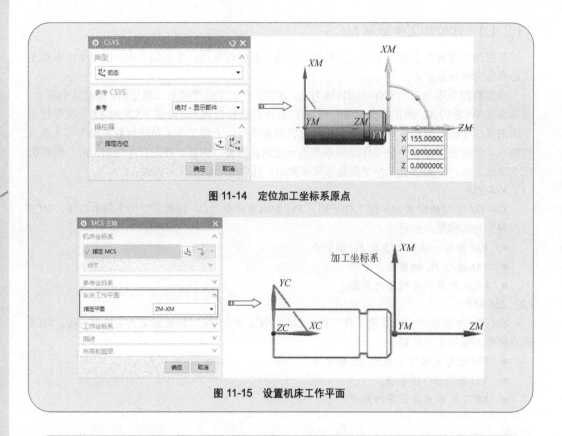

图 11-14　定位加工坐标系原点

图 11-15　设置机床工作平面

 提示

ZM-XM 平面被定义为车削工作平面，ZM（WCS 中的 XC）轴被定义为主轴中心线，XM 轴与 YC 轴重合，MCS 的原点即程序原点。

11.3.1.2　创建工件几何体和毛坯几何体

通常在车削加工中要指定部件几何体、毛坯几何体，可采用实体几何体和边界几何体，实体几何体和边界几何体分别采用实体法和边界法对工件、毛坯进行定义。

（1）用实体法定义车削几何体

实体法使用已经存在的实体作为工件和毛坯，系统自动根据实体模型计算出在工作平面上的轮廓投影，并将创建的 2D 图形保存在当前的工作图层中。

单击【主页】选项卡中的【插入】组中的【创建几何体】按钮，弹出【创建几何体】对话框，单击【创建几何体】对话框中的【WORKPIECE】图标，然后单击【确定】按钮，弹出【工件】对话框，如图 11-16 所示。

提示

【工件】对话框中的选项参数与铣削几何体中的含义基本相同，读者可参考进行学习。

图 11-16 【工件】对话框

（2）用边界法定义车削几何体

边界法是通过指定工件或毛坯的边界（用来描绘几何体形状的线段称为边界）来完成工件的定义。定义时只需指定旋转中心线一侧的边界（因为车削加工以加工回转体为主，所以通常就是 ZM 轴的一侧边界），系统将以中心线为准自动镜像该边界，以生成工件或毛坯几何体。

单击【主页】选项卡中的【插入】组中的【创建几何体】按钮 ，弹出【创建几何体】对话框，单击【创建几何体】对话框中的【TURNING_WORKPIECE】图标 ，然后单击【确定】按钮，弹出【车削工件】对话框，如图 11-17 所示。

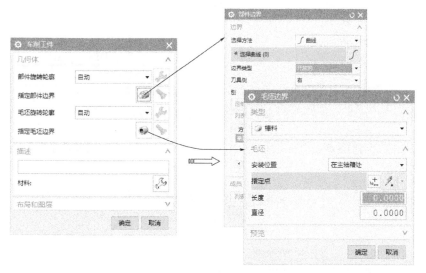

图 11-17 【车削工件】对话框

提示

在 NX 车削加工中，通常采用实体法定义工件几何体，采用边界法定义毛坯几何体。

操作实例——创建车削加工几何体

 操 作 步 骤

01 单击上边框条中插入的【工序导航器】组中的【几何视图】按钮，将工序导航器切换到几何视图显示。在工序导航器中双击"WORKPIECE"，然后单击【确定】按钮，弹出【工件】对话框，如图11-18所示。

图11-18 【工件】对话框

02 创建部件几何体。单击【几何体】组框中【指定部件】选项后的按钮，弹出【部件几何体】对话框，选择实体，如图11-19所示。单击【确定】按钮，返回【工件】对话框。

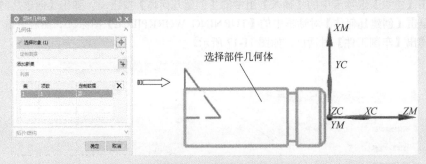

图11-19 创建部件几何体

03 双击工序导航器窗口中的"TURNING_WORKPIECE"，弹出【车削工件】对话框，如图11-20所示。

图11-20 【车削工件】对话框

04 指定毛坯边界。单击【指定毛坯边界】选项后的按钮 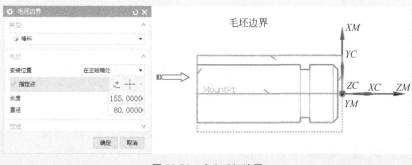，弹出【毛坯边界】对话框，设置【长度】为 155mm、【直径】为 80mm。单击【指定点】按钮 ，弹出【点】构造器，设置安装位置坐标为（0,0,0），依次单击【确定】按钮，完成毛坯边界设置，如图 11-21 所示。

图 11-21　定义毛坯边界

图 11-22　【避让】对话框

11.3.1.3　避让几何体

　　避让几何体用于指定、激活或取消用于在刀轨之前或之后进行非切削运动的几何体，以避免与部件或夹具相碰撞。

　　单击【主页】选项卡中的【插入】组中的【创建几何体】按钮 ，弹出【创建几何体】对话框，单击【创建几何体】对话框中的【ADVOIDANCE】图标 ，然后单击【确定】按钮，弹出【避让】对话框，如图 11-22 所示。

　　【避让】对话框相关选项参数含义如下：

（1）【出发点（FR）】组框

　　【出发点（FR）】组框用于定义刀具初始位置。出发点是刀具运动的参考点，它不会导致刀具移动。选择【指定】选项，然后利用点构造器在图形区选择出发点位置。

（2）【运动到起点（ST）】组框

　　【运动到起点（ST）】组框用于设置从出发点到起点的运动方式和指定起点的位置。【运动类型】用于定义从出发点到起点的运动方式，包括以下 7 种方式：

- 直接 ：刀具从出发点走直线运动到起点，而不进行碰撞检查。
- 径向→轴向 ：刀具先垂直于主轴中心线进行移动，然后平行于主轴中心线移动。
- 轴向→径向 ：刀具先平行于主轴中心线进行移动，然后垂直于主轴中心线移动。
- 纯径向→直接 ：刀具沿径向移动到径向安全距离，然后直接移动到该点。首先需要指定径向平面。
- 纯轴向→直接 ：刀具沿平行于主轴中心线的轴向移动到轴向安全距离，然后直接移动到该点。首先需要指定轴向平面。
- 纯径向 ：刀具直接移动到径向安全平面，然后停止。首先需要指定径向平面。
- 纯轴向 ：刀具直接移动到轴向安全平面，然后停止。首先需要指定轴向平面。

（3）【逼近（AP）】组框

　　【逼近（AP）】组框用于指定从起点到进刀起点的运动路径。

（4）【运动到进刀起点】组框

　　【运动到进刀起点】组框用于指定从起点移动到进刀运动起始位置的刀具运动类型。其运动方式与【运动到起点（ST）】中的选项参数相同。

（5）【离开（DP）】组框

　　【离开（DP）】组框用于指定从退刀点到返回点的运动路径。

（6）【运动到返回点/安全平面（RT）】组框

　　【运动到返回点/安全平面（RT）】组框用于指定从退刀点移动到返回点的运动类型。其运动方式与【运动到起点（ST）】中的选项参数相同。

（7）【运动到回零点（GH）】组框

　　【运动到回零点（GH）】组框用于指定从返回点移动到回零点的运动类型。其运动方式与【运动到起点（ST）】中的选项参数相同。

（8）【径向安全平面】组框

　　【径向安全平面】组框用于在操作之前和之后以及在任何程序设置好的障碍避让过程中，定义刀具运动的安全距离。

操作实例——创建避让几何体

 操作步骤

　　01 单击上边框条中插入的【工序导航器】组中的【几何视图】按钮🔧，将工序导航器切换到几何视图显示。单击【主页】选项卡中的【插入】组中的【创建几何体】按钮🥮，弹出【创建几何体】对话框，如图 11-23 所示。

　　02 单击【创建几何体】对话框中的【ADVOIDANCE】图标👑，然后单击【确定】按钮，弹出【避让】对话框，如图 11-24 所示。

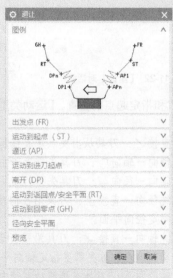

图 11-23 【创建几何体】对话框　　　　图 11-24 【避让】对话框

03 设置出发点。在【出发点（FR）】的【点选项】中选择"指定"，然后单击【指定点】按钮 ⊡，并在弹出的【点】对话框中选择"绝对-工作部件"并输入坐标（220,100,0），如图11-25所示。

图11-25　设置出发点

04 设置起点。选择【运动到起点（ST）】的【运动类型】为"直接"、【点选项】为"点"，单击【指定点】按钮 ⊡，并在弹出的【点】对话框中选择"绝对-工作部件"并输入坐标（170,60,0），如图11-26所示。

图11-26　设置起点

05 设置运动到进刀起点的方式。选择【运动到进刀起点】的【运动类型】为【径向→轴向】，如图11-27所示。

06 设置返回点。选择【运动到返回点/安全平面（RT）】的【运动类型】为"径向→轴向"、【点选项】为"与起点相同"，如图11-28所示。

07 设置回零点。选择【运动到回零点（GH）】的【运动类型】为"直接"、【点选项】为"与起点相同"，如图11-28所示。

图11-27　设置运动到进刀起点的方式

图11-28　设置返回点和回零点

11.3.2　创建刀具组

车削加工中常用的刀具有端面车刀、外圆粗车刀、外圆精车刀、槽刀和螺纹车刀等。

操作实例——创建车削刀具

 操作步骤

（1）创建端面车刀

01 单击上边框条中插入的【工序导航器】组中的【机床视图】按钮，将工序导航器切换到机床视图显示。单击【主页】选项卡中的【插入】组中的【创建刀具】按钮，弹出【创建刀具】对话框。在【类型】下拉列表中选择"turning"，【刀具子类型】选择【OD_80_L】图标，在【名称】文本框中输入"OD_80_L_FACE"，如图 11-29 所示。单击【创建刀具】对话框中的【确定】按钮，弹出【车刀-标准】对话框。

02 在【工具】选项卡中设定【刀尖半径】为"1.2"、【方向角度】为"-15"、【长度】为"15"、【刀具号】为"1"，其他参数接受默认设置，如图 11-30 所示。

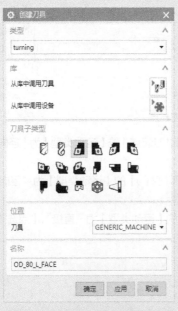

图 11-29 【创建刀具】对话框（一）

图 11-30 【车刀-标准】对话框（一）

（2）创建粗车刀

03 单击【主页】选项卡中的【插入】组中的【创建刀具】按钮，弹出【创建刀具】对话框。在【类型】下拉列表中选择"turning"，【刀具子类型】选择【OD_80_L】图标，在【名称】文本框中输入"OD_80_L"，如图 11-31 所示。单击【创建刀具】对话框中的【确定】按钮，弹出【车刀-标准】对话框。

04 在【车刀-标准】对话框中设定【刀尖半径】为"0.5"、【方向角度】为"5"、【长度】为"15"、【刀具号】为"2"，其他参数接受默认设置，如图 11-32 所示。

图 11-31 【创建刀具】对话框（二）

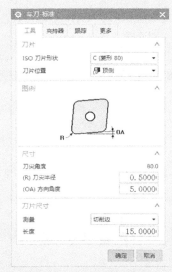

图 11-32 【车刀-标准】对话框（二）

（3）创建精车刀

05 单击【主页】选项卡中的【插入】组中的【创建刀具】按钮 ，弹出【创建刀具】对话框。在【类型】下拉列表中选择"turning"，【刀具子类型】选择【OD_55_L】图标 ，在【名称】文本框中输入"OD_55_L"，如图 11-33 所示。单击【创建刀具】对话框中的【确定】按钮，弹出【车刀-标准】对话框。

06 在【工具】选项卡中设定【刀尖半径】为"0.1"、【方向角度】为"17.5"、【长度】为"15"、【刀具号】为"3"，其他参数接受默认设置，如图 11-34 所示。

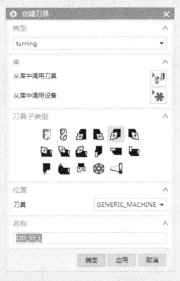

图 11-33 【创建刀具】对话框（三）

图 11-34 【车刀-标准】对话框（三）

（4）创建槽刀

07 单击【主页】选项卡中【插入】组中的【创建刀具】按钮 ，弹出【创建刀具】对话框。在【类型】下拉列表中选择"turning"，【刀具子类型】选择【OD_GROOVE_L】图标 ，在

【名称】文本框中输入"OD_GROOVE_L",如图 11-35 所示。单击【确定】按钮,弹出【槽刀-标准】对话框。

08 在【工具】选项卡中设定【刀片宽度】为"4"、【刀具号】为"4",其他参数接受默认设置,如图 11-36 所示。单击【确定】按钮,完成刀具创建。

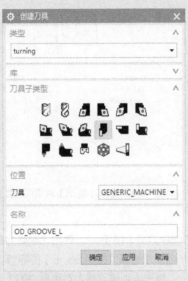

图 11-35 【创建刀具】对话框(四)

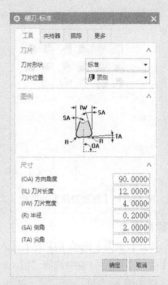

图 11-36 【槽刀-标准】对话框

(5)创建螺纹车刀

09 单击【主页】选项卡中【插入】组中的【创建刀具】按钮，弹出【创建刀具】对话框。在【类型】下拉列表中选择"turning",【刀具子类型】选择【OD_THREAD_L】图标，在【名称】文本框中输入"OD_THREAD_L",如图 11-37 所示。

10 单击【创建刀具】对话框中的【确定】按钮,弹出【螺纹刀-标准】对话框,设定【刀具号】为"5",其他相关参数如图 11-38 所示。

图 11-37 【创建刀具】对话框(五)

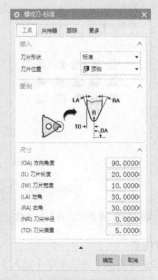

图 11-38 【螺纹刀-标准】选项卡

11.4 创建端面加工工序

　　端面车削加工用于加工回转体的端面，所有的加工参数与粗车加工基本相同，但需要设置端面加工的切削范围。

操作实例——端面车削工序

（1）启动端面车削工序

　　01 单击上边框条中插入的【工序导航器】组中的【几何视图】按钮 🔧，将工序导航器切换到几何视图显示。单击【主页】选项卡中【插入】组中的【创建工序】按钮 🖗，弹出【创建工序】对话框。在【类型】下拉列表中选择"turning"，【工序子类型】选择第 2 行第 1 个图标 ⛁（FACING），【程序】选择"NC_PROGRAM"，【刀具】选择"OD_80_L_FACE"（车刀-标准），【几何体】选择"AVOIDANCE"，【方法】选择"LATHE_FINISH"，在【名称】文本框中输入"FACING"，如图 11-39 所示。

　　02 单击【确定】按钮，弹出【面加工】对话框，如图 11-40 所示。

图 11-39 【创建工序】对话框

图 11-40 【面加工】对话框

（2）设置切削区域

　　03 单击【几何体】组框中的【切削区域】后的【编辑】按钮 🔧，弹出【切削区域】对话框。

　　04 在【轴向修剪平面 1】组框的【限制选项】下拉列表中选择"点"，单击【指定点】按钮 ⬚，在图形区选择如图 11-41 所示的点。

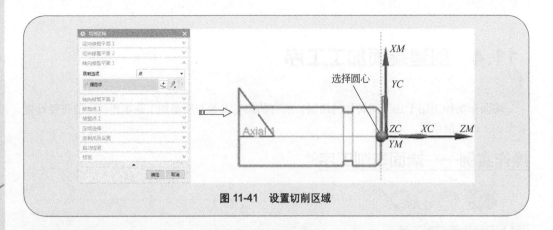

图 11-41　设置切削区域

提示

　　修剪平面用于将加工操作限制在平面的一侧，在车削加工横截面内，修剪平面用直线形式表示。单个轴向修剪平面，将切削区域限制在该平面的右侧。

（3）设置切削策略和刀轨参数

　　05 在【切削策略】组框中选择【单向线性切削】走刀方式。

　　06 在【面加工】对话框的【刀轨设置】组框中选择【与XC的夹角】为"270"，【方向】为"前进"；选择【切削深度】为"恒定"，【深度】为2mm；选择【变换模式】为"省略"，【清理】为"无"，如图11-42所示。

（4）设置非切削参数

　　07 单击【刀轨设置】组框中的【非切削移动】按钮 ，弹出【非切削移动】对话框。【进刀】选项卡：在【毛坯】组框中【进刀类型】为"线性-自动"、【自动进刀选项】为"自动"、其他参数如图11-43所示。

图 11-42　设置切削策略和刀轨参数

图 11-43　【进刀】选项卡

08 【退刀】选项卡: 在【毛坯】组框中【退刀类型】为"线性-自动",其他参数如图 11-44 所示。

09 【逼近】选项卡: 在【运动到进刀起点】组框中【运动类型】为"轴向→径向",其他参数如图 11-45 所示。

10 【离开】选项卡: 在【运动到返回点/安全平面】组框中【运动类型】为"轴向→径向",其他参数如图 11-46 所示。

11 单击【非切削移动】对话框中的【确定】按钮,完成非切削参数设置。

图 11-44 【退刀】选项卡

图 11-45 【逼近】选项卡

图 11-46 【离开】选项卡

> **提示**
>
> 端面车削时，一般避让参数是在【逼近】选项卡中设置出发点和起点，并设置【运动到起点】的【运动类型】为"轴向→径向"；在【离开】选项卡中设置【运动到回零点】的【运动类型】为"轴向→径向"。

（5）设置进给参数

12 单击【刀轨设置】组框中的【进给率和速度】按钮，弹出【进给率和速度】对话框。设置【主轴速度】为"500"、【切削】为"0.15""mmpr"，其他接受默认设置，如图11-47所示。

（6）生成刀具路径并验证

13 单击【面加工】对话框底部【操作】组框中的【生成】按钮，可在该对话框下生成刀具路径，如图11-48所示。

图 11-47 【进给率和速度】对话框

14 单击【操作】组框中的【确认】按钮，弹出【刀轨可视化】对话框，然后选择【3D动态】选项卡，单击【播放】按钮，可进行3D动态刀具切削过程模拟，如图11-48所示。

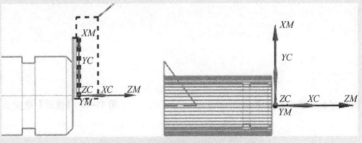

图 11-48 刀具路径和实体切削验证

（7）刀具路径后处理

15 在工序导航器中选择工序"FACING"，然后单击【工序】组中的【后处理】按钮，弹出【后处理】对话框，如图11-49所示。

16 选择好合适的机床定义文件类型后，单击【确定】按钮，完成NC代码的生成输出，如图11-50所示。

图 11-49 【后处理】对话框

图 11-50 生成的NC代码

11.5 创建粗车加工工序

粗车加工用于移除大量材料，一般加工精度比较低。但是通过正确地设置进刀、退刀运动可达到半精加工或精加工质量，如图 11-51 所示。

11.5.1 水平角度

水平角度也称为层角度，用于定义加工刀具的走刀方向。大多数情况下刀具都是从右向左，在平行于工件轴线的方向上进行加工，通常情况下【水平角度】为 180º，切槽加工时为 90º（内）或 270º（外）。水平角度从中心线按逆时针方向（WCS 的 *XC* 轴方向）进行测量，如图 11-52 所示。

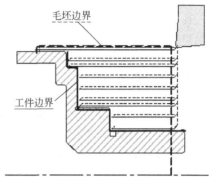

图 11-51 粗车，车外侧

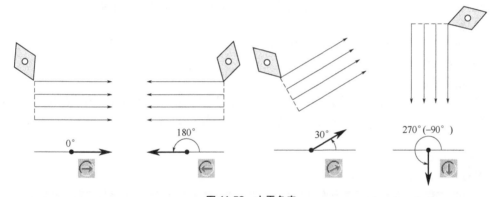

图 11-52 水平角度

11.5.2 方向

【方向】用于确定切削的方向，如图 11-53 所示，包括以下选项：

- 前进：从右向左或从内向外加工。
- 反向：从左向右或从外向内加工。

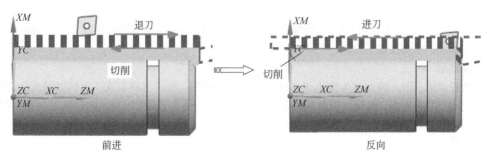

图 11-53 方向

11.5.3　步进

　　【步进】用于指定粗加工操作中各刀路的切削深度。该值可以是用户指定的固定值，也可以是系统根据指定的最小值和最大值而计算出的可变值。【切削深度】包括以下选项：

（1）恒定

　　该选项用于设置切削深度为常数。在切削过程中，系统将按照这个值进行走刀，但如果剩余的切削深度值小于给定的切削深度，则系统将会一次性去除剩余材料。

提示

　　固定深度值是按照经验定义的，但当选择固定值进行切削时，由于最后一次走刀时剩余量不定，因此刀具的受力发生变化，这样有可能影响到工件的表面质量和尺寸精度（因为这将引起刀具的弹性变形）。

（2）多个

　　选择该选项时，用户自行设置刀具的各层的切削深度。系统最多允许指定 10 个不同的切削深度值，在同一行中，指定了多少刀路数就按照相应的切削深度值执行多少次走刀。

（3）层数

　　选择该选项时，根据用户输入切削层的数目，系统会自动计算出每层的平均深度值进行加工，适于直线型切削方式。

（4）变量平均值

　　选择该选项时，可输入一个最小切削深度和一个最大切削深度，系统根据设定的切削深度最大值和最小值之间自动确定一个切削深度值，计算所需最小刀路数，各层的切削深度值相等。

提示

　　按照变量平均值计算所得到的刀具轨迹，切削的层数是满足最大切深条件下所需的最小值。

（5）变量最大值

　　选择该选项时，指定一个最大切削深度和一个最小切削深度，系统尽可能多次地在指定的最大深度值处进行切削，如果加工余量略大于或等于指定的最小深度值，则一次走刀切除所有切削余量。

11.5.4　变换模式

　　【变换模式】用于控制切削区域内的凹形区域的切削顺序，所谓凹形区域就是实际零件中的低谷部分。它包括以下选项：

（1）根据层

　　选择该选项时，通过定义的水平角度来设置加工顺序。采用这种方式，系统以最大的切削深度走刀到凹形区域，然后按照水平角度的方向从切削起始点开始，依次对凹形区域进行切削，如图 11-54 所示。

（2）向后

　　当采用"向后"变换模式时，则按照与"根据层"模式相对的模式切削反向。即系统先切削最后一个凹形区域（远离切削起始点的区域），然后返回至第一个凹形区域，如图 11-55 所示。

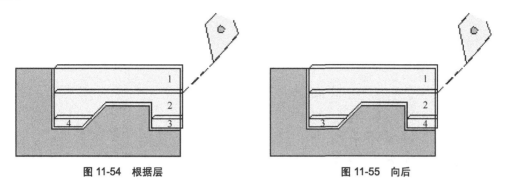

图 11-54　根据层　　　　　　　　　　　　　　图 11-55　向后

（3）最接近

选择该选项时，系统总是选择距离当前刀具位置最近的凹形区域先进行切削，常用于往复切削模式。特别是对于复杂的部件边界，采用这种方式可以减少刀轨，因而可以节省相当多的加工时间。

（4）以后切削

选择该选项时，系统首先切削起始点附近的凹形区域，直到将这个凹形区域切削完为止，接着才切削邻近的凹形区域，如图 11-56 所示。

（5）省略

选择该选项时，只加工靠近切削起始点的凹形区域，其他凹形区域均不加工，如图 11-57 所示。当凹形区域和其他区域所用的刀具不同时（如退刀槽等凹形槽加工）最好选用此种方法。

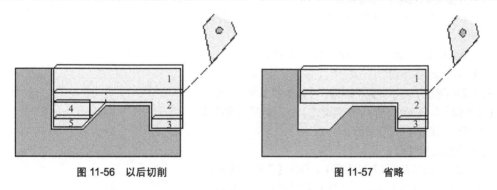

图 11-56　以后切削　　　　　　　　　　　　　图 11-57　省略

操作实例——粗车加工工序

操作步骤

（1）启动粗车加工工序

01 单击上边框条中插入的【工序导航器】组上的【几何视图】按钮 ，将工序导航器切换到几何视图显示。单击【主页】选项卡中的【插入】组中的【创建工序】按钮 ，弹出【创建工序】对话框。在【创建工序】对话框中的【类型】下拉列表中选择"turning"，【工序子类型】选择第 2 行第 2 个图标 （ROUGH_TURN_OD），【程序】选择"NC_PROGRAM"，【刀具】选择"OD_80_L（车刀-标准）"，【几何体】选择"AVOIDANCE"，【方法】选择"LATHE_ROUGH"，在【名称】文本框中输入"ROUGH_TURN_OD"，如图 11-58 所示。

02 单击【确定】按钮，弹出【外径粗车】对话框，如图 11-59 所示。

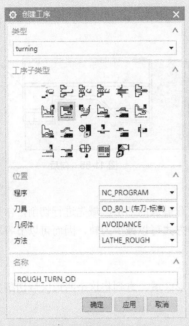

图 11-58 【创建操作】对话框

图 11-59 【外径粗车】对话框

（2）设置切削策略和刀轨参数

03 在【切削策略】组框中选择"单向线性切削"走刀方式。

04 在【外径粗车】对话框的【刀轨设置】组框中选择【与 XC 的夹角】为"180"，【方向】为"前进"；选择【切削深度】为"变量平均值"，【最大值】为 4mm，【最小值】为 2mm；选择【变换模式】为"省略"，【清理】为"无"，如图 11-60 所示。

（3）设置切削参数

05 在【外径粗车】对话框中，单击【刀轨设置】组框中的【切削参数】按钮，弹出【切削参数】对话框，进行切削参数设置。【策略】选项卡：取消【允许底切】复选框，其他接受默认设置，如图 11-61 所示。

06 【拐角】选项卡：设置拐角方式为"延伸"，如图 11-62 所示。

07 单击【切削参数】对话框中的【确定】按钮，完成切削参数设置。

（4）设置非切削参数

08 单击【刀轨设置】组框中的【非切削移动】按钮，弹出【非切削移动】对话框。【进刀】选项卡：在【毛坯】组框中【进刀类型】为"线性-自动"，在【部件】组框中【进刀类型】为"线性-自动"，其他参数如图 11-63 所示。

图 11-60 设置切削策略和刀轨参数

图 11-61 【策略】选项卡

图 11-62 【拐角】选项卡

09 【退刀】选项卡：在【毛坯】组框中【退刀类型】为"线性"、【角度】为"90"、【长度】为"5"，在【部件】组框中【退刀类型】为"线性"、【角度】为"45"、【长度】为"3"，其他参数如图 11-64 所示。

图 11-63 【进刀】选项卡

图 11-64 【退刀】选项卡

10 单击【非切削移动】对话框中的【确定】按钮，完成非切削参数设置。

提示

粗车车削时，一般避让参数是在【逼近】选项卡中设置出发点和起点，并设置【运动到起点】的【运动类型】为"径向→轴向"；在【离开】选项卡中设置【运动到回零点】的【运动类型】为"径向→轴向"。

（5）设置进给参数

11 单击【刀轨设置】组框中的【进给率和速度】按钮，弹出【进给率和速度】对话框。设置【主轴速度】为"600"、【切削】为"0.3""mmpr"，其他接受默认设置，如图 11-65 所示。

（6）生成刀具路径并验证

12 单击【外径粗车】对话框底部【操作】组框中的【生成】按钮，可在该对话框下生成刀具路径，如图 11-66 所示。

图 11-65 【进给率和速度】对话框

13 单击【操作】组框中的【确认】按钮，弹出【刀轨可视化】对话框，然后选择【3D 动态】选项卡，单击【播放】按钮，可进行 3D 动态刀具切削过程模拟，如图 11-66 所示。

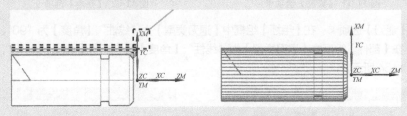

图 11-66　刀具路径和实体切削验证

（7）刀具路径后处理

14 在工序导航器中选择工序"ROUGH_TURN_OD"，然后单击【工序】组中的【后处理】按钮，弹出【后处理】对话框，如图 11-67 所示。

15 选择好合适的机床定义文件类型后，单击【确定】按钮，完成 NC 代码的生成输出，如图 11-68 所示。

图 11-67　后处理对话框

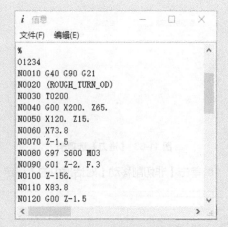

图 11-68　生成的 NC 代码

11.6 创建精车加工工序

精车将沿着已定义的边界创建一个或多个精加工刀路或轮廓加工刀路。

11.6.1 精车加工类型

精车加工包括 2 种类型：内圆精车和外圆精车。

（1）内圆精车

内圆精车是使刀具沿着内部部件表面进行精加工，也称为镗孔加工，如图 11-69 所示。

（2）外圆精车

外圆精车是使刀具沿着外部部件表面进行精加工，如图 11-70 所示。

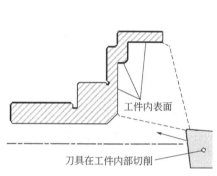

图 11-69　精车内圆刀路

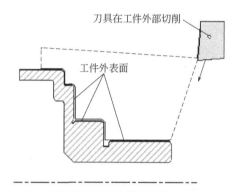

图 11-70　精车外部刀路

11.6.2 精车进刀和退刀

单击【非切削移动】对话框中【进刀】和【退刀】选项卡，弹出进刀和退刀参数，如图 11-71、图 11-72 所示。

图 11-71　【进刀】选项卡

图 11-72　【退刀】选项卡

【进刀】/【退刀】选项卡中的【轮廓加工】组框用于设置轮廓加工时控制向部件进刀/退刀，主要应用在轮廓加工中，如图 11-73 所示。

【进刀类型】/【退刀类型】用于设置进刀/退刀类型，包括以下选项：

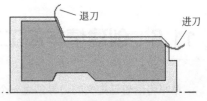

图 11-73　轮廓切削进刀/退刀运动

（1）圆弧-自动

选择该方式时，进刀/退刀路径是一条圆弧，刀具以圆周运动的方式进入/离开工件，特点是刀具可以平滑地移动，而且中途不必停止。使用【自动进刀选项】可控制该方式的方法：

● 自动：指系统自动生成的角度为90°，半径为刀具切削半径的两倍，如图 11-74 所示。

● 用户定义：指输入圆弧的角度和半径，如图 11-75 所示。

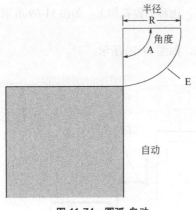

图 11-74　圆弧-自动

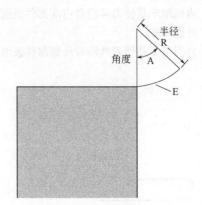

图 11-75　用户定义

（2）线性-自动

选择该方式时，沿着第一刀切削的方向逼近/离开部件，自动方式时运动长度与刀尖半径相等，如图 11-76 所示。

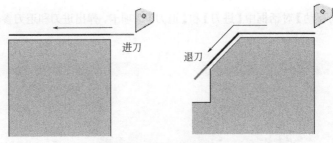

图 11-76　线性-自动

（3）线性-增量

选择该方式时，用 *XC* 增量和 *YC* 增量值定义刀具逼近或离开部件的方向，*XC* 增量和 *YC* 增量值始终是相对于 WCS 的，如图 11-77 所示。

（4）线性

选择该方式时，用【角度】和【长度】值定义逼近和离开方向，如图 11-78 所示。【角度】和【长度】值始终与 WCS 有关，系统从进刀或退刀移动的起点处开始计算这一角度，逆时针方向为正。

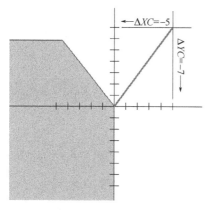

图 11-77 线性-增量

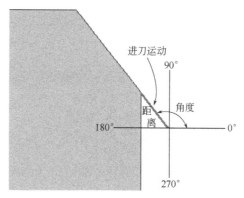

图 11-78 "线性"进刀方法

（5）线性-相对于切削

选择该方式时，用【角度】和【长度】值定义逼近和离开方向，与"线性"相比，该角度是相对于邻近运动的角度，如图 11-79 所示。

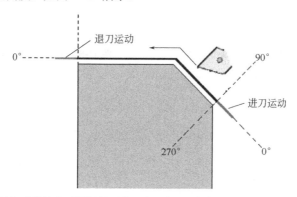

图 11-79 "线性-相对于切削"进刀/退刀方法（角度为 0°，距离为 3mm）

操作实例——精车加工工序

（1）启动精车加工工序

01 单击上边框条中插入的【工序导航器】组中的【几何视图】按钮 ，将工序导航器切换到几何视图显示。单击【主页】选项卡中的【插入】组中的【创建工序】按钮 ，弹出【创建工序】对话框。在【类型】下拉列表中选择"turning"，【工序子类型】选择第 2 行第 6 个图标 （FINISH_TURN_OD），【程序】选择"NC_PROGRAM"，【刀具】选择"OD_55_L（车刀-标准）"，【几何体】选择"TURNING_WORKPIECE"，【方法】选择"LATHE_FINISH"，在【名称】文本框中输入"FINISH_TURN_OD"，如图 11-80 所示。

02 单击【确定】按钮，弹出【外径精车】对话框，如图 11-81 所示。

（2）设置切削区域

03 单击【几何体】组框中的【切削区域】后的【编辑】按钮 ，弹出【切削区域】对话框。在【修剪点 1】组框的【点选项】下拉列表中选择"指定"，选择如图 11-82 所示的点，【延伸距离】为"2"，【角度选项】为"自动"。

图 11-80 【创建工序】对话框　　　　图 11-81 【外径精车】对话框

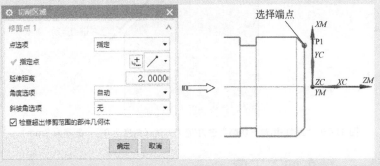

图 11-82　设置修剪点 1

04 在【修剪点 2】组框的【点选项】下拉列表中选择"指定",选择如图 11-83 所示的点,【角度选项】为"角度",【指定角度】为"90"。

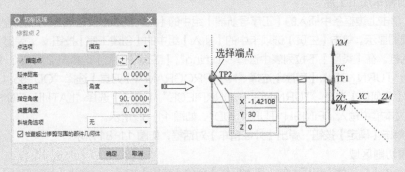

图 11-83　设置修剪点 2

05 单击【切削区域】对话框中的【确定】按钮,完成切削区域设置。

（3）设置切削策略和刀轨参数

　　06 在【切削策略】组框中选择"全部精加工"走刀方式，如图 11-84 所示。

　　07 在【外径精车】对话框的【刀轨设置】组框中选择【与 XC 的夹角】为"180"，【方向】为"前进"，选中【省略变换区】复选框，其他参数如图 11-84 所示。

图 11-84　设置切削策略和刀轨参数

提示

　　【切削策略】中的【策略】为【全部精加工】表示对所有轮廓按其刀轨进行轮廓加工，但不考虑轮廓类型。

（4）设置切削参数

　　08 在【外径精车】对话框中，单击【刀轨设置】组框中的【切削参数】按钮 ⊞，弹出【切削参数】对话框，进行切削参数设置。【策略】选项卡：取消【允许底切】复选框，其他接受默认设置，如图 11-85 所示。

　　09 【拐角】选项卡：设置拐角方式为"延伸"，如图 11-86 所示。

　　10 单击【切削参数】对话框中的【确定】按钮，完成切削参数设置。

（5）设置非切削参数

　　11 单击【刀轨设置】组框中的【非切削移动】按钮 ⊞，弹出【非切削移动】对话框。【进刀】选项卡：在【轮廓加工】组框中【进刀类型】为"线性-自动"，其他参数如图 11-87 所示。

　　12 【退刀】选项卡：在【轮廓加工】组框中【退刀类型】为"线性"、【角度】为"90"、【长度】为"2"，其他参数如图 11-88 所示。

图 11-85 【策略】选项卡

图 11-86 【拐角】选项卡

图 11-87 【进刀】选项卡

图 11-88 【退刀】选项卡

13 单击【非切削移动】对话框中的【确定】按钮，完成非切削参数设置。

（6）设置切削速度

14 单击【刀轨设置】组框中的【进给率和速度】按钮，弹出【进给率和速度】对话框。设置【主轴速度】为"1000"、【切削】为"0.7""mmpr"，其他接受默认设置，如图 11-89 所示。

（7）生成刀具路径并验证

15 单击【外径精车】对话框底部【操作】组框中的【生成】按钮，可在该对话框下生成刀具路径，如图 11-90 所示。

图 11-89 【进给率和速度】对话框

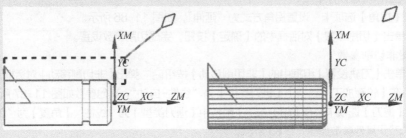

图 11-90 刀具路径和实体切削验证

16 单击【操作】组框中的【确认】按钮 🔊，弹出【刀轨可视化】对话框，然后选择【3D 动态】选项卡，单击【播放】按钮 ▶，可进行 3D 动态刀具切削过程模拟，如图 11-90 所示。

（8）刀具路径后处理

17 在工序导航器中选择工序"FINISH_TURN_OD"，然后单击【工序】组中的【后处理】按钮 🔧，弹出【后处理】对话框，如图 11-91 所示。

18 选择好合适的机床定义文件类型后，单击【确定】按钮，完成 NC 代码的生成输出，如图 11-92 所示。

图 11-91 【后处理】对话框

图 11-92 生成的 NC 代码

11.7 创建车槽加工工序

车槽加工可以切削内径、外径和端面槽，如图 11-93 所示。

11.7.1 切削策略

车槽加工主要应用"插削"，包括"单向插削""往复插削""交替插削"和"交替插削（余留塔台）"，如图 11-94 所示。

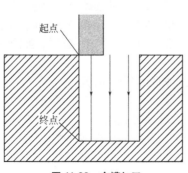

图 11-93 车槽加工

图 11-94 切削策略

典型车槽加工切削策略如下：

- 单向插削：刀具单方向径向切削，是一种典型的与槽刀配合使用的粗加工策略。
- 往复插削：刀具并不直接插削槽底部，而是使刀具插削到指定的切削深度（层深度），然后进行一系列的插削，以移除处于此深度的所有材料；之后再次插削到切削深度，并移除处于该层的所有材料；以往复方式来回往复执行以上一系列切削，直至达到槽底部。
- 交替插削：刀具从中间开始向两边交替进行径向切削。
- 交替插削（余量塔台）：刀具在较长的距离上交替方向进行径向切削，彼此相邻的两次走刀之间留有余量，该余量将在下次进行切削。

11.7.2 切屑控制

车槽加工中需要设置【切屑控制】选项卡中的"切屑控制"选项，如图 11-95 所示。

利用【切屑控制】可在开槽时指定除屑和断屑方法。【切屑控制】仅在插削时可用，包括以下选项：

- 无：不应用切屑控制。
- 恒定倒角：按恒定增量距离重复退刀，以断开切屑。
- 可变倒角：按可变增量列表中指定的值重复退刀，以断开切屑。
- 恒定安全设置：按恒定增量距离重复地从孔中退刀，以清除切屑。
- 可变安全设置：按可变增量列表中指定的值重复地从孔中退刀，以清除切屑。

图 11-95 【切屑控制】选项卡

操作实例——车槽加工工序

 操作步骤

（1）启动车槽加工工序

01 单击上边框条中插入的【工序导航器】组中的【几何视图】按钮，将工序导航器切换到几何视图显示。单击【主页】选项卡中的【插入】组中的【创建工序】按钮，弹出【创建工序】对话框。在【创建工序】对话框中的【类型】下拉列表中选择"turning"，【工序子类型】选择第 3 行第 4 个图标（GROOVE_OD），【程序】选择"NC_PROGRAM"，【刀具】选择"OD_GROOVE_L（槽刀-标准）"，【几何体】选择"AVOIDANCE"，【方法】选择"LATHE_GROOVE"，在【名称】文本框中输入"GROOVE_OD"，如图 11-96 所示。

02 单击【确定】按钮，弹出【外径开槽】对话框，如图 11-97 所示。

（2）设置切削区域

03 单击【几何体】组框中的【切削区域】选项后的【编辑】按钮，弹出【切削区域】对话框。在【轴向修剪平面 1】组框的下拉列表中选择"点"，选择端点作为轴向修剪平面 1 的位置，如图 11-98 所示。

图 11-96 【创建工序】对话框　　　　　图 11-97 【外径开槽】对话框

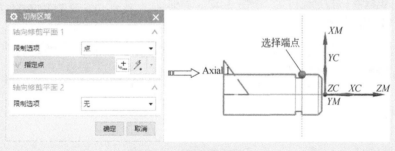

图 11-98　设置轴向修剪平面 1

04 在【轴向修剪平面 2】组框的下拉列表中选择"点"，选择端点作为轴向修剪平面 2 的位置，如图 11-99 所示。

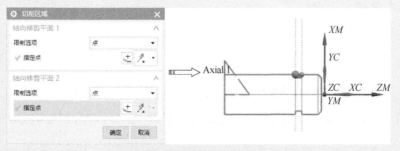

图 11-99　设置轴向修剪平面 2

05 单击【切削区域】对话框中的【确定】按钮，完成修剪点设置。

（3）设置切削策略和刀轨参数

06 在【切削策略】组框中选择"单向插削"走刀方式，如图 11-100 所示。

07 在【刀轨设置】组框中选择【与XC的夹角】为"180",【方向】为"前进";选择【步距】为"变量平均值",【最大值】为"75"刀具百分比;【清理】为"仅向下",如图11-100所示。

(4) 设置切削参数

08 在【外径开槽】对话框中,单击【刀轨设置】组框中的【切削参数】按钮，弹出【切削参数】对话框,进行切削参数设置。【策略】选项卡:【粗切削后驻留】为"转",【转】为"1",取消【允许底切】复选框,其他接受默认设置,如图11-101所示。

09 【切屑控制】选项卡:【切屑控制】为无,如图11-102所示。

10 单击【切削参数】对话框中的【确定】按钮,完成切削参数设置。

(5) 设置非切削参数

11 单击【刀轨设置】组框中的【非切削移动】按钮，弹出【非切削移动】对话框。【进刀】选项卡:在【插削】组框中【进刀类型】为"线性–自动",其他参数如图11-103所示。

图 11-100　设置切削策略和刀轨参数

图 11-101　【策略】选项卡

图 11-102　【切屑控制】选项卡

12 【退刀】选项卡:在【插削】组框中【退刀类型】为"线性–自动",其他参数如图11-104所示。

13 【安全距离】选项卡:设置【径向安全距离】和【轴向安全距离】如图11-105所示。

14 【逼近】选项卡:在【运动到进刀起点】组框中【运动类型】为"轴向→径向",其他参数如图11-106所示。

15 【离开】选项卡:在【运动到返回点/安全平面】组框中【运动类型】为"径向→轴向",其他参数如图11-107所示。

图 11-103 【进刀】选项卡

图 11-104 【退刀】选项卡

图 11-105 【安全距离】选项卡

图 11-106 【逼近】选项卡

16 单击【非切削移动】对话框中的【确定】按钮，完成非切削参数设置。

（6）设置切削速度

17 单击【刀轨设置】组框中的【进给率和速度】按钮，弹出【进给率和速度】对话框。设置【主轴速度】为"100"、【切削】为"0.1""mmpr"，其他接受默认设置，如图 11-108 所示。

（7）生成刀具路径并验证

18 单击【外径开槽】对话框底部【操作】组框中的【生成】按钮，可在该对话框下生成刀具路径，如图 11-109 所示。

19 单击【操作】组框中的【确认】按钮，弹出【刀轨可视化】对话框，然后选择【3D 动态】选项卡，单击【播放】按钮，可进行 3D 动态刀具切削过程模拟，如图 11-109 所示。

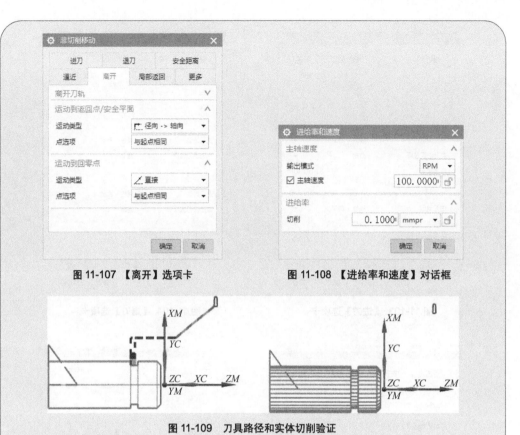

图 11-107 【离开】选项卡 　　　　　　　图 11-108 【进给率和速度】对话框

图 11-109　刀具路径和实体切削验证

（8）刀具路径后处理

20 在工序导航器中选择工序"GROOVE_OD"，然后单击【工序】组中的【后处理】按钮 ，弹出【后处理】对话框，如图 11-110 所示。

21 选择好合适的机床定义文件类型后，单击【确定】按钮，完成 NC 代码的生成输出，如图 11-111 所示。

图 11-110　后处理对话框

图 11-111　生成的 NC 代码

11.8 创建螺纹加工工序

NX 车削加工模块中的螺纹加工功能可以加工内外表面单头、多头普通螺纹，锥螺纹和端面螺纹。螺纹加工时必须指定"螺距""导程"或"每英寸螺纹圈数"，并选择顶线和根线（或深度）以生成螺纹刀轨，如图 11-112 所示。

11.8.1 螺纹长度和深度

通过选择顶线来定义螺纹起点和终点，螺纹长度由顶线的长度指定，可通过指定起点和终点偏置量来修改此长度。要创建倒斜角螺纹，请手工计算偏置并设置合适的偏置量，如图 11-113 所示。

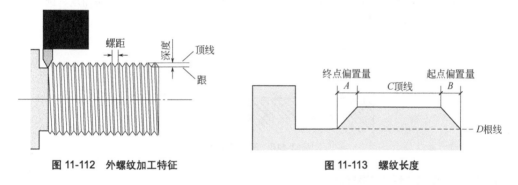

图 11-112　外螺纹加工特征　　　　　　　　　　图 11-113　螺纹长度

（1）选择顶线

【选择顶线】用于在图形窗口中选择进行螺纹加工的圆周面的母线（称为顶线）。距离选择线的位置最近的一端为顶线的起点，另一端是终点。

（2）选择终止线

【选择终止线】通过选择与顶线相交的线定义终点，用于调整螺纹的长度，如图 11-114 所示。指定终止线时，交点即是终点，终点偏置量也要以该交点为基准。如果没有选择终止线，则系统默认顶线的端点为终点。

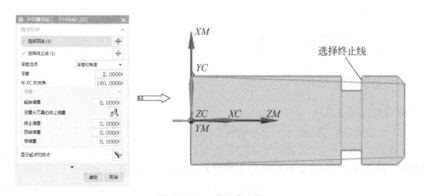

图 11-114　选择终止线

（3）深度选项

在螺纹加工中，深度是指螺纹单面的切深，总深度是粗加工螺纹深度与精加工螺纹深度的和。在【深度选项】下拉列表中有"根线"和"深度和角度"两种定义方式：

● 根线：通过选择根线来确定总深度和螺旋角。选择根线后，螺纹总深度是指顶线到根线的距离。根线就是通常所说的外螺纹的小径、内螺纹的大径，如图 11-115 所示。

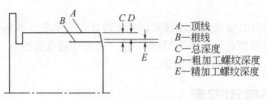

A—顶线
B—根线
C—总深度
D—粗加工螺纹深度
E—精加工螺纹深度

图 11-115　螺纹深度

● 深度和角度：通过输入深度和角度值来计算螺纹深度，通常角度为 180°。螺纹角度用于产生锥螺纹（管螺纹），通常指刀具加工的方向，类似于粗加工的层角度，例如角度为 174°，实际上就是锥螺纹，如图 11-116 所示。

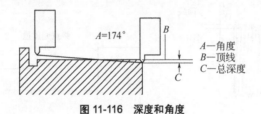

A—角度
B—顶线
C—总深度

图 11-116　深度和角度

11.8.2　螺纹切削深度

【切削深度】用于指定达到粗加工螺纹深度的增量方式，包括以下选项：

● 恒定：指定单个深度增量值，系统以指定的恒定深度进行切削，直到达到总粗加工深度。
● 单个的：指定一组可变增量以及每个增量的重复次数，以控制刀具的每一次下切，允许用户最大限度地控制单个刀路。
● 剩余百分比：每次刀具的切削深度增量总是剩下余量的百分之多少，所以刀具切削深度越来越小。

操作实例——螺纹加工工序

 操作步骤

（1）启动螺纹车削加工工序

01 单击上边框条中插入的【工序导航器】组中的【几何视图】按钮，将工序导航器切换到几何视图显示。单击【主页】选项卡中的【插入】组中的【创建工序】按钮，弹出【创建工序】对话框。在【创建工序】对话框中的【类型】下拉列表中选择"turning"，【工序子类型】选择第 4 行第 1 个图标（THREAD_OD），【程序】选择"NC_PROGRAM"，【刀具】选择"OD_THREAD_L（螺纹刀-标准）"，【几何体】选择"AVOIDANCE"，【方法】选择"LATHE_THREAD"，在【名称】文本框中输入"THREAD_OD"，如图 11-117 所示。

02 单击【确定】按钮，弹出【外径螺纹加工】对话框，如图 11-118 所示。

图 11-117 【创建工序】对话框

图 11-118 【外径螺纹加工】对话框

（2）设置螺纹形状

03 单击【选择顶线】后的 ⊹ 按钮，然后在图形区选择如图 11-119 所示的顶线。

04 设置【深度选项】为"深度和角度"，【深度】为"2"、【与 XC 的夹角】为"180"，设置偏置相关参数如图 11-120 所示。

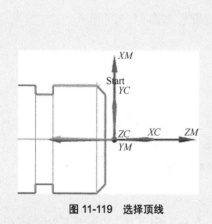

图 11-119 选择顶线

图 11-120 设置螺纹形状参数

（3）设置切削参数

05 在【外径螺纹加工】对话框中，单击【刀轨设置】组框中的【切削参数】按钮 ⊟，弹出【切削参数】对话框，进行切削参数设置。【策略】选项卡：【螺纹头数】为"1"，【切削深度】为

"剩余百分比",如图 11-121 所示。

06 【螺距】选项卡:【螺距变化】为"恒定",【距离】为"1.5",如图 11-122 所示。

07 单击【切削参数】对话框中的【确定】按钮,完成切削参数设置。

图 11-121 【策略】选项卡

图 11-122 【螺距】选项卡

(4)设置切削速度

08 单击【刀轨设置】组框中的【进给率和速度】按钮，弹出【进给率和速度】对话框。设置【主轴速度】为"100"，其他接受默认设置，如图 11-123 所示。

(5)生成刀具路径并验证

09 单击【外径螺纹加工】对话框底部【操作】组框中的【生成】按钮，可在该对话框下生成刀具路径，如图 11-124 所示。

10 单击【操作】组框中的【确认】按钮，弹出【刀轨可视化】对话框，然后选择【3D 动态】选项卡，

图 11-123 【进给率和速度】对话框

单击【播放】按钮，可进行 3D 动态刀具切削过程模拟，如图 11-124 所示。

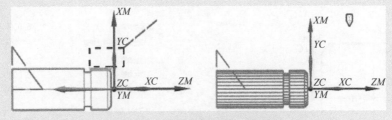

图 11-124 刀具路径和实体切削验证

(6)刀具路径后处理

11 在工序导航器中选择工序"THREAD_OD"，然后单击【工序】组中的【后处理】按钮，弹出【后处理】对话框，如图 11-125 所示。

12 选择好合适的机床定义文件类型后，单击【确定】按钮，完成 NC 代码的生成输出，如图 11-126 所示。

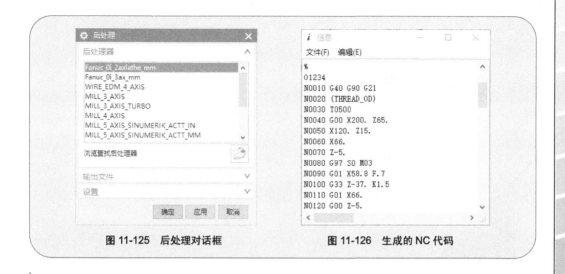

图 11-125　后处理对话框　　　　　　　　图 11-126　生成的 NC 代码

11.9　本章小结

　　本章以短轴零件为例讲解了 NX 车削加工的操作方法和步骤，包括车削加工坐标系、车削几何体、车削刀具、端面加工、粗车加工、精车加工、切槽加工等，使读者通过该例来掌握车削加工的具体应用。同时希望读者能进行更多的练习，完全掌握及熟练应用车削加工方法。

12

第12章

NX 2.5轴数控加工实例

本章内容

▶ 底盘零件结构分析
▶ 底盘零件数控工艺分析与加工方案
▶ 底盘数控加工基本流程
▶ 底盘零件数控加工操作过程

2.5 轴数控加工是 NX 数控加工的主要方式之一，本章以底盘零件为例来介绍凸台、凹槽等结构特征的数控加工方法和步骤。希望通过本章的学习，读者能轻松掌握 NX2.5 轴数控加工的基本应用。

　　底盘零件如图 12-1 所示，零件四侧面已完成加工，要加工的面是上表面和各种腔槽，材料为 Q235A。

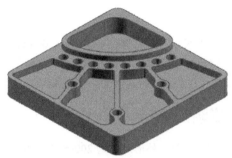

图 12-1　底盘零件

12.1　底盘零件结构分析

　　由图 12-2 可知该底盘零件的整体尺寸为 200mm×200mm×38mm，下表面已经过加工，上表面、凸台、凹槽和和孔均需要加工，结构较为复杂。

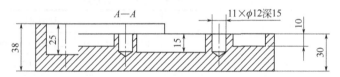

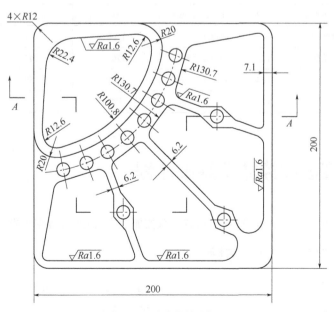

图 12-2　底盘零件结构图

12.2　底盘零件数控工艺分析与加工方案

12.2.1　分析零件工艺性能

如图 12-2 所示，该零件外形尺寸为长×宽×高=200mm×200 mm×38 mm，属于小零件。其加工表面为上表面、凸台、凹槽和孔，加工表面粗糙度 Ra 为 1.6μm。该零件的加工以凸台、凹槽、孔为主，加工尺寸精度要求较高，要通过粗、精加工来完成。

12.2.2　选用毛坯或明确来料状况

毛坯为六面体，材料为 Q235A 钢，外形尺寸为 200mm×200mm×40mm，六面全部经过初步加工。

12.2.3　确定加工方案

根据零件形状及加工精度要求，按照先粗后精、先面后孔的原则，按照"面铣"→"粗加工"→"精加工"→"定心钻"→"钻孔"的顺序逐步达到加工精度。该零件的数控加工方案如表 12-1 所示。

表 12-1　底盘零件的数控加工方案

工步号	工步内容	刀具	刀具类型	切削用量		
				主轴转速/(r/min)	进给速度/(mm/min)	背吃刀量/mm
1	精铣上表面	T01	ϕ50mm 面铣刀	600	200	1.5
2	上腔槽粗加工	T02	ϕ10mm 平底刀	800	350	2
3	主腔槽粗加工	T02	ϕ10mm 平底刀	800	350	2
4	上腔槽精加工	T03	ϕ8mm 平底刀	1200	450	0.5
5	主腔槽精加工	T03	ϕ8mm 平底刀	1200	450	0.5
6	钻中心孔	T04	ϕ3mm 中心钻	1500	500	—
7	钻ϕ12mm 孔	T05	ϕ12mm 钻头	300	50	7.9

12.3　底盘数控加工基本流程

根据拟订的加工工艺路线，采用 UG CAM 数控加工功能实现底盘零件的加工。

12.3.1　启动数控加工环境

要进行数控加工，首先要启动 NX 数控加工环境，进入 NX 制造模块进行编程作业的软件环境，本例中选择"mill_planar"平面铣数控加工环境，如图 12-3 所示。

图 12-3　启动 NX CAM 加工环境

12.3.2　创建加工父级组

在 NX 数控加工中加工是通过创建工序来完成的，在创建工序之前要为工序指定其所对应的父级组，首先定位加工坐标系原点和安全平面，然后指定部件几何体和毛坯几何体，接着创建各种刀具，最后创建加工方法，如图 12-4 所示。

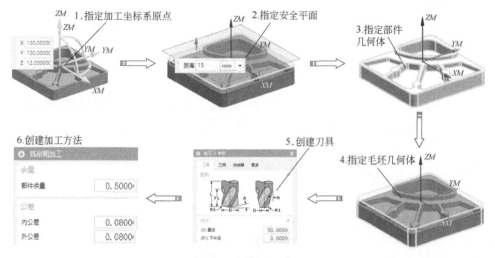

图 12-4　创建加工父级组

12.3.3　创建端面铣精加工工序

首先启动面铣加工工序，设置面铣加工几何体，然后设置切削模式和切削用量，设置切削和非切削参数，最后生成刀具路径和验证，如图 12-5 所示。

12.3.4　创建上腔槽粗加工工序

首先创建铣削边界，然后启动平面铣加工工序，设置切削模式和切削用量，设置切削参数和非切削参数，最后生成刀具路径和验证，如图 12-6 所示。

12.3.5　创建主腔槽粗加工工序

首先创建铣削边界，然后启动平面铣加工工序，设置切削模式和切削用量，设置切削参数和非切削参数，最后生成刀具路径和验证，如图 12-7 所示。

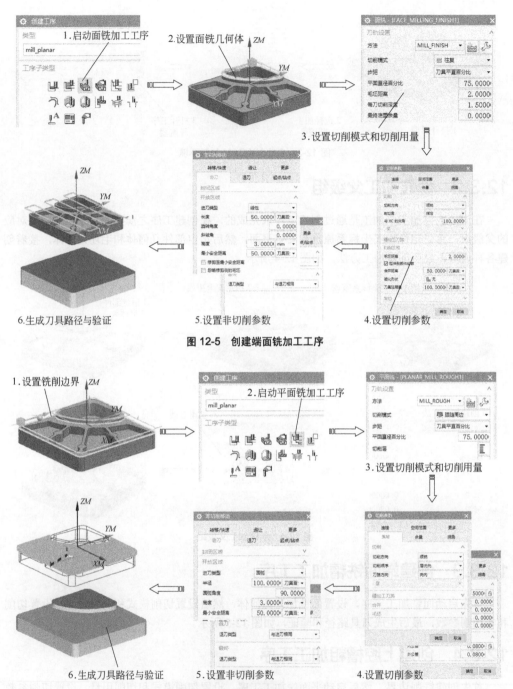

图 12-5　创建端面铣加工工序

图 12-6　创建上腔槽粗加工工序

12.3.6　创建上腔槽侧壁精加工工序

　　首先启动平面轮廓铣工序，然后创建铣削边界，设置切削模式和切削用量，设置切削参数和非切削参数，最后生成刀具路径和验证，如图 12-8 所示。

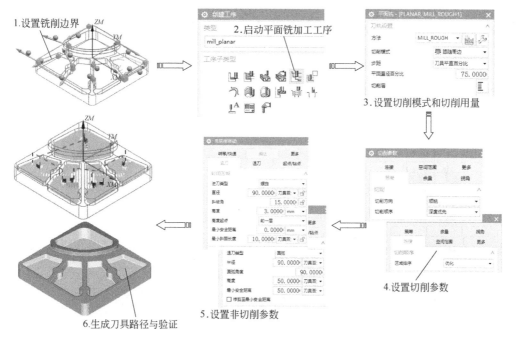

图 12-7 创建主腔槽粗加工工序

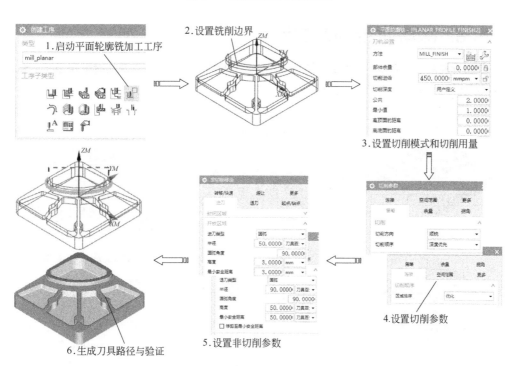

图 12-8 创建上腔槽侧壁粗加工工序

12.3.7 创建主腔槽侧壁精加工工序

首先通过复制工序的方式启动主腔槽侧壁精加工工序，然后重新选择刀具和切削模式，设置非切削参数以及进给率和速度，最后生成刀具路径和验证，如图12-9所示。

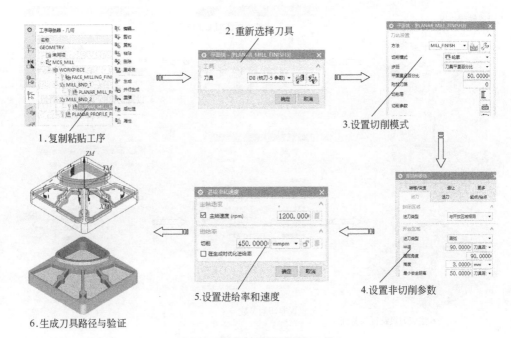

1.复制粘贴工序

2.重新选择刀具

3.设置切削模式

4.设置非切削参数

5.设置进给率和速度

6.生成刀具路径与验证

图 12-9　创建主腔槽侧壁精加工工序

12.3.8　创建定心钻加工工序

首先设置钻削几何体，启动定心钻加工工序，然后设置循环参数以及进给率和速度，最后生成刀具路径和验证，如图 12-10 所示。

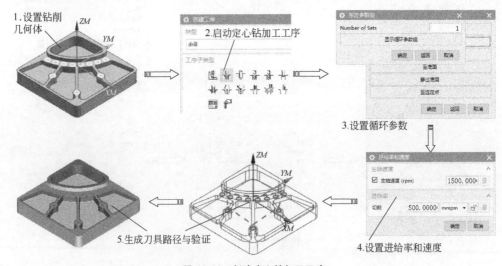

1.设置钻削几何体

2.启动定心钻加工工序

3.设置循环参数

4.设置进给率和速度

5.生成刀具路径与验证

图 12-10　创建定心钻加工工序

12.3.9　创建钻孔加工工序

首先启动钻孔加工工序，然后设置循环参数以及进给率和速度，最后生成刀具路径和验证，如图 12-11 所示。

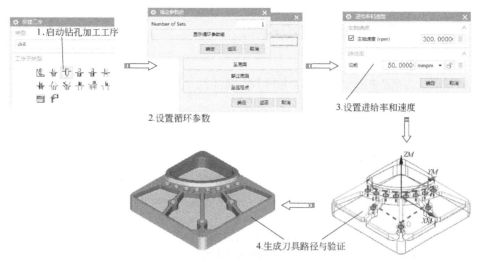

2.设置循环参数

3.设置进给率和速度

4.生成刀具路径与验证

图 12-11 创建钻孔加工工序

12.4 底盘零件数控加工操作过程

12.4.1 启动数控加工环境

（1）打开模型文件

01 启动 NX 后，单击【文件】选项卡的【打开】按钮 ，弹出【打开部件文件】对话框，选择"底盘 CAD.prt"（扫描文前二维码下载素材文件），单击【OK】按钮，文件打开后如图 12-12 所示。

（2）启动数控加工环境

02 单击【应用模块】选项卡中的【加工】按钮 ，系统弹出【加工环境】对话框，在【CAM 会话配置】中选择"cam_general"，在【要创建的 CAM 设置】中选择"mill_planar"，单击【确定】按钮，初始化加工环境，如图 12-13 所示。

图 12-12 打开模型文件

图 12-13 启动 NX CAM 加工环境

12.4.2　创建数控加工父级组

（1）创建几何组

03 单击上边框条中插入的【工序导航器】组中的【几何视图】按钮 ，将工序导航器切换到几何视图显示。双击工序导航器窗口中的"MCS_MILL"，弹出【MCS铣削】对话框，如图12-14所示。

04 设置加工坐标系原点。单击【机床坐标系】组框中的按钮 ，弹出【CSYS】对话框，拖动坐标原点在图形窗口中捕捉如图12-15所示的点，单击【确定】按钮返回【MCS铣削】对话框。

05 设置安全平面。在【安全设置】组框中的【安全设置选项】下拉列表中选择【平面】选项，然后单击【指定平面】按钮 ，弹出【平面】对话框，选择毛坯上表面并设置【距离】为15mm，单击【确定】按钮，完成安全平面设置，如图12-16所示。

06 在工序导航器中双击"WORKPIECE"，弹出【工件】对话框，如图12-17所示。

图 12-14 【MCS 铣削】对话框

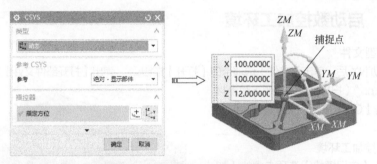

图 12-15　移动确定加工坐标系原点

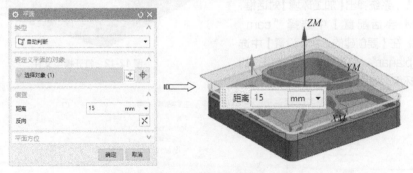

图 12-16　设置安全平面

07 创建部件几何体。单击【几何体】组框中【指定部件】选项后的按钮 ，弹出【部件几何体】对话框，选择如图12-18所示的实体。单击【确定】按钮，返回【工件】对话框。

08 创建毛坯几何体。单击【几何体】组框中【指定毛坯】选项后的按钮 ，弹出【毛坯几何体】对话框，在【类型】下拉列表中选择【几何体】选项，选择图层10上的如图12-19所示的实体，单击【确定】按钮，完成毛坯几何体的创建。

图 12-17 【工件】对话框

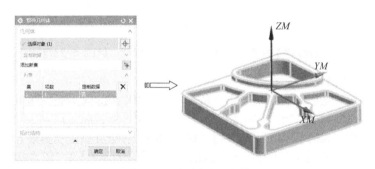

图 12-18 创建部件几何体

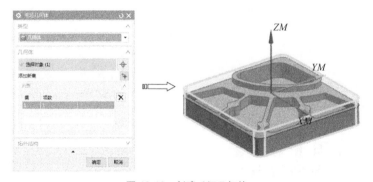

图 12-19 创建毛坯几何体

（2）创建刀具组

单击上边框条中插入的【工序导航器】组中的【机床视图】按钮 ⚒ ，将工序导航器切换到机床视图显示。

① 创建平底刀 D50。

09 单击【主页】选项卡中的【插入】组中的【创建刀具】按钮 🔧 ，弹出【创建刀具】对话框。在【类型】下拉列表中选择"mill_planar"，【刀具子类型】选择【MILL】图标 🔩 ，在【名称】文本框中输入"D50"，如图 12-20 所示。单击【确定】按钮，弹出【铣刀-5 参数】对话框。

10 在【铣刀-5 参数】对话框中设定【直径】为"50"、【刀具号】为"1"，如图 12-21 所示。单击【确定】按钮，完成刀具创建。

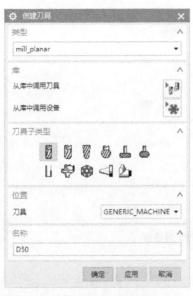

图 12-20 【创建刀具】对话框（一）

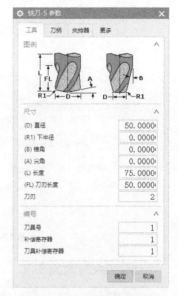

图 12-21 【铣刀-5 参数】对话框（一）

② 创建平底刀 D10。

11 单击【主页】选项卡中的【插入】组中的【创建刀具】按钮 ，弹出【创建刀具】对话框。在【类型】下拉列表中选择"mill_planar"，【刀具子类型】选择【MILL】图标 ，在【名称】文本框中输入"D10"，如图 12-22 所示。单击【确定】按钮，弹出【铣刀-5 参数】对话框。

12 在【铣刀-5 参数】对话框中设定【直径】为"10"、【刀具号】为"2"，如图 12-23 所示。单击【确定】按钮，完成刀具创建。

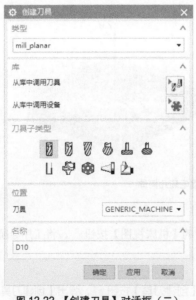

图 12-22 【创建刀具】对话框（二）

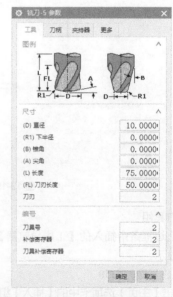

图 12-23 【铣刀-5 参数】对话框（二）

③ 创建平底刀 D8。

13 单击【主页】选项卡中的【插入】组中的【创建刀具】按钮 ，弹出【创建刀具】对话框。在【类型】下拉列表中选择"mill_planar"，【刀具子类型】选择"MILL"图标 ，在【名称】文本框中输入"D8",如图 12-24 所示。单击【确定】按钮,弹出【铣刀-5 参数】对话框。

14 在【铣刀-5 参数】对话框中设定【直径】为"8"、【刀具号】为"3",如图 12-25 所示。单击【确定】按钮,完成刀具创建。

图 12-24 【创建刀具】对话框(三)

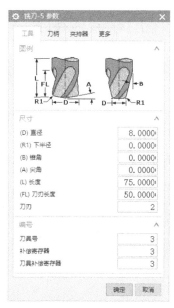

图 12-25 【铣刀-5 参数】对话框(三)

④ 创建中心钻 SD3。

15 单击【主页】选项卡中的【插入】组中的【创建刀具】按钮 ，弹出【创建刀具】对话框。在【类型】下拉列表中选择"drill",【刀具子类型】选择【SPOTDRILLING_TOOL】图标 ，在【名称】文本框中输入"SD3",如图 12-26 所示。单击【确定】按钮,弹出【钻刀】对话框。

16 在【钻刀】对话框中设定【直径】为"3"、【刀具号】为"4",如图 12-27 所示。单击【确定】按钮,完成刀具创建。

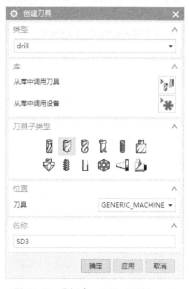

图 12-26 【创建刀具】对话框(四)

图 12-27 【钻刀】对话框(一)

⑤ 创建钻头 Z12。

17 单击【主页】选项卡中的【插入】组中的【创建刀具】按钮 ![图标]，弹出【创建刀具】对话框。在【类型】下拉列表中选择"drill"，【刀具子类型】选择【DRILLING_TOOL】图标 ![图标]，在【名称】文本框中输入"Z12"，如图 12-28 所示。单击【确定】按钮，弹出【钻刀】对话框。

18 在【钻刀】对话框中设定【直径】为"12"、【刀具号】为"5"，如图 12-29 所示。单击【确定】按钮，完成刀具创建。

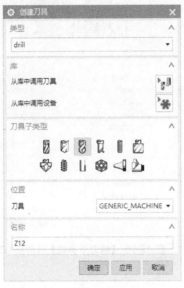

图 12-28 【创建刀具】对话框（五）

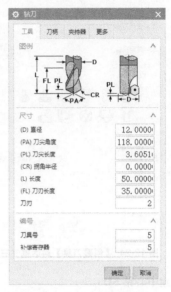

图 12-29 【钻刀】对话框（二）

（3）创建加工方法组

19 单击上边框条中插入的【工序导航器】组中的【加工方法视图】按钮 ![图标]，将工序导航器切换到加工方法视图显示。双击工序导航器中的【MILL_ROUGH】图标，弹出【铣削粗加工】对话框。在【部件余量】文本框中输入"0.5"，【内公差】和【外公差】中输入"0.08"，如图 12-30 所示。单击【确定】按钮，完成粗加工方法设定。

20 双击工序导航器中的【MILL_FINISH】图标，弹出【铣削精加工】对话框。在【部件余量】文本框中输入"0"，【内公差】和【外公差】中输入"0.03"，如图 12-31 所示。单击【确定】按钮，完成精加工方法设定。

图 12-30 粗加工方法设置

图 12-31 精加工方法设置

12.4.3 创建端面铣精加工工序

（1）启动面铣加工工序

21 单击上边框条中插入的【工序导航器】组中的【几何视图】按钮 🏷，将工序导航器切换到几何视图显示。单击【主页】选项卡中的【插入】组中的【创建工序】按钮 ⚡，弹出【创建工序】对话框，在【类型】下拉列表中选择"mill_planar"，【工序子类型】选择第 1 行第 3 个图标 🖳（FACE_MILLING），【程序】选择"NC_PROGRAM"，【刀具】选择"D50（铣刀-5 参数）"，【几何体】选择"WORKPIECE"，【方法】选择"MILL_FINISH"，在【名称】文本框中输入"FACE_MILLING_FINISH1"，如图 12-32 所示。

22 单击【确定】按钮，弹出【面铣】对话框，如图 12-33 所示。

图 12-32 【创建工序】对话框

图 12-33 【面铣】对话框

（2）创建面铣几何体

23 在【几何体】组框中，单击【指定面边界】后的按钮 🖼，弹出【毛坯边界】对话框，【选择方法】为"面"，【刀具侧】为"内部"，选择如图 12-34 所示的平面，单击【确定】按钮返回【面铣】对话框。

图 12-34 创建面铣几何体

（3）选择切削模式和设置切削用量

24 在【面铣】对话框的【刀轨设置】组框中，在【切削模式】下拉列表中选择"往复"方式。

25 在【步距】下拉列表中选择"刀具平直百分比"，在【平面直径百分比】文本框中输入"75"，【毛坯距离】为2mm，【每刀切削深度】为1.5mm，如图12-35所示。

（4）设置切削参数

26 单击【刀轨设置】组框中的【切削参数】按钮，弹出【切削参数】对话框，进行切削参数设置。【策略】选项卡：【切削方向】为"顺铣"，勾选【延伸至部件轮廓】复选框，其他参数设置如图12-36所示。

27 【余量】选项卡：设置【壁余量】和【部件余量】为0，其他参数设置如图12-37所示。

28 单击【切削参数】对话框中的【确定】按钮，完成切削参数设置。

（5）设置非切削参数

29 单击【刀轨设置】组框中的【非切削移动】按钮，弹出【非切削移动】对话框，进行非切削参数设置。【进刀】选项卡：【开放区域】的【进刀类型】为"线性"、【长度】为"50""刀具百分比"，其他参数设置如图12-38所示。

图 12-35　选择切削模式和设置切削用量

图 12-36　【策略】选项卡

图 12-37　【余量】选项卡

30 【退刀】选项卡：【退刀】组框中【退刀类型】为"与进刀相同"，其他参数设置如图12-39所示。

31 单击【非切削移动】对话框中的【确定】按钮，完成非切削参数设置。

（6）设置进给参数

32 单击【刀轨设置】组框中的【进给率和速度】按钮，弹出【进给率和速度】对话框。设置【主轴转速（rpm）】为"600"、【切削】为"200""mmpm"，其他接受默认设置，如图12-40所示。

图 12-38 【进刀】选项卡

图 12-39 【退刀】选项卡

图 12-40 【进给率和速度】对话框

单击【确定】按钮，完成面铣加工操作。

（7）生成刀具路径并验证

33 在【面铣】对话框中完成参数设置后，单击该对话框底部【操作】组框中的【生成】按钮 <img>，可在该对话框下生成刀具路径，如图 12-41 所示。

34 单击【面铣】对话框底部【操作】组框中的【确认】按钮 <img>，弹出【刀轨可视化】对话框，然后选择【2D 动态】选项卡，单击【播放】按钮 ▶，可进行 2D 动态刀具切削过程模拟，如图 12-42 所示。

35 单击【确定】按钮，返回【面铣】对话框，然后

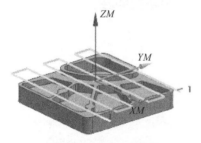

图 12-41 生成刀具路径

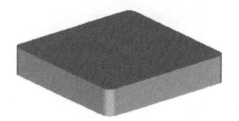

图 12-42 实体切削验证

12.4.4 创建上腔槽粗加工工序

（1）创建边界几何体

36 单击上边框条中【工序导航器】组中的【程序顺序视图】按钮 <img>，将工序导航器切换到程序顺序视图显示。单击【主页】选项卡中的【插入】组中的【创建几何体】按钮 <img>，或选择下拉菜单【插入】|【几何体】命令，弹出【创建几何体】对话框，选择【几何体子类型】中的【MILL_BND】图标 <img>，如图 12-43 所示。单击【确定】按钮，弹出【铣削边界】对话框，如图 12-44 所示。

图 12-43 【创建几何体】对话框

图 12-44 【铣削边界】对话框

37 单击【指定部件边界】按钮，在弹出的【部件边界】对话框中的【选择方法】选择"曲线"，【平面】为"指定"，选择如图 12-45 所示的平面。

图 12-45 选择边界所在平面

38 在【刀具侧】中选择"内部"，然后依次选择图 12-46 所示的边线。

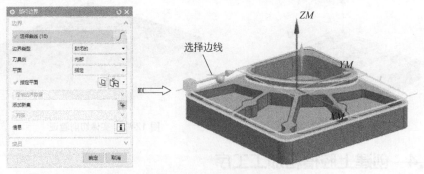

图 12-46 选择零件边线

39 展开【成员】组框，设置如图 12-47 所示的边线的偏置值为-5mm，单击【确定】按钮，完成部件边界的设置，返回【铣削边界】对话框。

40 单击【铣削边界】对话框中的【指定底面】按钮，在弹出的【平面】对话框引导下选择如图 12-48 所示的平面作为底面。单击【确定】按钮，完成底面选择。

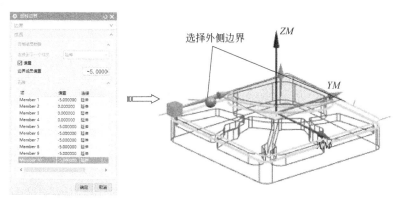

图 12-47 选择部件边界

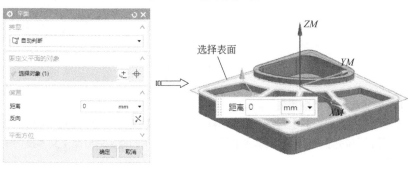

图 12-48 选择底面

（2）启动平面铣加工工序

41 单击【主页】选项卡中的【插入】组中的【创建工序】按钮 ，弹出【创建工序】对话框。在【类型】下拉列表中选择"mill_planar"，【工序子类型】选择第 1 行第 5 个图标 （PLANAR_MILL），【程序】选择"NC_PROGRAM"，【刀具】选择"D10（铣刀-5 参数）"，【几何体】选择"MILL_BND_1"，【方法】选择"MILL_ROUGH"，在【名称】文本框中输入"PLANAR_MILL_ ROUGH1"，如图 12-49 所示。

图 12-49 【创建工序】对话框

图 12-50 【平面铣】对话框

42 单击【确定】按钮,弹出【平面铣】对话框,如图 12-50 所示。

(3) 编辑部件边界

43 在【几何体】组框中,单击【指定部件边界】后的按钮 🖱,弹出【部件边界】对话框,单击【编辑】按钮,弹出【编辑成员】对话框,在【刀具位置】中选择"对中",设置如图 12-51 所示的外侧敞开的边界,单击【确定】按钮返回【平面铣】对话框。

图 12-51　编辑边界位置

(4) 选择切削模式和设置切削用量

44 在【平面铣】对话框的【刀轨设置】组框中,在【切削模式】下拉列表中选择"跟随部件"方式,在【步距】下拉列表中选择"刀具平直百分比",在【平面直径百分比】文本框中输入"75",如图 12-52 所示。

(5) 设置切削深度

45 单击【切削层】按钮 ,弹出【切削层】对话框,选择【类型】为"恒定"、【公共】为"2"、其他参数如图 12-53 所示。单击【确定】按钮,返回【平面铣】对话框。

图 12-52　选择切削模式和设置切削用量

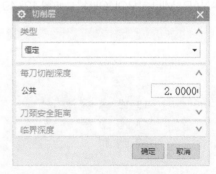

图 12-53　【切削层】对话框

(6) 设置切削参数

46 单击【刀轨设置】组框中的【切削参数】按钮 ,弹出【切削参数】对话框。【策略】选项卡:【切削方向】为"顺铣",【切削顺序】为"层优先",【刀路方向】为"向内",如图 12-54 所示。

47【余量】选项卡:【部件余量】为"0.5",【最终底面余量】为"0",其他参数设置如图 12-55所示。

48 单击【切削参数】对话框中的【确定】按钮,完成切削参数设置。

图 12-54 【策略】选项卡

图 12-55 【余量】选项卡

（7）设置非切削参数

49 单击【刀轨设置】组框中的【非切削移动】按钮 ⬚，弹出【非切削移动】对话框。【进刀】选项卡：【开放区域】的【进刀类型】为"圆弧"、【半径】为"100""刀具百分比"，其他参数设置如图 12-56 所示。

50 【退刀】选项卡：【退刀】组框中【退刀类型】为"与进刀相同"，其他参数设置如图 12-57 所示。

图 12-56 【进刀】选项卡

图 12-57 【退刀】选项卡

51 【起点/钻点】选项卡：【重叠距离】为 3mm，其他接受默认设置，如图 12-58 所示。

52 【转移/快速】选项卡：【区域内】的【转移类型】为"前一平面"，其他参数设置如图 12-59 所示。

53 单击【非切削移动】对话框中的【确定】按钮，完成非切削参数设置。

图 12-58 【起点/钻点】选项卡

图 12-59 【转移/快速】选项卡

（8）设置进给参数

54 单击【刀轨设置】组框中的【进给率和速度】按钮，弹出【进给率和速度】对话框。设置【主轴转速（rpm）】为"800"、【切削】为"350""mmpm"，其他接受默认设置，如图 12-60 所示。

（9）生成刀具路径并验证

55 单击【平面铣】对话框底部【操作】组框中的【生成】按钮，可在操作对话框下生成刀具路径，如图 12-61 所示。

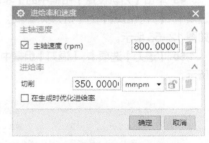

图 12-60 【进给率和速度】对话框

56 单击【操作】组框中的【确认】按钮，弹出【刀轨可视化】对话框，然后选择【2D 动态】选项卡，单击【播放】按钮，可进行 2D 动态刀具切削过程模拟，如图 12-62 所示。

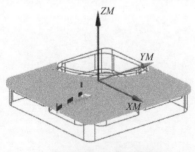

图 12-61 生成刀具路径

图 12-62 实体切削验证

57 单击【确定】按钮，返回【平面铣】对话框，然后单击【确定】按钮，完成加工操作。

12.4.5 创建主腔槽粗加工工序

（1）创建边界几何体

58 单击上边框条中【工序导航器】组中的【程序顺序视图】按钮，将工序导航器切换到程

序顺序视图显示。单击【主页】选项卡中的【插入】组中的【创建几何体】按钮 ⏚ ，或选择下拉菜单【插入】|【几何体】命令，弹出【创建几何体】对话框，选择【几何体子类型】中的【MILL_BND】图标 ⛏ ，如图 12-63 所示。单击【确定】按钮，弹出【铣削边界】对话框，如图 12-64 所示。

图 12-63 【创建几何体】对话框

图 12-64 【铣削边界】对话框

59 单击【指定部件边界】按钮 ⬛ ，在弹出的【部件边界】对话框中的【选择方法】选择"面"，在【刀具侧】选项中选择"内部"，然后选择图 12-65 所示的第一个表面，单击【添加新集】按钮，选择如图 12-65 所示的另外一个表面。

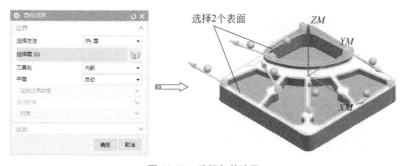

图 12-65 选择部件边界

60 【选择方法】选择"面"，在【刀具侧】中选择"外部"，依次单击【添加新集】按钮，选择 4 个凹槽底面，如图 12-66 所示。

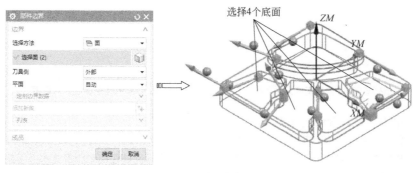

图 12-66 选择部件边界

61 单击【铣削边界】对话框中的【指定底面】按钮，在弹出的【平面】对话框引导下选择如图 12-67 所示的平面作为底面。单击【确定】按钮，完成底面选择。

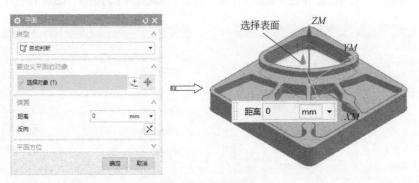

图 12-67　选择底面

（2）启动平面铣加工工序

62 单击【主页】选项卡中的【插入】组中的【创建工序】按钮，弹出【创建工序】对话框。在【类型】下拉列表中选择"mill_planar"，【工序子类型】选择第 1 行第 5 个图标（PLANAR_MILL），【程序】选择"NC_PROGRAM"，【刀具】选择"D10（铣刀-5 参数）"，【几何体】选择"MILL_BND_2"，【方法】选择"MILL_ROUGH"，在【名称】文本框中输入"PLANAR_MILL_ROUGH2"，如图 12-68 所示。

63 单击【确定】按钮，弹出【平面铣】对话框，如图 12-69 所示。

图 12-68　【创建工序】对话框

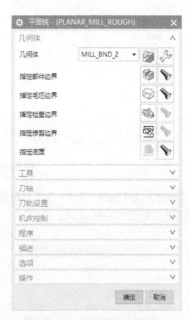

图 12-69　【平面铣】对话框

（3）选择切削模式和设置切削用量

64 在【平面铣】对话框的【刀轨设置】组框中，在【切削模式】下拉列表中选择"跟随部件"方式，在【步距】下拉列表中选择"刀具平直百分比"，在【平面直径百分比】文本框中输入"50"，如图 12-70 所示。

（4）设置切削深度

65 单击【切削层】按钮 ，弹出【切削层】对话框，选择【类型】为"恒定"，【公共】为"2"，其他参数如图 12-71 所示。单击【确定】按钮，返回【平面铣】对话框。

图 12-70　选择切削模式和设置切削用量

图 12-71　【切削层】对话框

（5）设置切削参数

66 单击【刀轨设置】组框中的【切削参数】按钮 ，弹出【切削参数】对话框。【策略】选项卡：【切削方向】为"顺铣"，【切削顺序】为"深度优先"，其他参数设置如图 12-72 所示。

67【连接】选项卡：【区域排序】为"优化"，其他参数设置如图 12-73 所示。

图 12-72　【策略】选项卡

图 12-73　【连接】选项卡

68 单击【切削参数】对话框中的【确定】按钮，完成切削参数设置。

（6）设置非切削参数

69 单击【刀轨设置】组框中的【非切削移动】按钮 ，弹出【非切削移动】对话框。【进刀】选项卡：【封闭区域】的【进刀类型】为"螺旋"、【直径】为"90""刀具百分比"，其他参数设置如图 12-74 所示。

70【退刀】选项卡：【退刀】组框中【退刀类型】为"圆弧"，其他参数设置如图 12-75 所示。

图 12-74 【进刀】选项卡

图 12-75 【退刀】选项卡

71 【起点/钻点】选项卡:【重叠距离】为3mm,其他接受默认设置,如图 12-76 所示。

72 【转移/快速】选项卡:【区域内】【转移类型】为"前一平面",其他参数设置如图 12-77 所示。

图 12-76 【起点/钻点】选项卡

图 12-77 【转移/快速】选项卡

73 单击【非切削移动】对话框中的【确定】按钮,完成非切削参数设置。

(7)设置进给参数

74 单击【刀轨设置】组框中的【进给率和速度】按钮,弹出【进给率和速度】对话框。设置【主轴转速(rpm)】为"800"、【切削】为"350""mmpm",其他接受默认设置,如图 12-78 所示。

图 12-78 【进给率和速度】对话框

（8）生成刀具路径并验证

75 单击【平面铣】对话框底部【操作】组框中的【生成】按钮，可在操作对话框下生成刀具路径，如图 12-79 所示。

76 单击【操作】组框中的【确认】按钮，弹出【刀轨可视化】对话框，然后选择【2D 动态】选项卡，单击【播放】按钮，可进行 2D 动态刀具切削过程模拟，如图 12-80 所示。

77 单击【确定】按钮，返回【平面铣】对话框，然后单击【确定】按钮，完成加工操作。

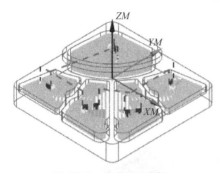

图 12-79 生成刀具路径

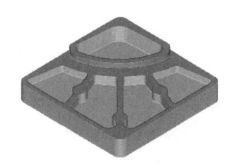

图 12-80 实体切削验证

12.4.6 创建上腔槽侧壁精加工工序

（1）启动平面轮廓铣加工工序

78 单击【主页】选项卡中的【插入】组中的【创建工序】按钮，弹出【创建工序】对话框。在【类型】下拉列表中选择"mill_planar"，【工序子类型】选择第 1 行第 6 个图标（PLANAR_PROFILE），【程序】选择"NC_PROGRAM"，【刀具】选择"D8（铣刀-5 参数）"，【几何体】选择"WORKPIECE"，【方法】选择"MILL_FINISH"，在【名称】文本框中输入"PLANAR_PROFILE_FINISH2"，如图 12-81 所示。

79 单击【确定】按钮，弹出【平面轮廓铣】对话框，如图 12-82 所示。

图 12-81 【创建工序】对话框

图 12-82 【平面轮廓铣】对话框

（2）创建平面铣几何体

80 在【几何体】组框中，单击【指定部件边界】后的按钮 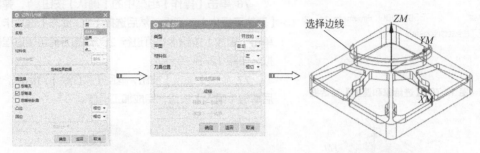，弹出【边界几何体】对话框，【模式】为"曲线/边"，弹出【创建边界】对话框，【类型】为"开放的"，【材料侧】为"左"，选择如图 12-83 所示的边线，单击【确定】按钮返回。

图 12-83　选择边线

81 在【几何体】组框中，单击【指定底面】后的按钮 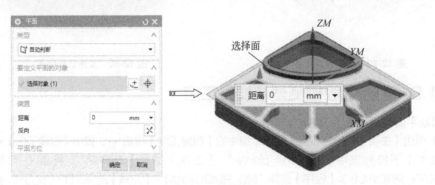，弹出【平面】对话框，选择如图 12-84 所示的腔槽底面。单击【确定】按钮返回。

图 12-84　选择底面

（3）选择切削模式和设置切削用量

82 在【刀轨设置】组框中，设置【切削进给】为"450" "mmpm"，在【切削深度】下拉列表中选择"用户定义"，在【公共】文本框中输入"2"，如图 12-85 所示。

（4）设置切削参数

83 单击【刀轨设置】组框中的【切削参数】按钮 ，弹出【切削参数】对话框。【策略】选项卡：【切削方向】为"顺铣"，【切削顺序】为"深度优先"，其他参数设置如图 12-86 所示。

84 【连接】选项卡：【区域排序】为"优化"，如图 12-87 所示。

85 单击【切削参数】对话框中的【确定】按钮，完成切削参数设置。

（5）设置非切削参数

86 单击【刀轨设置】组框中的【非切削移动】按钮 ，弹出【非切削移动】对话框。【进刀】选项卡：【开放区域】

图 12-85　选择切削模式设置切削用量

的【进刀类型】为"圆弧"、【半径】为"50"，其他参数设置如图 12-88 所示。

87 【退刀】选项卡：【退刀】组框中【退刀类型】为"与进刀相同"，其他参数设置如图 12-89 所示。

图 12-86 【策略】选项卡

图 12-87 【连接】选项卡

图 12-88 【进刀】选项卡

图 12-89 【退刀】选项卡

图 12-90 【进给率和速度】对话框

88 单击【非切削移动】对话框中的【确定】按钮，完成非切削参数设置。

（6）**设置进给参数**

89 单击【刀轨设置】组框中的【进给率和速度】按钮![icon]，弹出【进给率和速度】对话框。设置【主轴转速（rpm）】为"1200"、【切削】为"450""mmpm"，其他接受默认设置，如图 12-90 所示。

（7）**生成刀具路径并验证**

90 单击【平面轮廓铣】对话框底部【操作】组框中的

【生成】按钮 🔊，可在该对话框下生成刀具路径，如图 12-91 所示。

91 单击【操作】组框中的【确认】按钮 🖳，弹出【刀轨可视化】对话框，然后选择【2D 动态】选项卡，单击【播放】按钮 ▶，可进行 2D 动态刀具切削过程模拟，如图 12-92 所示。

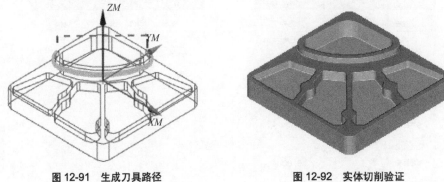

图 12-91　生成刀具路径　　　　　　　　　图 12-92　实体切削验证

92 单击【确定】按钮，返回【平面轮廓铣】对话框，然后单击【确定】按钮，完成加工操作。

12.4.7　创建主腔槽侧壁精加工工序

（1）复制粘贴工序

93 在工序导航器窗口选择"PLANAR_MILL_ROUGH2"工序，单击鼠标右键，在弹出的快捷菜单中选择【复制】命令，然后选中"PLANAR_MILL_ROUGH2"工序，单击鼠标右键，在弹出的快捷菜单中选择【粘贴】命令。

94 选择复制粘贴后的工序，单击鼠标右键，在弹出的快捷菜单中选择【重命名】命令，将其改称为"PLANAR_MILL_FINISH3"，如图 12-93 所示。

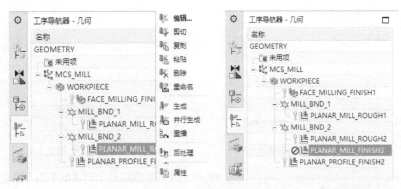

图 12-93　复制粘贴工序

（2）重新选择刀具

95 在【平面铣】对话框中【工具】组框中的【刀具】下拉列表中选择"D8（铣刀-5 参数）"刀具作为本次操作所采用的刀具，如图 12-94 所示。

（3）重新选择加工方法和设置加工参数

96 在【平面铣】对话框中【刀轨设置】组框中的【方法】下拉列表中选择"MILL_FINISH"，在【切削模式】下拉列表中选择"轮廓"，如图 12-95 所示。

图 12-94　重新选择刀具　　　　　图 12-95　重新选择加工方法和设置加工参数

（4）设置非切削参数

97 单击【刀轨设置】组框中的【非切削移动】按钮![icon]，弹出【非切削移动】对话框。【进刀】选项卡：【开放区域】的【进刀类型】为"圆弧"、【半径】为"90""刀具百分比"，其他参数设置如图 12-96 所示。

98【退刀】选项卡：【退刀】组框中【退刀类型】为"圆弧"、【半径】为"90""刀具百分比"，其他参数设置如图 12-97 所示。

图 12-96　【进刀】选项卡　　　　　图 12-97　【退刀】选项卡

99 单击【非切削移动】对话框中的【确定】按钮，完成非切削参数设置。

（5）重新设置进给和速度

100 单击【刀轨设置】组框中的【进给率和速度】按钮![icon]，弹出【进给率和速度】对话框。设置【主轴速度（rpm）】为"1200"、【切削】为"450""mmpm"，其他接受默认设置，如图 12-98 所示。

（6）生成刀具路径并验证

101 在【平面铣】对话框中完成参数设置后，单击该对话框底部【操作】组框中的【生成】按钮，可在该对话框下生成刀具路径，如图 12-99 所示。

102 单击【平面铣】对话框底部【操作】组框中的【确认】按钮，弹出【刀轨可视化】对话框，然后选择【2D 动态】选项卡，单击【播放】按钮，可进行 2D 动态刀具切削过程模拟，如图 12-100 所示。

103 单击【平面铣】对话框中的【确定】按钮，接受刀具路径，并关闭【平面铣】对话框。

图 12-98 【进给率和速度】对话框

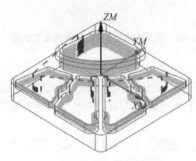

图 12-99 生成刀具路径

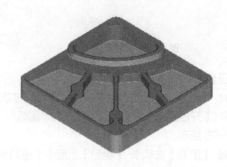

图 12-100 实体切削验证

12.4.8 创建定心钻加工工序

（1）打开图层

104 单击上边框条中【工序导航器】组中的【程序顺序视图】按钮，将工序导航器切换到程序顺序视图显示。选择下拉菜单【格式】|【图层设置】命令，将图层 2 打开，如图 12-101 所示。

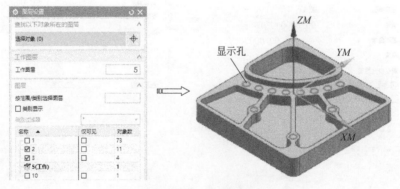

图 12-101 显示图层

（2）创建钻削几何体

105 单击【主页】选项卡中的【插入】组中的【创建几何体】按钮，或选择下拉菜单【插入】|【几何体】命令，弹出【创建几何体】对话框，选择【几何体子类型】中的【DRILL_GEOM】图标，如图 12-102 所示。单击【确定】按钮，弹出【钻加工几何体】对话框，如图 12-103 所示。

图 12-102 【创建几何体】对话框　　　图 12-103 【钻加工几何体】对话框

106 单击【几何体】组框中【指定孔】选项后的按钮，弹出【点到点几何体】对话框，如图 12-104 所示。

图 12-104 【点到点几何体】对话框

图 12-105 选择加工位置对话框

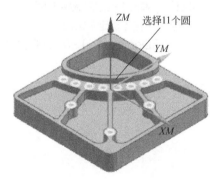

图 12-106 选择钻孔位置

107 单击【选择】按钮，弹出选择加工位置对话框，如图 12-105 所示。依次在图形区选择如图 12-106 所示的孔。依次单击【确定】按钮，返回【钻加工几何体】对话框。

108 指定部件表面。单击【几何体】组框中【指定顶面】选项后的按钮，弹出【顶面】对话框，选择【顶面选项】为"面"，选择如图 12-107 所示的表面，单击【确定】按钮，返回【钻加工几何体】对话框。

（3）启动定心钻加工工序

109 单击【主页】选项卡中的【插入】组中的【创建工序】按钮，弹出【创建工序】对话框。在【类型】下拉列表中选择"drill"，【操作子类型】选择第 1 行第 2 个图标（SPOT_DRILLING），【程序】选择"NC_PROGRAM"，【刀具】选择"SD3（钻刀）"，【几何体】选择"DRILL_GEOM"，【方法】选择"DRILL_METHOD"，在【名称】文本框中输入工序名称"SPOT_DRILLING"，如图 12-108 所示。

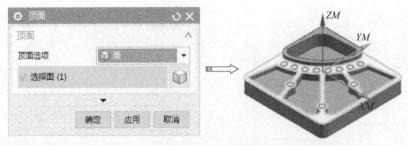

图 12-107　选择顶面

110 单击【确定】按钮，弹出【定心钻】对话框，如图 12-109 所示。

图 12-108　【创建工序】对话框

图 12-109　【定心钻】对话框

（4）设置循环参数

111 在【循环类型】组框中的【循环】下拉列表中选择"标准钻"，弹出【指定参数组】对话框，在【Number of Sets】文本框中输入"1"，如图 12-110 所示。然后单击【确定】按钮。

112 系统弹出【Cycle 参数】对话框，如图 12-111 所示。单击【Depth（Tip）-0.0000】按钮，弹出【Cycle 深度】对话框如图 12-112 所示。

图 12-110　【指定参数组】对话框

图 12-111　【Cycle 参数】对话框

113 单击【刀尖深度】按钮，在弹出的对话框中输入【深度】为"2"，如图 12-113 所示。单击【确定】按钮并返回。

图 12-112 【Cycle 深度】对话框

图 12-113 输入刀尖深度

114 单击【Rtrcto-无】按钮，弹出如图 12-114 所示的对话框，单击【距离】按钮，然后单击【确定】按钮，返回【定心钻】对话框。

图 12-114 指定退刀距离

115 在【最小安全距离】文本框中输入"3"，如图 12-115 所示。

（5）设置进给参数

116 单击【刀轨设置】组框中的【进给率和速度】按钮，弹出【进给率和速度】对话框，设置【主轴速度（rpm）】为"1500"、【切削】为"500""mmpm"，其他接受默认设置，如图 12-116 所示。

图 12-115 设置循环参数

图 12-116 【进给率和速度】对话框

（6）生成刀具路径并验证

117 在【定心钻】对话框中完成参数设置后，单击该对话框底部【操作】组框中的【生成】按钮，可在该对话框下生成刀具路径，如图 12-117 所示。

118 单击【定心钻】对话框底部【操作】组框中的【确认】按钮，弹出【刀轨可视化】对话框，然后选择【2D 动态】选项卡，单击【播放】按钮▶，可进行 2D 动态刀具切削过程模拟，如图 12-118 所示。

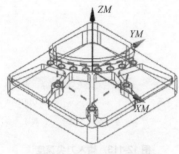

图 12-117 生成刀具路径

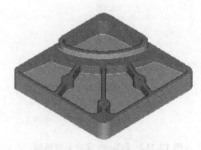

图 12-118 实体切削验证

119 单击【确定】按钮，返回【定心钻】对话框，然后单击【确定】按钮，完成定心钻加工操作。

12.4.9 创建钻孔加工工序

（1）启动钻孔加工工序

120 单击上边框条中【工序导航器】组中的【程序顺序视图】按钮，将工序导航器切换到程序顺序视图显示。单击【主页】选项卡中的【插入】组中的【创建工序】按钮，弹出【创建工序】对话框。在【类型】下拉列表中选择"drill"，【工序子类型】选择第 1 行第 3 个图标（DRILLING），【程序】选择"NC_PROGRAM"，【刀具】选择"Z12（钻刀）"，【几何体】选择"DRILL_GEOM"，【方法】选择"DRILL_METHOD"，在【名称】文本框中输入"DRILLING_Z12"，如图 12-119 所示。

121 单击【确定】按钮，弹出【钻孔】对话框，如图 12-120 所示。

图 12-119 【创建工序】对话框

图 12-120 【钻孔】对话框

（2）设置循环参数

122 在【循环类型】组框中的【循环】下拉列表中选择"标准钻"，弹出【指定参数组】对话框，在【Number of Sets】文本框中输入"1"，如图 12-121 所示。然后单击【确定】按钮。

123 系统弹出【Cycle 参数】对话框，如图 12-122 所示。单击【Depth（Tip）-0.0000】按钮，弹出【Cycle 深度】对话框如图 12-123 所示。

图 12-121　【指定参数组】对话框　　　　　　图 12-122　【Cycle 参数】对话框

124 单击【刀尖深度】按钮，弹出如图 12-124 所示的对话框，输入【深度】为"15"，单击【确定】按钮。

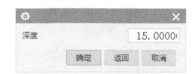

图 12-123　【Cycle 深度】对话框　　　　　　　图 12-124　钻孔深度

125 单击【Rtrcto-无】按钮，弹出如图 12-125 所示的对话框，单击【距离】按钮，然后单击【确定】按钮，返回【钻孔】对话框。

图 12-125　指定退刀距离

126 在【最小安全距离】文本框中输入"3"，如图 12-126 所示。

（3）设置进给参数

127 单击【刀轨设置】组框中的【进给率和速度】按钮⊕，弹出【进给率和速度】对话框，设置【主轴速度（rpm）】为"300"、【切削】为"50""mmpm"，其他接受默认设置，如图 12-127 所示。

图 12-126　设置循环参数

图 12-127　【进给率和速度】对话框

（4）生成刀具路径并验证

128 在【钻孔】对话框中完成参数设置后，单击该对话框底部【操作】组框中的【生成】按钮 ，可在该对话框下生成刀具路径，如图 12-128 所示。

129 单击【钻孔】对话框底部【操作】组框中的【确认】按钮 ，弹出【刀轨可视化】对话框，然后选择【2D 动态】选项卡，单击【播放】按钮 ，可进行 2D 动态刀具切削过程模拟，如图 12-129 所示。

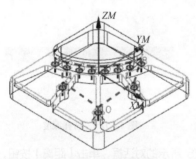

图 12-128　生成刀具路径

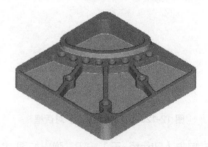

图 12-129　实体切削验证

130 单击【确定】按钮，返回【钻孔】对话框，然后单击【确定】按钮，完成钻孔加工操作。

13

第13章

NX 3 轴数控加工实例

Chapter thirteen

本章内容

▶ 剃须刀凸模零件结构分析
▶ 剃须刀凸模零件数控工艺分析与
  加工方案
▶ 剃须刀凸模零件数控加工基本流程
▶ 剃须刀凸模零件数控加工操作过程

3 轴数控加工是 NX 数控加工的主要方式之一，本章以剃须刀凸模零件为例来介绍凸模类和凹模类零件的数控加工方法和步骤。希望通过本章的学习，读者能轻松掌握 NX 3 轴数控加工的基本应用。

剃须刀凸模零件如图 13-1 所示。该模型较为复杂，分型面为平面，上部凸台上还有一个凹腔，且与凸台以圆角相连。

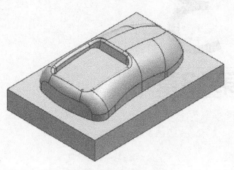

图 13-1 剃须刀凸模零件

13.1 剃须刀凸模零件结构分析

由图 13-2 可知该剃须刀凸模零件的整体尺寸为 74mm×50mm×25mm，下表面经过加工，工件底部安装在工作台上，分型面为平面，上部凸台上还有一个凹腔，且以凸台以圆角相连，结构较为复杂。

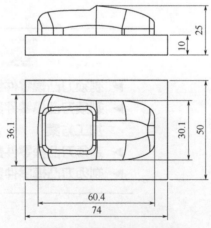

图 13-2 剃须刀凸模零件结构图

13.2 剃须刀凸模零件数控工艺分析与加工方案

13.2.1 分析零件工艺性能

如图 13-2 所示，该零件外形尺寸为长×宽×高=74mm×50mm×25mm，属于小零件，分型面为平面，上部凸台上还有一个凹腔，且与凸台以圆角相连。其加工表面为上曲面、凸台、凹槽、倒圆角和分型面，加工表面粗糙度 Ra 为 1.6μm，要通过粗、精加工来完成。

13.2.2　选用毛坯或明确来料状况

毛坯为六面体，材料为硬度较高的模具钢，外形尺寸为 74mm×50mm×30mm，六面全部经过初步加工。

13.2.3　确定加工方案

根据零件形状及加工精度要求，按照先粗后精的原则，按照"粗加工"→"半精加工"→"精加工"→"清根"的顺序逐步达到加工精度。该零件的数控加工方案如表 13-1 所示。

表 13-1　剃须刀凸模零件的数控加工方案

工步号	工步内容	刀具	刀具类型	切削用量		
				主轴转速 /(r/min)	进给速度 /(mm/min)	背吃刀量 /mm
1	型腔铣粗加工	T01	ϕ6mm、R1mm 圆角刀	1500	800	1.0
2	等高轮廓铣半精加工	T02	ϕ4mm、R1mm 圆角刀	2500	800	0.5
3	型腔铣精加工分型面	T02	ϕ4mm、R1mm 圆角刀	2000	1200	0.5
4	等高轮廓铣精加工外陡峭面	T03	ϕ3mm、R1mm 圆角刀	3000	1000	0.5
5	固定轴曲面轮廓铣精加工上顶面	T04	ϕ4mm 球刀	2500	1200	0.5
6	固定轴曲面轮廓铣精加工上凹面	T05	ϕ2mm 球刀	3000	1000	0.5
7	等高轮廓铣精加工内陡峭面	T03	ϕ3mm、R1mm 圆角刀	3000	1000	0.5
8	固定轴曲面轮廓铣精加工圆角面	T04	ϕ4mm 球刀	2500	1200	0.5
9	单刀路清根加工	T06	ϕ2mm 平底刀	4000	2000	0.5

13.3　剃须刀凸模零件数控加工基本流程

根据拟订的加工工艺路线，采用 UG CAM 数控三轴铣削加工实现剃须刀凸模零件的加工。

13.3.1　启动数控加工环境

要进行数控加工，首先要启动 NX 数控加工环境，进入 NX 制造模块进行编程作业的软件环境，本例中选择 "mill_contour" 铣数控加工环境，如图 13-3 所示。

13.3.2　创建加工父级组

在 NX 数控加工中加工是通过创建工序来完成的，在创建工序之前要为工序指定其所对应的父级组，首先定位加工坐标系原点和安全平面，然后指定部件几何体和毛坯几何体，接着创建各种刀具，最后创建加工方法如图 13-4 所示。

1.打开模型　　2.选择加工环境　　3.打开工序导航器

图13-3　启动 NX CAM 加工环境

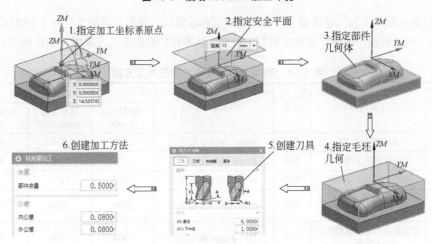

1.指定加工坐标系原点　　2.指定安全平面　　3.指定部件几何体

6.创建加工方法　　5.创建刀具　　4.指定毛坯几何

图13-4　创建加工父级组

13.3.3　创建型腔铣粗加工工序

采用较大直径的刀具进行粗加工以便于去除大量多余留量，粗加工采用型腔铣环切的方法，刀具为 ϕ6mm、R1mm 的圆角刀，如图13-5 所示。

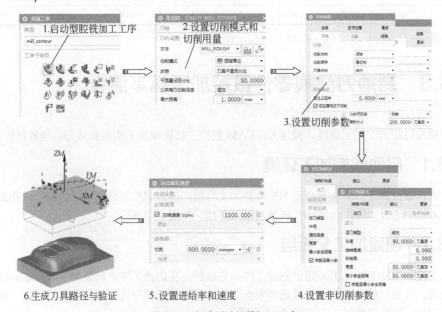

1.启动型腔铣加工工序　　2.设置切削模式和切削用量　　3.设置切削参数

6.生成刀具路径与验证　　5.设置进给率和速度　　4.设置非切削参数

图13-5　创建型腔铣粗加工工序

13.3.4 创建等高轮廓铣半精加工工序

利用半精加工来获得较为均匀的加工余量，半精加工采用等高轮廓铣加工方式，同时为了获得更好的表面质量，增加了在层间切削选项，刀具直径为ϕ4mm、R1mm的圆角刀，如图13-6所示。

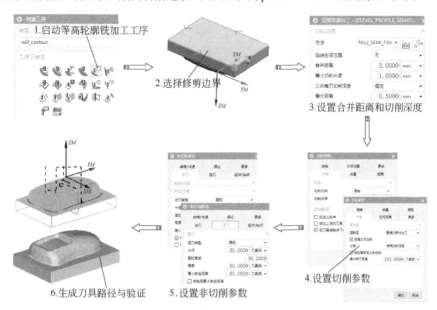

图 13-6　创建等高轮廓铣半精加工工序

13.3.5 创建型腔铣精加工分型面工序

精加工采用分区加工，对于平坦的分型面采用型腔铣进行精加工，通过控制切削层只进行单层铣削加工。首先复制型腔铣粗加工工序，选择分型面作为切削区域，设置修剪边界，重新选择刀具，然后进行切削层参数设置，生成刀具路径和验证，如图13-7所示。

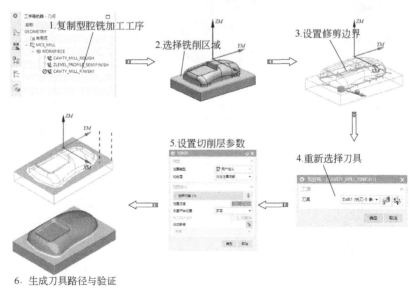

图 13-7　创建型腔铣精加工分型面工序

13.3.6　创建等高轮廓铣精加工陡峭面工序

精加工采用分区加工，对于陡峭区域采用等高轮廓铣，刀具为 ϕ3mm、R1mm 的圆角刀，如图 13-8 所示。

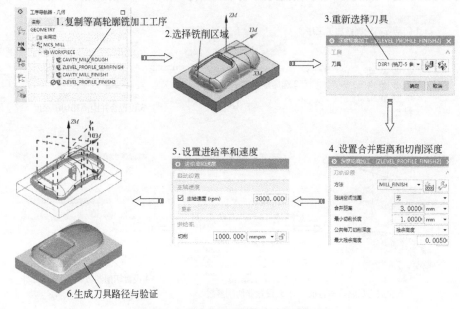

图 13-8　创建等高轮廓铣精加工陡峭面工序

13.3.7　创建固定轴曲面轮廓铣精加工工序

精加工采用分区加工，对于曲面采用区域驱动的固定轴曲面轮廓铣加工，如图 13-9 所示。

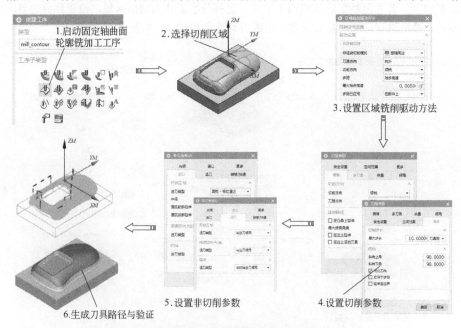

图 13-9　创建固定轴曲面轮廓铣精加工工序

13.3.8　创建单刀路清根加工工序

清根加工采用单刀路的固定轴曲面轮廓铣进行，刀具为 $\phi2mm$ 的平底刀，如图 13-10 所示。

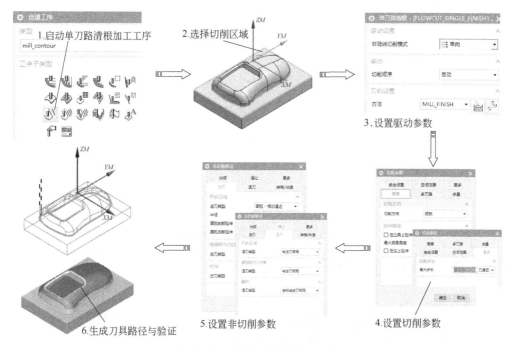

图 13-10　创建单刀路清根加工工序

13.4　剃须刀凸模零件数控加工操作过程

13.4.1　启动数控加工环境

（1）打开模型文件

01 启动 NX 后，单击【文件】选项卡的【打开】按钮 ，弹出【打开部件文件】对话框，选择"剃须刀凸模 CAD.prt"（扫描文前二维码下载素材文件），单击【OK】按钮，文件打开后如图 13-11 所示。

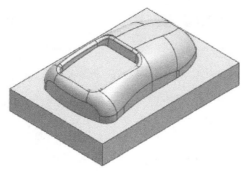

图 13-11　打开模型文件

（2）启动数控加工环境

02 单击【应用模块】选项卡中的【加工】按钮 ，系统弹出【加工环境】对话框，在【CAM会话配置】中选择"cam_general"，在【要创建的 CAM 设置】中选择"mill_contour"，单击【确定】按钮，初始化加工环境，如图 13-12 所示。

图 13-12　启动 NX CAM 加工环境

13.4.2　创建加工父级组

（1）创建几何组

03 单击上边框条中插入的【工序导航器】组中的【几何视图】按钮 ，将工序导航器切换到几何视图显示。双击工序导航器窗口中的"MCS_MILL"，弹出【MCS铣削】对话框，如图 13-13 所示。

04 设置加工坐标系原点。单击【机床坐标系】组框中的按钮 ，弹出【CSYS】对话框，拖动坐标原点在图形窗口中捕捉如图 13-14 所示的点，单击【确定】按钮返回【MCS 铣削】对话框。

05 设置安全平面。在【安全设置】组框中的【安全设置选项】下拉列表中选择【平面】选项，然后单击【指定平面】按钮 ，弹出【平面】对话框，选择毛坯上表面并设置【距离】为 15mm，单击【确定】按钮，完成安全平面设置，如图 13-15 所示。

图 13-13　【MCS 铣削】对话框

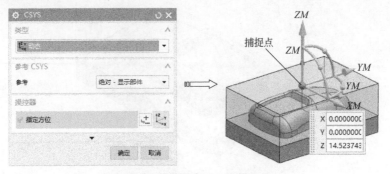

图 13-14　移动确定加工坐标系原点

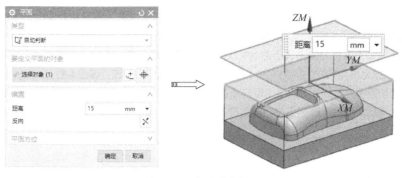

图 13-15 设置安全平面

图 13-16 【工件】对话框

06 在工序导航器中双击"WORKPIECE"，弹出【工件】对话框，如图 13-16 所示。

07 创建部件几何体。单击【几何体】组框中【指定部件】选项后的按钮 ，弹出【部件几何体】对话框，选择如图 13-17 所示的实体。单击【确定】按钮，返回【工件】对话框。

08 创建毛坯几何体。单击【几何体】组框中【指定毛坯】选项后的按钮 ，弹出【毛坯几何体】对话框，在【类型】下拉列表中选择【几何体】选项，选择图层 10 上的如图 13-18 所示的实体，单击【确定】按钮，完成毛坯几何体的创建。

（2）创建刀具组

① 创建圆角刀 D6R1。

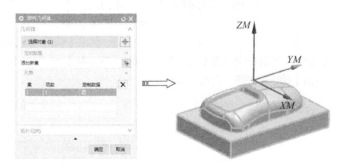

图 13-17 创建部件几何体

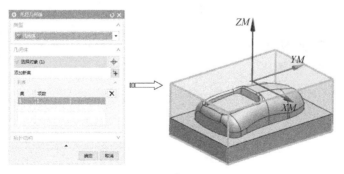

图 13-18 创建毛坯几何体

09 单击上边框条中插入的【工序导航器】组中的【机床视图】按钮 ，将工序导航器切换到机床视图显示。单击【主页】选项卡中的【插入】组中的【创建刀具】按钮 ，弹出【创建刀具】对话框。在【类型】下拉列表中选择"mill_contour"，【刀具子类型】选择【MILL】图标 ，在【名称】文本框中输入"D6R1"，如图 13-19 所示。单击【确定】按钮，弹出【铣刀-5 参数】对话框。

10 在【铣刀-5 参数】对话框中设定【直径】为"6"、【下半径】为"1"、【刀具号】为"1"，如图 13-20 所示。单击【确定】按钮，完成刀具创建。

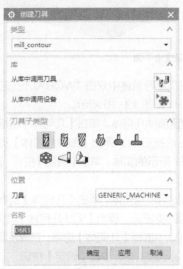

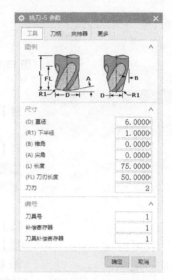

图 13-19 【创建刀具】对话框（一）　　图 13-20 【铣刀-5 参数】对话框（一）

② 创建圆角刀 D4R1。

11 单击【主页】选项卡中的【插入】组中的【创建刀具】按钮 ，弹出【创建刀具】对话框。在【类型】下拉列表中选择"mill_contour"，【刀具子类型】选择【MILL】图标 ，在【名称】文本框中输入"D4R1"，如图 13-21 所示。单击【确定】按钮，弹出【铣刀-5 参数】对话框。

12 在【铣刀-5 参数】对话框中设定【直径】为"4"、【下半径】为"1"、【刀具号】为"2"，如图 13-22 所示。单击【确定】按钮，完成刀具创建。

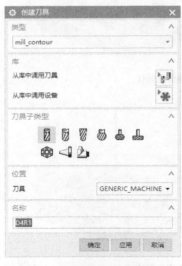

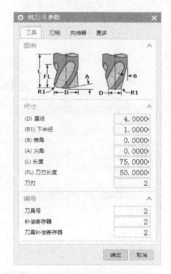

图 13-21 【创建刀具】对话框（二）　　图 13-22 【铣刀-5 参数】对话框（二）

③ 创建圆角刀 D3R1。

13 单击【主页】选项卡中的【插入】组中的【创建刀具】按钮 ，弹出【创建刀具】对话框。在【类型】下拉列表中选择"mill_contour"，【刀具子类型】选择【MILL】图标 ，在【名称】文本框中输入"D3R1"，如图 13-23 所示。单击【确定】按钮，弹出【铣刀-5 参数】对话框。

14 在【铣刀-5 参数】对话框中设定【直径】为"3"、【下半径】为"1"、【刀具号】为"3"，如图 13-24 所示。单击【确定】按钮，完成刀具创建。

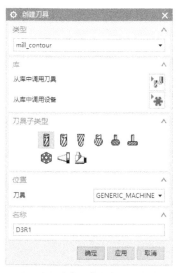

图 13-23 【创建刀具】对话框（三）

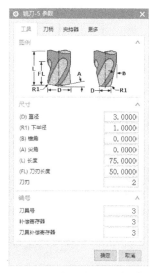

图 13-24 【铣刀-5 参数】对话框（三）

④ 创建球刀 B4。

15 单击【主页】选项卡中的【插入】组中的【创建刀具】按钮 ，弹出【创建刀具】对话框。在【类型】下拉列表中选择"mill_contour"，【刀具子类型】选择【MILL】图标 ，在【名称】文本框中输入"B4"，如图 13-25 所示。单击【确定】按钮，弹出【铣刀-5 参数】对话框。

16 在【铣刀-5 参数】对话框中设定【直径】为"4"、【下半径】为"2"、【刀具号】为"4"，如图 13-26 所示。单击【确定】按钮，完成刀具创建。

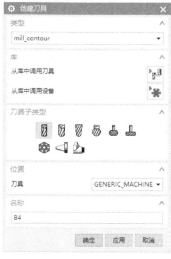

图 13-25 【创建刀具】对话框（四）

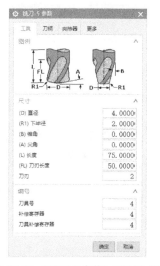

图 13-26 【铣刀-5 参数】对话框（四）

⑤ 创建球刀 B2。

17 单击【主页】选项卡中的【插入】组中的【创建刀具】按钮 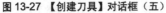，弹出【创建刀具】对话框。在【类型】下拉列表中选择"mill_contour"，【刀具子类型】选择【MILL】图标 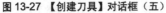，在【名称】文本框中输入"B2"，如图 13-27 所示。单击【确定】按钮，弹出【铣刀-5 参数】对话框。

18 在【铣刀-5 参数】对话框中设定【直径】为"2"、【下半径】为"1"、【刀具号】为"5"，如图 13-28 所示。单击【确定】按钮，完成刀具创建。

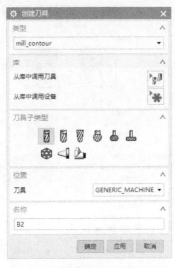

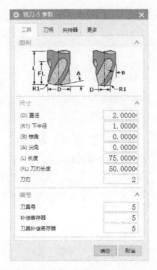

图 13-27 【创建刀具】对话框（五）　　　图 13-28 【铣刀-5 参数】对话框（五）

⑥ 创建平底刀 D2。

19 单击【主页】选项卡中的【插入】组中的【创建刀具】按钮 ，弹出【创建刀具】对话框。在【类型】下拉列表中选择"mill_contour"，【刀具子类型】选择【MILL】图标 ，在【名称】文本框中输入"D2"，如图 13-29 所示。单击【确定】按钮，弹出【铣刀-5 参数】对话框。

20 在【铣刀-5 参数】对话框中设定【直径】为"2"、【刀具号】为"6"，如图 13-30 所示。单击【确定】按钮，完成刀具创建。

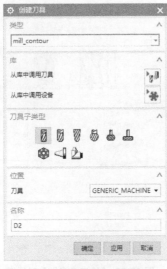

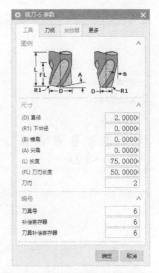

图 13-29 【创建刀具】对话框（六）　　　图 13-30 【铣刀-5 参数】对话框（六）

图 13-31 设置铣削粗加工方法

（3）创建加工方法组

21 单击上边框条中插入的【工序导航器】组中的【加工方法视图】按钮，将工序导航器切换到加工方法视图显示。双击工序导航器中的【MILL_ROUGH】图标，弹出【铣削粗加工】对话框。在【部件余量】文本框中输入"1"，【内公差】和【外公差】中输入"0.08"，如图 13-31 所示。单击【确定】按钮，完成粗加工方法设定。

22 双击工序导航器中的【MILL_SEMI_FINISH】图标，弹出【铣削半精加工】对话框。在【部件余量】文本框中输入"0.5"，【内公差】和【外公差】中输入"0.03"，如图 13-32 所示。单击【确定】按钮，完成半精加工方法设定。

23 双击工序导航器中的【MILL_FINISH】图标，弹出【铣削精加工】对话框。在【部件余量】文本框中输入"0"，【内公差】和【外公差】中输入"0.005"，如图 13-33 所示。单击【确定】按钮，完成精加工方法设定。

图 13-32 设置铣削半精加工方法

图 13-33 设置铣削精加工方法

13.4.3 创建型腔铣粗加工工序

（1）启动工序

24 单击上边框条中插入的【工序导航器】组中的【几何视图】按钮，将工序导航器切换到几何视图显示。单击【主页】选项卡中的【插入】组中的【创建工序】按钮，弹出【创建工序】对话框。在【类型】下拉列表中选择"mill_contour"，【工序子类型】选择第 1 行第 1 个图标（CAVITY_MILL），【程序】选择"NC_PROGRAM"，【刀具】选择"D6R1（铣刀-5 参数）"，【几何体】选择"WORKPIECE"，【方法】选择"MILL_ROUGH"，在【名称】文本框中输入"CAVITY_MILL_ROUGH"，如图 13-34 所示。

25 单击【确定】按钮，弹出【型腔铣】对话框，如图 13-35 所示。

（2）选择切削模式和设置切削用量

26 在【型腔铣】对话框的【刀轨设置】组框中进行切削模式和切削用量的设置，如图 13-36 所示。选择切削模式：在【切削模式】下拉列表中选择"跟随周边"方式。

27 设置切削步距：在【步距】下拉列表中选择"刀具平直百分比"，在【平面直径百分比】文本框中输入"50"。

28 设定层铣深度：在【公共每刀切削深度】下拉列表中选择"恒定"，【最大距离】为 1mm。

图 13-34 【创建工序】对话框

图 13-35 【型腔铣】对话框

图 13-36 选择切削模式和设置切削用量

（3）设置切削参数

29 单击【刀轨设置】组框中的【切削参数】按钮，弹出【切削参数】对话框，进行切削参数设置。【策略】选项卡:【切削方向】为"顺铣"，【切削顺序】为"层优先"，【刀路方向】为"向内"，其他参数设置如图 13-37 所示。

30 【空间范围】选项卡: 在【小封闭区域】下拉列表中选择"忽略"，【面积大小】为"200""刀具百分比"，如图 13-38 所示。

31 单击【切削参数】对话框中的【确定】按钮，完成切削参数设置。

（4）设置非切削参数

32 单击【刀轨设置】组框中的【非切削移动】按钮，弹出【非切削移动】对话框，进行非切削参数设置。【进刀】选项卡:【开放区域】的【进刀类型】为"圆弧"、【半径】为 7mm，其他参数设置如图 13-39 所示。

图 13-37 【策略】选项卡　　　　　　　　图 13-38 【空间范围】选项卡

33 【退刀】选项卡：【退刀】组框中【退刀类型】为"线性"，其他参数设置如图 13-40 所示。

图 13-39 【进刀】选项卡

图 13-40 【退刀】选项卡

34 【起点/钻点】选项卡：【重叠距离】为 1mm，其他接受默认设置，如图 13-41 所示。

35 【转移/快速】选项卡：【区域之间】组框中【转移类型】为"安全距离-刀轴"，【区域内】组框中【转移类型】为"前一平面"，其他参数设置如图 13-42 所示。

36 单击【非切削移动】对话框中的【确定】按钮，完成非切削参数设置。

（5）设置进给率和速度参数

37 单击【刀轨设置】组框中的【进给率和速度】按钮 🐞，弹出【进给率和速度】对话框。设置【主轴速度（rpm）】为"1500"、【切削】为"800""mmpm"，其他参数设置如图 13-43 所示。

图 13-41 【起点/钻点】选项卡

图 13-42 【转移/快速】选项卡

图 13-43 【进给率和速度】对话框

（6）生成刀具路径并验证

38 在【型腔铣】对话框中完成参数设置后，单击该对话框底部【操作】组框中的【生成】按钮，可在该对话框下生成刀具路径，如图 13-44 所示。

39 单击【型腔铣】对话框底部【操作】组框中的【确认】按钮，弹出【刀轨可视化】对话框，然后选择【2D 动态】选项卡，单击【播放】按钮，可进行 2D 动态刀具切削过程模拟，如图 13-45 所示。

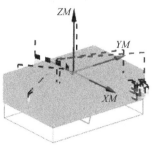

图 13-44 生成刀具路径

图 13-45 实体切削验证

40 单击【确定】按钮，返回【型腔铣】对话框，然后单击【确定】按钮，完成型腔铣粗加工操作。

13.4.4 创建等高轮廓铣半精加工工序

（1）启动工序

41 单击上边框条中插入的【工序导航器】组中的【几何视图】按钮 🐾，将工序导航器切换到几何视图显示。单击【主页】选项卡中的【插入】组中的【创建工序】按钮 🐞，弹出【创建工序】对话框，在【类型】下拉列表中选择"mill_contour"，【工序子类型】选择第 1 行第 5 个图标 🗓（ZLEVEL_PROFILE），【程序】选择"NC_PROGRAM"，【刀具】选择"D4R1（铣刀-5 参数）"，【几何体】为"WORKPIECE"，【方法】为"MILL_SEMI_FINISH"，【名称】输入"ZLEVEL_PROFILE_SEMIFINISH"，如图 13-46 所示。

42 单击【确定】按钮，弹出【深度轮廓加工】对话框，如图 13-47 所示。

图 13-46 【创建工序】对话框

图 13-47 【深度轮廓加工】对话框

（2）指定修剪边界

43 单击【几何体】组框中的【指定修剪边界】后的按钮 ⊠，弹出【修剪边界】对话框，在【选择方法】中选择"面",【修剪侧】为"外部",在图形区选择如图 13-48 所示的面作为修剪边界，单击【确定】按钮完成。

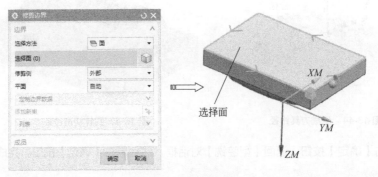

图 13-48　选择修剪边界

（3）设置合并距离和切削深度

44 在【刀轨设置】组框中【陡峭空间范围】下拉列表中选择"无"，【合并距离】为 3mm，【最小切削长度】为 1mm，【公共每刀切削深度】为"恒定"，【最大距离】为 0.5mm，如图 13-49 所示。

（4）设置切削参数

45 单击【刀轨设置】组框中的【切削参数】按钮，弹出【切削参数】对话框，进行切削参数设置。【策略】选项卡：【切削方向】为"混合"，【切削顺序】为"深度优先"，其他接受默认设置，如图 13-50 所示。

46 【连接】选项卡：【层到层】为"直接对部件进刀"，勾选【在层之间切削】复选框和【短距离移动上的进给】复选框，如图 13-51 所示。

47 单击【切削参数】对话框中的【确定】按钮，完成切削参数设置。

图 13-49　设置刀轨参数

图 13-50　【策略】选项卡

图 13-51　【连接】选项卡

（5）设置非切削参数

48 单击【刀轨设置】组框中的【非切削移动】按钮，弹出【非切削移动】对话框，进行非切削参数设置。【进刀】选项卡：【开放区域】的【进刀类型】为"圆弧"，【初始开放区域】的【进刀类型】为"与开放区域相同"，其他参数设置如图 13-52 所示。

49【退刀】选项卡：【退刀】组框中【退刀类型】为"圆弧"，其他参数设置如图 13-53 所示。

图 13-52 【进刀】选项卡

图 13-53 【退刀】选项卡

50【转移/快速】选项卡：【安全设置选项】为"使用继承的"，【区域内】的【转移类型】为"前一平面"，其他参数设置如图 13-54 所示。

51 单击【非切削移动】对话框中的【确定】按钮，完成非切削参数设置。

（6）设置进给率和速度

52 单击【刀轨设置】组框中的【进给率和速度】按钮，弹出【进给率和速度】对话框。设置【主轴速度（rpm）】为"2500"，【切削】为"800""mmpm"，其他参数如图 13-55 所示。

图 13-54 【转移/快速】选项卡

图 13-55 【进给率和速度】对话框

（7）生成刀具路径并验证

53 在【深度轮廓加工】对话框中完成参数设置后，单击该对话框底部【操作】组框中的【生成】按钮![生成按钮]，可在该对话框下生成刀具路径，如图 13-56 所示。

54 单击【深度轮廓加工】对话框底部【操作】组框中的【确认】按钮![确认按钮]，弹出【刀轨可视化】对话框，然后选择【2D 动态】选项卡，单击【播放】按钮▶，可进行 2D 动态刀具切削过程模拟，如图 13-57 所示。

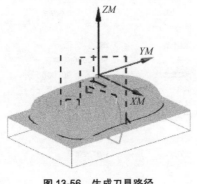

图 13-56　生成刀具路径

图 13-57　实体切削验证

55 单击【深度轮廓加工】对话框中的【确定】按钮，接受刀具路径，并关闭【深度轮廓加工】对话框。

13.4.5　创建型腔铣精加工分型面工序

（1）复制型腔铣粗加工工序

56 在工序导航器窗口选择"CAVITY_MILL_ROUGH"工序，单击鼠标右键，在弹出的快捷菜单中选择【复制】命令，然后选中"ZLEVEL_PROFILE_SEMIFINISH"工序，单击鼠标右键，在弹出的快捷菜单中选择【粘贴】命令。

57 选择复制粘贴后的工序，单击鼠标右键，在弹出的快捷菜单中选择【重命名】命令，将其改称为"CAVITY_MILL_FINISH1"，如图 13-58 所示。

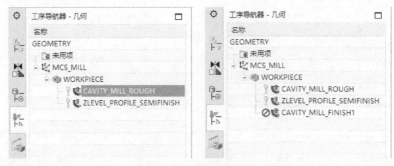

图 13-58　复制粘贴工序

（2）重新选择铣削区域

58 在工序导航器窗口中双击"CAVITY_MILL_FINISH1"节点，弹出【型腔铣】对话框。在【几何体】组框中单击【指定切削区域】后的按钮![按钮]，弹出【切削区域】对话框，单击【移除】按钮

☒取消已经铣削过的区域，然后依次选择如图 13-59 所示的分型面，单击【确定】按钮，返回【型腔铣】对话框。

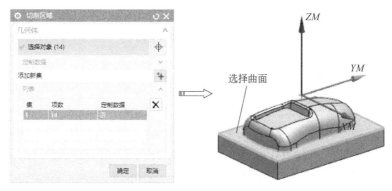

图 13-59　选择铣削区域

（3）指定修剪边界

59 单击【几何体】组框中的【指定修剪边界】后的按钮 ⊠，弹出【修剪边界】对话框，在【选择方法】中选择"曲线"，【修剪侧】为"内部"，在图形区选择如图 13-60 所示的边线作为修剪边界，单击【确定】按钮完成。

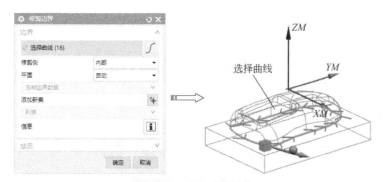

图 13-60　选择修剪边界

（4）重新选择刀具

60 在【工具】组框中的【刀具】下拉列表中选择"D4R1（铣刀-5 参数）"刀具作为本次操作所采用的刀具，如图 13-61 所示。

（5）设置切削层参数

61 单击【刀轨设置】组框中【切削层】按钮 ⧉，弹出【切削层】对话框，如图 13-62 所示。

62 在【范围类型】下拉列表中选择"用户定义"，【切削层】选择"仅在范围底部"，选择如图 13-63 所示的面作为范围深度。

（6）设置切削参数

63 在【型腔铣】对话框中，单击【刀轨设置】组框中的【切削参数】按钮 ⧉，弹出【切削参数】对话框，进行切削参数设置。【策略】选项卡：【切削方向】为"顺铣"，【切削顺序】为"层优先"，【刀路方向】为"向内"，其他接受默认设置，如图 13-64 所示。

64 【余量】选项卡：在【修剪余量】文本框中输入"2.8"，如图 13-65 所示。

65 单击【切削参数】对话框中的【确定】按钮，完成切削参数设置。

图 13-61　重新选择刀具

图 13-62　【切削层】对话框

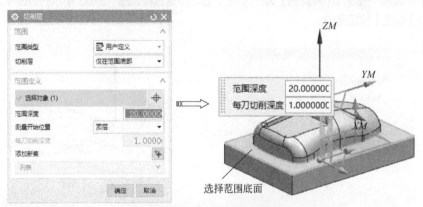

图 13-63　设置切削层参数

图 13-64　【策略】选项卡

图 13-65　【余量】选项卡

（7）设置非切削参数

66 单击【刀轨设置】组框中的【非切削移动】按钮 ⾄，弹出【非切削移动】对话框。【进刀】选项卡：在【开放区域】组框中【进刀类型】为"圆弧"，其他参数如图 13-66 所示。

67 【退刀】选项卡：在【退刀】组框中的【退刀类型】中选择"圆弧"，如图 13-67 所示。

图 13-66 【进刀】选项卡

图 13-67 【退刀】选项卡

68 单击【非切削参数】对话框中的【确定】按钮，完成非切削参数设置。

（8）设置进给参数

69 单击【刀轨设置】组框中的【进给率和速度】按钮 ，弹出【进给率和速度】对话框。设置【主轴速度（rpm）】为"2000"、【切削】为"1200""mmpm"，其他参数如图 13-68 所示。

图 13-68 【进给率和速度】对话框

（9）生成刀具路径并验证

70 在【型腔铣】对话框中完成参数设置后，单击该对话框底部【操作】组框中的【生成】按钮，可在操作对话框下生成刀具路径，如图 13-69 所示。

71 单击【工序】对话框底部【操作】组框中的【确认】按钮，弹出【刀轨可视化】对话框，然后选择【2D 动态】选项卡，单击【播放】按钮，可进行 2D 动态刀具切削过程模拟，如图 13-70 所示。

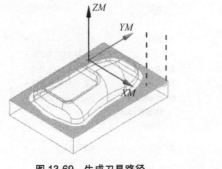

图 13-69　生成刀具路径

图 13-70　实体切削验证

72 单击【确定】按钮，返回【型腔铣】对话框，然后单击【确定】按钮，完成型腔铣加工操作。

13.4.6　创建等高轮廓铣精加工外陡峭面工序

（1）复制等高轮廓铣半精加工工序

73 在工序导航器窗口选择"ZLEVEL_PROFILE_SEMIFINISH"工序，单击鼠标右键，在弹出的快捷菜单中选择【复制】命令，然后选中"CAVITY_MILL_FINISH"工序，单击鼠标右键，在弹出的快捷菜单中选择【粘贴】命令。

74 选择复制粘贴后的工序，单击鼠标右键，在弹出的快捷菜单中选择【重命名】命令，将其改称为"ZLEVEL_PROFILE_FINISH2"，如图 13-71 所示。

图 13-71　复制粘贴工序

（2）选择铣削区域

75 在工序导航器窗口中双击"ZLEVEL_PROFILE_FINISH2"节点，弹出【深度轮廓加工】对话框。在【几何体】组框中单击【指定切削区域】后的按钮，弹出【切削区域】对话框，单击【移除】按钮，然后选择如图 13-72 所示的陡峭区域，单击【确定】按钮，返回【深度轮廓加工】对话框。

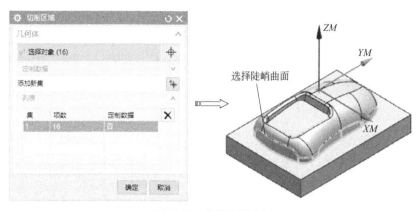

图 13-72 选择切削区域

图 13-73 重新选择刀具

（3）重新选择刀具

76 在【工具】组框中的【刀具】下拉列表中选择"D3R1（铣刀-5 参数）"刀具作为本次操作所采用的刀具，如图 13-73 所示。

（4）设置合并距离和切削深度

77 在【刀轨设置】组框中【陡峭空间范围】下拉列表中选择"无"，【合并距离】为 3mm，【最小切削长度】为 1mm，【公共每刀切削深度】为"残余高度"，【最大残余高度】文本框中输入"0.005"，如图 13-74 所示。

（5）设置进给参数

78 单击【刀轨设置】组框中的【进给率和速度】按钮 ⬆，弹出【进给率和速度】对话框。设置【主轴速度（rpm）】为"3000"、【切削】为"1000""mmpm"，其他接受默认设置，如图 13-75 所示。

图 13-74 设置合并距离和切削深度

图 13-75 【进给率和速度】对话框

（6）生成刀具路径并验证

79 在【深度轮廓加工】对话框中完成参数设置后，单击该对话框底部【操作】组框中的【生成】

按钮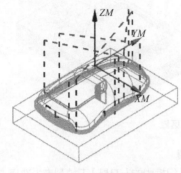，可在该对话框下生成刀具路径，如图 13-76 所示。

80 单击【深度轮廓加工】对话框底部【操作】组框中的【确认】按钮，弹出【刀轨可视化】对话框，然后选择【2D 动态】选项卡，单击【播放】按钮▶，可进行 2D 动态刀具切削过程模拟，如图 13-77 所示。

图 13-76　生成刀具路径

图 13-77　实体切削验证

81 单击【深度轮廓加工】对话框中的【确定】按钮，接受刀具路径，并关闭【深度轮廓加工】对话框。

13.4.7　创建固定轴曲面轮廓铣精加工上顶面工序

（1）启动工序

82 单击上边框条中插入的【工序导航器】组中的【几何视图】按钮，将工序导航器切换到几何视图显示。单击【主页】选项卡中的【插入】组中的【创建工序】按钮，弹出【创建工序】对话框。在【类型】下拉列表中选择"mill_contour"，【工序子类型】选择第 2 行第 1 个图标（FIXED_CONTOUR），【程序】选择"NC_PROGRAM"，【刀具】选择"B4（铣刀-5 参数）"，【几何体】选择"WORKPIECE"，【方法】选择"MILL_FINISH"，在【名称】中输入"FIXED_CONTOUR_FINISH3"，如图 13-78 所示。

83 单击【确定】按钮，弹出【固定轮廓铣】对话框，如图 13-79 所示。

图 13-78　【创建工序】对话框

图 13-79　【固定轮廓铣】对话框

（2）选择加工几何体

84 单击【几何体】组框中【指定切削区域】选项后的按钮 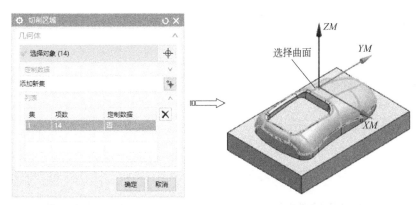，弹出【切削区域】对话框。在图形区选择如图 13-80 所示的曲面作为切削区域，单击【确定】按钮完成。

图 13-80　选择切削区域

（3）选择驱动方法并设置驱动参数

85 在【驱动方法】组框中的【方法】下拉列表中选取"区域铣削"，如图 13-81 所示。系统弹出【区域铣削驱动方法】对话框。

86 在【区域铣削驱动方法】对话框中，选择【非陡峭切削模式】为"跟随周边"、【步距】为"残余高度"，并输入【最大残余高度】为"0.005"，如图 13-82 所示。

图 13-81　选择区域铣削驱动方法

图 13-82　设置驱动参数

87 单击【区域铣削驱动方法】对话框中的【确定】按钮，完成驱动方法设置，返回【固定轮廓铣】对话框。

（4）设置切削参数

88 单击【刀轨设置】组框中的【切削参数】按钮 ，弹出【切削参数】对话框，进行切削参数设置。【策略】选项卡：取消【在边上延伸】复选框，取消【在边上滚动刀具】复选框，其他接受默认设置，如图 13-83 所示。

89 【更多】选项卡：在【最大步长】文本框中输入"10""刀具百分比"；取消【应用于步距】复选框，勾选【优化刀轨】复选框，如图 13-84 所示。

图 13-83 【策略】选项卡

图 13-84 【更多】选项卡

90 单击【切削参数】对话框中的【确定】按钮，完成切削参数设置。

（5）设置非切削参数

91 单击【刀轨设置】组框中的【非切削移动】按钮，弹出【非切削移动】对话框，进行非切削参数设置。【进刀】选项卡：【开放区域】的【进刀类型】为"圆弧-相切逼近"，"半径"为"50""刀具百分比"，其他参数设置如图 13-85 所示。

92 【退刀】选项卡：【开放区域】的【退刀类型】为"与进刀相同"，其他参数设置如图 13-86 所示。

图 13-85 【进刀】选项卡

图 13-86 【退刀】选项卡

93 【转移/快速】选项卡：【安全设置选项】为"使用继承的"，其他参数设置如图 13-87 所示。

94 在【区域之间】组框中设置【逼近】、【离开】、【移刀】参数如图 13-88 所示。

95 在【区域内】和【初始和最终】组框中设置各参数如图 13-89 所示。

96 单击【非切削移动】对话框中的【确定】按钮，完成非切削参数设置。

图 13-87 【转移/快速】选项卡

图 13-88 设置【区域之间】参数

图 13-89 设置【区域内】和【初始和最终】参数

（6）设置进给参数

　　97 单击【刀轨设置】组框中的【进给率和速度】按钮🔧，弹出【进给率和速度】对话框。设置【主轴速度（rpm）】为"2500"、【切削】为"1200""mmpm"，其他接受默认设置，如图 13-90 所示。

（7）生成刀具路径并验证

98 在【固定轮廓铣】对话框中完成参数设置后，单击该对话框底部【操作】组框中的【生成】按钮，可在该对话框下生成刀具路径，如图 13-91 所示。

99 单击【固定轮廓铣】对话框底部【操作】组框中的【确认】按钮，弹出【刀轨可视化】对话框，然后选择【2D 动态】选项卡，单击【播放】按钮▶，可进行 2D 动态刀具切削过程模拟，如图 13-92 所示。

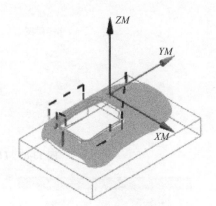

图 13-91　生成刀具路径

图 13-90　【进给率和速度】对话框

图 13-92　实体切削验证

100 单击【固定轮廓铣】对话框中的【确定】按钮，接受刀具路径，并关闭【固定轮廓铣】对话框。

13.4.8　创建固定轴曲面轮廓铣精加工上凹面工序

（1）复制固定轴曲面轮廓铣加工工序

101 在工序导航器窗口选择"FIXED_CONTOUR_FINISH3"工序，单击鼠标右键，在弹出的快捷菜单中选择【复制】命令，然后选中"FIXED_CONTOUR_FINISH3"工序，单击鼠标右键，在弹出的快捷菜单中选择【粘贴】命令。

102 选择复制粘贴后的工序，单击鼠标右键，在弹出的快捷菜单中选择【重命名】命令，将其改称为"FIXED_CONTOUR_FINISH4"，如图 13-93 所示。

（2）重新选择铣削区域

103 在工序导航器窗口中双击"FIXED_CONTOUR_FINISH4"节点，弹出【固定轮廓铣】对话框。

图 13-93　复制粘贴工序

104 在【几何体】组框中单击【指定切削区域】后的按钮 📎，弹出【切削区域】对话框，单击【移除】按钮 ⊠ 取消已经铣削过的区域。然后依次选择如图 13-94 所示的曲面，单击【确定】按钮，返回【固定轮廓铣】对话框。

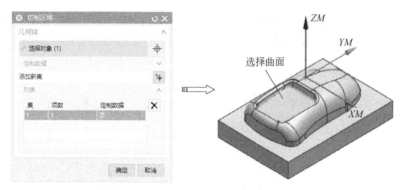

图 13-94　选择切削区域

图 13-95　重新选择刀具

（3）重新选择刀具

105 在【工具】组框中的【刀具】下拉列表中选择"B2（铣刀-5 参数）"刀具作为本次操作所采用的刀具，如图 13-95 所示。

（4）重新设置驱动参数

106 在【驱动方法】组框中的【方法】下拉列表中选取"区域铣削"，单击【编辑】按钮 ⚙，弹出【区域铣削驱动方法】对话框，在【驱动设置】组框中选择【非陡峭切削模式】为"往复"、【切削方向】为"顺铣"、【步距】为"残余高度"，并输入【最大残余高度】为"0.005"，如图 13-96 所示。

（5）设置进给参数

107 单击【刀轨设置】组框中的【进给率和速度】按钮 🐾，弹出【进给率和速度】对话框。设置【主轴速度（rpm）】为"3000"、【切削】为"1000""mmpm"，其他接受默认设置，如图 13-97 所示。

（6）生成刀具路径并验证

108 在【固定轮廓铣】对话框中完成参数设置后，单击该对话框底部【操作】组框中的【生成】按钮 ⚡，可在该对话框下生成刀具路径，如图 13-98 所示。

图 13-96　设置驱动参数

109 单击【固定轮廓铣】对话框底部【操作】组框中的【确认】按钮，弹出【刀轨可视化】对话框，然后选择【2D 动态】选项卡，单击【播放】按钮，可进行 2D 动态刀具切削过程模拟，如图 13-99 所示。

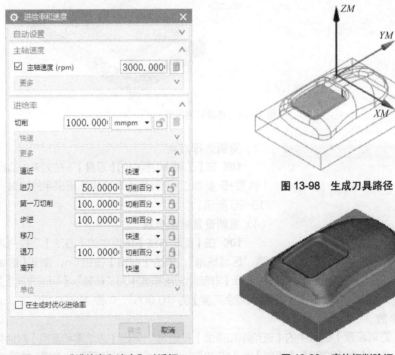

图 13-98　生成刀具路径

图 13-97　【进给率和速度】对话框　　　　　图 13-99　实体切削验证

110 单击【固定轮廓铣】对话框中的【确定】按钮，接受刀具路径，并关闭【固定轮廓铣】对话框。

13.4.9　创建等高轮廓铣精加工内陡峭面工序

（1）复制等高轮廓铣精加工工序

111 在工序导航器窗口选择"ZLEVEL_PROFILE_FINISH2"工序，单击鼠标右键，在弹出的快捷菜单中选择【复制】命令，然后选中"FIXED_CONTOUR_FINISH4"工序，单击鼠标右键，在弹出的快捷菜单中选择【粘贴】命令。

112 选择复制粘贴后的工序，单击鼠标右键，在弹出的快捷菜单中选择【重命名】命令，将其改称为"ZLEVEL_PROFILE_FINISH5"，如图 13-100 所示。

图 13-100　复制粘贴工序

（2）选择铣削区域

113 在工序导航器窗口中双击"ZLEVEL_PROFILE_FINISH5"节点，弹出【深度轮廓加工】对话框。

114 在【几何体】组框中单击【指定切削区域】后的按钮 ，弹出【切削区域】对话框，依次选择如图 13-101 所示的陡峭区域，单击【确定】按钮，返回【深度轮廓加工】对话框。

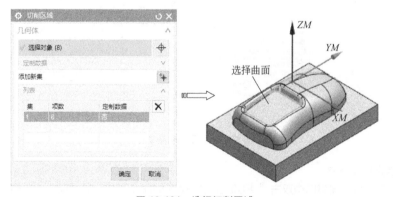

图 13-101　选择切削区域

（3）生成刀具路径并验证

115 在【深度轮廓加工】对话框中完成参数设置后，单击该对话框底部【操作】组框中的【生成】按钮 ，可在该对话框下生成刀具路径，如图 13-102 所示。

116 单击【深度轮廓加工】对话框底部【操作】组框中的【确认】按钮 ，弹出【刀轨可视化】对话框，然后选择【2D 动态】选项卡，单击【播放】按钮 ，可进行 2D 动态刀具切削过程模拟，如图 13-103 所示。

117 单击【深度轮廓加工】对话框中的【确定】按钮，接受刀具路径，并关闭【深度轮廓加工】对话框。

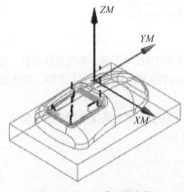

图 13-102　生成刀具路径　　　　　　　　图 13-103　实体切削验证

13.4.10　创建固定轴曲面轮廓铣精加工圆角面工序

（1）复制固定轴曲面轮廓铣加工工序

118 在工序导航器窗口选择"FIXED_CONTOUR_FINISH3"工序，单击鼠标右键，在弹出的快捷菜单中选择【复制】命令，然后选中"ZLEVEL_PROFILE_FINISH5"工序，单击鼠标右键，在弹出的快捷菜单中选择【粘贴】命令。

119 选择复制粘贴后的工序，单击鼠标右键，在弹出的快捷菜单中选择【重命名】命令，将其改称为"FIXED_CONTOUR_FINISH6"，如图 13-104 所示。

图 13-104　复制粘贴工序

（2）重新选择铣削区域

120 在工序导航器窗口中双击" FIXED_CONTOUR_FINISH6"节点，弹出【固定轮廓铣】对话框。

121 在【几何体】组框中单击【指定切削区域】后的按钮，弹出【切削区域】对话框，单击【移除】按钮取消已经铣削的区域。然后依次选择如图 13-105 所示的圆角曲面，单击【确定】按钮，返回操作对话框。

（3）重新设置驱动参数

122 在【驱动方法】组框中的【方法】下拉列表中选取"区域铣削"，单击【编辑】按钮，弹出【区域铣削驱动方法】对话框，在【驱动设置】组框中选择【非陡峭切削模式】为"跟随周边"、【刀路方向】为"向外"、【步距】为"残余高度"，并输入【最大残余高度】为"0.005"，如图 13-106所示。

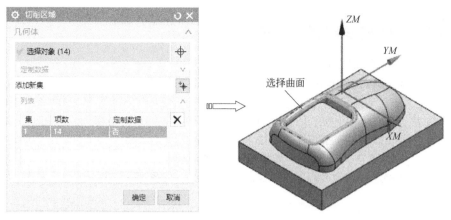

图 13-105　选择切削区域

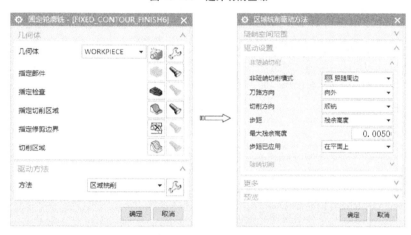

图 13-106　设置驱动参数

（4）生成刀具路径并验证

123 在【固定轮廓铣】对话框中完成参数设置后，单击该对话框底部【操作】组框中的【生成】按钮 ，可在该对话框下生成刀具路径，如图 13-107 所示。

124 单击【固定轮廓铣】对话框底部【操作】组框中的【确认】按钮 ，弹出【刀轨可视化】对话框，然后选择【2D 动态】选项卡，单击【播放】按钮 ，可进行 2D 动态刀具切削过程模拟，如图 13-108 所示。

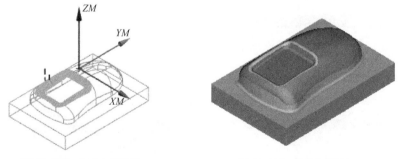

图 13-107　生成刀具路径　　　　　图 13-108　实体切削验证

125 单击【固定轮廓铣】对话框中的【确定】按钮，接受刀具路径，并关闭【固定轮廓铣】对话框。

13.4.11　创建单刀路清根加工工序

（1）启动单刀路清根加工工序

126 单击【主页】选项卡中的【插入】组中的【创建工序】按钮 ，弹出【创建工序】对话框。在【类型】下拉列表中选择"mill_contour"，【工序子类型】选择第 3 行第 1 个图标 （FLOWCUT_SINGLE），【程序】选择"NC_PROGRAM"，【刀具】选择"D2（铣刀-5 参数）"，【几何体】选择"WORKPIECE"，【方法】选择"MILL_FINISH"，在【名称】文本框中输入"FLOWCUT_SINGLE_FINISH7"，如图 13-109 所示。

127 单击【确定】按钮，弹出【单刀路清根】对话框，如图 13-110 所示。

图 13-109　【创建工序】对话框

图 13-110　【单刀路清根】对话框

（2）选择切削区域

128 在【几何体】组框中单击【指定切削区域】后的按钮 ，弹出【切削区域】对话框，单击【移除】按钮 取消已经铣削的区域。然后依次选择如图 13-111 所示的圆角曲面，单击【确定】按钮，返回【单刀路清根】对话框。

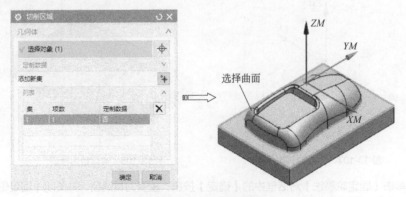

图 13-111　选择切削区域

图 13-112 设置驱动参数

图 13-113 【策略】选项卡

图 13-114 【更多】选项卡

图 13-115 【进刀】选项卡

（3）设置驱动参数

129 在【驱动设置】组框中设置【非陡峭切削模式】为"单向"，在【输出】组框中设置【切削顺序】为"自动"，如图 13-112 所示。

（4）设置切削参数

130 单击【刀轨设置】组框中的【切削参数】按钮 ，弹出【切削参数】对话框，进行切削参数设置。【策略】选项卡：取消【在凸角上延伸】复选框，取消【在边上延伸】复选框，其他接受默认设置，如图 13-113 所示。

131 【更多】选项卡：【最大步长】为"10""刀具百分比"，如图 13-114 所示。

132 单击【切削参数】对话框中的【确定】按钮，完成切削参数设置。

（5）设置非切削参数

133 单击【刀轨设置】组框中的【非切削移动】按钮 ，弹出【非切削移动】对话框，进行非切削参数设置。【进刀】选项卡：【开放区域】的【进刀类型】为"圆弧-平行于刀轴"，【初始】的【进刀类型】为"与开放区域相同"，其他参数设置如图 13-115 所示。

134 【退刀】选项卡：【开放区域】的【退刀类型】为"与进刀相同"，其他参数设置如图 13-116 所示。

135 【转移/快速】选项卡：【安全设置选项】为"使用继承的"，其他参数设置如图 13-117 所示。

136 在【区域之间】组框中设置【逼近】、【离开】、【移刀】参数如图 13-118 所示。

137 在【区域内】和【初始和最终】组框中设置各参数如图 13-119 所示。

138 单击【非切削移动】对话框中的【确定】按钮，完成非切削参数设置。

图 13-116 【退刀】选项卡

图 13-117 【转移/快速】选项卡

图 13-118 设置【区域之间】参数

图 13-119 设置【区域内】和【初始和最终】参数

（6）设置进给和速度

139 单击【刀轨设置】组框中的【进给率和速度】按钮 ⬆，弹出【进给率和速度】对话框。设置"主轴速度（rpm）"为"4000"、【切削】为"2000""mmpm"，其他参数设置如图 13-120 所示。

（7）生成刀具路径并验证

140 在【单刀路清根】对话框中完成参数设置后，单击该对话框底部【操作】组框中的【生成】按钮 ，可在该对话框下生成刀具路径，如图 13-121 所示。

141 单击【单刀路清根】对话框底部【操作】组框中的【确认】按钮 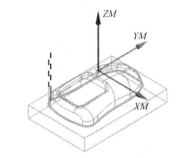，弹出【刀轨可视化】对话框，然后选择【2D 动态】选项卡，单击【播放】按钮▶，可进行 2D 动态刀具切削过程模拟，如图 13-122 所示。

图 13-120　【进给率和速度】对话框

图 13-121　生成刀具路径

图 13-122　实体切削验证

142 单击【确定】按钮，接受刀具路径，并关闭【单刀路清根】对话框。

14

第14章

NX多轴数控加工实例

Chapter fourteen

本章内容

► 瓶子凹模零件结构分析
► 瓶子凹模零件数控工艺分析与
  加工方案
► 瓶子凹模零件数控加工基本流程
► 瓶子凹模零件数控加工操作过程

多轴数控加工是 NX 数控加工的重要技术之一，本章以瓶子凹模零件为例来介绍凸模类零件的数控加工方法和步骤。希望通过本章的学习，读者能轻松掌握 NX 多轴数控加工的基本应用。

瓶子凹模零件如图 14-1 所示，该模型较为复杂，分型面为平面，内部有复杂的异形凹腔。

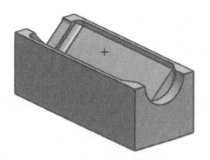

图 14-1　瓶子凹模零件

14.1　瓶子凹模零件结构分析

由图 14-2 可知该瓶子凹模零件的整体尺寸为 162mm×65mm×55mm，下表面经过加工，工件底部安装在工作台上，分型面为平面，内部有凹腔，结构较为复杂。

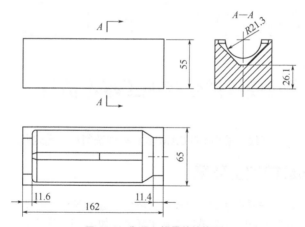

图 14-2　瓶子凹模零件结构图

14.2　瓶子凹模零件数控工艺分析与加工方案

14.2.1　分析零件工艺性能

如图 14-2 所示，该零件外形尺寸为长×宽×高=162mm×65mm×55mm，属于小零件，分型面为平面，内部有复杂的异形凹腔。其加工表面为内部腔体的所有表面，加工表面粗糙度 Ra 为 1.6μm，要通过粗、精加工来完成。

14.2.2　选用毛坯或明确来料状况

毛坯为六面体，材料为硬度较高的模具钢，外形尺寸为 162mm×65mm×55mm，六面全部经过初步加工。

14.2.3　确定加工方案

根据零件形状及加工精度要求，按照先粗后精的原则，按照"粗加工"→"半精加工"→"精加工（5轴）"的顺序逐步达到加工精度。该零件的数控加工方案如表 14-1 所示。

表 14-1　瓶子凹模零件的数控加工方案

工步号	工步内容	刀具	刀具类型	切削用量		
				主轴转速 /(r/min)	进给速度 /(mm/min)	背吃刀量 /mm
1	型腔铣粗加工	T01	φ8mm、R2mm 圆角刀	1500	700	1.0
2	等高轮廓铣半精加工	T02	φ6mm、R1mm 圆角刀	1800	800	0.4
3	可变轴曲面轮廓铣精加工主腔面	T03	φ4mm 球刀	2500	1500	0.25
4	可变轴曲面轮廓铣精加工圆角面	T03	φ4mm 球刀	2500	1500	0.25
5	深度5轴铣精加工陡峭面	T03	φ4mm 球刀	2500	1500	0.25
6	可变轴曲面轮廓铣精加工瓶口曲面	T03	φ4mm 球刀	2500	1500	0.25
7	可变轴曲面轮廓铣精加工瓶底曲面	T03	φ4mm 球刀	2500	1500	0.25

14.3　瓶子凹模零件数控加工基本流程

根据拟订的加工工艺路线，采用 UG CAM 数控多轴铣削加工实现瓶子凹模零件的加工。

14.3.1　启动数控加工环境

要进行数控加工，首先要启动 NX 数控加工环境，进入 NX 制造模块进行编程作业的软件环境，本例中选择"mill_multi-axis"铣数控加工环境，如图 14-3 所示。

图 14-3　启动 NX CAM 加工环境

14.3.2　创建加工父级组

在 NX 数控加工中加工是通过创建工序来完成的，在创建工序之前要为工序指定其所对应的父级组，首先定位加工坐标系原点和安全平面，然后指定部件几何体和毛坯几何体，接着创建各种刀具，最后创建加工方法如图 14-4 所示。

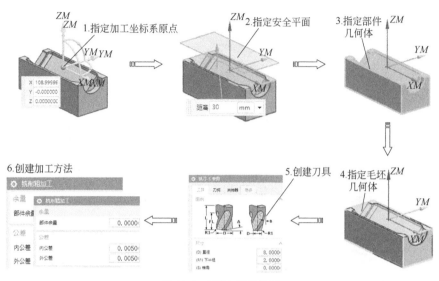

图 14-4　创建加工父级组

14.3.3　创建型腔铣粗加工工序

采用较大直径的刀具进行粗加工以便于去除大量多余留量，粗加工采用型腔铣环切的方法，刀具为 ϕ8mm、R2mm 的圆角刀，如图 14-5 所示。

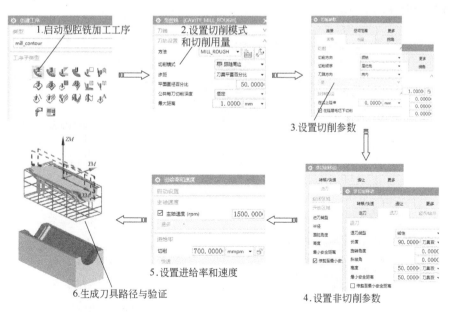

图 14-5　创建型腔铣粗加工工序

14.3.4　创建等高轮廓铣半精加工工序

利用半精加工来获得较为均匀的加工余量，半精加工采用等高轮廓铣加工方式，同时为了获得更好的表面质量，增加了在层间切削选项，刀具为φ4mm、R1mm的圆角刀，如图14-6所示。

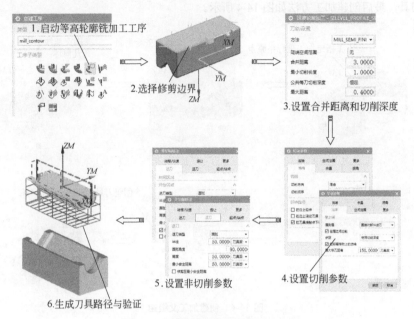

图14-6　创建等高轮廓铣半精加工工序

14.3.5　创建可变轴曲面轮廓铣精加工主腔面工序

精加工采用分区加工，对于主腔曲面采用曲面驱动的可变轴曲面轮廓铣加工，刀轴为"朝向直线"，如图14-7所示。

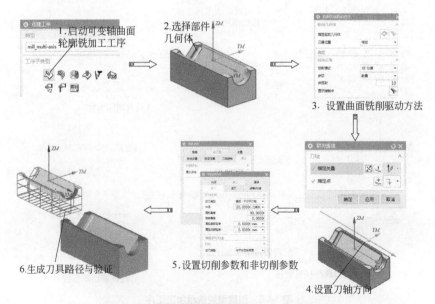

图14-7　创建可变轴曲面轮廓铣精加工主腔面工序

14.3.6 创建可变轴曲面轮廓铣精加工圆角面工序

精加工采用分区加工，对于圆角面采用曲面驱动的可变轴曲面轮廓铣加工，刀轴为"朝向点"，如图 14-8 所示。

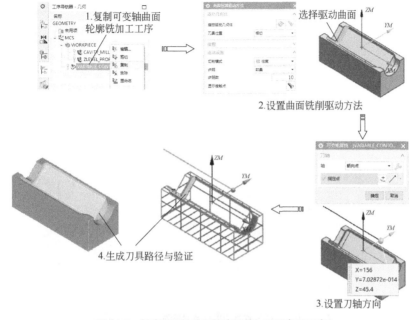

图 14-8　创建可变轴曲面轮廓铣精加工圆角面工序

14.3.7 创建深度 5 轴铣精加工陡峭面工序

精加工采用分区加工，对于陡峭面采用深度 5 轴铣加工，刀轴为"朝向点"，如图 14-9 所示。

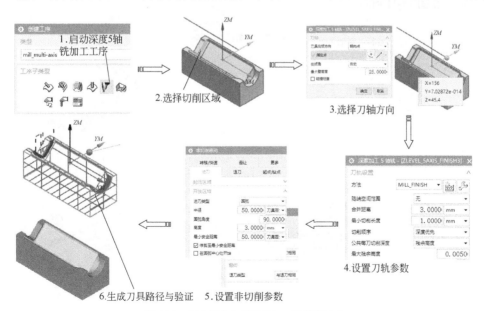

图 14-9　创建深度 5 轴铣精加工陡峭面工序

14.3.8 创建可变轴曲面轮廓铣精加工瓶口曲面工序

精加工采用分区加工，对于瓶口曲面采用曲面驱动的可变轴曲面轮廓铣加工，刀轴为"朝向直线"，如图 14-10 所示。

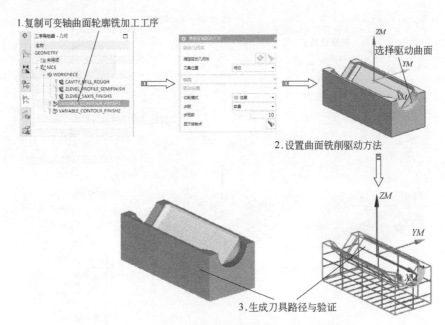

图 14-10 创建可变轴曲面轮廓铣精加工瓶口曲面工序

14.3.9 创建可变轴曲面轮廓铣精加工瓶底曲面工序

精加工采用分区加工，对于瓶底曲面采用曲面驱动的可变轴曲面轮廓铣加工，刀轴为"朝向直线"，如图 14-11 所示。

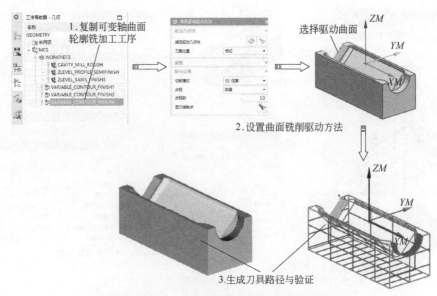

图 14-11 创建可变轴曲面轮廓铣精加工瓶底曲面工序

14.4　瓶子凹模零件数控加工操作过程

14.4.1　启动数控加工环境

（1）打开模型文件

01 启动 NX 后，单击【文件】选项卡的【打开】按钮 📂，弹出【打开部件文件】对话框，选择"瓶子凹模 CAD.prt"（扫描文前二维码下载素材文件），单击【OK】按钮，文件打开后如图 14-12 所示。

（2）启动数控加工环境

02 单击【应用模块】选项卡中的【加工】按钮 📉，系统弹出【加工环境】对话框，在【CAM 会话配置】中选择"cam_general"，在【要创建的 CAM 设置】中选择"mill_multi-axis"，单击【确定】按钮，初始化加工环境，如图 14-13 所示。

图 14-12　打开模型文件

图 14-13　启动 NX CAM 加工环境

14.4.2　创建加工父级组

（1）创建几何组

03 单击上边框条中插入的【工序导航器】组中的【几何视图】按钮 🔩，将工序导航器切换到几何视图显示。双击工序导航器窗口中的"MCS_MILL"，弹出【MCS 铣削】对话框，如图 14-14 所示。

04 设置加工坐标系原点。单击【机床坐标系】组框中的按钮 🔧，弹出【CSYS】对话框，拖动坐标原点在图形窗口中捕捉如图 14-15 所示的点，单击【确定】按钮返回【MCS 铣削】对话框。

05 设置安全平面。在【安全设置】组框中的【安全设置选项】下拉列表中选择【平面】选项，然后单击【指定平面】按钮 🔲，弹出【平面】对话框，选择图层 9 中的毛坯上表面并设置【距离】为 30mm，单击【确定】按钮，完成安全平面设置，如图 14-16 所示。

图 14-14　【MCS 铣削】对话框

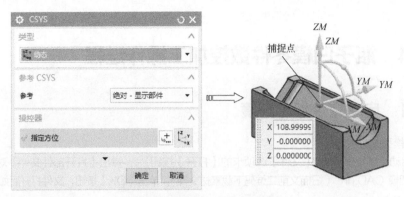

图 14-15　移动确定加工坐标系原点

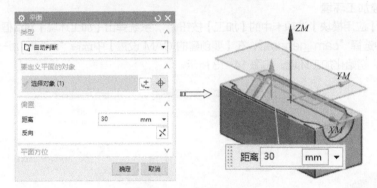

图 14-16　设置安全平面

06 在工序导航器中双击"WORKPIECE"，弹出【工件】对话框，如图 14-17 所示。

07 创建部件几何体。单击【几何体】组框中【指定部件】选项后的按钮，弹出【部件几何体】对话框，选择如图 14-18 所示的实体。单击【确定】按钮，返回【部件几何体】对话框。

08 创建毛坯几何体。单击【几何体】组框中【指定毛坯】选项后的按钮，弹出【毛坯几何体】对话框，在【类型】下拉列表中选择【几何体】选项，选择图层 9 上的如图 14-19 所示的实体，单击【确定】按钮，完成毛坯几何体的创建。

图 14-17　【工件】对话框

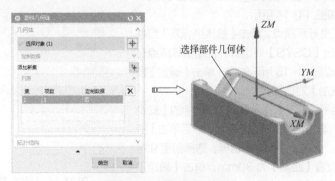

图 14-18　创建部件几何体

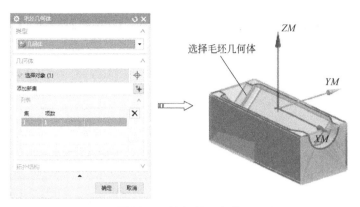

选择毛坯几何体

图 14-19 创建毛坯几何体

（2）创建刀具组

① 创建圆角刀 D8R2。

09 单击上边框条中插入的【工序导航器】组中的【机床视图】按钮 ，将工序导航器切换到机床视图显示。单击【主页】选项卡中的【插入】组中的【创建刀具】按钮 ，弹出【创建刀具】对话框。在【类型】下拉列表中选择"mill_multi-axis"，【刀具子类型】选择【MILL】图标 ，在【名称】文本框中输入"D8R2"，如图 14-20 所示。单击【确定】按钮，弹出【铣刀-5 参数】对话框。

10 在【铣刀-5 参数】对话框中设定【直径】为"8"、【下半径】为"2"、【刀具号】为"1"，如图 14-21 所示。单击【确定】按钮，完成刀具创建。

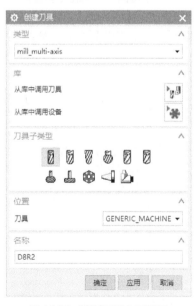

图 14-20 【创建刀具】对话框

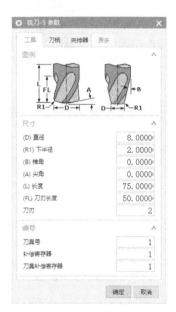

图 14-21 【铣刀-5 参数】对话框

② 创建圆角刀 D6R1。

11 单击【主页】选项卡中的【插入】组中的【创建刀具】按钮 ，弹出【创建刀具】对话框。在【类型】下拉列表中选择"mill_planar"，【刀具子类型】选择【MILL】图标 ，在【名称】文本框中输入"D6R1"，如图 14-122 所示。单击【确定】按钮，弹出【铣刀-5 参数】对话框。

12 在【铣刀-5 参数】对话框中设定【直径】为"6"、【下半径】为"1"、【刀具号】为"2"，如图 14-23 所示。单击【确定】按钮，完成刀具创建。

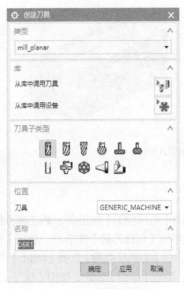

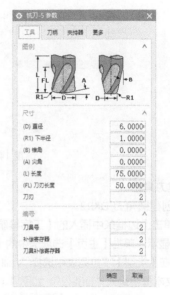

图 14-22 【创建刀具】对话框（一）　　　　图 14-23 【铣刀-5 参数】对话框（一）

③ 创建球刀 D4R2。

13 单击【主页】选项卡中的【插入】组中的【创建刀具】按钮，弹出【创建刀具】对话框。在【类型】下拉列表中选择"mill_multi-axis"，【刀具子类型】选择【MILL】图标，在【名称】文本框中输入"D4R2"，如图 14-24 所示。单击【确定】按钮，弹出【铣刀-5 参数】对话框。

14 在【铣刀-5 参数】对话框中设定【直径】为"4"、【下半径】为"2"、【刀具号】为"3"，如图 14-25 所示。单击【确定】按钮，完成刀具创建。

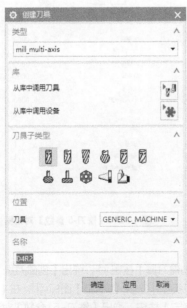

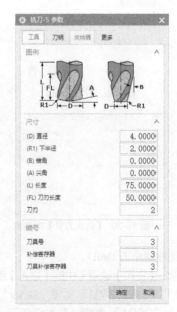

图 14-24 【创建刀具】对话框（二）　　　　图 14-25 【铣刀-5 参数】对话框（二）

图 14-26 设置铣削粗加工方法

（3）创建加工方法组

15 单击上边框条中插入的【工序导航器】组中的【加工方法视图】按钮 ，将工序导航器切换到加工方法视图显示。双击工序导航器中的【MILL_ROUGH】图标，弹出【铣削粗加工】对话框。在【部件余量】文本框中输入"1"，【内公差】和【外公差】中输入"0.08"，如图 14-26 所示。单击【确定】按钮，完成粗加工方法设定。

16 双击工序导航器中的【MILL_SEMI_FINISH】图标，弹出【铣削半精加工】对话框。在【部件余量】文本框中输入"0.25"，【内公差】和【外公差】中输入"0.03"，如图 14-27 所示。单击【确定】按钮，完成半精加工方法设定。

17 双击工序导航器中的【MILL_FINISH】图标，弹出【铣削精加工】对话框。在【部件余量】文本框中输入"0"，【内公差】和【外公差】中输入"0.005"，如图 14-28 所示。单击【确定】按钮，完成精加工方法设定。

图 14-27　设置铣削半精加工方法

图 14-28　设置铣削精加工方法

14.4.3　创建型腔铣粗加工工序

（1）启动工序

18 单击上边框条中插入的【工序导航器】组中的【几何视图】按钮 ，将工序导航器切换到几何视图显示。单击【主页】选项卡中的【插入】组中的【创建工序】按钮 ，弹出【创建工序】对话框。在【类型】下拉列表中选择"mill_contour"，【工序子类型】选择第 1 行第 1 个图标 （CAVITY_MILL），【程序】选择"NC_PROGRAM"，【刀具】选择"D8R2（铣刀-5 参数）"，【几何体】选择"WORKPIECE"，【方法】选择"MILL_ROUGH"，在【名称】文本框中输入"CAVITY_MILL_ROUGH"，如图 14-29 所示。

19 单击【确定】按钮，弹出【型腔铣】对话框，如图 14-30 所示。

（2）选择切削模式和设置切削用量

20 在【型腔铣】对话框的【刀轨设置】组框中进行切削模式和切削用量的设置。选择切削模式：在【切削模式】下拉列表中选择"跟随周边"方式。

21 设置切削步距：在【步距】下拉列表中选择"刀具平直百分比"，在"平面直径百分比"文本框中输入"50"。

图 14-29 【创建工序】对话框

图 14-30 【型腔铣】对话框

22 设定层铣深度：在【公共每刀切削深度】下拉列表中选择"恒定"，【最大距离】为 1mm，如图 14-31 所示。

（3）设置切削参数

23 单击【刀轨设置】组框中的【切削参数】按钮，弹出【切削参数】对话框，进行切削参数设置。【策略】选项卡：【切削方向】为"顺铣"，【切削顺序】为"层优先"，其他参数设置如图 14-32 所示。

24 【余量】选项卡：选中【使底面余量与侧面余量一致】复选框，【部件侧面余量】为"1"，如图 14-33 所示。单击【切削参数】对话框中的【确定】按钮，完成切削参数设置。

（4）设置非切削参数

25 单击【刀轨设置】组框中的【非切削移动】按钮，弹出【非切削移动】对话框，进行非切削参数设置。【进刀】选项卡：【开放区域】的【进刀类型】为"圆弧"、【半径】为 7mm，其他参数设置如图 14-34 所示。

26 【退刀】选项卡：【退刀】组框中退刀类型】为"线性"，其他参数设置如图 14-35 所示。

27 【起点/钻点】选项卡：【重叠距离】为 1mm，其他接受默认设置，如图 14-36 所示。

28 【转移/快速】选项卡：【区域内】组框中【转移类型】为"前一平面"，其他参数设置如图 14-37 所示。

29 单击【非切削移动】对话框中的【确定】按钮，完成非切削参数设置。

（5）设置进给率和速度参数

30 单击【刀轨设置】组框中的【进给率和速度】按钮，弹出【进给率和速度】对话框。设置【主轴速度（rpm）】为"1500"、【切削】为"700""mmpm"，其他参数设置如图 14-38 所示。

图 14-31 选择切削模式和设置切削用量

图 14-32 【策略】选项卡

图 14-33 【余量】选项卡

图 14-34 【进刀】选项卡

图 14-35 【退刀】选项卡

图 14-36 【起点/钻点】选项卡

图 14-37 【转移/快速】选项卡

（6）生成刀具路径并验证

31 在【型腔铣】对话框中完成参数设置后，单击该对话框底部【操作】组框中的【生成】按钮 ，可在该对话框下生成刀具路径，如图 14-39 所示。

32 单击【型腔铣】对话框底部【操作】组框中的【确认】按钮 ，弹出【刀轨可视化】对话框，然后选择【2D 动态】选项卡，单击【播放】按钮 ，可进行 2D 动态刀具切削过程模拟，如图 14-40 所示。

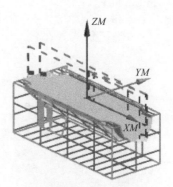

图 14-39　生成刀具路径

图 14-38　【进给率和速度】对话框

图 14-40　实体切削验证

33 单击【确定】按钮，返回【型腔铣】对话框，然后单击【确定】按钮，完成型腔铣粗加工操作。

14.4.4　创建等高轮廓铣半精加工工序

（1）启动工序

34 单击上边框条中插入的【工序导航器】组中的【几何视图】按钮 ，将工序导航器切换到几何视图显示。单击【主页】选项卡中的【插入】组中的【创建工序】按钮 ，弹出【创建工序】对话框，在【类型】下拉列表中选择"mill_contour"，【工序子类型】选择第 1 行第 5 个图标 （ZLEVEL_PROFILE），【程序】选择"NC_PROGRAM"，【刀具】选择"D6R1（铣刀-5 参数）"，【几何体】选择"WORKPIECE"，【方法】选择"MILL_SEMI_FINISH"，在【名称】为"ZLEVEL_PROFILE_SEMIFINISH"，如图 14-41 所示。

35 单击【确定】按钮，弹出【深度轮廓加工】对话框，如图 14-42 所示。

（2）指定修剪边界

36 单击【几何体】组框中的【指定修剪边界】后的按钮 ，弹出【修剪边界】对话框，在【选择方法】中选择"面"，【修剪侧】为"外部"，在图形区选择如图 14-43 所示的面作为修剪边界，单击【确定】按钮完成。

图 14-41 【创建工序】对话框

图 14-42 【深度轮廓加工】对话框

图 14-43 选择修剪边界

图 14-44 设置刀轨参数

（3）设置合并距离和切削深度

37 在【刀轨设置】组框中【陡峭空间范围】下拉列表中选择"无"，【合并距离】为 3mm，【最小切削长度】为 1mm，【公共每刀切削深度】为"恒定"，【最大距离】为 0.4mm，如图 14-44 所示。

（4）设置切削参数

38 单击【刀轨设置】组框中的【切削参数】按钮，弹出【切削参数】对话框，进行切削参数设置。【策略】选项卡：【切削方向】为"混合"，【切削顺序】为"深度优先"，其他接受默认设置，如图 14-45 所示。

39【连接】选项卡：【层到层】为"直接对部件进刀"，勾选【在层之间切削】复选框和【短距离移动上的进给】复选框，如图 14-46 所示。

40 单击【切削参数】对话框中的【确定】按钮，完成切削参数设置。

图 14-45 【策略】选项卡

图 14-46 【连接】选项卡

（5）设置非切削参数

单击【刀轨设置】组框中的【非切削移动】按钮，弹出【非切削移动】对话框，进行非切削参数设置。

41【进刀】选项卡：【开放区域】的【进刀类型】为"圆弧"，【初始开放区域】的【进刀类型】为"与开放区域相同"，其他参数设置如图 14-47 所示。

42【退刀】选项卡：【退刀】组框中【退刀类型】为"圆弧"，其他参数设置如图 14-48 所示。

图 14-47 【进刀】选项卡

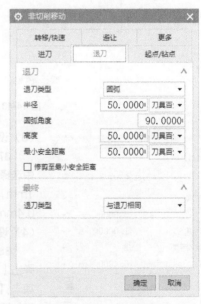

图 14-48【退刀】选项卡

43【起点/钻点】选项卡：【重叠距离】为 1mm，如图 14-49 所示。

44【转移/快速】选项卡：【安全设置选项】为"使用继承的"，【区域内】的【转移类型】为"前一平面"，其他参数设置如图 14-50 所示。

45单击【非切削移动】对话框中的【确定】按钮，完成非切削参数设置。

图 14-49 【起点/钻点】选项卡

图 14-50【转移/快速】选项卡

（6）设置进给率和速度

46 单击【刀轨设置】组框中的【进给率和速度】按钮🐌，弹出【进给率和速度】对话框。设置【主轴速度（rpm）】为"1800"、【切削】为"800""mmpm"，其他参数如图 14-51 所示。

（7）生成刀具路径并验证

47 在【深度轮廓加工】对话框中完成参数设置后，单击该对话框底部【操作】组框中的【生成】按钮🖳，可在该对话框下生成刀具路径，如图 14-52 所示。

48 单击【深度轮廓加工】对话框底部【操作】组框中的【确认】按钮🛠，弹出【刀轨可视化】对话框，然后选择【2D 动态】选项卡，单击【播放】按钮▶，可进行 2D 动态刀具切削过程模拟，如图 14-53 所示。

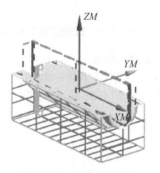

图 14-52 生成刀具路径

图 14-51 【进给率和速度】对话框

图 14-53 实体切削验证

49 单击【深度轮廓加工】对话框中的【确定】按钮，接受刀具路径，并关闭【深度轮廓加工】对话框。

14.4.5 创建可变轴曲面轮廓铣精加工主腔面工序

（1）启动可变轴曲面轮廓铣加工工序

50 单击上边框条中插入的【工序导航器】组中的【程序顺序视图】按钮，将工序导航器切换到程序顺序视图显示。单击【主页】选项卡中的【插入】组中的【创建工序】按钮，弹出【创建工序】对话框。在【类型】下拉列表中选择"mill_multi-axis"，【工序子类型】选择第 1 行第 1 个图标（VARIABLE_CONTOUR），【程序】选择"NC_PROGRAM"，【刀具】选择"D4R2（铣刀-5 参数）"，【几何体】选择"MCS"，【方法】选择"MILL_FINISH"，【名称】为"VARIABLE_CONTOUR_FINISH1"，如图 14-54 所示。

51 单击【确定】按钮，弹出【可变轮廓铣】对话框，如图 14-55 所示。

图 14-54 【创建工序】对话框

图 14-55 【可变轮廓铣】对话框

（2）选择部件几何体

52 在【几何体】组框中单击【指定部件】选项后的按钮，弹出【部件几何体】对话框，在图形区中选择如图 14-56 所示的曲面，然后单击【确定】按钮，返回【可变轮廓铣】对话框。

图 14-56 选择部件几何体

图 14-57 【曲面区域驱动方法】对话框

（3）选择驱动方法

53 在【可变轮廓铣】对话框中，在【驱动方法】组框中的【方法】下拉列表中选取"曲面"，系统弹出【曲面区域驱动方法】对话框，如图 14-57 所示。

54 在【驱动几何体】组框中，单击【指定驱动几何体】选项后的按钮，弹出【驱动几何体】对话框，选择如图 14-58 所示的图层 15 上的曲面。单击【确定】按钮，返回【曲面区域驱动方法】对话框。

55 在【切削区域】中选择"曲面%"，弹出【曲面百分比方法】对话框，设置相关参数如图 14-59 所示，单击【确定】按钮返回。

56 在【驱动几何体】组框中单击【切削方向】按钮，弹出切削方向确认对话框，选择如图 14-60 所示箭头所指定方向为切削方向，然后单击【确定】按钮，返回【曲面区域驱动方法】对话框。

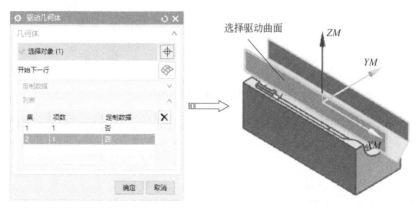

图 14-58 选择驱动曲面

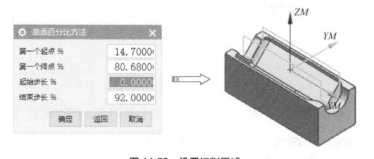

图 14-59 设置切削区域

57 在【驱动几何体】组框中单击【材料反向】按钮，确认材料侧方向如图 14-61 所示。

58 设置步距参数。在【驱动设置】组框中选择【切削模式】为"往复"、【步距】为"残余高度"，并在【最大残余高度】文本框中输入"0.005"，如图 14-62 所示。

59 设置切削方向参数。在【更多】组框中选择【切削步长】为"公差"、【内公差】和【外公差】为"0.005"，如图 14-63 所示。

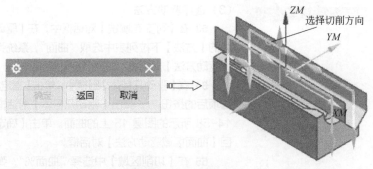

图 14-60　选择切削方向

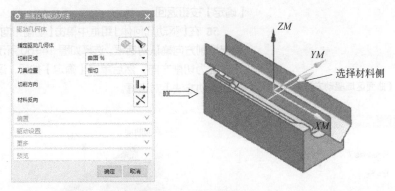

图 14-61　设置材料侧方向

图 14-62　设置步距参数

图 14-63　设置切削方向参数

60 单击【曲面区域驱动方法】对话框中的【确定】按钮，完成驱动方法设置，返回【可变轮廓铣】对话框。

（4）选择刀轴方向

61 在【刀轴】组框中选择【轴】为"朝向直线"，如图 14-64 所示。

62 系统弹出【朝向直线】对话框，选择图层 12 上的直线作为刀轴方向，如图 14-65 所示，单击【确定】按钮完成。

图 14-64　选择刀轴方式

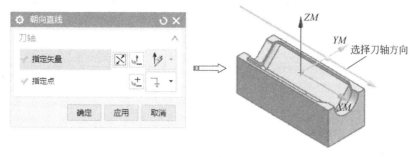

图 14-65 指定刀轴方向

（5）选择投影矢量

63 在【投影矢量】组框中选择【刀轴】，如图 14-66 所示。

图 14-66 选择投影矢量

（6）设置切削参数

64 单击【刀轨设置】组框中的【切削参数】按钮，弹出【切削参数】对话框，进行切削参数设置。【刀轴控制】选项卡：【最大刀轴更改】为"10"，如图 14-67 所示。

65 【更多】选项卡：【最大步长】为"10""刀具百分比"，如图 14-68 所示。

图 14-67 【刀轴控制】选项卡

图 14-68 【更多】选项卡

66 单击【确定】按钮，完成切削参数设置，返回【可变轮廓铣】对话框。

（7）设置非切削参数

67 单击【刀轨设置】组框中的【非切削移动】按钮，弹出【非切削移动】对话框。【进刀】选项卡：在【开放区域】组框中，【进刀类型】为"圆弧-平行于刀轴"，其他参数如图 14-69 所示。

68 【退刀】选项卡：在【开放区域】组框中的【退刀类型】下拉列表中选择"与进刀相同"，其他参数如图 14-70 所示。

69 【光顺】选项卡：选中【替代为光顺连接】复选框，其他参数设置如图 14-71 所示。

70 【转移/快速】选项卡：【安全设置选项】为"包容块"，其他参数设置如图 14-72 所示。

图 14-69 【进刀】选项卡

图 14-70 【退刀】选项卡

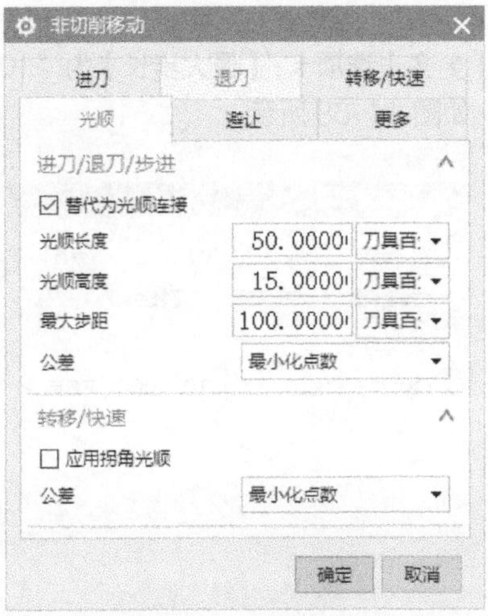

图 14-71 【光顺】选项卡

图 14-72 【转移/快速】选项卡

71 在【区域之间】设置【逼近】、【离开】、【移刀】参数如图 14-73 所示。

72 在【区域内】和【初始和最终】组框中设置各参数如图 14-74 所示。

73 单击【非切削移动】对话框中的【确定】按钮，完成非切削参数设置。

（8）设置进给参数

74 单击【刀轨设置】组框中的【进给率和速度】按钮，弹出【进给率和速度】对话框。设置【主轴速度（rpm）】为"2500"、【切削】为"1500""mmpm"，其他参数如图 14-75 所示。

（9）生成刀具路径并验证

75 在【可变轮廓铣】对话框中完成参数设置后，单击该对话框底部【操作】组框中的【生成】按钮，可在该对话框下生成刀具路径，如图 14-76 所示。

76 单击【可变轮廓铣】对话框底部【操作】组框中的【确认】按钮，弹出【刀轨可视化】对话框，然后选择【2D 动态】选项卡，单击【播放】按钮▶，可进行 2D 动态刀具切削过程模拟，如图 14-77 所示。

非切削移动			×
光顺	避让	更多	
进刀	退刀	转移/快速	

区域距离　　　　　　　　　　∨

部件安全距离　　　　　　　　∨

公共安全设置　　　　　　　　∨

区域之间　　　　　　　　　∧

　逼近　　　　　　　　　　　∧

　逼近方法　　　　自动　　　▼

　离开　　　　　　　　　　　∧

　离开方法　　　　自动　　　▼

　移刀　　　　　　　　　　　∧

　移刀类型　　　　安全距离　▼

　安全设置选项　　使用公共的 ▼

　显示　　　　　　　　　　🔩

　移动事件起点　　　　　　🦴

区域内　　　　　　　　　　　∨

初始和最终　　　　　　　　　∨

确定　取消

图 14-73　设置【区域之间】参数

非切削移动			×
光顺	避让	更多	
进刀	退刀	转移/快速	

区域距离　　　　　　　　　　∨

部件安全距离　　　　　　　　∨

公共安全设置　　　　　　　　∨

区域之间　　　　　　　　　　∨

区域内　　　　　　　　　　∧

　逼近　　　　　　　　　　　∧

　逼近方法　　　　无　　　　▼

　离开　　　　　　　　　　　∧

　离开方法　　　　无　　　　▼

　移刀　　　　　　　　　　　∧

　移刀类型　　　　光顺　　　▼

　移动事件起点　　　　　　🦴

初始和最终　　　　　　　　　∧

　逼近　　　　　　　　　　　∧

　逼近方法　　　与区域之间相同 ▼

　离开　　　　　　　　　　　∧

　离开方法　　　与区域之间相同 ▼

确定　取消

图 14-74　设置【区域内】和【初始和最终】参数

进给率和速度		×
主轴速度		∧
☑ 主轴速度 (rpm)	2500.000	📊
进给率		∧
切削	1500.000 mmpm	🔓 📊
更多		
逼近	快速 ▼	🔒
进刀	50.0000 切削百分 ▼	🔓
第一刀切削	100.0000 切削百分 ▼	🔒
步进	100.0000 切削百分 ▼	🔒
移刀	快速 ▼	🔒
退刀	100.0000 切削百分 ▼	🔒
离开	快速 ▼	🔒
☐ 在生成时优化进给率		

确定　取消

图 14-75　【进给率和速度】对话框

图 14-76　生成刀具路径

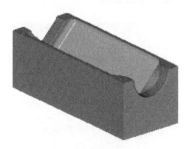

图 14-77　实体切削验证

77 单击【可变轮廓铣】对话框中的【确定】按钮，接受刀具路径，并关闭【可变轮廓铣】对话框。

14.4.6 创建可变轴曲面轮廓铣精加工圆角面工序

（1）复制可变轴曲面轮廓铣精加工工序

78 在工序导航器窗口选择"VARIABLE_CONTOUR_FINSHI1"工序，单击鼠标右键，在弹出的快捷菜单中选择【复制】命令，然后选中"VARIABLE_CONTOUR_FINISH1"工序，单击鼠标右键，在弹出的快捷菜单中选择【粘贴】命令。

79 选择复制粘贴后的工序，单击鼠标右键，在弹出的快捷菜单中选择【重命名】命令，将其改称为"VARIABLE_CONTOUR_FINISH2"，如图 14-78 所示。

图 14-78 复制粘贴工序

（2）选择驱动方法

80 在工序导航器窗口中双击"VARIABLE_CONTOUR_FINISH2"节点，弹出【可变轮廓铣】对话框。在【可变轮廓铣】对话框中，在【驱动方法】组框中的【方法】下拉列表中选取"曲面"，系统弹出【曲面区域驱动方法】对话框，如图 14-79 所示。

81 在【驱动几何体】组框中，单击【指定驱动几何体】选项后的按钮，弹出【驱动几何体】对话框，选择如图 14-80 所示的圆角面。单击【确定】按钮，返回【曲面区域驱动方法】对话框。

82 在【切削区域】中选择"曲面%"，弹出【曲面百分比方法】对话框，设置相关参数如图 14-81 所示，单击【确定】按钮返回。

图 14-79 【曲面区域驱动方法】对话框

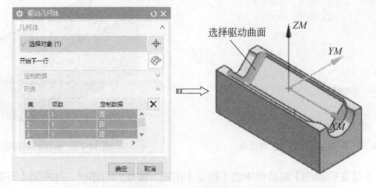

图 14-80 选择驱动曲面

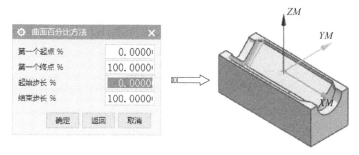

图 14-81 设置切削区域

83 在【驱动几何体】组框中单击【切削方向】按钮，弹出切削方向确认对话框，选择如图 14-82 所示箭头所指定方向为切削方向，然后单击【确定】按钮，返回【曲面区域驱动方法】对话框。

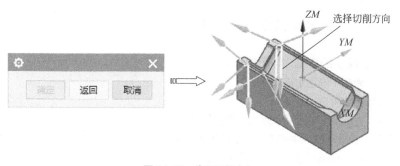

图 14-82 选择切削方向

84 在【驱动几何体】组框中单击【材料反向】按钮，确认材料侧方向如图 14-83 所示。

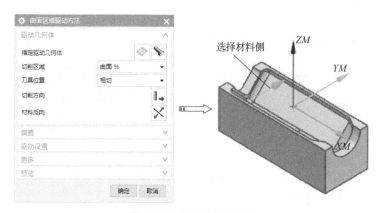

图 14-83 设置材料侧方向

85 设置步距参数。在【驱动设置】组框中选择【切削模式】为"往复"、【步距】为"残余高度"，并在【最大残余高度】文本框中输入"0.005"，如图 14-84 所示。

86 设置切削方向参数。在【更多】组框中选择【切削步长】为"公差"、【内公差】和【外公差】为"0.005"，如图 14-85 所示。

87 单击【曲面区域驱动方法】对话框中的【确定】按钮，完成驱动方法设置，返回【可变轮廓铣】对话框。

图 14-84　设置步距参数

图 14-85　设置切削方向参数

（3）选择刀轴方向

88 在【刀轴】组框中选择【轴】为"朝向点"，如图 14-86 所示。

89 选择图层 12 上的直线的端点作为刀轴方向，如图 14-87 所示，单击【确定】按钮完成。

（4）生成刀具路径并验证

90 在【可变轮廓铣】对话框中完成参数设置后，单击该对话框底部【操作】组框中的【生成】按钮 🖳，可在该对话框下生成刀具路径，如图 14-88 所示。

图 14-86　选择刀轴方式

91 单击【可变轮廓铣】对话框底部【操作】组框中的【确认】按钮 🔬，弹出【刀轨可视化】对话框，然后选择【2D 动态】选项卡，单击【播放】按钮 ▶，可进行 2D 动态刀具切削过程模拟，如图 14-89 所示。

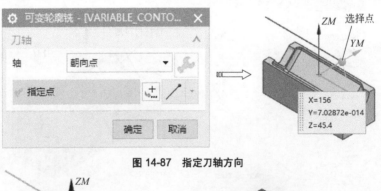

图 14-87　指定刀轴方向

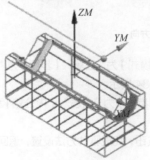

图 14-88　生成刀具路径

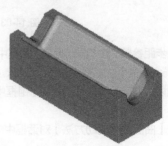

图 14-89　实体切削验证

92 单击【可变轮廓铣】对话框中的【确定】按钮，接受刀具路径，并关闭【可变轮廓铣】对话框。

14.4.7 创建深度 5 轴铣精加工陡峭面工序

（1）启动深度 5 轴铣加工工序

93 单击上边框条中插入的【工序导航器】组中的【程序顺序视图】按钮 ，将工序导航器切换到程序顺序视图显示。单击【主页】选项卡中的【插入】组中的【创建工序】按钮 ，弹出【创建工序】对话框。在【类型】下拉列表中选择"mill_multi-axis"，【工序子类型】选择第 1 行第 5 个图标 （ZLEVEL_5AXIS），【程序】选择"NC_PROGRAM"，【刀具】选择"D4R2（铣刀-5 参数）"，【几何体】选择"WORKPIECE"，【方法】选择"MILL_FINISH"，【名称】为"ZLEVEL_5AXIS_FINISH3"，如图 14-90 所示。

94 单击【确定】按钮，弹出【深度加工 5 轴铣】对话框，如图 14-91 所示。

图 14-90 【创建工序】对话框

图 14-91 【深度加工 5 轴铣】对话框

（2）选择切削区域

95 在【几何体】组框中单击【指定切削区域】选项后的按钮 ，弹出【切削区域】对话框，在图形区选择如图 14-92 所示的曲面，然后单击【确定】按钮，返回【可变轮廓铣】对话框。

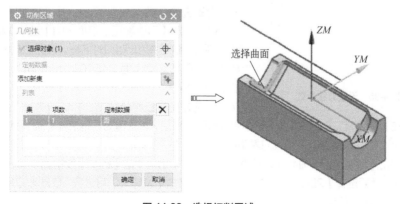

图 14-92 选择切削区域

（3）选择刀轴方向

96 在【刀轴】组框中选择【刀具侧倾方向】为"朝向点"，【侧倾角】为"自动"，【最大壁高度】为"25"，如图14-93所示。

97 选择图层12上的直线的端点作为刀轴方向，如图14-94所示，单击【确定】按钮完成。

（4）设置合并距离和切削深度

98 在【刀轨设置】组框中【陡峭空间范围】下拉列表中选择"无"，【合并距离】为3mm，【最小切削长度】为1mm，【公共每刀切削深度】为"残余高度"，【最大残余高度】文本框中输入"0.005"，如图14-95所示。

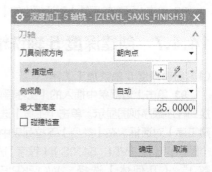

图14-93　选择刀轴方式

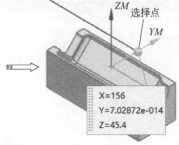

图14-94　指定刀轴方向

图14-95　设置刀轨参数

（5）设置非切削参数

99 单击【刀轨设置】组框中的【非切削移动】按钮，弹出【非切削移动】对话框，进行非切削参数设置。【进刀】选项卡：【开放区域】的【进刀类型】为"圆弧"，【初始开放区域】的【进刀类型】为"与开放区域相同"，其他参数设置如图14-96所示。

100 【退刀】选项卡：【退刀】组框中【退刀类型】为"与进刀相同"，其他参数设置如图14-97所示。

101 单击【非切削移动】对话框中的【确定】按钮，完成非切削参数设置。

（6）设置进给参数

102 单击【刀轨设置】组框中的【进给率和速度】按钮，弹出【进给率和速度】对话框。设置【主轴速度（rpm）】为"2500"、【切削】为"1500""mmpm"，其他参数如图14-98所示。

（7）生成刀具路径并验证

103 在【深度加工5轴铣】对话框中完成参数设置后，单击该对话框底部【操作】组框中的【生成】按钮，可在该对话框下生成刀具路径，如图14-99所示。

104 单击【深度加工5轴铣】对话框底部【操作】组框中的【确认】按钮，弹出【刀轨可视化】对话框，然后选择【2D动态】选项卡，单击【播放】按钮▶，可进行2D动态刀具切削过程模拟，如图14-100所示。

图 14-96 【进刀】选项卡

图 14-97 【退刀】选项卡

图 14-98 【进给率和速度】对话框

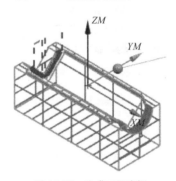

图 14-99 生成刀具路径

图 14-100 实体切削验证

105 单击【深度加工 5 轴铣】对话框中的【确定】按钮，接受刀具路径，并关闭【深度加工 5 轴铣】对话框。

14.4.8 创建可变轴曲面轮廓铣精加工瓶口曲面工序

（1）复制可变轴曲面轮廓铣精加工工序

106 单击上边框条中插入的【工序导航器】组中的【程序顺序视图】按钮 ，将工序导航器切换到程序顺序视图显示。在工序导航器窗口选择"VARIABLE_CONTOUR_FINSHI1"工序，单击鼠标右键，在弹出的快捷菜单中选择【复制】命令，然后选中"VARIABLE_CONTOUR_

FINISH2"工序，单击鼠标右键，在弹出的快捷菜单中选择【粘贴】命令。

107 选择复制粘贴后的工序，单击鼠标右键，在弹出的快捷菜单中选择【重命名】命令，将其改称为"VARIABLE_CONTOUR_FINISH4"，如图14-101所示。

图14-101 复制粘贴工序

（2）删除部件几何体

108 在工序导航器窗口中双击"VARIABLE_CONTOUR_FINISH4"节点，弹出【可变轮廓铣】对话框。在【几何体】组框中单击【指定部件】选项后的按钮，弹出【部件几何体】对话框，单击【删除】按钮，删除部件几何体，如图14-102所示。单击【确定】按钮返回【可变轮廓铣】对话框。

图14-102 删除部件几何体

（3）选择驱动方法

109 在【可变轮廓铣】对话框中，在【驱动方法】组框中的【方法】下拉列表中选取"曲面"，系统弹出【曲面区域驱动方法】对话框，如图14-103所示。

110 在【驱动几何体】组框中，单击【指定驱动几何体】选项后的按钮，弹出【驱动几何体】对话框，选择如图14-104所示的曲面。单击【确定】按钮，返回【曲面区域驱动方法】对话框。

111 在【切削区域】中选择"曲面%"，弹出【曲面百分比方法】对话框，设置相关参数如图14-105所示，单击【确定】按钮返回。

112 在【驱动几何体】组框中单击【切削方向】按钮，弹出切削方向确认对话框，选择如图14-106所示箭头所指定方向为切削方向，然后单击【确定】按钮，返回【曲面区域驱动方法】对话框。

113 在【驱动几何体】组框中单击【材料反向】按钮，确认材料侧方向如图14-107所示。

图14-103 【曲面区域驱动方法】对话框

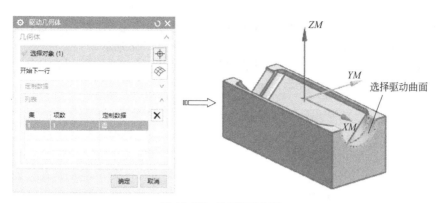

图 14-104　选择驱动曲面

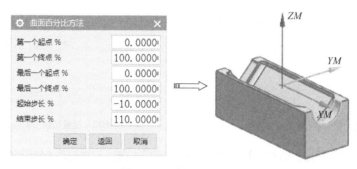

图 14-105　设置切削区域

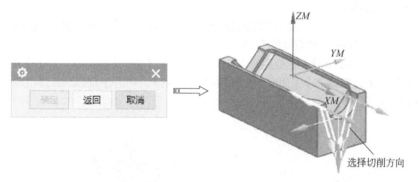

图 14-106　选择切削方向

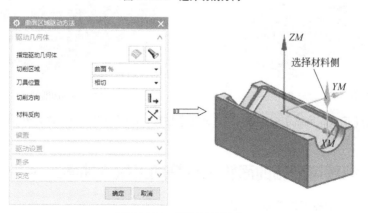

图 14-107　设置材料侧方向

114 设置步距参数。在【驱动设置】组框中选择【切削模式】为"往复"、【步距】为"残余高度",并在【最大残余高度】文本框中输入"0.005",如图 14-108 所示。

115 设置切削方向参数。在【更多】组框中选择【切削步长】为"公差"、【内公差】和【外公差】为"0.005",如图 14-109 所示。

图 14-108 设置步距参数

图 14-109 设置切削方向参数

116 单击【曲面区域驱动方法】对话框中的【确定】按钮,完成驱动方法设置,返回【可变轮廓铣】对话框。

（4）生成刀具路径并验证

117 在【可变轮廓铣】对话框中完成参数设置后,单击该对话框底部【操作】组框中的【生成】按钮，可在该对话框中生成刀具路径,如图 14-110 所示。

118 单击【可变轮廓铣】对话框底部【操作】组框中的【确认】按钮，弹出【刀轨可视化】对话框,然后选择【2D 动态】选项卡,单击【播放】按钮，可进行 2D 动态刀具切削过程模拟,如图 14-111 所示。

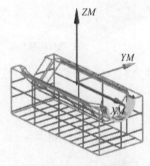

图 14-110 生成刀具路径

图 14-111 实体切削验证

119 单击【可变轮廓铣】对话框中的【确定】按钮,接受刀具路径,并关闭【可变轮廓铣】对话框。

14.4.9 创建可变轴曲面轮廓铣精加工瓶底曲面工序

（1）复制可变轴曲面轮廓铣精加工工序

120 单击上边框条中插入的【工序导航器】组中的【程序顺序视图】按钮，将工序导航器切换到程序顺序视图显示。在工序导航器窗口选择"VARIABLE_CONTOUR_FINSHI4"工序，单击鼠标右键，在弹出的快捷菜单中选择【复制】命令，然后选中"VARIABLE_CONTOUR_FINISH4"工序，单击鼠标右键，在弹出的快捷菜单中选择【粘贴】命令。

121 选择复制粘贴后的工序，单击鼠标右键，在弹出的快捷菜单中选择【重命名】命令，将其改称为"VARIABLE_CONTOUR_FINISH5"，如图 14-112 所示。

图 14-112　复制粘贴工序

图 14-113　【曲面区域驱动方法】对话框

（2）选择驱动方法

122 在工序导航器窗口中双击"VARIABLE_CONTOUR_FINISH5"节点，弹出【可变轮廓铣】对话框。在【可变轮廓铣】对话框中，在【驱动方法】组框中的【方法】下拉列表中选取"曲面"，系统弹出【曲面区域驱动方法】对话框，如图 14-113 所示。

123 在【驱动几何体】组框中，单击【指定驱动几何体】选项后的按钮，弹出【驱动几何体】对话框，选择如图 14-114 所示的曲面。单击【确定】按钮，返回【曲面区域驱动方法】对话框。

124 在【切削区域】中选择"曲面%"，弹出【曲面百分比方法】对话框，设置相关参数如图 14-115 所示，单击【确定】按钮返回。

125 在【驱动几何体】组框中单击【切削方向】按钮，弹出切削方向确认对话框，选择如图 14-116 所示箭头所指定方向为切削方向，然后单击【确定】按钮，返回【曲面区域驱动方法】对话框。

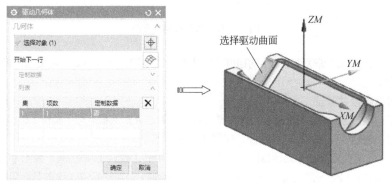

图 14-114　选择驱动曲面

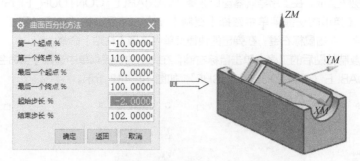

图 14-115　设置切削区域

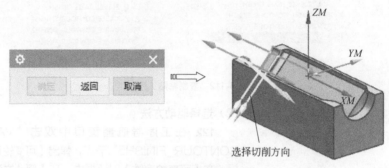

图 14-116　选择切削方向

126 在【驱动几何体】组框中单击【材料反向】按钮 X，确认材料侧方向如图 14-117 所示。

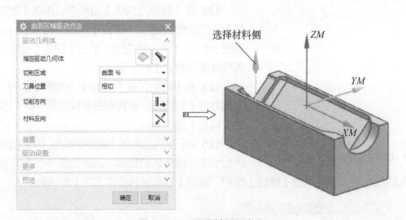

图 14-117　设置材料侧方向

127 单击【曲面区域驱动方法】对话框中的【确定】按钮，完成驱动方法设置，返回【可变轮廓铣】对话框。

（3）生成刀具路径并验证

128 在【可变轮廓铣】对话框中完成参数设置后，单击该对话框底部【操作】组框中的【生成】按钮，可在该对话框中生成刀具路径，如图 14-118 所示。

129 单击【可变轮廓铣】对话框底部【操作】组框中的【确认】按钮，弹出【刀轨可视化】对话框，然后选择【2D 动态】选项卡，单击【播放】按钮，可进行 2D 动态刀具切削过程模拟，如图 14-119 所示。

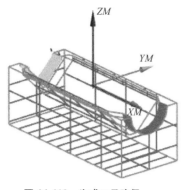

图 14-118　生成刀具路径

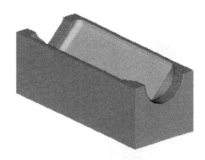

图 14-119　实体切削验证

130 单击【可变轮廓铣】对话框中的【确定】按钮，接受刀具路径，并关闭【可变轮廓铣】对话框。

15

第15章

NX车削数控加工实例

Chapter fifteen

本章内容

▶ 芯轴零件结构分析
▶ 芯轴零件数控工艺分析与加工方案
▶ 芯轴零件数控加工基本流程
▶ 芯轴零件数控加工操作过程

车削数控加工是 NX 数控加工的主要方式之一，本章以芯轴零件为例来介绍轴类零件的数控加工方法和步骤。希望通过本章的学习，读者能轻松掌握 NX 车削数控加工的基本应用。

芯轴零件如图 15-1 所示，轮廓面是回转面，要加工的面是所有外圆柱面，材料为 45 钢。

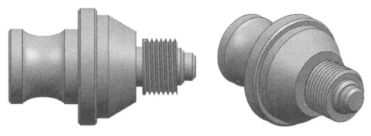

图 15-1　芯轴零件

15.1　芯轴零件结构分析

由图 15-2 可知该芯轴零件的整体尺寸为 $\phi50mm \times 81mm$，左右两端均需要加工，结构较为复杂，轴上有倒角、螺纹和退刀槽，在左侧有椭圆形内凹轮廓，需要进行整个外圆表面的加工。

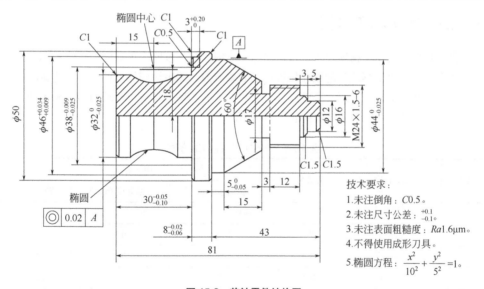

图 15-2　芯轴零件结构图

15.2　芯轴零件数控工艺分析与加工方案

15.2.1　分析零件工艺性能

由图 15-2 可看出，该零件外形结构较为复杂，但零件的轨迹精度要求高，该零件的总体结构主要包括端面和圆柱，需要左右掉头加工。其外圆加工尺寸有公差要求，精度为 IT7~IT8，尺寸标注完整，轮廓描述清楚。

15.2.2　选用毛坯或明确来料状况

毛坯为圆钢ϕ55mm×85mm的半成品，材料为45钢，外表面经过荒车加工。该零件材料切削性能较好。

15.2.3　选用数控机床

由于该零件加工轮廓由直线、圆弧组成，表面为回转体，因此采用两轴联动数控车床。

15.2.4　确定装夹方案

（1）夹具

对于右端车削加工，用三爪卡盘自定心夹持ϕ50mm外圆，使工件伸出卡盘65mm（应将机床的限位距离考虑进去），共限制4个自由度，一次装夹完成粗、精加工；对于左端车削加工，掉头三爪卡盘夹持ϕ44mm外圆进行加工。加工三爪自定心卡盘能自动定心，工件装夹后一般不需要找正，装夹效率高。

（2）定位基准

三爪卡盘自定心，故以轴心线为定位基准。

15.2.5　确定加工方案

根据零件形状及加工精度要求，按照先粗后精的原则，按照"车端面"→"粗车"→"精车"→"车槽"→"车螺纹"的顺序依次加工右侧表面，逐步达到加工精度；创建新的加工几何体产生调头加工效果，按照"车端面"→"粗车"→"精车"→"车端面槽"顺序进行左侧轮廓加工。该零件的数控加工方案如表15-1所示。

表 15-1　芯轴的数控加工方案

工步号	工步内容	刀具号	切削用量		
			主轴转速/(r/min)	进给速度/(mm/r)	背吃刀量/mm
右端加工					
1	车端面	T01	500	0.3	1~2
2	粗车外圆	T02	500	0.3	1~2
3	精车外圆	T03	600	0.5	0.5~0.7
4	车槽加工	T04	300	0.15	0.5
5	车螺纹	T05	300	—	—
左端加工					
6	车端面	T01	500	0.3	1~2
7	粗车外圆	T02	500	0.3	1~2
8	精车外圆	T03	600	0.5	0.5~0.7
9	车端面槽	T06	300	0.15	0.5

15.3 芯轴零件数控加工基本流程

根据拟订的加工工艺路线，采用 UG CAM 数控车削加工工序实现芯轴零件的加工。

15.3.1 启动数控加工环境

要进行数控加工，首先要启动 NX 数控加工环境，进入 NX 制造模块进行编程作业的软件环境，本例中选择车削数控加工环境，如图 15-3 所示。

图 15-3　启动 NX CAM 加工环境

15.3.2 右端车削加工

按照 NX 数控加工流程，按照"创建父级组"→"端面车削"→"外圆粗车"→"外圆精车"→"车径向槽"→"车外螺纹"的顺序进行加工。

（1）创建加工父级组

在 NX 数控加工中加工是通过创建工序来完成的，在创建工序之前要为工序指定其所对应的父级组，首先定位加工坐标系原点，然后指定部件几何体、毛坯几何体和避让几何体，最后创建各种刀具，如图 15-4 所示。

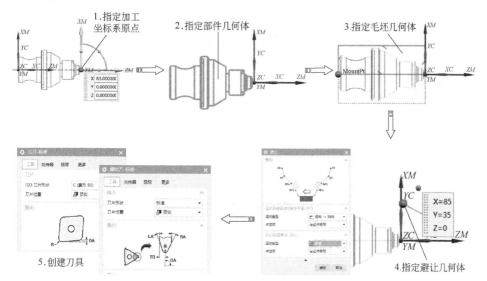

图 15-4　创建加工父级组

（2）创建端面车削加工工序

首先启动端面车削加工工序，设置切削区域，然后设置切削模式和切削用量，设置非切削参数以及进给率和速度，最后生成刀具路径和验证，如图 15-5 所示。

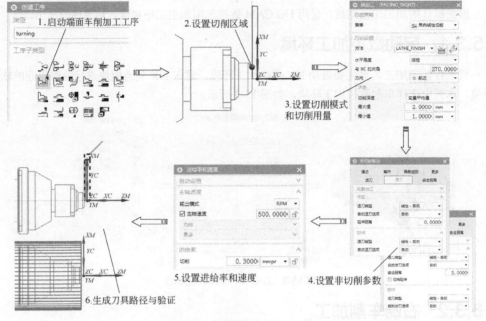

图 15-5　创建端面车削加工工序

（3）创建粗车加工工序

首先启动粗车加工工序，设置切削区域，然后设置切削模式和切削用量，设置进给率和速度，最后生成刀具路径和验证，如图 15-6 所示。

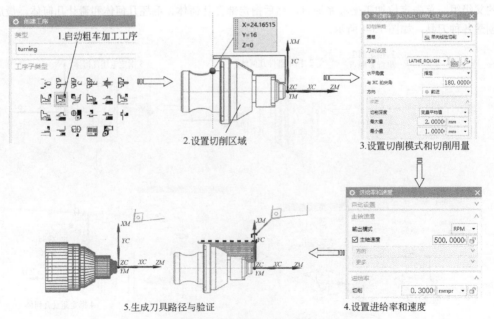

图 15-6　创建粗车加工工序

（4）创建精车加工工序

首先启动精车加工工序，设置切削区域，然后设置切削模式和切削用量，设置切削参数和非切削参数，最后生成刀具路径和验证，如图 15-7 所示。

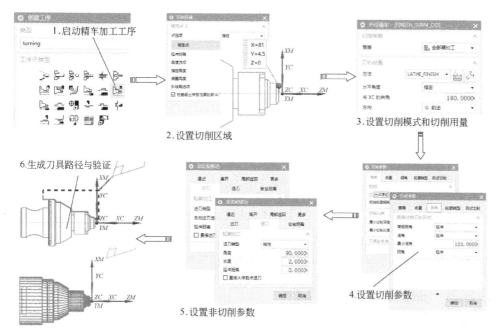

图 15-7　创建精车加工工序

（5）创建车槽加工工序

首先启动车槽加工工序，设置切削区域，然后设置切削模式和切削用量，设置切削参数和非切削参数，最后生成刀具路径和验证，如图 15-8 所示。

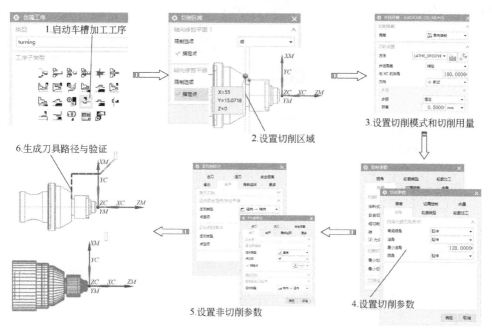

图 15-8　创建车槽加工工序

（6）创建车螺纹加工工序

首先启动车螺纹工序，设置螺纹形状，然后设置切削参数以及进给率和速度，最后生成刀具路径和验证，如图15-9所示。

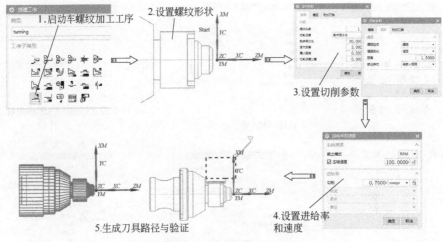

图15-9　创建螺纹加工工序

15.3.3　掉头左端车削加工

按照NX数控加工流程，按照"创建父级组"→"端面车削"→"外圆粗车"→"外圆精车"→"车端面槽"的顺序进行加工。

（1）创建加工父级组

在NX数控加工中加工是通过创建工序来完成的，在创建工序之前要为工序指定其所对应的父级组，首先创建加工几何体，然后定位加工坐标系原点，接着指定部件几何体、毛坯几何体和避让几何体，最后创建各种刀具，如图15-10所示。

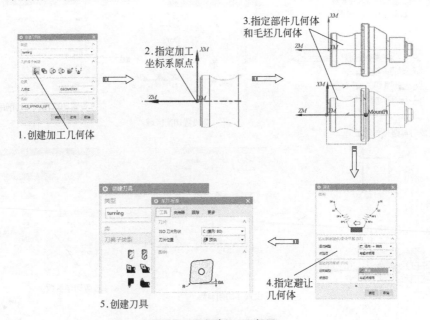

图15-10　创建加工父级组

（2）创建端面车削加工工序

首先启动端面车削加工工序，设置切削区域，然后设置切削模式和切削用量，设置非切削参数以及进给率和速度，最后生成刀具路径和验证，如图 15-11 所示。

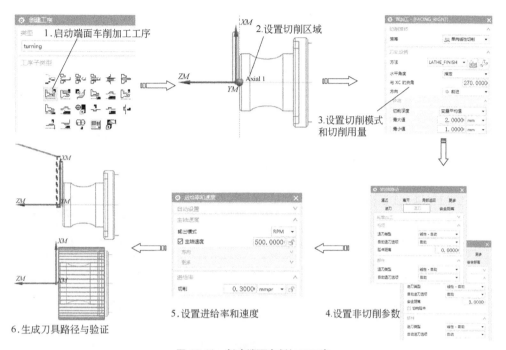

图 15-11　创建端面车削加工工序

（3）创建粗车加工工序

首先启动粗车加工工序，设置切削区域，然后设置切削模式和切削用量，设置进给率和速度，最后生成刀具路径和验证，如图 15-12 所示。

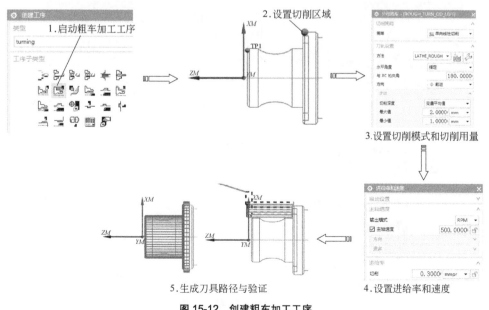

图 15-12　创建粗车加工工序

（4）创建精车加工工序

首先启动精车加工工序，设置切削区域，然后设置切削模式和切削用量，设置切削参数和非切削参数，最后生成刀具路径和验证，如图 15-13 所示。

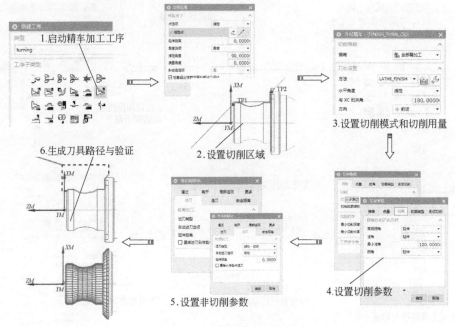

图 15-13　创建精车加工工序

（5）创建车端面槽工序

首先启动车槽加工工序，设置切削区域，然后设置切削模式和切削用量，设置切削参数和非切削参数，最后生成刀具路径和验证，如图 15-14 所示。

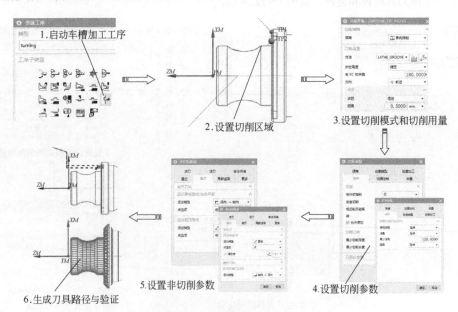

图 15-14　创建车槽加工工序

15.4 芯轴零件数控加工操作过程

15.4.1 启动数控加工环境

图 15-15　打开模型文件

（1）打开模型文件

01 启动 NX 后，单击【文件】选项卡的【打开】按钮 ，弹出【打开部件文件】对话框，选择"芯轴 CAD.prt"，单击【OK】按钮，文件打开后如图 15-15 所示。

（2）启动数控加工环境

02 单击【应用模块】选项卡中的【加工】按钮 ，系统弹出【加工环境】对话框，在【CAM 会话配置】中选择"cam_general"，在【要创建的 CAM 设置】中选择"turning"，单击【确定】按钮，初始化加工环境，如图 15-16 所示。

图 15-16　启动 NX CAM 加工环境

15.4.2 创建右端车削加工坐标系

03 单击上边框条中插入的【工序导航器】组中的【几何视图】按钮 ，将工序导航器切换到几何视图显示。双击工序导航器窗口中的"MCS_SPINDLE"，弹出【MCS主轴】对话框，如图 15-17 所示。

04 定位加工坐标系原点。单击【机床坐标系】组框中的按钮 ，弹出【CSYS】对话框，在图形窗口中输入移动坐标数值为（83,0,0），沿着 X 轴移动 83mm，如图 15-18 所示。单击【确定】按钮返回上一对话框。

05 选择车床工作平面。在【车床工作平面】组框的下拉列表中选择"ZM-XM"，设置 XC 轴为机床主轴，如图 15-19 所示。单击【确定】按钮完成。

图 15-17　【MCS 主轴】对话框

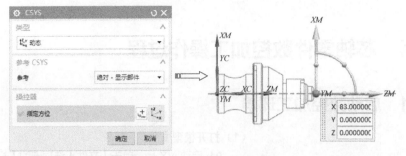

图 15-18　定位加工坐标系原点

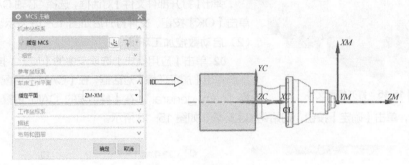

图 15-19　设置机床工作平面

15.4.3　创建右端车削加工几何体

（1）创建部件几何体

06 在工序导航器中双击"WORKPIECE"，弹出【工件】对话框，如图 15-20 所示。

07 单击【几何体】组框中【指定部件】后的按钮，弹出【部件几何体】对话框，选择实体，如图 15-21 所示。单击【确定】按钮，返回【工件】对话框。

（2）创建毛坯几何体

08 双击工序导航器窗口中的"TURNING_WORK-PIECE"，弹出【车削工件】对话框，如图 15-22 所示。

09 指定毛坯边界。单击【指定毛坯边界】后的按钮，弹出【毛坯边界】对话框，设置【长度】为"85"、【直径】为"55"，如图 15-23 所示。单击【指定点】按钮，弹出【点】对话框，设置安装位置坐标为(-2,0,0)，如图 15-24所示。

图 15-20　【工件】对话框

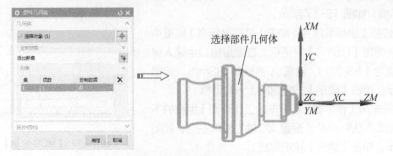

图 15-21　创建部件几何体

图 15-22 【车削工件】对话框

图 15-23 【选择毛坯】对话框

10 依次单击【确定】按钮，完成毛坯边界设置，如图 15-25 所示。

图 15-24 设置毛坯安装位置

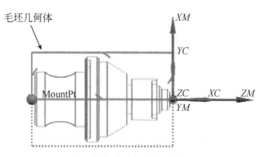

图 15-25 定义的毛坯边界

15.4.4 创建右端外圆避让几何体

11 单击【主页】选项卡中的【插入】组中的【创建几何体】按钮，系统弹出【创建几何体】对话框，【类型】选择 "turning"，【几何体子类型】为【AVOIDENCE】图标，【位置】组框中的【几何体】为 "TURNGING_WORKPIECE"，【名称】为 "AVOIDANCE_RIGHT"，如图 15-26 所示。

12 单击【确定】按钮，弹出【避让】对话框，如图 15-27 所示。

图 15-26 【创建几何体】对话框

图 15-27 【避让】对话框

13 设置出发点。在【出发点（FR）】的【点选项】中选择"指定"，然后单击【指定点】按钮 ，并在弹出的【点】对话框中选择"绝对-工作部件"并输入坐标（100,50,0），如图 15-28 所示。

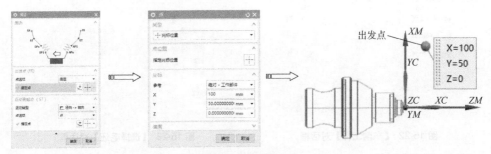

图 15-28　设置出发点

14 设置起点。选择【运动到起点（ST）】的【运动类型】为"直接"、【点选项】为"点"，单击【指定点】按钮 ，并在弹出的【点】对话框中选择"WCS"并输入坐标（2,35,0），如图 15-29 所示。

图 15-29　设置起点

15 设置运动到进刀起点的方式。选择【运动到进刀起点】的【运动类型】为【径向→轴向】，如图 15-30 所示。

16 设置返回点。选择【运动到返回点/安全平面（RT）】的【运动类型】为"径向→轴向"、【点选项】为"与起点相同"，如图 15-31 所示。

图 15-30　设置运动到进刀起点的方式

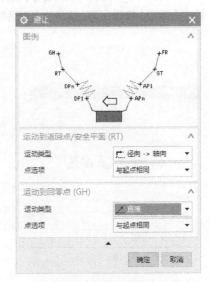

图 15-31　设置返回点和回零点

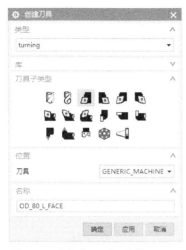

图 15-32 【创建刀具】对话框（一）

17 设置回零点。选择【运动到回零点（GH）】的【运动类型】为"直接"、【点选项】为"与起点相同"，如图 15-31 所示。

15.4.5 创建右端刀具父级组

（1）创建端面车刀

18 单击上边框条中插入的【工序导航器】组中的【机床视图】按钮🔧，将工序导航器切换到机床视图显示。单击【主页】选项卡中的【插入】组中的【创建刀具】按钮🔧，弹出【创建刀具】对话框。在【类型】下拉列表中选择"turning"，【刀具子类型】选择【OD_80_L】图标🔧，在【名称】文本框中输入"OD_80_L_FACE"，如图 15-32 所示。单击【创建刀具】对话框中的【确定】按钮，弹出【车刀-标准】对话框。

19 在【工具】选项卡中设定【刀尖半径】为"0.1"、【方向角度】为"-15"、【长度】为"10"、【刀具号】为"1"，其他参数接受默认设置，如图 15-33 所示。

20 在【夹持器】选项卡中选择【样式】为"K 样式"，设置其他参数如图 15-34 所示。单击【确定】按钮，完成刀具创建。

图 15-33 【工具】选项卡（一）

图 15-34 【夹持器】选项卡（一）

（2）创建外圆粗加工车刀

21 单击【主页】选项卡中的【插入】组中的【创建刀具】按钮🔧，弹出【创建刀具】对话框。在【类型】下拉列表中选择"turning"，【刀具子类型】选择【OD_80_L】图标🔧，在【名称】文本框中输入"OD_80_L"，如图 15-35 所示。单击【创建刀具】对话框中的【确定】按钮，弹出【车刀-标准】对话框。

22 在【车刀-标准】对话框中设定【刀尖半径】为"0.1"，【方向角度】为"5"、【长度】为"10"、【刀具号】为"2"，其他参数接受默认设置，如图 15-36 所示。

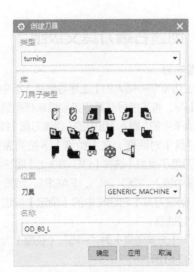

图 15-35 【创建刀具】对话框（二）

图 15-36 【工具】选项卡（二）

23 在【夹持器】选项卡中，选中【使用车刀夹持器】复选框，选择【样式】为"L 样式"，设置其他参数如图 15-37 所示。单击【确定】按钮，完成刀具创建。

（3）创建外圆精加工车刀

24 单击【主页】选项卡中的【插入】组中的【创建刀具】按钮，弹出【创建刀具】对话框。在【类型】下拉列表中选择"turning"，【刀具子类型】选择【OD_55_L】图标，在【名称】文本框中输入"OD_55_L"，如图 15-38 所示。单击【创建刀具】对话框中的【确定】按钮，弹出【车刀-标准】对话框。

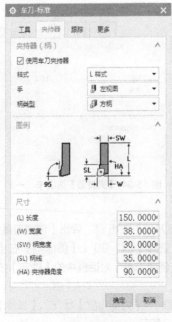

图 15-37 【夹持器】选项卡（二）

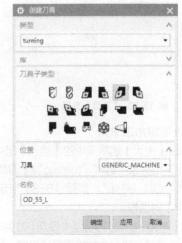

图 15-38 【创建刀具】对话框（三）

25 在【工具】选项卡中设定【刀尖半径】为"0.1"、【方向角度】为"17.5"、【长度】为"10"、【刀具号】为"3"，其他参数接受默认设置，如图 15-39 所示。

26 在【夹持器】选项卡中，选中【使用车刀夹持器】复选框，选择【样式】为"Q 样式"，设置其他参数如图 15-40 所示。单击【确定】按钮，完成刀具创建。

图 15-39 【工具】选项卡（三）

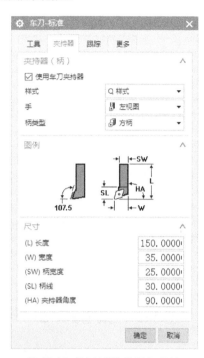

图 15-40 【夹持器】选项卡（三）

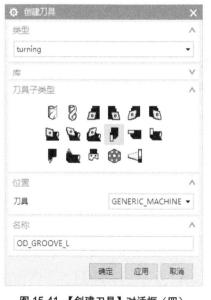

图 15-41 【创建刀具】对话框（四）

（4）创建槽刀

27 【主页】选项卡中的单击【插入】组中的【创建刀具】按钮，弹出【创建刀具】对话框。在【类型】下拉列表中选择"turning"，【刀具子类型】选择【OD_GROOVE_L】图标，在【名称】文本框中输入"OD_GROOVE_L"，如图 15-41 所示。单击【创建刀具】对话框中的【确定】按钮，弹出【槽刀-标准】对话框。

28 在【工具】选项卡中设定【刀片宽度】为"3"、【刀具号】为"4"，其他参数如图 15-42 所示。

29 在【夹持器】选项卡中选择【样式】为"0 度"，设置其他参数如图 15-43 所示。单击【确定】按钮，完成刀具创建。

（5）创建螺纹刀

30 单击【主页】选项卡中的【插入】组中的【创建刀具】按钮，弹出【创建刀具】对话框。在【类型】下拉列表中选择"turning"，【刀具子类型】选择【OD_THREAD_L】图标，在【名称】文本框中输入"OD_THREAD_L"，如图 15-44 所示。单击【创建刀具】对话框中的【确定】按钮，弹出【螺纹刀-标准】对话框。

图 15-42 【工具】选项卡（四）

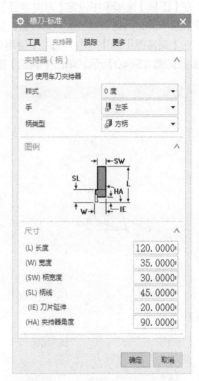

图 15-43 【夹持器】选项卡（四）

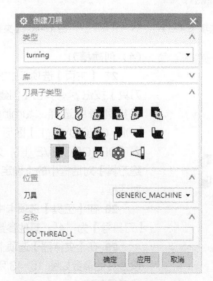

图 15-44 【创建刀具】对话框（五）

31 在【工具】选项卡中设置【刀片宽度】为 5、【刀尖偏置】为 2.5、【刀具号】为 "5"，如图 15-45 所示。

32 在【跟踪】选项卡中选择【点编号】为 "P8"，设置其他参数如图 15-46 所示。单击【确定】按钮，完成刀具创建。

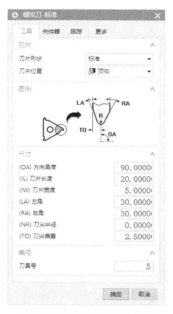

图 15-45 【工具】选项卡（五）

图 15-46 【跟踪】选项卡

15.4.6　创建右端端面车削加工工序

（1）创建工序

33 单击上边框条中插入的【工序导航器】组中的【几何视图】按钮 ，将工序导航器切换到几何视图显示。单击【主页】选项卡中的【插入】组中的【创建工序】按钮 ，弹出【创建工序】对话框。在【创建工序】对话框中的【类型】下拉列表中选择"turning"，【工序子类型】选择第 2 行第 1 个图标 （FACING），【程序】选择"NC_PROGRAM"，【刀具】选择"OD_80_L_FACE（车刀-标准"，【几何体】选择"AVOIDANCE_RIGHT"，【方法】选择"LATHE_FINISH"，在【名称】文本框中输入"FACING_RIGHT"，如图 15-47 所示。

34 单击【确定】按钮，弹出【面加工】对话框，如图 15-48 所示。

图 15-47 【创建工序】对话框

图 15-48 【面加工】对话框

（2）设置切削区域

35 单击【几何体】组框中的【切削区域】后的【编辑】按钮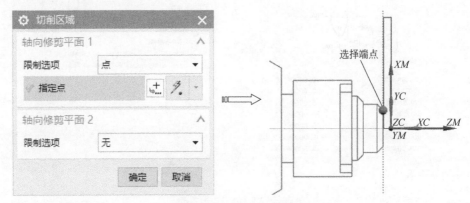，弹出【切削区域】对话框。

36 在【轴向修剪平面1】组框的【限制选项】下拉列表中选择"点"，单击【指定点】按钮，在图形区选择如图 15-49 所示的点。

图 15-49　设置切削区域

（3）设置切削策略

37 在【切削策略】组框中选择"单向线性切削"走刀方式，如图 15-50 所示。

（4）设置刀轨参数

38 在【面加工】对话框的【刀轨设置】组框中选择【与XC的夹角】为"270"，【方向】为【前进】；选择【切削深度】为"变量平均值"，【最大值】为2mm，【最小值】为1mm；选择【变换模式】为"省略"，【清理】为"无"，如图 15-50 所示。

（5）设置进给参数

39 单击【刀轨设置】组框中的【进给率和速度】按钮，弹出【进给率和速度】对话框。设置【主轴速度】为"500"、【切削】为"0.3""mmpr"，其他接受默认设置，如图 15-51 所示。

图 15-50　设置切削策略和刀轨参数

图 15-51　【进给率和速度】对话框

（6）生成刀具路径并验证

40 在【面加工】对话框中完成参数设置后，单击该对话框底部【操作】组框中的【生成】按钮 ，可在该对话框下生成刀具路径，如图 15-52 所示。

41 单击【面加工】对话框底部【操作】组框中的【确认】按钮 ，弹出【刀轨可视化】对话框，然后选择【3D 动态】选项卡，单击【播放】按钮 ，可进行 3D 动态刀具切削过程模拟，如图 15-53 所示。

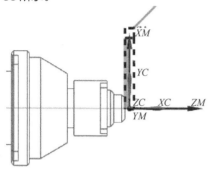

图 15-52　生成的刀具路径

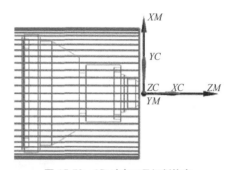

图 15-53　3D 动态刀具切削仿真

42 单击【确定】按钮，返回【面加工】对话框，然后单击【确定】按钮，完成端面加工操作。

15.4.7　创建右端外圆粗车加工工序

（1）启动工序

43 单击【主页】选项卡中的【插入】组中的【创建工序】按钮 ，弹出【创建工序】对话框。在【创建工序】对话框中的【类型】下拉列表中选择"turning"，【工序子类型】选择第 2 行第 2 个图标 （ROUGH_TURN_OD），【程序】选择"NC_PROGRAM"，【刀具】选择"OD_80_L（车刀-标准）"，【几何体】选择"AVOIDANCE_RIGHT"，【方法】选择"LATHE_ROUGH"，在【名称】文本框中输入"ROUGH_TURN_OD_RIGHT"，如图 15-54 所示。

44 单击【确定】按钮，弹出【外径粗车】对话框，如图 15-55 所示。

图 15-54　【创建工序】对话框

图 15-55　【外径粗车】对话框

（2）设置切削区域

45 单击【几何体】组框中的【切削区域】后的【编辑】按钮 🖉，弹出【切削区域】对话框，如图 15-56 所示。

46 在【轴向修剪平面 1】组框的【限制选项】下拉列表中选择"点"，单击【指定点】按钮 ⬚，在图形区选择如图 15-56 所示的点。

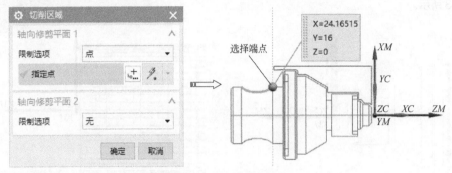

图 15-56　设置切削区域

（3）设置切削策略

47 在【切削策略】组框中选择"单向线性切削"走刀方式，如图 15-57 所示。

（4）设置刀轨参数

48 在【外径粗车】对话框的【刀轨设置】组框中选择【与 XC 的夹角】为"180"，【方向】为"前进"；选择【切削深度】为"变量平均值"，【最大值】为 2mm，【最小值】为 1mm；选择【变换模式】为"省略"，【清理】为"全部"，如图 15-57 所示。

注意：变换模式为"省略"是指只加工靠近切削起始点的凹形区域，其他凹形区域均不加工。当凹形区域和其他区域所用的刀具不同（如退刀槽等凹形槽加工时）最好选用此种方法。

（5）设置进给参数

49 单击【刀轨设置】组框中的【进给率和速度】按钮 🔧，弹出【进给率和速度】对话框。设置【主轴速度】为"500"、【切削】为"0.3""mmpr"，其他接受默认设置，如图 15-58 所示。

图 15-57　设置切削策略和刀轨参数

图 15-58　【进给率和速度】对话框

（6）生成刀具路径并验证

50 在【外径粗车】对话框中完成参数设置后，单击该对话框底部【操作】组框中的【生成】按钮 ⏯，可在该对话框下生成刀具路径，如图 15-59 所示。

51 单击【外径粗车】对话框底部【操作】组框中的【确认】按钮 ⏯，弹出【刀轨可视化】对话框，然后选择【3D 动态】选项卡，单击【播放】按钮 ▶，可进行 3D 动态刀具切削过程模拟，如图 15-60 所示。

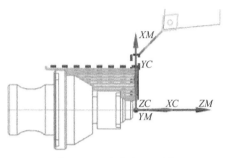

图 15-59 生成的刀具路径

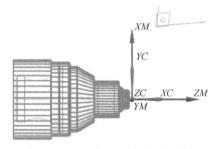

图 15-60 3D 动态刀具切削过程模拟

52 单击【确定】按钮，返回【外径粗车】对话框，然后单击【确定】按钮，完成粗车加工操作。

15.4.8 创建右端外圆精车加工工序

（1）启动工序

53 单击【主页】选项卡中的【插入】组中的【创建工序】按钮 ⏯，弹出【创建工序】对话框。在【创建工序】对话框中的【类型】下拉列表中选择"turning"，【工序子类型】选择第 2 行第 6 个图标 ⏯（FINISH_TURN_OD），【程序】选择"NC_PROGRAM"，【刀具】选择"OD_55_L（车刀-标准）"，【几何体】选择"AVOIDANCE_RIGHT"，【方法】选择"LATHE_FINISH"，在【名称】文本框中输入"FINISH_TURN_OD_RIGHT"，如图 15-61 所示。

54 单击【确定】按钮，弹出【外径精车】对话框，如图 15-62 所示。

图 15-61 【创建工序】对话框

图 15-62 【外径精车】对话框

（2）设置切削区域

55 单击【几何体】组框中的【切削区域】后的【编辑】按钮 ，弹出【切削区域】对话框。在【修剪点 1】组框的【点选项】下拉列表中选择"指定"，选择如图 15-63 所示的点，【延伸距离】为"2"，【角度选项】为"自动"。

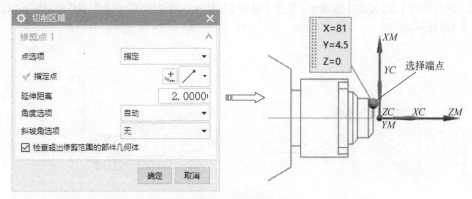

图 15-63 设置修剪点 1

56 在【修剪点 2】组框的【点选项】下拉列表中选择"指定"，选择如图 15-64 所示的点，【角度选项】为"角度"，【指定角度】为"90"。

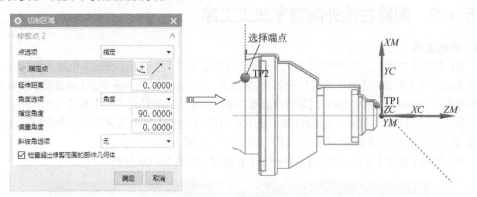

图 15-64 设置修剪点 2

57 单击【切削区域】对话框中的【确定】按钮，完成切削区域设置。

（3）设置切削策略

58 在【切削策略】组框中选择"全部精加工"走刀方式，如图 15-65 所示。

（4）设置刀轨参数

59 在【外侧精车】对话框的【刀轨设置】组框中选择【与 XC 的夹角】为"180"，【方向】为"前进"，其他参数如图 15-65 所示。

注意：【省略变换区】用于定义是否切削工件上的凹形区域。选中该复选框，将不对凹形区域生成刀具轨迹。

（5）设置切削参数

60 在【外径精车】对话框中，单击【刀轨设置】组框中的【切削参数】按钮 ，弹出【切削参数】对话框，进行

图 15-65 设置切削策略和刀轨参数

切削参数设置。【策略】选项卡：取消【允许底切】复选框，其他接受默认设置，如图 15-66 所示。

61 【拐角】选项卡：设置拐角方式为"延伸"，如图 15-67 所示。

图 15-66 【策略】选项卡

图 15-67 【拐角】选项卡

62 单击【切削参数】对话框中的【确定】按钮，完成切削参数设置。

（6）设置非切削参数

63 单击【刀轨设置】组框中的【非切削移动】按钮，弹出【非切削移动】对话框。【进刀】选项卡：在【轮廓加工】组框中【进刀类型】为"线性-自动"，其他参数如图 15-68 所示。

64 【退刀】选项卡：在【轮廓加工】组框中【退刀类型】为"线性"、【角度】为"90"、【长度】为"2"，其他参数如图 15-69 所示。

图 15-68 【进刀】选项卡

图 15-69 【退刀】选项卡

图 15-70 【进给率和速度】对话框

65 单击【非切削移动】对话框中的【确定】按钮，完成非切削参数设置。

（7）设置进给参数

66 单击【刀轨设置】组框中的【进给率和速度】按钮，弹出【进给率和速度】对话框。设置【主轴速度】为"600"、【切削】为"0.5""mmpr"，其他接受默认设置，如图 15-70 所示。

（8）生成刀具路径并验证

67 在【外径精车】对话框中完成参数设置后，单击该对话框底部【操作】组框中的【生成】按钮 🖱，可在该对话框下生成刀具路径，如图 15-71 所示。

68 单击【外径精车】对话框底部【操作】组框中的【确认】按钮 🛝，弹出【刀轨可视化】对话框，然后选择【3D 动态】选项卡，单击【播放】按钮 ▶，可进行 3D 动态刀具切削过程模拟，如图 15-72 所示。

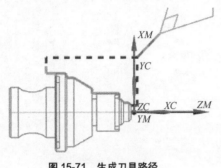

图 15-71　生成刀具路径

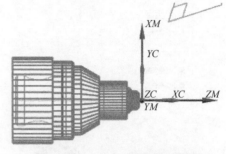

图 15-72　3D 动态刀具切削过程模拟

69 单击【确定】按钮，返回【外径精车】对话框，然后单击【确定】按钮，完成精车加工操作。

15.4.9　创建右端车径向槽加工工序

（1）启动工序

70 单击【主页】选项卡中的【插入】组中的【创建工序】按钮 🖱，弹出【创建工序】对话框。在【创建工序】对话框中的【类型】下拉列表中选择"turning"，【工序子类型】选择第 3 行第 4 个图标 🔹（GROOVE_OD），【程序】选择"NC_PROGRAM"，【刀具】选择"OD_GROOVE_L（槽刀-标准）"，【几何体】选择"AVOIDANCE_RIGHT"，【方法】选择"LATHE_GROOVE"，在【名称】文本框中输入"GROOVE_OD_RIGHT"，如图 15-73 所示。

71 单击【确定】按钮，弹出【外径开槽】对话框，如图 15-74 所示。

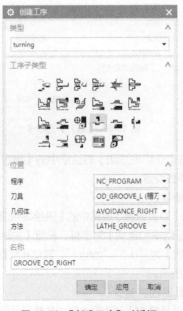

图 15-73　【创建工序】对话框

图 15-74　【外径开槽】对话框

（2）设置切削区域

72 单击【几何体】组框中的【切削区域】选项后的【编辑】按钮 🖉，弹出【切削区域】对话框。在【轴向修剪平面 1】组框的【限制选项】下拉列表中选择"点"，选择端点作为轴向修剪平面 1 位置，如图 15-75 所示。

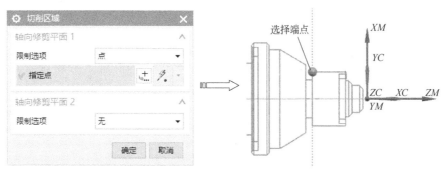

图 15-75　设置轴向修剪平面 1

73 在【轴向修剪平面 2】组框的【限制选项】下拉列表中选择"点"，选择端点作为轴向修剪平面 2 位置，如图 15-76 所示。

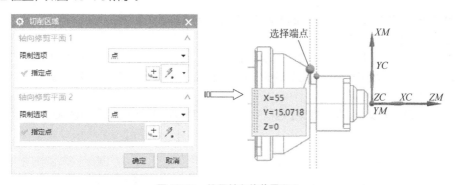

图 15-76　设置轴向修剪平面 2

图 15-77　设置切削策略和刀轨参数

74 单击【切削区域】对话框中的【确定】按钮，完成切削区域设置。

（3）设置切削策略

75 在【切削策略】组框中选择"单向插削"走刀方式，如图 15-77 所示。

（4）设置刀轨参数

76 在【外径开槽】对话框的【刀轨设置】组框中选择【与 XC 的夹角】为"180"，【方向】为"前进"；选择【步距】为"恒定"，【距离】为 0.5mm；【清理】为"仅向下"，如图 15-77 所示。

（5）设置切削参数

77 在【外径开槽】对话框中，单击【刀轨设置】组框中的【切削参数】按钮 🔁，弹出【切削参数】对话框，进行切削参数设置。【策略】选项卡：【粗切削后驻留】为"转"，【转】为"1"，选中【允许底切】复选框，其他接受默认设置，如图 15-78 所示。

78 【拐角】选项卡：设置【常规拐角】为"延伸"、【浅角】为"延伸"，如图 15-79 所示。

图 15-78 【策略】选项卡　　　　　　　图 15-79 【拐角】选项卡

79 单击【切削参数】对话框中的【确定】按钮，完成切削参数设置。

（6）设置非切削参数

单击【刀轨设置】组框中的【非切削移动】按钮，弹出【非切削移动】对话框。

80 【进刀】选项卡：在【插削】组框中【进刀类型】为"线性-自动"，其他参数如图 15-80 所示。

81 【退刀】选项卡：在【插削】组框中【退刀类型】为"线性-自动"，其他参数如图 15-81 所示。

图 15-80 【进刀】选项卡　　　　　　　图 15-81 【退刀】选项卡

82 【安全距离】选项卡：设置【径向安全距离】和【轴向安全距离】如图 15-82 所示。

83 【逼近】选项卡：在【运动到进刀起点】组框中【运动类型】为"轴向→径向"，其他参数如图 15-83 所示。

图 15-82 【安全距离】选项卡

图 15-83 【逼近】选项卡

84 【离开】选项卡：在【运动到返回点/安全平面】组框中【运动类型】为"径向→轴向"，其他参数如图 15-84 所示。

85 单击【非切削移动】对话框中的【确定】按钮，完成非切削参数设置。

（7）设置进给参数

86 单击【刀轨设置】组框中的【进给率和速度】按钮 ，弹出【进给率和速度】对话框。设置【主轴速度】为"300"、【切削】为"0.15""mmpr"，其他接受默认设置，如图 15-85 所示。

图 15-84 【离开】选项卡

图 15-85 【进给率和速度】对话框

（8）生成刀具路径并验证

87 在【外径开槽】对话框中完成参数设置后，单击该对话框底部【操作】组框中的【生成】按钮 ，可在该对话框下生成刀具路径，如图 15-86 所示。

88 单击【外径开槽】对话框底部【操作】组框中的【确认】按钮 ，弹出【刀轨可视化】对话框，然后选择【3D 动态】选项卡，单击【播放】按钮 ，可进行 3D 动态刀具切削过程模拟，如图 15-87 所示。

89 单击【确定】按钮，返回【外径开槽】对话框，然后单击【确定】按钮，完成车槽加工操作。

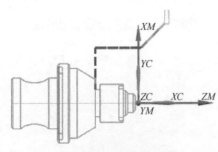

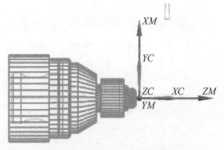

图 15-86 生成刀具路径　　　　　　　　图 15-87 3D 动态刀具切削过程模拟

15.4.10 创建右端外螺纹加工工序

（1）启动工序

90 单击【主页】选项卡中的【插入】组中的【创建工序】按钮 ，弹出【创建工序】对话框。在【创建工序】对话框中的【类型】下拉列表中选择"turning"，【工序子类型】选择第 4 行第 1 个图标 （THREAD_OD），【程序】选择"NC_PROGRAM"，【刀具】选择"OD_THREAD_L（螺纹刀-标准）"，【几何体】选择"AVOIDANCE_RIGHT"，【方法】选择"LATHE_THREAD"，在【名称】文本框中输入"THREAD_OD"，如图 15-88 所示。

91 单击【确定】按钮，弹出【外径螺纹加工】对话框，如图 15-89 所示。

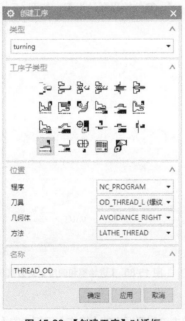

图 15-88 【创建工序】对话框　　　　　　图 15-89 【外径螺纹加工】对话框

（2）设置螺纹形状

92 单击【选择顶线】后的 按钮，然后在图形区选择如图 15-90 所示的顶线。

93 设置【深度选项】为"深度和角度"，【深度】为"1.5"，【与 XC 的夹角】为"180"，【起始偏置】为"2"，【终止偏置】为"2"，如图 15-91 所示。

注意："深度和角度"是通过输入深度和角度值来计算螺纹深度。【与 XC 的夹角】用于产生锥螺纹（管螺纹），通常指刀具加工的方向。

图 15-91 设置螺纹形状参数

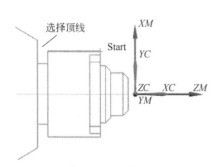

图 15-90 选择顶线

（3）设置切削参数

94 在【外径螺纹加工】对话框中，单击【刀轨设置】组框中的【切削参数】按钮，弹出【切削参数】对话框，进行切削参数设置。【策略】选项卡：【螺纹头数】为"1"，【切削深度】为"剩余百分比"，如图 15-92 所示。

95 【螺距】选项卡：【螺距变化】为"恒定"，【距离】为"1.5"，如图 15-93 所示。

图 15-92 【策略】选项卡

图 15-93 【螺距】选项卡

图 15-94 【进给率和速度】对话框

96 单击【切削参数】对话框中的【确定】按钮，完成切削参数设置。

（4）设置进给参数

97 单击【刀轨设置】组框中的【进给率和速度】按钮，弹出【进给率和速度】对话框。设置【主轴速度】为"300"，其他接受默认设置，如图 15-94 所示。

（5）生成刀具路径并验证

98 在【外径螺纹加工】对话框中完成参数设置后，单击该对话框底部【操作】组框中的【生成】按钮 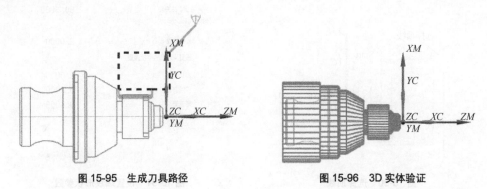，可在该对话框下生成刀具路径，如图 15-95 所示。

99 单击【外径螺纹加工】对话框底部【操作】组框中的【确认】按钮 ，弹出【刀轨可视化】对话框，然后选择【3D 动态】选项卡，单击【播放】按钮 ▶，可进行 3D 动态刀具切削过程模拟，如图 15-96 所示。

图 15-95　生成刀具路径　　　　　　　图 15-96　3D 实体验证

100 单击【确定】按钮，返回【外径螺纹加工】对话框，然后单击【确定】按钮，完成车螺纹加工操作。

15.4.11　创建左端车削加工坐标系

101 单击【主页】选项卡中的【插入】组中的【创建几何体】按钮 ，系统弹出【创建几何体】对话框。单击【MCS_SPINDLE】图标 ，【几何体】为"GEOMETRY"，在【名称】文本框中输入"MCS_SPINDLE_LEFT"，如图 15-97 所示。

102 单击【确定】按钮，弹出【MCS 主轴】对话框，如图 15-98 所示。

图 15-97　【创建几何体】对话框

图 15-98　【MCS 主轴】对话框

103 在【机床坐标系】组框中单击按钮 ，弹出【CSYS】对话框，在图形中拖动如图 15-99 所示的手柄并旋转坐标系，设置原点为（-2,0,0），如图 15-99 右侧所示。

104 单击【CSYS】对话框中【确定】按钮返回，依次单击【确定】按钮，完成加工坐标系方位调整如图 15-100 所示。

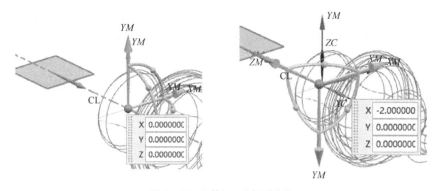

图 15-99　调整加工坐标系方位

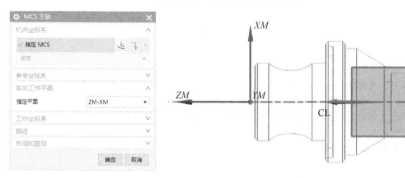

图 15-100　设置的车削加工坐标系

15.4.12　创建左端车削加工几何体

（1）创建部件几何体

105 在工序导航器中双击"WORKPIECE_LEFT"，弹出【工件】对话框，如图 15-101 所示。

106 单击【几何体】组框中【指定部件】后的按钮  ，弹出【部件几何体】对话框，选择实体，如图 15-102 所示。单击【确定】按钮，返回【工件】对话框。

（2）创建毛坯几何体

107 双击工序导航器窗口中的"TURNING_WORKPIECE"，弹出【车削工件】对话框，如图 15-103 所示。

图 15-101　【工件】对话框

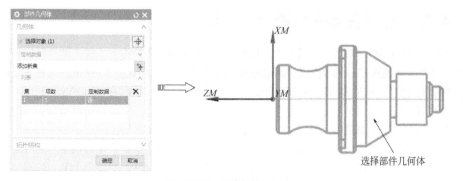

选择部件几何体

图 15-102　创建部件几何体

108 单击【指定毛坯边界】后的按钮，弹出【毛坯边界】对话框，设置【长度】为"38"、【直径】为"55"，如图 15-104 所示。单击【指定点】按钮，弹出【点】对话框，设置安装位置坐标为（35,0,0），如图 15-105 所示。

图 15-103 【车削工件】对话框

图 15-104 【毛坯边界】对话框

109 依次单击【确定】按钮，完成毛坯边界设置，如图 15-106 所示。

图 15-105 设置毛坯安装位置

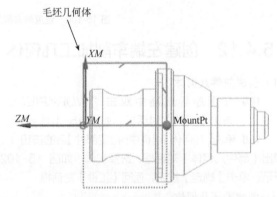

图 15-106 定义的毛坯边界

注意：因为掉头车削加工实际上毛坯还是原来的毛坯，只是为了编程的原因在调头车时再次设置工件，所以工件没有必要那么长。

15.4.13 创建左端车削避让几何体

110 单击【主页】选项卡中的【插入】组中的【创建几何体】按钮，系统弹出【创建几何体】对话框。【类型】选择"turning"，【几何体子类型】为【AVOIDENCE】图标，【位置】组框中的【几何体】为"TURNGING_WORKPIECE_LEFT"，【名称】为"AVOIDANCE_LEFT"，如图 15-107 所示。

111 单击【确定】按钮，弹出【避让】对话框，如图 15-108 所示。

112 设置出发点。在【出发点（FR）】的【点选项】中选择【指定】，然后单击【指定点】按钮，并在弹出的【点】对话框中选择"绝对-工作部件"并输入坐标（-52,50,0），如图 15-109 所示。

图 15-107 【创建几何体】对话框

图 15-108 【避让】对话框

图 15-109 设置出发点

113 设置起点。选择【运动到起点（ST）】的【运动类型】为"直接"、【点选项】为"点"，单击【指定点】按钮 ⊞ ，并在弹出的【点】对话框中选择"绝对–工作部件"并输入坐标（–4,35,0），如图 15-110 所示。

图 15-110 设置起点

114 设置运动到进刀起点的方式。选择【运动到进刀起点】的【运动类型】为"径向→轴向"，如图 15-111 所示。

115 设置返回点。选择【运动到返回点/安全平面（RT）】的【运动类型】为"径向→轴向"、【点选项】为"与起点相同"，如图 15-112 所示。

116 设置回零点。选择【运动到回零点（GH）】的【运动类型】为"直接"、【点选项】为"与起点相同"，如图 15-112 所示。

图 15-111　设置运动到进刀起点的方式

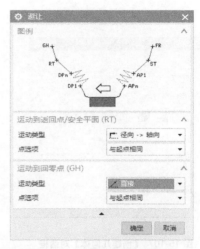

图 15-112　设置返回点和回零点

15.4.14　创建左端车削刀具父级组

（1）创建端面车刀

117 单击上边框条中插入的【工序导航器】组中的【机床视图】按钮，将工序导航器切换到机床视图显示。单击【主页】选项卡中的【插入】组中的【创建刀具】按钮，弹出【创建刀具】对话框。在【类型】下拉列表中选择"turning"，【刀具子类型】选择【OD_80_R】图标，在【名称】文本框中输入"OD_80_R_FACE"，如图 15-113 所示。单击【创建刀具】对话框中的【确定】按钮，弹出【车刀-标准】对话框。

118 在【工具】选项卡中设定【刀尖半径】为"0.8"、【方向角度】为"95"、【长度】为"10"、【刀具号】为"1"，其他参数接受默认设置，如图 15-114 所示。

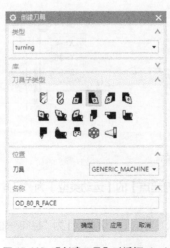

图 15-113　【创建刀具】对话框（一）

图 15-114　【工具】选项卡（一）

119 在【夹持器】选项卡中选择【样式】为"L样式",设置其他参数如图15-115所示。单击【确定】按钮,完成刀具创建。

（2）创建外圆粗加工车刀

120 单击【主页】选项卡中的【插入】组中的【创建刀具】按钮 <img>，弹出【创建刀具】对话框。在【类型】下拉列表中选择"turning",【刀具子类型】选择【OD_80_R】图标 <img>，在【名称】文本框中输入"OD_80_R",如图15-116所示。单击【创建刀具】对话框中的【确定】按钮,弹出【车刀-标准】对话框。

图15-115 【夹持器】选项卡（一）

图15-116 【创建刀具】对话框（二）

121 在【车刀-标准】对话框中设定【刀尖半径】为"0.1"、【方向角度】为"95"、【长度】为"10"、【刀具号】为"2",其他参数接受默认设置,如图15-117所示。

122 在【夹持器】选项卡中,选中【使用车刀夹持器】复选框,选择【样式】为"L样式",设置其他参数如图15-118所示。单击【确定】按钮,完成刀具创建。

（3）创建外圆精加工车刀

123 单击【主页】选项卡中的【插入】组中的【创建刀具】按钮 <img>，弹出【创建刀具】对话框。在【类型】下拉列表中选择"turning",【刀具子类型】选择【OD_55_R】图标 <img>，在【名称】文本框中输入"OD_55_R",如图15-119所示。单击【创建刀具】对话框中的【确定】按钮,弹出【车刀-标准】对话框。

124 在【工具】选项卡中设定【刀尖半径】为"0.1",【方向角度】为"95"、【长度】为"10"、【刀具号】为"3",其他参数接受默认设置,如图15-120所示。

125 在【夹持器】选项卡中,选中【使用车刀夹持器】复选框,选择【样式】为"Q样式",设置其他参数如图15-121所示。单击【确定】按钮,完成刀具创建。

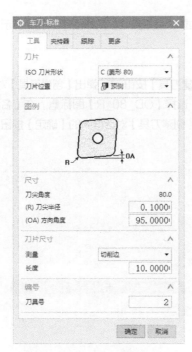

图 15-117 【工具】选项卡（二）

图 15-118 【夹持器】选项卡（二）

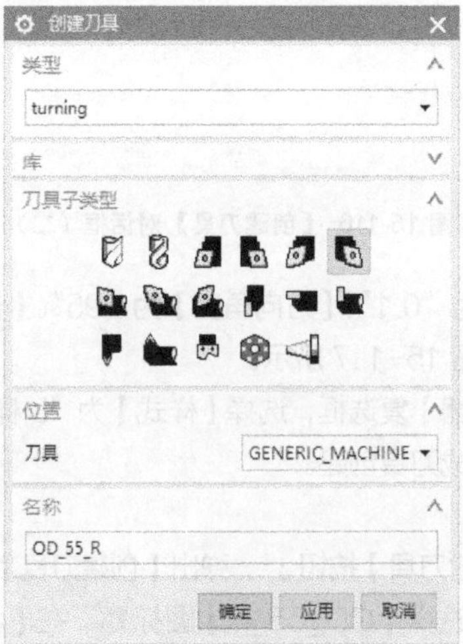

图 15-119 【创建刀具】对话框（三）

图 15-120 【工具】选项卡（三）

（4）创建端面槽刀

126 单击【主页】选项卡中的【插入】组中的【创建刀具】按钮 ，弹出【创建刀具】对话框。在【类型】下拉列表中选择"turning"，【刀具子类型】选择【FACE_GROOVE_L】图标 ，在【名称】文本框中输入"FACE_GROOVE_R"，如图 15-122 所示。单击【创建刀具】对话框中的【确定】按钮，弹出【槽刀-标准】对话框。

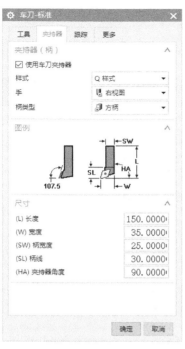

图 15-121 【夹持器】选项卡（三）

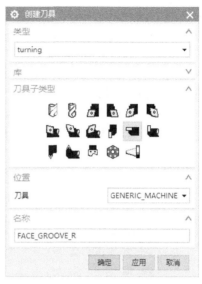

图 15-122 【创建刀具】对话框（四）

127 在【工具】选项卡中设定【方向角度】为"180"、【刀片宽度】为"2"、【刀具号】为"6"，其他参数如图 15-123 所示。

128 在【夹持器】选项卡中选择【样式】为"0 度"、【手】为"右手"，设置其他参数如图 15-124 所示。单击【确定】按钮，完成刀具创建。

图 15-123 【工具】选项卡（四）

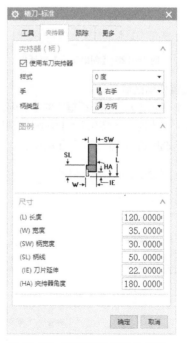

图 15-124 【夹持器】选项卡（四）

15.4.15 创建左端端面车削加工工序

（1）启动工序

129 单击上边框条中插入的【工序导航器】组中的【几何视图】按钮 🔩，将工序导航器切换到几何视图显示。单击【主页】选项卡中的【插入】组中的【创建工序】按钮 🏷，弹出【创建工序】对话框。在【创建工序】对话框中的【类型】下拉列表中选择 "turning"，【工序子类型】选择第 2 行第 1 个图标 🖼（FACING），【程序】选择 "NC_PROGRAM"，【刀具】选择 "OD_80_R_FACE（车刀–标准）"，【几何体】选择 "AVOIDANCE_LEFT"，【方法】选择 "LATHE_FINISH"，在【名称】文本框中输入 "FACING_LEFT"，如图 15-125 所示。

130 单击【确定】按钮，弹出【面加工】对话框，如图 15-126 所示。

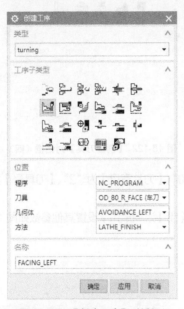

图 15-125 【创建工序】对话框

图 15-126 【面加工】对话框

（2）设置切削区域

131 单击【几何体】组框中的【切削区域】后的【编辑】按钮 🔧，弹出【切削区域】对话框。

132 在【轴向修剪平面 1】组框的【限制选项】下拉列表中选择 "点"，单击【指定点】按钮 🔩，在图形区选择如图 15-127 所示的点。

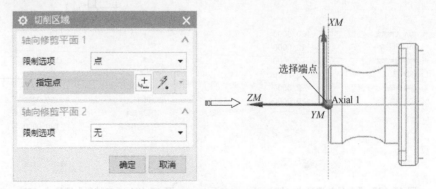

图 15-127 设置切削区域

（3）设置切削策略

133 设置切削策略。在【切削策略】组框中选择"单向线性切削"走刀方式，如图 15-128 所示。

（4）设置刀轨参数

134 在【面加工】对话框的【刀轨设置】组框中选择【与 XC 的夹角】为"270"，【方向】为"前进"；选择【切削深度】为"变量平均值"，【最大值】为 2mm，【最小值】为 1mm，选择【变换模式】为"省略"，【清理】为"无"，如图 15-128 所示。

（5）设置进给参数

135 单击【刀轨设置】组框中的【进给率和速度】按钮🔧，弹出【进给率和速度】对话框。设置【主轴速度】为"500"、【切削】为"0.3""mmpr"，其他接受默认设置，如图 15-129 所示。

图 15-128　设置切削策略和刀轨参数

图 15-129　【进给率和速度】对话框

（6）生成刀具路径并验证

136 在【面加工】对话框中完成参数设置后，单击该对话框底部【操作】组框中的【生成】按钮🗡，可在该对话框下生成刀具路径，如图 15-130 所示。

137 单击【面加工】对话框底部【操作】组框中的【确认】按钮🖳，弹出【刀轨可视化】对话框，然后选择【3D 动态】选项卡，单击【播放】按钮▶，可进行 3D 动态刀具切削过程模拟，如图 15-131 所示。

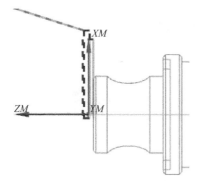

图 15-130　生成的刀具路径

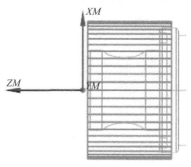

图 15-131　3D 动态刀具切削仿真

138 单击【确定】按钮，返回【面加工】对话框，然后单击【确定】按钮，完成端面加工操作。

15.4.16　创建左端外圆粗车加工工序

（1）启动工序

139 单击【主页】选项卡中的【插入】组中的【创建工序】按钮 ，弹出【创建工序】对话框。在【创建工序】对话框中的【类型】下拉列表中选择"turning"，【工序子类型】选择第 2 行第 2 个图标 （ROUGH_TURN_OD），【程序】选择"NC_PROGRAM"，【刀具】选择"OD_80_R（车刀-标准）"，【几何体】选择"AVOIDANCE_LEFT"，【方法】选择"LATHE_ROUGH"，在【名称】文本框中输入"ROUGH_TURN_OD_LEFT"，如图 15-132 所示。

140 单击【确定】按钮，弹出【外径粗车】对话框，如图 15-133 所示。

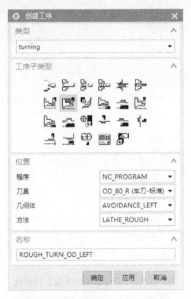

图 15-132　【创建工序】对话框　　　　图 15-133　【外径粗车】对话框

（2）设置切削区域

141 单击【几何体】组框中的【切削区域】后的【编辑】按钮 ，弹出【切削区域】对话框。

142 在【轴向修剪平面 1】组框的【限制选项】下拉列表中选择"点"，单击【指定点】按钮 ，在图形区选择如图 15-134 所示的点。

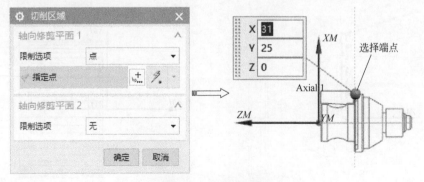

图 15-134　设置切削区域

（3）设置切削策略

143 在【切削策略】组框中选择【单向线性切削】走刀方式，如图 15-135 所示。

（4）设置刀轨参数

144 在【刀轨设置】组框中选择【与 XC 的夹角】为 "180"，【方向】为 "前进"；选择【切削深度】为 "变量平均值"，【最大值】为 2mm，【最小值】为 1mm；选择【变换模式】为 "省略"，【清理】为 "全部"，如图 15-135 所示。

（5）设置进给参数

145 单击【刀轨设置】组框中的【进给率和速度】按钮，弹出【进给率和速度】对话框。设置【主轴速度】为 "500"、【切削】为 "0.3""mmpr"，其他接受默认设置，如图 15-136 所示。

图 15-135　设置切削策略和刀轨参数

图 15-136　【进给率和速度】对话框

（6）生成刀具路径并验证

146 在【外径粗车】对话框中完成参数设置后，单击该对话框底部【操作】组框中的【生成】按钮，可在该对话框下生成刀具路径，如图 15-137 所示。

147 单击【外径粗车】对话框底部【操作】组框中的【确认】按钮，弹出【刀轨可视化】对话框，然后选择【3D 动态】选项卡，单击【播放】按钮，可进行 3D 动态刀具切削过程模拟，如图 15-138 所示。

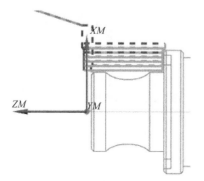

图 15-137　生成的刀具路径

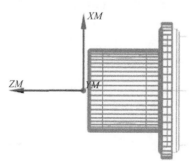

图 15-138　3D 动态刀具切削过程模拟

148 单击【确定】按钮，返回【外径粗车】对话框，然后单击【确定】按钮，完成粗车加工操作。

15.4.17　创建左端外圆精车加工工序

（1）启动工序

149 单击【主页】选项卡中的【插入】组中的【创建工序】按钮 ，弹出【创建工序】对话框。在【创建工序】对话框中的【类型】下拉列表中选择"turning"，【工序子类型】选择第 2 行第 6 个图标 （FINISH_TURN_OD），【程序】选择"NC_PROGRAM"，【刀具】选择"OD_55_R（车刀-标准）"，【几何体】选择"AVOIDANCE_LEFT"，【方法】选择"LATHE_FINISH"，在【名称】文本框中输入"FINISH_TURN_OD_LEFT"，如图 15-139 所示。

150 单击【确定】按钮，弹出【外径精车】对话框，如图 15-140 所示。

图 15-139　【创建工序】对话框

图 15-140　【外径精车】对话框

（2）设置切削区域

151 单击【几何体】组框中的【切削区域】后的【编辑】按钮 ，弹出【切削区域】对话框。在【修剪点 1】组框的【点选项】下拉列表中选择【指定】，选择如图 15-141 所示的点，【延伸距离】为"2"，【角度选项】为"自动"。

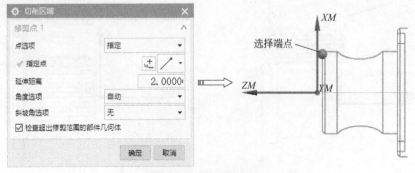

图 15-141　设置修剪点 1

152 在【修剪点 2】组框的【点选项】下拉列表中选择"指定"，选择如图 15-142 所示的点，【延伸距离】为"2"，【角度选项】为"自动"。

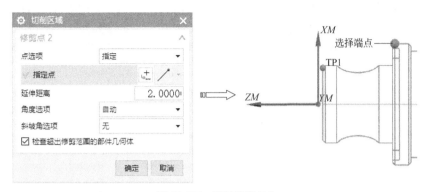

图 15-142　设置修剪点 2

图 15-143　【刀轨设置】选项

153 单击【切削区域】对话框中的【确定】按钮，完成切削区域设置。

（3）设置切削策略

154 在【切削策略】组框中选择"全部精加工"走刀方式。

（4）设置刀轨参数

155 在【刀轨设置】组框中选择【与 XC 的夹角】为"180"，【方向】为"前进"，其他参数如图 15-143 所示。

（5）设置切削参数

156 在【外径精车】对话框中，单击【刀轨设置】组框中的【切削参数】按钮，弹出【切削参数】对话框，进行切削参数设置。【策略】选项卡：选中【允许底切】复选框，其他接受默认设置，如图 15-144 所示。

157【拐角】选项卡：设置拐角方式为"延伸"，如图 15-145 所示。

图 15-144　【策略】选项卡　　　　　　　　图 15-145　【拐角】选项卡

158 单击【切削参数】对话框中的【确定】按钮，完成切削参数设置。

（6）设置非切削参数

159 单击【刀轨设置】组框中的【非切削移动】按钮，弹出【非切削移动】对话框。【进刀】选项卡：在【轮廓加工】组框中【进刀类型】为"线性-自动"，其他参数如图15-146所示。

160【退刀】选项卡：在【轮廓加工】组框中【退刀类型】为"线性-自动"，其他参数如图15-147所示。

图15-146 【进刀】选项卡

图15-147 【退刀】选项卡

161 单击【非切削移动】对话框中的【确定】按钮，完成非切削参数设置。

（7）设置进给参数

162 单击【刀轨设置】组框中的【进给率和速度】按钮，弹出【进给率和速度】对话框。设置【主轴速度】为"600"、【切削】为"0.5""mmpr"，其他接受默认设置，如图15-148所示。

（8）生成刀具路径并验证

163 在【外径精车】对话框中完成参数设置后，单击该对话框底部【操作】组框中的【生成】按钮，可在该对话框下生成刀具路径，如图15-149所示。

164 单击【外径精车】对话框底部【操作】组框中的【确认】按钮，弹出【刀轨可视化】对话框，然后选择【3D动态】选项卡，单击【播放】按钮▶，可进行3D动态刀具切削过程模拟，如图15-150所示。

图15-148 【进给率和速度】对话框

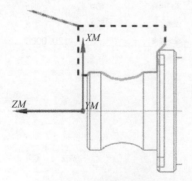

图15-149 生成刀具路径

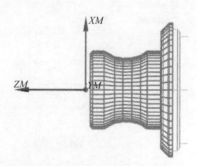

图15-150 3D动态刀具切削过程模拟

165 单击【确定】按钮，返回【外径精车】对话框，然后单击【确定】按钮，完成精车加工操作。

15.4.18　创建左端车端面槽加工工序

（1）启动工序

166 单击【主页】选项卡中的【插入】组中的【创建工序】按钮 ，弹出【创建工序】对话框。在【创建工序】对话框中的【类型】下拉列表中选择"turning"，【工序子类型】选择第 3 行第 6 个图标 （GROOVE_FACE），【程序】选择"NC_PROGRAM"，【刀具】选择"FACE_GROOVE_R（槽刀-标准）"，【几何体】选择"AVOIDANCE_LEFT"，【方法】选择"LATHE_GROOVE"，在【名称】文本框中输入"GROOVE_FACE_LEFT"，如图 15-151 所示。

167 单击【确定】按钮，弹出【在面上开槽】对话框，如图 15-152 所示。

图 15-151　【创建工序】对话框

图 15-152　【在面上开槽】对话框

（2）设置切削区域

168 单击【几何体】组框中的【切削区域】后的【编辑】按钮 ，弹出【切削区域】对话框。在【修剪点 1】组框的【点选项】下拉列表中选择"指定"，选择如图 15-153 所示的点，【延伸距离】为"0"，【角度选项】为"自动"。

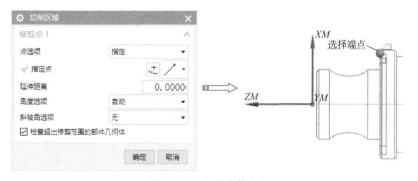

图 15-153　设置修剪点 1

169 在【修剪点 2】组框的下拉列表中选择"指定",选择如图 15-154 所示的点,【延伸距离】为"0",【角度选项】为"自动"。

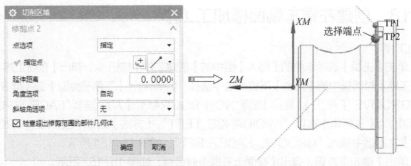

图 15-154　设置修剪点 2

170 单击【切削区域】对话框中的【确定】按钮,完成切削区域设置。

（3）设置切削策略

171 在【切削策略】组框中选择"单向插削"走刀方式。

（4）设置刀轨参数

172 在【刀轨设置】组框中选择【与 XC 的夹角】为"90",【方向】为"前进";选择【步距】为"恒定",【距离】为 0.5mm,如图 15-156 所示。

（5）设置切削参数

173 在【在面上开槽】对话框中,单击【刀轨设置】组框中的【切削参数】按钮，弹出【切削参数】对话框,进行切削参数设置。【策略】选项卡:【粗切削后驻留】为"转",【转】为"1",选中【允许底切】复选框,其他接受默认设置,如图 15-156 所示。

174【拐角】选项卡:设置【常规拐角】为"延伸",【浅角】为"延伸",如图 15-157 所示。

图 15-155　【刀轨设置】选项

图 15-156　【策略】选项卡

图 15-157　【拐角】选项卡

175 单击【切削参数】对话框中的【确定】按钮，完成切削参数设置。

（6）设置非切削参数

176 单击【刀轨设置】组框中的【非切削移动】按钮 📓，弹出【非切削移动】对话框。【进刀】选项卡：在【插削】组框中【进刀类型】为"线性-自动"，其他参数如图15-158所示。

177【退刀】选项卡：在【插削】组框中【退刀类型】为"线性-自动"，其他参数如图15-159所示。

图 15-158 【进刀】选项卡

图 15-159 【退刀】选项卡

178【安全距离】选项卡：设置【径向安全距离】和【轴向安全距离】如图15-160所示。

179【逼近】选项卡：在【运动到进刀起点】组框中【运动类型】为"径向→轴向"，其他参数如图15-161所示。

图 15-160 【安全距离】选项卡

图 15-161 【逼近】选项卡

180【离开】选项卡：在【运动到返回点/安全平面】组框中【运动类型】为"轴向→径向"，其他参数如图15-162所示。

181 单击【非切削移动】对话框中的【确定】按钮，完成非切削参数设置。

（7）设置进给参数

182 单击【刀轨设置】组框中的【进给率和速度】按钮，弹出【进给率和速度】对话框。设置【主轴速度】为"300"、【切削】为"0.15""mmpr"，其他接受默认设置，如图 15-163 所示。

图 15-162 【离开】选项卡

图 15-163 【进给率和速度】对话框

（8）生成刀具路径并验证

183 在【在面上开槽】对话框中完成参数设置后，单击该对话框底部【操作】组框中的【生成】按钮，可在该对话框下生成刀具路径，如图 15-164 所示。

184 单击【在面上开槽】对话框底部【操作】组框中的【确认】按钮，弹出【刀轨可视化】对话框，然后选择【3D 动态】选项卡，单击【播放】按钮，可进行 3D 动态刀具切削过程模拟，如图 15-165 所示。

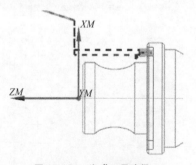

图 15-164 生成刀具路径

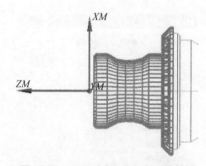

图 15-165 3D 动态刀具切削过程模拟

185 单击【确定】按钮，返回【在面上开槽】对话框，然后单击【确定】按钮，完成车槽加工操作。

16

第16章

NX机床仿真与VERICUT仿真验证

Chapter Sixteen

本章内容

▶ 上盖凸模零件 3 轴加工仿真

▶ 灯罩凸模零件 5 轴加工仿真

目前制造过程中主要有两种加工形式：生成刀轨和仿真切削。刀具轨迹生成过程中一般不考虑具体机床结构和工件装夹方式，所生成的数控加工程序并不一定能够适合实际加工情况，仅实现了刀轨的检查和验证，因此在实际加工前都要进行机床加工仿真与验证。本章通过实例分别介绍 NX 集成仿真和校验（integrated simulation & verification，IS&V）和 VERICUT 仿真验证在实际加工中的操作方法和步骤。

16.1　数控加工仿真与验证简介

不论数控加工程序采用手动编制还是计算机辅助编制，加工前都要进行工件的仿真加工。由于零件形状复杂多变，而且在刀具轨迹生成过程中一般不考虑具体机床结构和工件装夹方式，因此所生成的数控加工程序并不一定能够适合实际加工情况，因而需要在实际加工前进行机床加工仿真与验证。

16.1.1　为什么要进行仿真验证

随着制造技术的不断提高，现代制造技术逐渐向集成化方向发展。国内外都在进行零件、刀具、夹具、机床三维参数化的一体化研究以及加工过程仿真、参数化优化、加工程序优化研究。利用仿真加工，可以消除程序中的错误，如切伤工件、损坏夹具、折断刀具或碰撞机床；可以减少机床的加工时间，减少实际的切削验证，使完美地完成第一个工件成为可能，并减少废品和重复工作；可以大幅度提高加工效率，改善加工质量，并降低生产成本，对现代制造业的发展具有重要意义。

简单来说，数控加工仿真分为几何仿真和物理仿真两部分。几何仿真的主要目的是验证刀具路径的正确性，验证加工程序是否可行，并为物理仿真提供必要的切削几何信息，如材料去除量、切削速度、轴向切削深度等。物理仿真主要是力学仿真，它是虚拟立式加工中心数控加工过程仿真的核心部分，其内涵就是综合考虑实际切削中的各种因素，建立与实际切削拟合程度高的数学模型，真正意义上实现虚拟加工与实际加工的真实性。

数控加工仿真的主要目的包括：

（1）检验数控加工程序是否有过切或欠切

通过数控加工仿真，可用几何图形、图像或动画的方式显示加工过程，从而检验零件的最终几何形状是否符合要求，目前主流的 CAD/CAM 软件中都具备数控加工轨迹模拟及过切、欠切的分析功能。

（2）碰撞干涉检查

通过数控加工仿真，可以检查数控加工过程中刀具、刀柄等与工件、夹具等是否存在碰撞干涉，以及检查机床运动过程中主轴是否与机床零部件、夹具等存在碰撞干涉，从而确保能加工出符合设计的零件，并避免刀具、夹具和机床的不必要损坏。

（3）切削参数优化

数控加工过程仿真的重要目的之一是切削参数优化，即通过数控加工过程的仿真，发现现有轨迹中存在的问题以及参数设置有待提升的部分，从而对切削参数进行优化以提高加工效率。

（4）刀具磨损预测

在难加工材料、高精度材料零件的加工过程中，刀具的磨损速率较快且刀具磨损导致零件加工精度和已加工表面的完整性受到影响。因此，预测加工过程中的刀具磨损对确保加工精度与工件的表面完整性有重要作用。

16.1.2　NX 集成仿真与校验

目前，制造过程中主要有两种加工形式：生成刀轨和仿真切削。生成刀轨的方法是：在相应的工序对话框中单击【验证】按钮 进入切削仿真界面，通过调整各项参数设置，来达到对刀轨进行仿真的目的。但其过程中通常没有考虑到机床的行为，仅实现了刀轨的检查和验证。因此在真正生产加工之前，还需要对机床进行仿真。UG NX 集成仿真和校验（integrated simulation & verification，IS&V）正是为此所提供的模块。

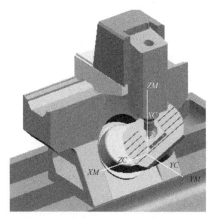

UG NX 系统提供的多轴铣床加工零件的综合仿真与检查效果如图 16-1 所示。从图中可以看出，集成仿真和校验对整个加工过程的模拟效果相当直观，相对于刀轨的切削仿真功能而言，集成仿真和校验也支持加工过程工件，可以充分展现加工过程中各个部分之间的协同状态。

集成仿真和校验可实现机床的仿真切削过程，其仿真过程是一个包括机床、机床控制器、刀具和加工零件在内的综合性的仿真与检查的过程，它能解决加工过程中机床、工件和夹具三者之间产生的干涉问题，因此可对整个加工过程进行更精确的观察。它具有以下优点：

图 16-1　多轴铣削加工集成仿真和校验

① 实际机床行为和控制器在生成刀轨与仿真阶段被考虑，这样在建立刀轨时避免了与机床有关的任何问题。

② 当仿真机床时，系统将精确控制机床运动并复制完全的加工环境，能够检查在机床、夹具、刀具和零件之间的干涉、能预览所有加工操作等。

③ 消除了昂贵、耗时的试验和空运行，减少成本，节省了数控程序在机床运行的验证时间，提高了机床的利用率。

④ 能够预览各种加工操作的效果，如各种控制命令、子程序、固定循环、控制器的 M 代码、G 代码和 H 代码等。

⑤ 排除了加工中可能遇到的各种麻烦和故障，将这些问题及时反馈给设计人员，要求设计人员在设计零件之初就充分考虑零件的可加工性。

⑥ 通过集成仿真和校验系统可对新操作员和编程员进行培训，从而可训练人员，降低成本，提高效率。

16.1.3　VERICUT 仿真验证

VERICUT 软件是美国 CGTECH 公司开发的数控加工仿真系统，由 NC 程序验证模块、机床运动仿真模块、优化路径模块、多轴模块、高级机床特征模块、实体比较模块和 CAD/CAM 接口等模块组成，可仿真数控车床、数控铣床、加工中心、数控线切割机床和多轴机床等多种加工设备的数控加工过程，既能仿真刀位文件，又能仿真 CAD/CAM 后置处理的 NC 程序，是应用较为广泛的数控模拟仿真软件，目前已广泛应用于航空航天、汽车、模具制造等行业。

VERICUT 是一个真正的"以知识为基础"的加工系统。归纳起来，VERICUT 的特点如下：

① 设置简单、使用方便。在加工零件时，设置向导会提示用户为刀具进行设定，而且该刀具的所有设定内容都被存储在一个优化库里。只需设定一次，往后每次使用这把刀具时，切削就立即被优化。优化模块有一个"学习模式"，可以自动创建优化库。对于每一把刀，优化模

块算出最大体积切除率和切削厚度，然后把它们应用到该刀具的优化设定中。

② 可以模拟各种不同控制系统的 G、M 代码以及其他代码，可以非常方便地检查机床各个部件的潜在碰撞隐患。

③ VERICUT 模拟完的结果放大、旋转都不会使图像失真，而其他的仿真软件都有这些问题。

④ 模拟过程中的任何阶段都可以把结果保存下来，在编排加工工艺中可以直接应用。分析过切量、残留量都有非常精确的数据报告，目前同类仿真软件里只有 VERICUT 有这一功能。

⑤ VERICUT 优化模块的多种优化方法非常独特，至今没有别的同类仿真软件可以和它相比。该模块特别适合高速铣，可以使刀具的切削抗力始终恒定，同时极大地提高效率，是高速铣必选模块。

⑥ 目前只有 VERICUT 可以输出基于 IGES 文件格式的模型，因此，在处理大型程序时速度不会下降。而其他仿真软件只能基于 STL 文件格式，处理大程序时速度会非常慢。

⑦ 此外，VERICUT 还有 IGES 转换器、曲面偏置实体、PolyFix、二进制 APT-CL 转换器、G-代码转换成 APT 格式等实用工具。

16.2　上盖凸模零件 3 轴加工仿真实例

利用第 9 章完成的上盖凸模零件数控加工编程，本节对其采用 NX 集成仿真与验证以及 VERICUT 仿真加工验证，如图 16-2 所示。

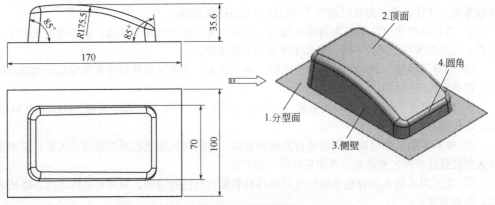

图 16-2　上盖凸模零件

16.2.1　NX 上盖凸模零件集成仿真和验证

16.2.1.1　打开数控加工文件

01 启动 NX 后，单击【文件】选项卡中的【打开】按钮 ，弹出【打开部件文件】对话框，选择"上盖 CAM.prt"（"扫描二维码下载素材文件：\第 16 章\NX 上盖凸模 CAM\上盖 CAM.prt"），单击【OK】按钮，文件打开后如图 16-3 所示。

16.2.1.2　调用现有机床

02 单击上边框条中插入的【工序导航器】组中的【机床视图】按钮 ，将工序导航器切换到机床视图显示，如图 16-4 所示。

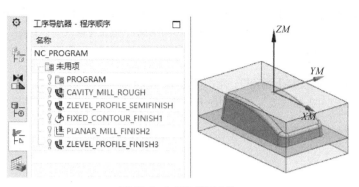

图 16-3　打开的模型文件

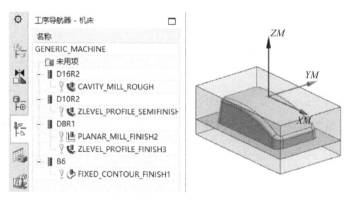

图 16-4　机床视图

03 双击"GENERIC_MACHINE"，弹出【通用机床】对话框，【换刀（秒）】为"60"，【快速进给】为"100""mmpm"，如图 16-5 所示。

04 选择机床类型。单击【从库中调用机床】按钮，弹出【库类选择】对话框，选择所需机床类型"MILL"，单击【计算匹配数】按钮，显示计算得到的匹配数(65)，如图 16-6 所示。单击【确定】按钮完成。

图 16-5　【通用机床】对话框

图 16-6　【库类选择】对话框

05 搜索已有机床。单击【确定】按钮后，弹出【搜索结果】对话框，可在该对话框中选择要求的机床"sim01_mill_3ax_fanuc_mm"，如图 16-7 所示。单击【确定】按钮。

16.2.1.3　选择连接方式

06 系统弹出【部件安装】对话框，用户可选择合适的工件与机床的连接方式，在【定位】下拉列表中选择"使用部件安装联接"，如图 16-8 所示。

图 16-7　【搜索结果】对话框　　　　　　　　　图 16-8　【部件安装】对话框

 提示

建议采用"使用部件安装联接"方式，以便于使用坐标系将工件安装在机床上。

07 单击【工件部件】选项中的【选择部件】按钮 🐘，选择如图 16-9 所示的零件作为工作部件。

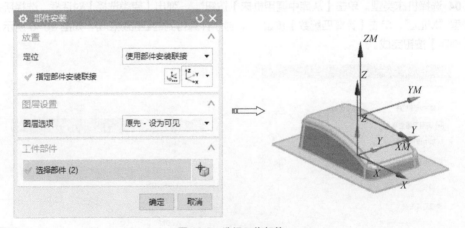

图 16-9　选择工作部件

08 单击【指定部件安装联接】后的按钮 📐，弹出【CSYS】对话框，在【类型】中选择"动态"，如图 16-10 所示。

09 单击【操控器】组框中【指定方位】后的按钮 📐，弹出【点】对话框，在【类型】中选择"点在面上"，选择如图 16-11 所示的面，设置【面上的位置】组框中的【U 向参数】和【V 向参数】均为"0.5"，将连接点设置在下表面中心。

图 16-10 【CSYS】对话框

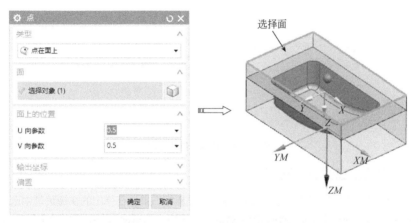

图 16-11 选择连接点

10 单击【确定】按钮，系统装配机床，弹出【信息】对话框，如图 16-12 所示。

11 同时【通用机床】对话框更名为【3-Ax Mill Vertical】对话框，如图 16-13 所示。

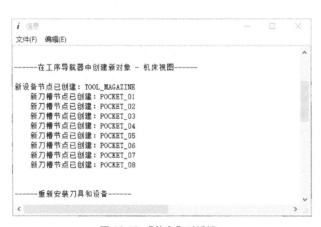

图 16-12 【信息】对话框

图 16-13 【3-Ax Mill Vertical】对话框

12 单击【3-Ax Mill Vertical】对话框中的【确定】按钮，完成机床装配，如图 16-14 所示。

13 装配好机床后，机床的装配模型现在已经作为一个装配组件添加到 CAM 部件，机床运动学模型已复制到 CAM 部件中，可以在机床导航器窗口查看，如图 16-15 所示。

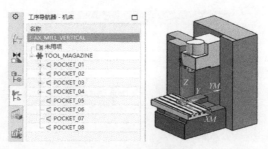

图 16-14　调用机床结果

图 16-15　机床导航器窗口

16.2.1.4　启动集成仿真与验证

　　14 在工序导航器窗口中选中要仿真的工序，单击鼠标右键，在弹出的快捷菜单中选择【刀轨】|【仿真】命令，系统弹出【仿真控制面板】对话框，选中【仿真设置】组框中的【显示 3D 除料】复选框，如图 16-16 所示。单击【仿真设置】按钮，弹出【仿真设置】对话框，可设置仿真参数，如图 16-17 所示。

图 16-16　【仿真控制面板】对话框

图 16-17　【仿真设置】对话框

15 单击【动画】组框中的【播放】按钮 ▶，进行机床仿真和验证，如图 16-18 所示。

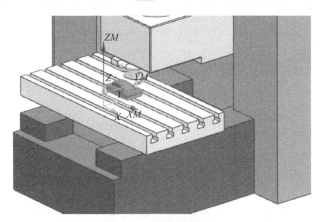

图 16-18　机床仿真和验证

16.2.2　VERICUT 上盖凸模零件加工仿真验证

要在 VERICUT 中进行模拟，需要将 NX 中的毛坯和设计几何体以 STL 形式输出，并对程序进行后处理输出 NC 代码。下面详细介绍 VERICUT 仿真操作过程。

16.2.2.1　启动 VERICUT8.0.3 程序

01 双击桌面上的【VERICUT8.0.3】图标 ，或选择程序【GGTech VERICUT 8.0.3】|【VERICUT8.0.3】命令，启动 VERICUT8.0.3，如图 16-19 所示。

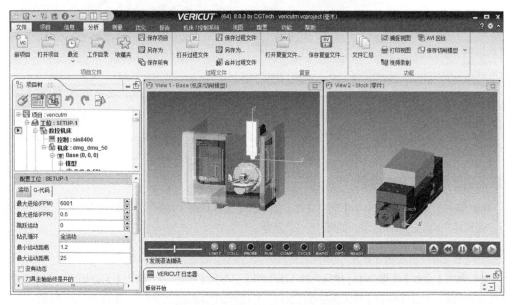

图 16-19　VERICUT8.0.3 用户界面

02 单击【文件】选项卡中的【打开项目】按钮 ，弹出【打开项目】对话框，在【捷径】下选择"案例"，选择已有的"3_axis_vmill_primitives.vcproject"项目，如图 16-20 所示。

03 单击【打开】按钮，打开案例项目，进入 VERICUT 环境，如图 16-21 所示。

图 16-20　选择案例项目

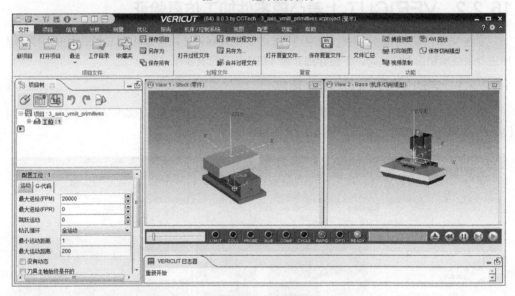

图 16-21　打开案例项目

16.2.2.2　设置工作目录

04 单击【文件】选项卡中【项目文件】组中的【工作目录】按钮，弹出【工作目录】对话框，设置用户自己的工作目录，如图 16-22 所示。

16.2.2.3　保存 VERICUT 项目文件

05 单击【文件】选项卡中【项目文件】组中的【另存为】按钮，弹出【另存项目为】对话框，选择工作目录，单击【保存】按钮保存项目文件"VTShanggai.vcproject"，如图 16-23 所示。

16.2.2.4　重新加载控制系统和机床文件

（1）重新加载控制系统

06 在【项目树】中双击"控制：fan15m"，或者单击【配置控制系统】框中的【控制文件】按钮，如图 16-24 所示。

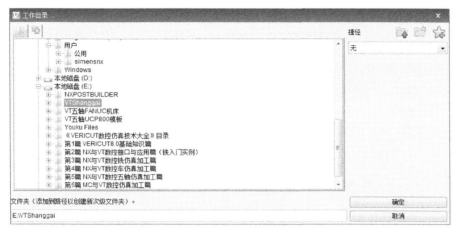

图 16-22 【工作目录】对话框

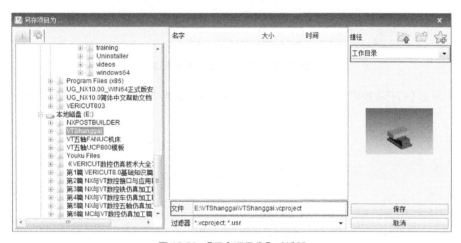

图 16-23 【另存项目为】对话框

图 16-24 选择控制系统

07 系统弹出【打开控制系统】对话框，在【捷径】下拉列表中选择"库"，选择"fan10m.ctl"文件（发那科 10m 数控铣床控制系统文件），如图 16-25 所示。

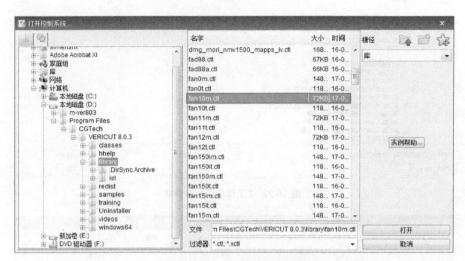

图 16-25 【打开控制系统】对话框

08 单击【打开】按钮，在【项目树】窗口中【控制】更改成"控制：fan10m"，如图 16-26 所示。

图 16-26 更改控制系统

09 在【项目树】窗口中选中"控制：fan10m"，单击鼠标右键，选择【另存为】命令，选择【毫米】选项，保存到工作目录，如图 16-27 所示。

（2）重新加载机床文件

10 在【项目树】中双击"机床：basic_3axes_vmill"，或者单击【配置机床】窗口中的【机床文件】按钮，如图 16-28 所示。

11 系统弹出【打开机床】对话框，在【捷径】下拉列表中选择"库"，选择"3_axis_tool_chain.mch"文件（chain 是指带刀库的 3 轴机床），如图 16-29 所示。

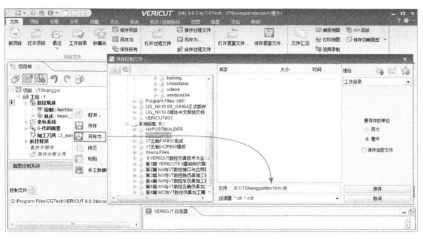

图 16-27　保存控制系统到工作目录

图 16-28　启动机床命令

图 16-29　【打开机床】对话框

12 单击【打开】按钮，在【项目树】窗口中【机床】更改成"机床：3_axis_tool_chain"，如图 16-30 所示。

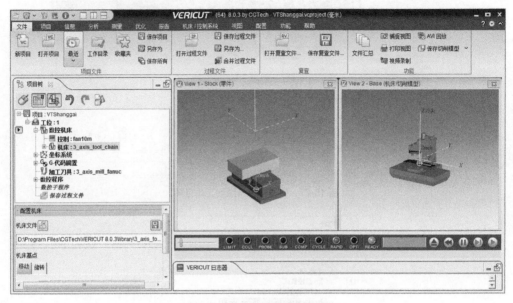

图 16-30　三坐标数控铣床模型图

13 在【项目树】窗口中选中"机床：3_axis_tool_chain"，单击鼠标右键，选择【另存为】命令，选择【毫米】选项，保存到工作目录，如图 16-31 所示。

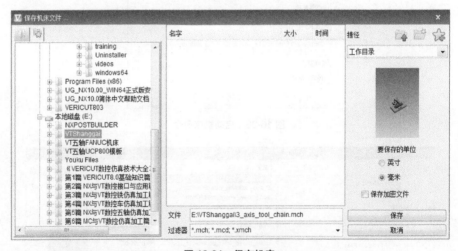

图 16-31　保存机床

16.2.2.5　导入毛坯

（1）删除毛坯和夹具

14 删除毛坯组件。在【View 1-Stock】窗口中选择毛坯，在【项目树】中展开机床列表，选中毛坯模型，单击鼠标右键选择【删除】命令，如图 16-32 所示。

15 删除夹具组件。在【View 1-Stock】窗口中选择夹具，在【项目树】中展开机床列表，选中夹具模型，单击鼠标右键选择【删除】命令，如图 16-33 所示。

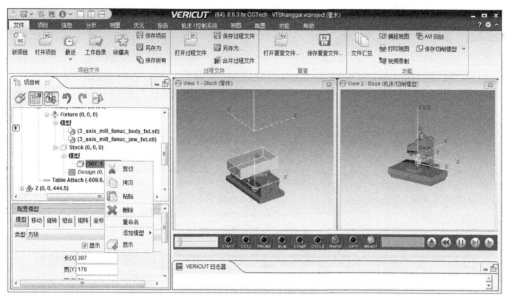

图 16-32　选择毛坯并删除

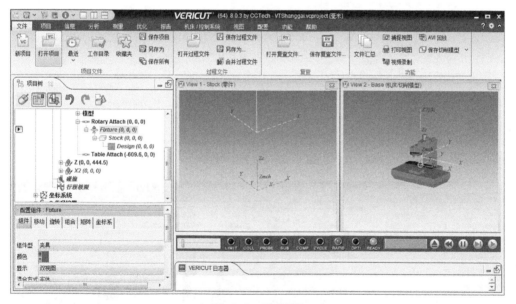

图 16-33　删除夹具

（2）导入毛坯 STL

16 在【项目树】窗口选择"Stock(0,0,0)"，单击鼠标右键，选择【添加模型】|【模型文件】命令，如图 16-34 所示。

17 系统弹出【打开】对话框，选择工作目录下的"maopi.stl"文件，如图 16-35 所示。

18 单击【打开】按钮，系统导入毛坯模型，如图 16-36 所示。

16.2.2.6　设置编程坐标系

19 在【项目树】中单击【坐标系统】选项下的"Program_Zero"，如图 16-37 所示。

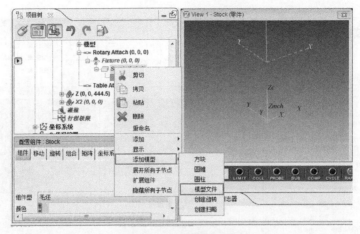

图 16-34　添加模型文件

图 16-35　【打开】对话框

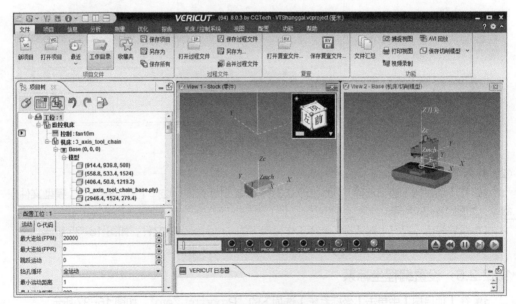

图 16-36　导入毛坯模型

图 16-37 选择坐标系 "Program_Zero"

20 在【配置坐标系: Program_Zero】中，激活【位置】坐标，移动鼠标到【View-1 Stock】窗口系统自动捕捉到毛坯上表面中心，在出现向上箭头时单击鼠标左键放置坐标系，如图 16-38 所示。

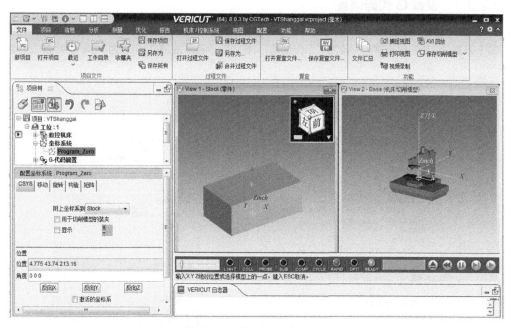

图 16-38 选择毛坯上表面中心

21 在【项目树】中选中 "Program_Zero"，单击鼠标右键，在弹出的快捷菜单中选择【重命名】命令，将名称更改为 "G54"，如图 16-39 所示。

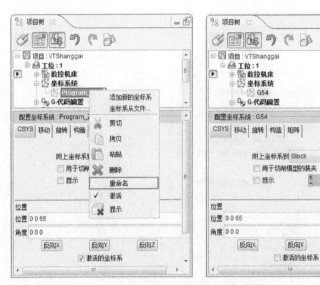

图 16-39　更改坐标系名称为 "G54"

提示

此处的坐标系与 NX CAM 中的加工坐标系应一致。

16.2.2.7　设置 G 代码偏置

22 在【项目树】中的【G-代码偏置】下选中【工作偏置】选项，在下面的【配置 工作偏置】中将【偏置名】由"机床零位"改为"工作偏置"，将【寄存器】值由"1"改为"54"，如图 16-40 所示。

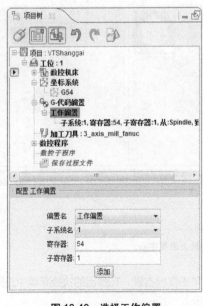

图 16-40　选择工作偏置

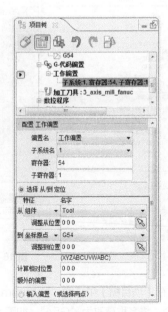

图 16-41　设置 G 代码偏置

23 选择【工作偏置】下的"子系统：1，寄存器：54，子寄存器：1"，然后选中【选择 从/到定位】单选按钮，选择从"组件"为"Tool"到"坐标原点"为"G54"，如图 16-41 所示完成数控铣床的 G 代码偏置。

16.2.2.8　设置加工刀具

24 在【项目树】中双击"加工刀具：3_axis_mill_fanuc"节点，如图 16-42 所示。

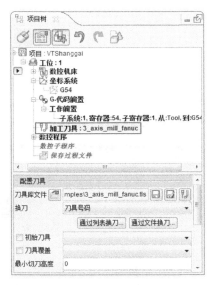

图 16-42　选择加工刀具节点

25 系统弹出【刀具管理器】对话框，如图 16-43 所示。

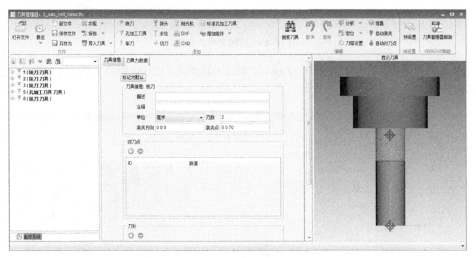

图 16-43　【刀具管理器】对话框

26 选中 1 号刀，在左侧选择"Cutter1"，在【刀具组件】窗口编辑刀具 D16R2 的参数，如图 16-44 所示。

27 选中 2 号刀，在左侧选择"Cutter1"，在【刀具组件】窗口编辑刀具 D10R2 的参数，如图 16-45 所示。

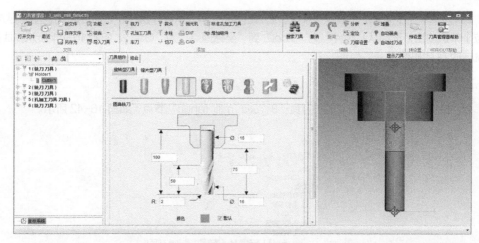

图 16-44　编辑 1 号刀参数

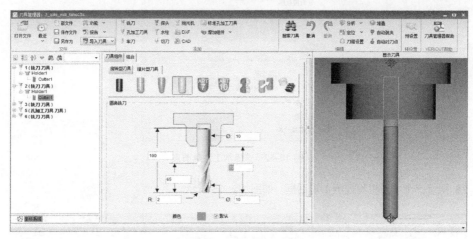

图 16-45　编辑 2 号刀参数

28 选中 3 号刀，在左侧选择"Cutter1"，在【刀具组件】窗口编辑刀具 D8R1 的参数，如图 16-46 所示。

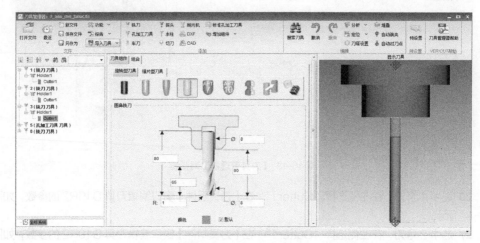

图 16-46　编辑 3 号刀参数

29 首先在左侧复制 3 号刀，然后粘贴创建 4 号刀，再选中 4 号刀，在左侧选择"Cutter1"，在【刀具组件】窗口编辑刀具 B6 的参数，如图 16-47 所示

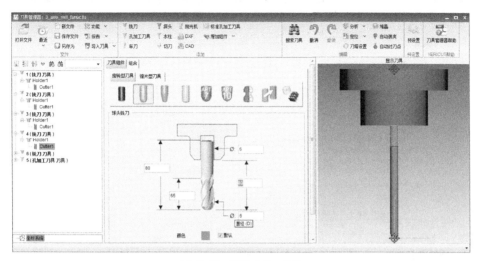

图 16-47　编辑 4 号刀参数

30 单击【文件】选项卡中的【另存为】按钮 ，弹出【另存刀具库为】对话框，将刀具文件保存为"3_axis_mill_fanuc.tls"。单击【保存】按钮保存刀具库到当前目录，如图 16-48 所示。

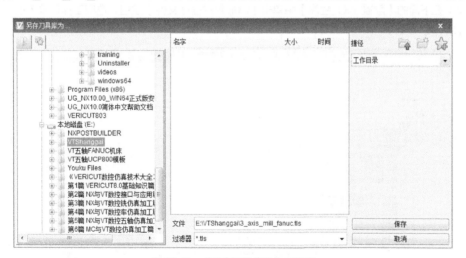

图 16-48　【另存刀具库为】对话框

> **提示**
>
> 一定要注意刀具的对刀点在立铣刀的下底面中心处。

16.2.2.9　指定加工刀具

31 单击【项目树】中的"加工刀具: 3_axis_mill_fanuc"，在下面的【配置刀具】中将【换刀】改为"刀具号码"，选中【初始刀具】复选框，并选择 1 号刀，如图 16-49 所示。

16.2.2.10　载入数控程序

32 在【项目树】中单击【数控程序】选项，选中原先的加工程序"3_axis_mill_fanuc.mcd"，单击鼠标右键在弹出的快捷菜单中选择【删除】命令，删除原先的程序，如图 16-50 所示。

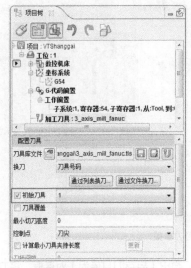

图 16-49　指定加工刀具

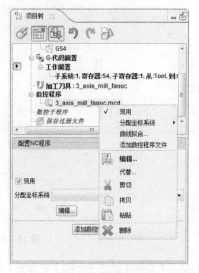

图 16-50　删除原先加工程序

33 在下面的【配置 NC 程序】中单击【添加数控程序文件】按钮，选取工作目录下的"上盖 NC 程序.ptp"，如图 16-51 所示。

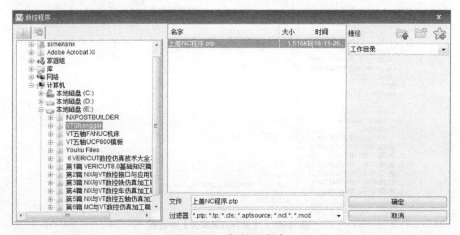

图 16-51　选择加工程序

34 选择添加后的程序"上盖 NC 程序.ptp"，单击【编辑】按钮，弹出文本编辑器，在第一行添加"G54"，如图 16-52 所示。

35 单击【保存】按钮保存程序，并关闭对话框。

提示

在 NXCAM 后处理中没有生成 G54 代码，需要在 VERICUT 中手工输入，否则不能进行仿真验证。

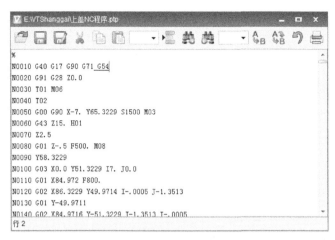

图 16-52 添加 "G54" 代码

16.2.2.11 加工仿真验证

36 通过上面步骤的设置，完成了演示的准备工作。单击软件右侧的【重置模型】按钮，完成零件的重置工作，

37 再单击【仿真至末端】按钮，开始零件的仿真加工，完成后零件如图 16-53 所示。

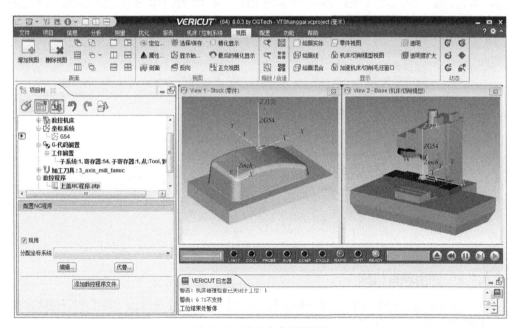

图 16-53 演示完成后零件图

16.3 车灯凸模零件 5 轴加工仿真实例

利用第 10 章完成的车灯凸模零件数控加工编程，本节对其采用 NX 集成仿真与验证以及 VERICUT 仿真加工验证，如图 16-54 所示。

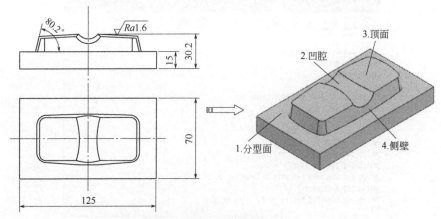

图 16-54　车灯凸模

16.3.1　NX 车灯凸模零件集成仿真和验证

16.3.1.1　打开数控加工文件

01 启动 NX 后，单击【文件】选项卡中的【打开】按钮 ，弹出【打开部件文件】对话框，选择"车灯凸模 CAM.prt"（"扫二维码下载素材文件：\第 16 章\ NX 车灯凸模 CAM \车灯凸模 CAM.prt"），单击【OK】按钮，文件打开后如图 16-55 所示。

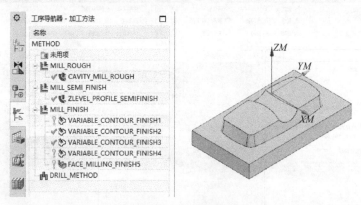

图 16-55　打开的模型文件

16.3.1.2　调用现有机床

02 单击上边框条中插入的【工序导航器】组中的【机床视图】按钮 ，将工序导航器切换到机床视图显示，如图 16-56 所示。

03 双击"GENERIC_MACHINE"，弹出【通用机床】对话框，【换刀（秒）】为"60"，【快速进给】为"100""mmpm"，如图 16-57 所示。

04 选择机床类型。单击【从库中调用机床】按钮 ，弹出【库类选择】对话框，选择所需机床类型"MILL"，单击【计算匹配数】按钮 ，显示计算得到的匹配数(65)，如图 16-58 所示。单击【确定】按钮完成。

05 搜索已有机床。单击【确定】按钮后，弹出【搜索结果】对话框，可在该对话框中选择要求的机床"sim08_mill_5ax_fanuc_mm"，如图 16-59 所示。单击【确定】按钮。

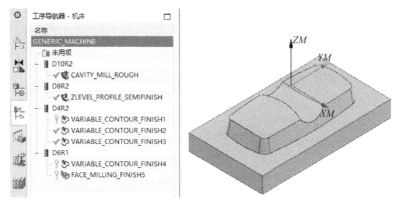

图 16-56　机床视图

图 16-57　【通用机床】对话框

图 16-58　【库类选择】对话框

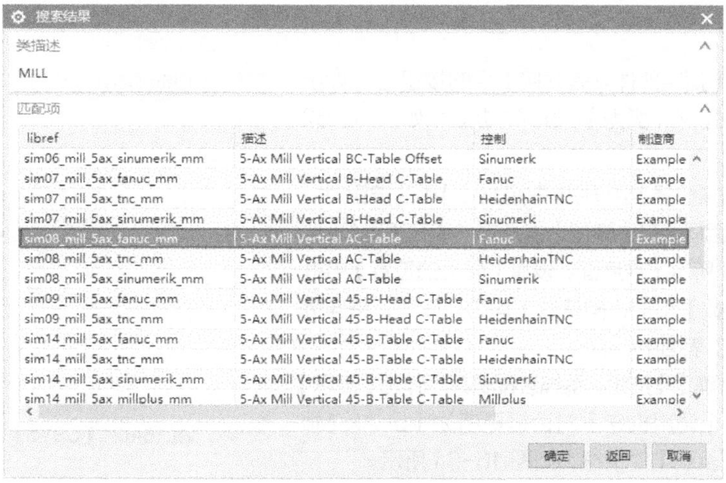

libref	描述	控制	制造商
sim06_mill_5ax_sinumerik_mm	5-Ax Mill Vertical BC-Table Offset	Sinumerk	Example
sim07_mill_5ax_fanuc_mm	5-Ax Mill Vertical B-Head C-Table	Fanuc	Example
sim07_mill_5ax_tnc_mm	5-Ax Mill Vertical B-Head C-Table	HeidenhainTNC	Example
sim07_mill_5ax_sinumerik_mm	5-Ax Mill Vertical B-Head C-Table	Sinumerk	Example
sim08_mill_5ax_fanuc_mm	5-Ax Mill Vertical AC-Table	Fanuc	Example
sim08_mill_5ax_tnc_mm	5-Ax Mill Vertical AC-Table	HeidenhainTNC	Example
sim08_mill_5ax_sinumerik_mm	5-Ax Mill Vertical AC-Table	Sinumerik	Example
sim09_mill_5ax_fanuc_mm	5-Ax Mill Vertical 45-B-Head C-Table	Fanuc	Example
sim09_mill_5ax_tnc_mm	5-Ax Mill Vertical 45-B-Head C-Table	HeidenhainTNC	Example
sim14_mill_5ax_fanuc_mm	5-Ax Mill Vertical 45-B-Table C-Table	Fanuc	Example
sim14_mill_5ax_tnc_mm	5-Ax Mill Vertical 45-B-Table C-Table	HeidenhainTNC	Example
sim14_mill_5ax_sinumerik_mm	5-Ax Mill Vertical 45-B-Table C-Table	Sinumerk	Example
sim14_mill_5ax_millplus_mm	5-Ax Mill Vertical 45-B-Table C-Table	Millplus	Example

图 16-59　【搜索结果】对话框

16.3.1.3 选择连接方式

06 系统弹出【部件安装】对话框，用户可选择合适的工件与机床的连接方式，在【定位】下拉列表中选择"使用部件安装联接"，如图 16-60 所示。

图 16-60 【部件安装】对话框

07 单击【工件部件】选项中的【选择部件】按钮，选择如图 16-61 所示的零件作为工作部件。

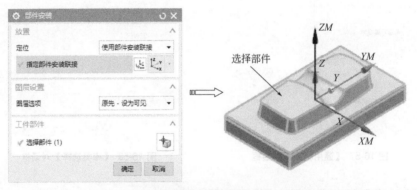

图 16-61 选择工作部件

08 单击【指定部件安装联接】后的按钮，弹出【CSYS】对话框，在【类型】中选择"动态"，如图 16-62 所示。

09 单击【操控器】组框中【指定方位】后的按钮，弹出【点】对话框，在【类型】中选择"点在面上"，选择如图 16-63 所示工件底面，设置【面上的位置】组框中的【U 向参数】和【V 向参数】均为"0.5"，将连接点设置在工件下表面中心。

10 单击【确定】按钮，系统装配机床，弹出【信息】对话框，同时【调用机床】对话框更名为【5-Ax Mill Vertical Ac-Table】对话框，如图 16-64 所示。

11 单击【5-Ax Mill Vertical Ac-Table】对话框中的【确定】按钮，完成机床装配，如图 16-65 所示。

图 16-62 【CSYS】对话框

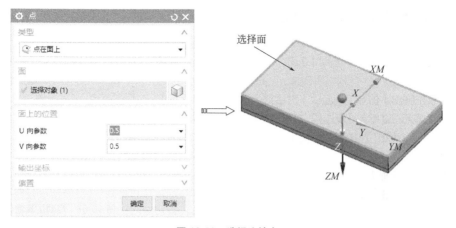

图 16-63　选择连接点

图 16-64　【5-Ax Mill Vertical Ac-Table】
　　　　　对话框

图 16-65　调用机床结果

12 装配好机床后，机床的装配模型现在已经作为一个装配组件添加到 CAM 部件，机床运动学模型已复制到 CAM 部件中，可以在机床导航器窗口查看，如图 16-66 所示。

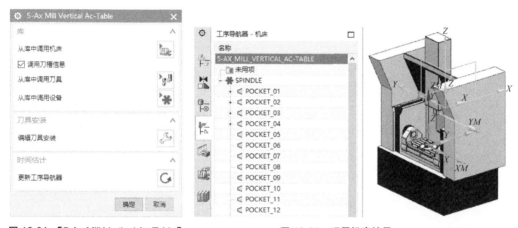

名称	分类	联接点	轴名称	初始值	NC 轴
SIM08_MILL_5AX					
− MACHINE_BASE	_MACHINE_BASE	MACHINE_ZERO*, A-ROT			
− A-TABLE			A	0	✔
TABLE_FIXTURES					
− C-BASE		C-ROT			
+ C-TABLE			C	0	✔
− Y-SLIDE			Y	0	✔
− X-SLIDE			X	0	✔
− Z-SLIDE			Z	0	✔
+ SPINDLE	_DEVICE	S*	S		
WZW_DOOR_LEFT			D1	0	
WZW_DOOR_RIGHT			D2	0	

图 16-66　机床导航器窗口

16.3.1.4　启动集成仿真与验证

13 在工序导航器窗口中选中要仿真的工序，单击鼠标右键，在弹出的快捷菜单中选择【刀轨】|【仿真】命令，如图16-67所示。

14 系统弹出【仿真控制面板】对话框，选中【仿真设置】组框中的【显示3D除料】复选框，如图16-68所示。单击【仿真设置】按钮，弹出【仿真设置】对话框，可设置仿真参数，如图16-69所示。

15 单击【动画】组框中的【播放】按钮 ▶ ，进行机床仿真和验证，如图16-70所示。

图16-67　启动仿真命令

图16-68　【仿真控制面板】对话框

图16-69　【仿真设置】对话框

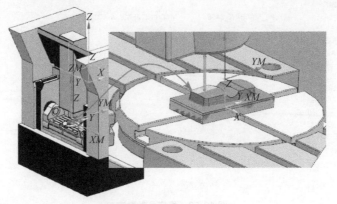

图16-70　机床仿真和验证

16.3.2　VERICUT 车灯凸模零件加工仿真验证

要在 VERICUT 中进行模拟需要将 NX 中的毛坯和设计几何体以 STL 形式输出，并将程序进行后处理输出 NC 代码。下面详细介绍 VERICUT 仿真操作过程。

16.3.2.1　启动 VERICUT8.0.3 程序

01 双击桌面上的【VERICUT8.0.3】图标，或选择程序【GGTech VERICUT 8.0.3】|【VERICUT8.0.3】命令，启动 VERICUT8.0.3 程序，如图 16-71 所示。

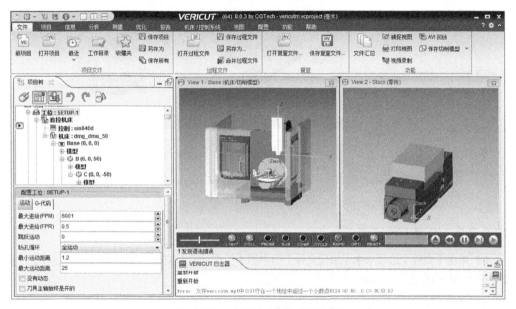

图 16-71　VERICUT8.0.3 用户界面

02 单击【文件】选项卡中的【打开项目】按钮，弹出【打开项目】对话框，在【捷径】下选择"案例"，进入案例库，选择已有的"doosan_vmd600_5ax.vcproject"项目，如图 16-72 所示。

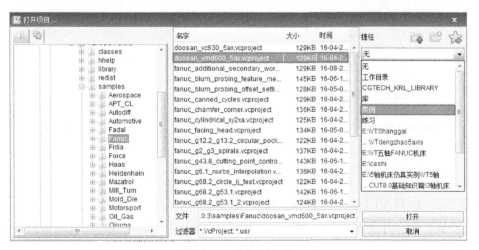

图 16-72　选择案例项目

03 单击【打开】按钮，打开案例项目，进入 VERICUT 环境，如图 16-73 所示。

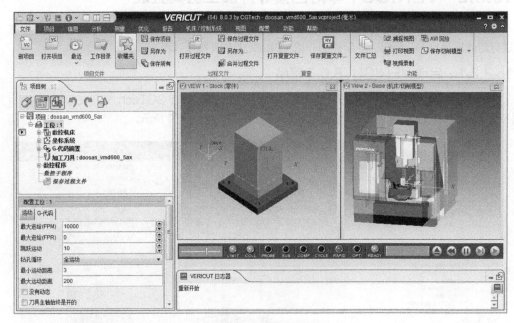

图 16-73　打开案例项目

16.3.2.2　设置工作目录

04 单击【文件】选项卡中【项目文件】组中的【工作目录】按钮，弹出【工作目录】对话框，设置用户自己的工作目录，如图 16-74 所示。

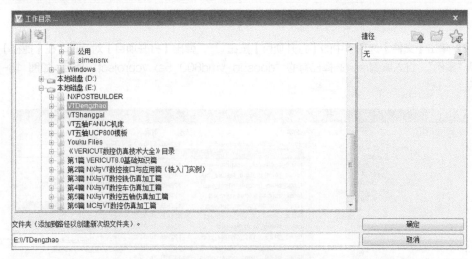

图 16-74　【工作目录】对话框

16.3.2.3　保存 VERICUT 项目文件

05 单击【文件】选项卡中【项目文件】组中的【另存为】按钮，弹出【另存项目为】对话框，保存项目文件，如图 16-75 所示。

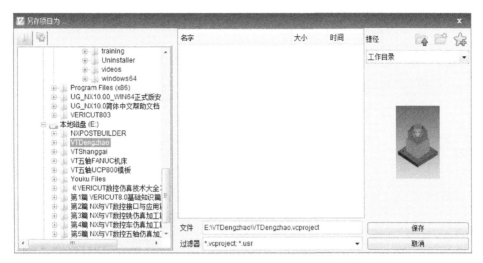

图 16-75 【另存项目为】对话框

16.3.2.4 保存控制系统和重新加载机床文件

（1）保存控制系统

06 在【项目树】窗口中选中"控制：fan30im"，单击鼠标右键，选择【另存为】命令，选择【毫米】选项，保存到工作目录，如图 16-76 所示。

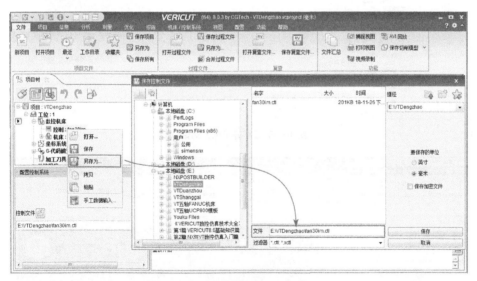

图 16-76 保存控制系统到工作目录

（2）重新加载机床文件

07 在【项目树】上双击"机床：doosan_vmd600_5ax"选项，或者单击【配置机床】框中的【机床文件】按钮，如图 16-77 所示。

08 系统弹出【打开机床】对话框，在【捷径】下拉列表中选择"工作目录"，选择"fanuc_mill_5ax.mch"文件，如图 16-78 所示。

09 单击【打开】按钮，在【项目树】窗口中【机床】更改成"机床：fanuc_mill_5ax"，完成以上操作后，机床模型如图 16-79 所示。

图 16-77　启动机床命令

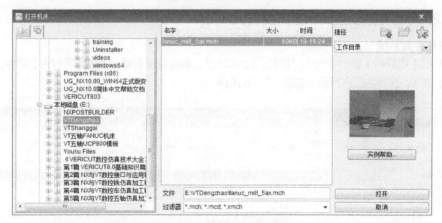

图 16-78　【打开机床】对话框

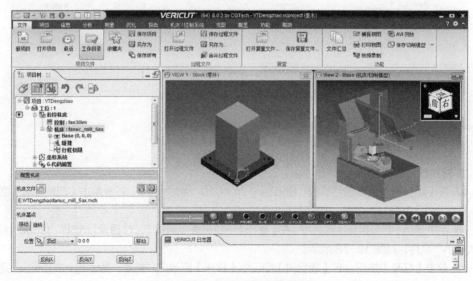

图 16-79　五坐标数控铣床模型图

16.3.2.5　导入毛坯和工件

（1）删除毛坯和夹具

10 删除毛坯组件。在【VIEW 1-Stock】窗口中选择毛坯，在【项目树】中展开机床列表，选中毛坯，单击鼠标右键选择【删除】命令，如图 16-80 所示。

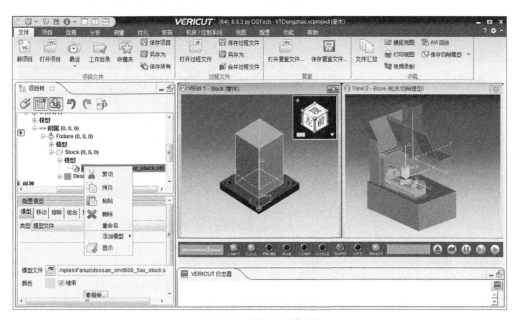

图 16-80　选择毛坯并删除

11 删除夹具组件。在【VIEW 1-Stock】窗口中选择夹具，在【项目树】中展开机床列表，选中夹具模型，单击鼠标右键选择【删除】命令，如图 16-81 所示。

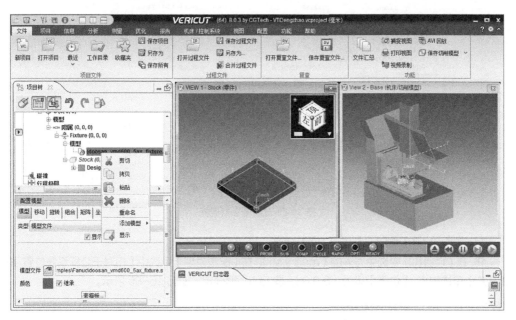

图 16-81　删除夹具

（2）导入毛坯 STL

12 在【项目树】窗口选择"Stock（0,0,0）"，单击鼠标右键，选择【添加模型】|【模型文件】命令，如图 16-82 所示。

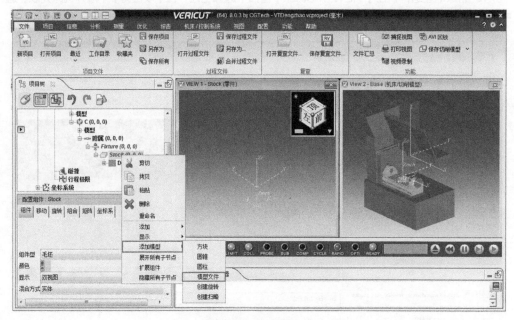

图 16-82　添加模型文件

13 系统弹出【打开】对话框，选择工作目录下的"maopi.stl"文件，如图 16-83 所示。

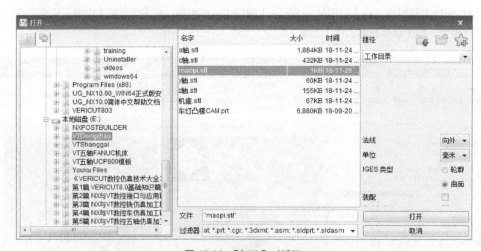

图 16-83　【打开】对话框

14 单击【打开】按钮，系统导入毛坯模型，如图 16-84 所示。

15 在【项目树】中选中导入的（maopi.stl），在【配置模型】中选中【相对于坐标系统位置 机床基点】单选按钮，【位置】设为（0,0,0），按 Enter 键确定，如图 16-85 所示。

16.3.2.6　设置编程坐标系

16 在【项目树】中单击【坐标系统】选项下的"Program_Zero"，如图 16-86 所示。

图 16-84　导入毛坯模型

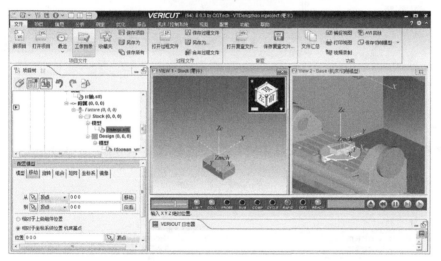

图 16-85　移动毛坯

图 16-86　选择坐标系"Program_Zero"

17 在【配置坐标系统: Program_Zero】中，激活【位置】坐标，移动鼠标到【VIEW 1-Stock】窗口系统自动捕捉到毛坯上表面中心，在出现向上箭头时单击鼠标左键放置坐标系，如图 16-87 所示。

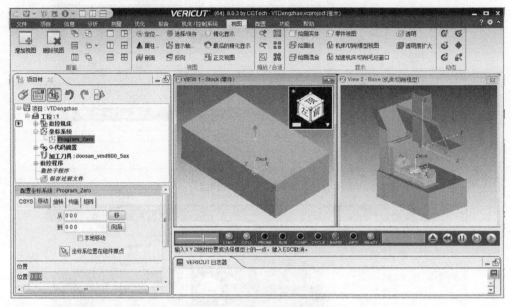

图 16-87　选择毛坯上表面中心

18 在【项目树】中将 "Program_Zero" 名称更改为 "G54"，如图 16-88 所示。

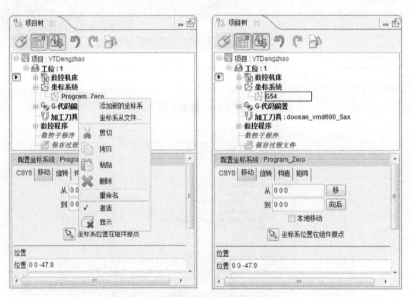

图 16-88　更改坐标系名称为 "G54"

16.3.2.7　设置 G 代码偏置

19 在【项目树】中的【G-代码偏置】下选中【工作偏置】选项，在下面的【配置 工作偏置】中将【偏置名】由 "机床零位" 改为 "工作偏置"，将【寄存器】值由 "1" 改为 "54"，如图 16-89 所示。

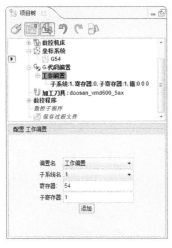

图 16-89　选择工作偏置

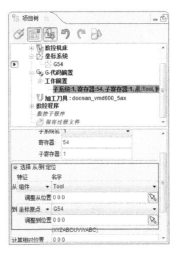

图 16-90　设置 G 代码偏置

图 16-91　选择加工刀具节点

20 选择【工作偏置】下的"子系统: 1, 寄存器: 54, 子寄存器: 1", 然后选中【选择 从/到 定位】单选按钮, 选择从"组件"为"Tool"到"坐标原点"为"G54", 如图 16-90 所示完成数控铣床的 G 代码偏置。

16.3.2.8　设置加工刀具

21 在【项目树】中双击"加工刀具: doosan_vmd600_5ax"节点, 如图 16-91 所示。

22 系统弹出【刀具管理器】对话框, 如图 16-92 所示。

23 在左侧选中 4 号刀, 复制 4 号刀, 然后连续粘贴 3 次创建 1~3 号刀, 如图 16-93 所示。

24 选中 1 号刀, 在左侧选择"Cutter", 在【刀具组件】窗口编辑刀具 D10R2 的参数, 如图 16-94 所示。

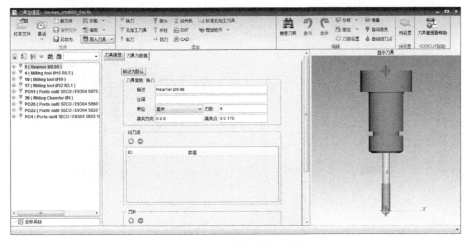

图 16-92　【刀具管理器】对话框

图 16-93　复制粘贴刀具

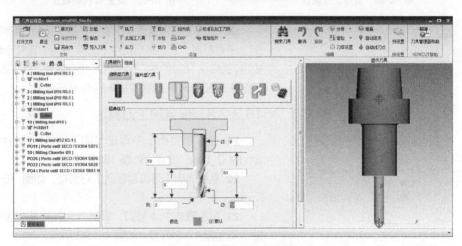

图 16-94　编辑 1 号刀参数

25 选中 2 号刀，在左侧选择"Cutter"，在【刀具组件】窗口编辑刀具 D8R2 的参数，如图 16-95 所示。

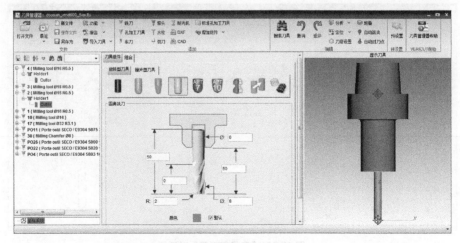

图 16-95　编辑 2 号刀参数

26 选中 3 号刀，在左侧选择"Cutter"，在【刀具组件】窗口编辑刀具 B4 的参数，如图 16-96 所示。

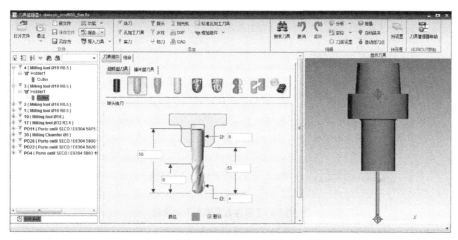

图 16-96　编辑 3 号刀参数

27 选中 4 号刀，在左侧选择"Cutter"，在【刀具组件】窗口编辑刀具 B6 的参数，如图 16-97 所示。

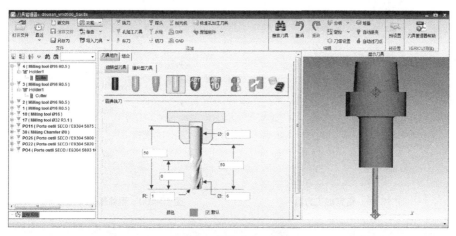

图 16-97　编辑 4 号刀参数

28 单击【文件】选项卡中的【另存为】按钮 ，弹出【另存刀具库为】对话框，将刀具文件保存为"doosan_vmd600_5ax.tls"。单击【保存】按钮保存刀具库到当前目录，如图 16-98 所示。

16.3.2.9　指定加工刀具

29 单击【项目树】中的"加工刀具: doosan_vmd600_5ax"，在下面的【配置刀具】中将【换刀】改为"刀具号码"，选中【初始刀具】复选框，并选择 1 号刀，如图 16-99 所示。

16.3.2.10　载入数控程序

30 在【项目树】中单击【数控程序】选项，选中原先的加工程序，单击鼠标右键在弹出的快捷菜单中选择【删除】命令，删除原先的程序，如图 16-100 所示。

31 在下面的【配置 NC 程序】中单击【添加数控程序文件】按钮，选取工作目录下的"车灯 NC 程序.ptp"，如图 16-101 所示。

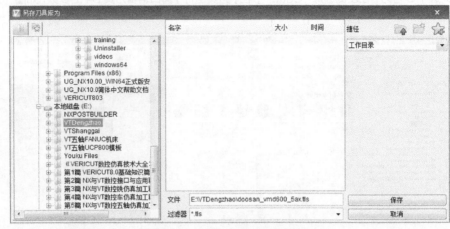

图 16-98 【另存刀具库为】对话框

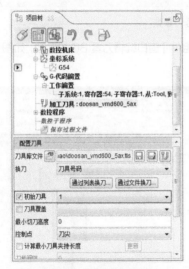

图 16-99 指定加工刀具

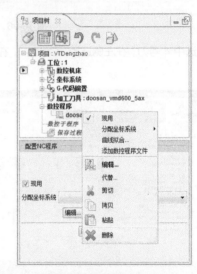

图 16-100 删除原先加工程序

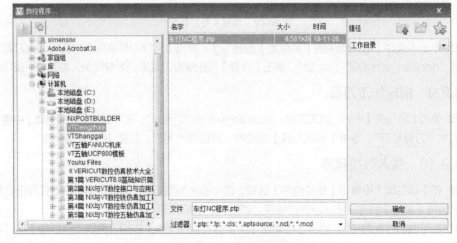

图 16-101 选择加工程序

32 选择添加后的程序"车灯 NC 程序.ptp",选择【编辑】按钮,弹出文本编辑器,在第一行添加"G54",如图 16-102 所示。

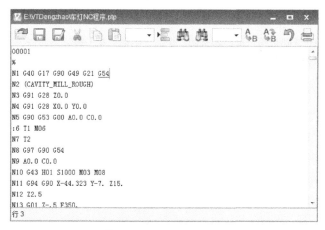

图 16-102　添加"G54"

33 单击【保存】按钮保存程序,并关闭对话框。

16.3.2.11　加工仿真验证

34 通过上面步骤的设置,完成了演示的准备工作。单击软件右侧的【重置模型】按钮，完成零件的重置工作。

35 再单击【仿真至末端】按钮，开始零件的仿真加工,完成后零件如图 16-103 所示。

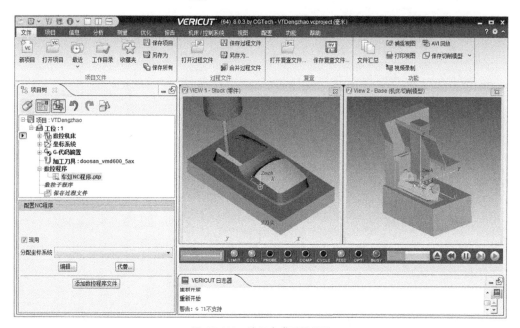

图 16-103　演示完成后零件图

参 考 文 献

[1] 高长银. UG NX10 基础教程：机械实例版. 北京：化学工业出版社，2018.
[2] 高长银. UG NX10.0 多轴数控加工典型实例详解. 第 3 版. 北京：机械工业出版社，2017.
[3] 高长银. UG NX6.0 数控五轴加工实例教程. 北京：化学工业出版社，2009.
[4] 张喜江. 多轴数控加工中心编程与加工技术. 北京：化学工业出版社，2014.